기초가 탄탄한 식품화학

FOOD CHEMISTRY

기초가 탄탄한 식품화학

정현정 · 권기한 · 김기명 · 김지상
신의철 · 오희경 · 윤경영 · 이제혁

수학사

머리말

식생활은 인간의 생활 중 가장 근본이 되는 부분으로 경제적 발전과 함께 건강한 삶에 대한 관심이 고조됨에 따라 식생활 양식도 많이 변화되고 있다. 식생활의 변화는 식품공업과 관련된 산업의 발전을 가속화시켰고 이를 뒷받침하기 위한 과학적 지식과 기술교육이 절실히 필요하게 되었다.

식품화학(Food Chemistry)은 식품학의 중요한 분야 중 하나로 식품의 구성성분과 식품의 가공, 조리, 저장 중에 일어나는 화학적인 변화를 다루는 학문이며, 식품관련 과목을 공부하는 데 가장 기초가 되는 과목이다.

이 책은 식품 및 영양 관련 과목을 전공하는 학생들이 식품화학을 공부하는 데 있어 탄탄한 기초를 쌓을 수 있는 지침서로 활용할 수 있도록 서술하였다. 식품의 일반성분인 수분, 탄수화물, 지질, 단백질, 비타민 및 무기질에 대한 설명을 기본으로, 식품의 특수 및 관능성분인 효소, 색과 갈변, 맛과 냄새, 유독성분, 물성을 다루었다. 또한 식품의 가공이나 저장에 필요한 식품첨가물에 대하여 기술하였을 뿐만 아니라 생리활성 성분의 기능성에 대한 내용도 상세하게 정리하였다.

본문 중에는 TIP을 넣어 내용을 좀 더 쉽게 이해할 수 있도록 도왔고, 각 장 끝에 용어정리, 핵심요약, 연습문제 및 정답을 제시하여 학습한 내용을 되새겨볼 수 있도록 하였다.

대학에서 식품화학을 강의하고 있으면서 각 분야에서 전문적인 연구를 해온 저자들이 심혈을 기울여 집필하였으나 여전히 부족한 부분이 많을 것이라 생각된다. 이에 앞으로 계속 부족한 부분은 보완하고 최신의 학문적 발전 내용을 담아 나갈 수 있도록 수정할 것이다.

끝으로 이 책이 출간되기까지 많은 도움을 주신 수학사 이영호 사장님과 직원 여러분께 깊은 감사를 드린다.

2015년 2월

저자 일동

차 례

Chapter 1 서론

Chapter 2 수분

Chapter 3 탄수화물

Chapter 4 지질

Chapter 8 식품의 색과 갈변

Chapter 9 식품의 맛과 냄새

Chapter 10 식품의 물성

Chapter 11 식품의 기능성

Chapter 12 식품의 유독성분

Chapter 13 식품첨가물

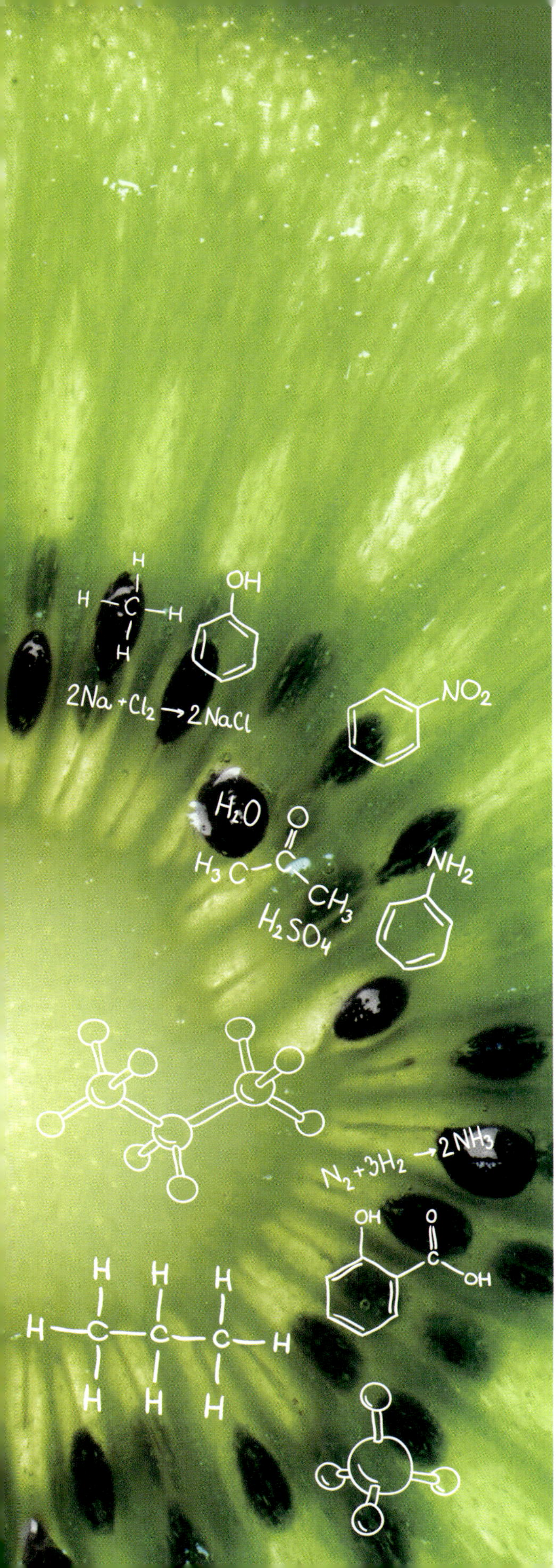

FOOD CHEMISTRY

CHAPTER 1

서론

1. 식품화학의 정의
2. 식품화학의 역사
3. 식품화학과 주요 영역

1. 식품화학의 정의

식품은 "모든 음식물을 말하며 의약으로 섭취하는 것은 제외한다."라고 「식품위생법」에서 규정하고 있으며, "영양소를 함유하고 유해한 물질을 함유하지 않는 천연물 또는 가공품"이라고 정의를 내릴 수 있다. 식품이 하는 기능에는 1차 기능인 생명을 유지하게 하는 영양기능, 2차 기능으로 식품의 색, 맛, 향, 텍스처 등의 인간 감각에 작용하여 기호에 영향을 주는 감각기능(기호기능), 그리고 3차 기능으로는 생체방어, 생체리듬 조절, 신경진정작용, 소화기능 향상 등의 건강유지 및 질병예방 등을 목적으로 하는 생체조절기능이 있다. 식품학(Food Science)이란 우리가 섭취하는 음식의 원료가 되는 식품의 특성과 원료를 가공, 조리하여 소비자에서 전달되는 모든 과정에 일어나는 분야를 체계적으로 다루는 학문이다. 다시 말하면 식품학은 식품 자체의 물리 · 화학적, 생물학적 특성을 살펴봄과 동시에 식품의 가공, 조리, 포장, 저장 등 식품의 활용과 관련한 과학적인 원리를 탐구하는 학문이다. 식품학은 식품화학, 식품독성학, 식품공학, 식품미생물학, 식품위생학, 조리과학, 기능성식품학 등의 영역으로 나눌 수 있으며, 식품학의 중요 분야인 식품화학(Food Chemistry)은 식품의 구성성분과 식품의 가공, 조리, 저장 중에 일어나는 화학적인 변화를 다루는 학문이다. 식품의 구성성분은 일반성분과 특수성분으로 분류한다. 식품의 일반성분은 수분과 고형분으로 나뉘는데 고형분은 유기질과 무기질로 나눌 수 있으며, 유기질은 단백질, 지질, 탄수화물, 비타민 등으로 분류된다. 식품의 특수성분으로 효소, 색소성분, 맛성분, 냄새성분, 유독성분 등이 있다(그림 1-1).

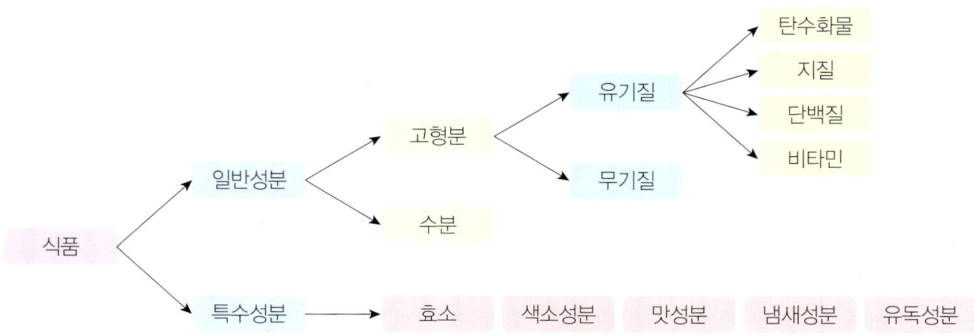

그림 1-1 식품의 구성성분

식품화학은 식품의 주원료가 생물체라는 점에서 생명과학과 유사성이 있다. 그러나 생명과학은 주로 살아있는 생물체의 생식, 성장 등 생명현상과 연관된 환경 조건하에서 일어나는 변화를 다룬다면 식품화학은 죽었거나 죽어가는 생물체의 구성성분, 그리고 이들 성분이 여러 가지 환경 조건하에 놓였을 때 일어나는 화학반응을 주로 다룬다.

식품화학은 식품의 다양한 상태와 환경조건을 대상으로 한다. 식품의 원료인 신선한 과일과 채소의 장기 저장을 위해 다양한 저장 조건에서의 성분 변화는 식품화학에서 다루어야 하는 중요한 분야이다. 과일과 채소 같은 식품, 밀가루나 주스 같은 분쇄된 식품, 달걀이나 미생물 같은 단세포 급원 식품, 생체분비물인 우유 등의 식품의 다양한 상태에서의 화학적 성질을 밝히는 분야도 식품화학에서 다룬다. 식품화학은 화학, 미생물학, 분석화학, 영양학, 공학 등 다양한 분야와 직 · 간접적으로 관련이 있고 식품원료 생산에서 저장, 가공, 유통을 통해 소비자에서 전달되는 데 필요한 학문인 식품가공학, 식품위생학, 영양학, 생화학, 조리학 등 다양한 식품의 학문 분야와 밀접한 관계가 있다(그림 1-2).

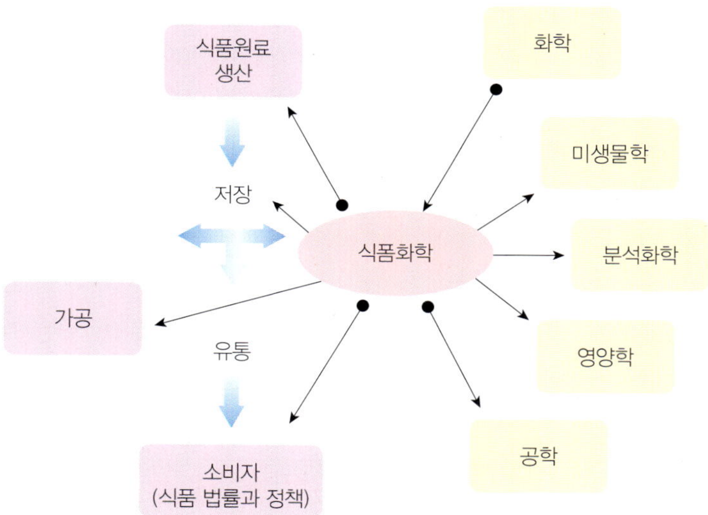

그림 1-2 식품화학과 관련한 여러 분야들

2. 식품화학의 역사

식품화학의 기원은 분명치 않으나 18세기 후반부터 농화학(Agricultural Chemistry)의 범주 안에서 시작되었다. 1780년에서 1850년 사이에 화학의 지식을 기반으로 식품과 직 · 간접적으로 연결된 다양한 발견들이 화학자들에 의해 진행되었다. Scheele(1742~1786)는 유당(lactose)을 분리하고 그 특성을 살펴보았으며 사과로부터 사과산(malic acid)을 분리하기도 하였다. Lavoisier(1743~1794)는 유기화합물의 연소분석(combustion analysis)의 기초적인 원리를 세웠으며 발효과정의 평형식을 나타내기도 하였다. Saussure(1767~1845)는 회화(ashing)를 통한 식물의 무기질함량과 알코올의 원소분석을 가능하게 하였다. Davy(1778~1829)는 K, Na, Ca, Mg 등의 원소를 분리하였고, 《Elements of Agriculture Chemistry》(1813)라는 책을 출판하였다. Liebig(1803~1873)는 식품을 질소함유물과 비질소함유물로 분류하였고, 《Researches on the Chemistry of Food》(1847)라는 식품화학 분야의 첫 저서를 출판하였다.

19세기 초부터 식품가공이 시작되면서 그와 동시에 변조식품(adulterated food)이 출현하기 시작하였는데 변조식품을 검출하기 위해 식품의 화학분석 기술이 급진적으로 발달하였다. 1860년에는 식품의 일반성분(proximate composition) 분석법이 개발되었고, 20세기 초반에는 비타민의 개념이 도입되면서 소량으로 존재하는 영양소의 정밀분석이 중요하게 제시되면서 식품화학자의 역할이 필수적이었다. 20세기 후반에는 식품성분의 상호작용 및 그들의 안전성과 기능성에 이르기까지 식품화학의 영역이 확대되었다.

3. 식품화학과 주요 영역

식품화학은 식품 원료의 물리·화학적 특징을 결정하는 구조에 대한 이해와 식품성

표 1-1 ▸ 식품화학이 다루는 주요 화학반응

식품의 화학반응	예제
비효소적 갈변(nonenzymic browning)	감자칩
효소적 갈변(enzymic browning)	절단감자
지질의 가수분해	튀김 중 열가수분해
지질의 산화	지질의 자동산화(autoxidation)
단백질의 변성	난백(egg white)의 응고(coagulation)
단백질 교차결합	반죽의 이황화결합에 의한 글루텐 형성
다당류의 가수분해	전분으로부터 포도당 제조
단백질의 가수분해	단백질 분해효소에 의한 고기 연화(softening)
비타민의 파괴	비타민 C의 산화
향기성분의 변화	어류의 비린내 변화
색소성분의 변화	클로로필의 가열에 의한 색 변화
독성물질의 생성	아크릴아마이드 생성

분들 간의 화학반응을 다룬다. 식품을 수확하는 과정이나 가공, 저장 그리고 조리 중에는 여러 가지 화학반응이 일어난다. 식품화학에서 다루는 주요 화학반응은 비효적 갈변, 효소적 갈변, 지질의 가수분해, 지질의 산화, 단백질의 변성, 단백질 교차결합, 다당류의 가수분해, 단백질의 가수분해, 비파민의 파괴, 향기성분의 변화, 색소성분의 변화, 독성물질의 생성 등이 있다.

위의 열거한 화학반응들은 단순히 해당 반응만 일어나는 것이 아니라 다른 화학반응물과도 또 다른 반응이 복합적으로 일어날 수 있다. 식품의 여러 성분들의 상호작용에 의해 식품의 품질이나 안전성과 관련한 특성들이 변화하게 된다(그림 1-3).

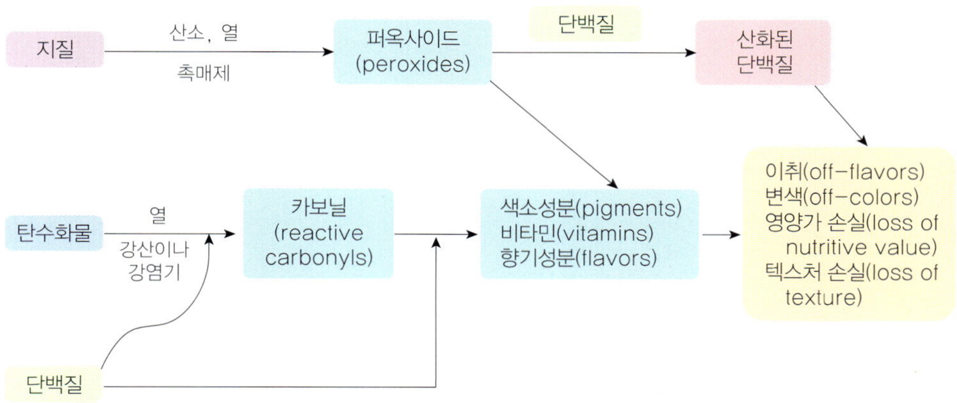

그림 1-3 식품 주요 성분 사이의 화학적 상호작용

표 1-2 ▸ 식품의 품질과 안전성에 관련한 특성과 변화

특성	변화
조직감(texture)	▸ 용해도(solubility) 감소 ▸ 수분보유력(water-holding capacity) 감소 ▸ 질겨짐(toughening) ▸ 연화(softening)
향기성분(flavor)	▸ 산패(rancidity)에 의한 이취(off-flavor) ▸ 캐러멜(caramelization)에 의한 향기성분 변화
색(color)	▸ 색깔이 어두워짐(darkening) ▸ 표백(bleaching) ▸ 갈변(browning)
영양가(nutritive value)	▸ 비타민의 손실 ▸ 단백질의 생체이용률(bioavailability) 감소
안전성(safety)	▸ 독성물질(toxic substances)의 불활성화(inactivation)

식품의 품질과 안전성에 관련한 특성들에는 향기성분, 색소성분, 영양가, 조직감, 안전성 등이 있다. 예를 들면, 지질의 경우 여러 가지 요인들에 의해 산패되는 과정에서 과산화물이 형성되고 이것이 계속 분해되어 알코올, 알데하이드, 케톤 등의 성분으로 분해되고 이들이 색, 향미, 영양가에 영향을 미친다.

CHAPTER 2 수분

1. 식품에서의 물의 역할
2. 물의 구조와 성질
3. 식품에 존재하는 물의 유형
4. 수분평형과 수분활성도
5. 등온흡습곡선
6. 수분활성도와 식품의 품질
7. 수분과 냉동

물은 생물체의 생명유지에 필수성분이며 대부분의 식품재료의 주성분을 이루고 있다. 물은 생물체 내에서 영양소 및 노폐물을 운반하고 가수분해반응 및 광합성 작용에 관여한다. 식품에서 물은 식품의 형태 및 조직유지와 신선식품의 중량에 큰 영향을 주며, 반응매개체 및 구조 안정화 등의 역할과 식품의 외관, 향미, 텍스처 등의 식품의 기호성에도 영향을 준다. 또한 물은 식품의 조리, 가공, 저장 중 미생물의 생육에 관여하여 발효 및 부패를 유도하고 효소반응 등 생화학적 변화와 물리화학적 변화에 영향을 주는 주요 요인으로 작용한다.

1. 식품에서의 물의 역할

1) 화학적 반응에서 용매로 작용

식품 내의 수분은 식품성분 간 또는 외부에서 들어오는 화학성분 간에 일어나는 여러 가지 화학적 변화에서 용매 또는 운반체로 작용하거나 때로는 직접 반응성분으로 작용한다. 인체에서 물은 흡수된 영양소를 용해하여 각 조직으로 운반하고 노폐물은 체외로 배출시킨다.

2) 조직감 등 품질에 영향

식품 내의 수분함량은 식품의 조직감에 영향을 준다. 즉 식품의 수분함량 변화는 식품의 조직감뿐만 아니라 물리적인 구조 등을 유발하여 품질의 변화를 일으키기도 한다. 수분의 함량이 높은 채소나 과일은 아삭아삭한 느낌을 주는 반면 건조된 채소 또는 과일은 질긴 감을 준다. 또한 수분의 함량이 높은 죽은 부드러운 반면, 수분이 빠져나온 노화된 밥은 딱딱하다.

3) 미생물의 성장 및 품질에 영향

수분함량은 식품의 부패를 일으키는 미생물의 성장에 직접적인 영향을 준다. 따라서 식품을 오래 저장하기 위해서는 미생물이 성장하지 못하도록 수분의 양을 조절해야 한다. 수분의 함량은 식품 내 가수분해반응, 갈변반응 및 효소반응에 영향을 주어 영양소의 파괴, 식품의 변색 및 맛의 저하 등 품질의 변화를 유발하기도 한다.

4) 식품의 부피와 중량에 영향

식품을 대량으로 장기간 저장하거나 운반하는 데에는 식품의 부피 및 중량이 큰 영향을 미친다. 식품의 수분함량이 증가할수록 부피와 중량이 증가하여 저장고의 크기와 수송비용이 증가함으로써 식품의 경제성에도 큰 영향을 미친다.

2. 물의 구조와 성질

1) 물의 구조

물분자는 산소 1개와 수소 2개로 이루어진 H_2O로 매우 간단한 분자로 여겨지나 실제로는 그렇지 않다. 왜냐하면 물을 구성하는 산소(O)와 수소(H)의 동위원소 종류, 즉 ^{17}O, ^{18}O, ^{2}H, ^{3}H에 따라 다르기 때문이다.

물분자는 산소원자를 중심으로 2개의 수소원자가 공유결합되어 있으며, 사면체구조(tetrahedral structure)를 형성하고 있다(그림 2-1). 산소핵은 물분자 구형의 4극자의 중심에 위치하며, O와 H의 거리는 0.955 Å이며, 결합각(bond angle, θ)은 물의 상태에 따라 차이를 보인다. 즉 기체(수증기) 상태에서는 결합각이 104.52°, 액체(물) 상태에서는 105°, 고체(얼음) 상태에서는 109.47°이며, 탄소분자가 사면체의 중심에 위치할 경우 결합각은 109.28°이다.

물분자 내의 산소원자는 결합에 참여하지 않는 전자쌍에 의하여 부분적으로 음전하를 띠고 있으며, 수소원자는 부분 양전하를 띠고 있어 물분자는 쌍극자(dipole)의 성질을 갖는다. 그 결과 한 분자의 산소원자는 다른 물분자와 수소원자를 당기게 되어 수소결합을 하고 있으며, 물분자의 수소(H)와 또 다른 물분자의 산소(O) 간의 거리는 1.86 Å이다. 얼음은 물분자가 서로 일정한 간격으로 수소결합을 하고 있는 결정구조를 하고 있으며, 물은 얼음의 결정구조가 부서져 분자들이 서로 가까이 수소결합을 하고 있는

TIP ▶ 물분자의 극성과 용매 특성

수분을 구성하는 산소측은 음(−)으로 하전되고, 수소측은 양(+)으로 하전되어 극성을 나타낸다. 이와 같이 공유된 전자쌍이 어느 한쪽의 원자로 치우쳐 있는 결합을 극성결합이라 하고, 물과 같이 이러한 결합 형태를 가진 분자를 극성물질이라고 한다. 극성분자는 서로 반대 전하 사이에 전기적 끌림을 만든다. 이와 같이 물분자의 수소원자는 극성을 갖는 식품성분의 질소나 산소원자와 수소결합을 함으로써 식품성분의 용매로 작용한다.

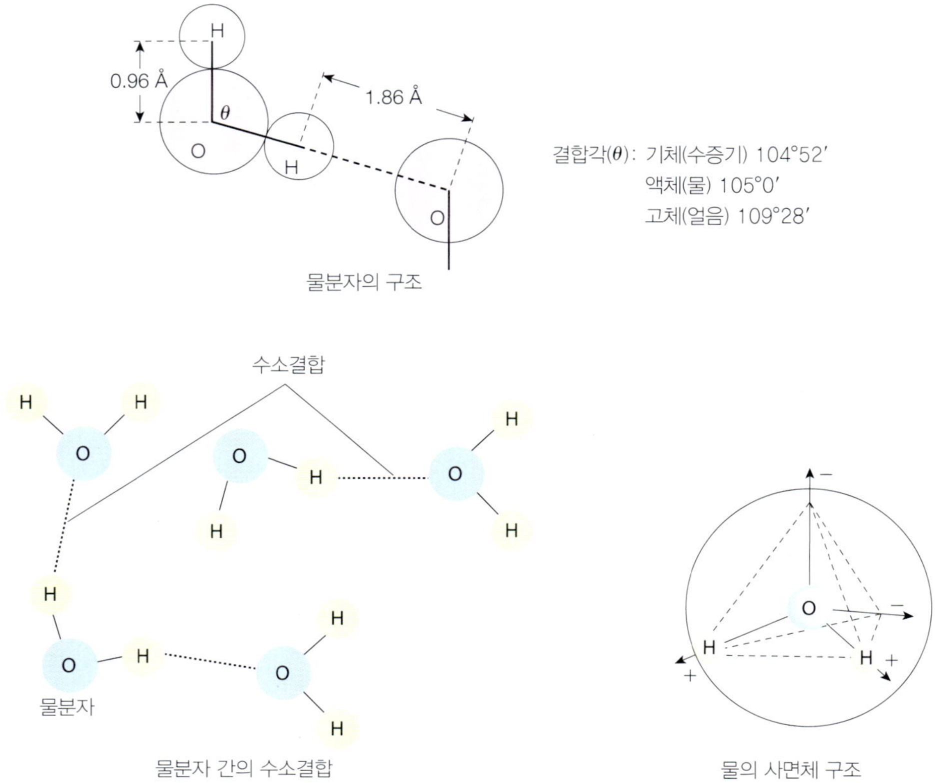

그림 2-1 물분자의 구조와 수소결합

상태이다. 반면 수증기는 물분자들 사이의 수소결합이 끊어져 물분자가 각각 흩어져 있는 상태이다.

2) 물의 성질

(1) 용해성

물은 극성이 매우 크기 때문에 많은 전해질을 용해하거나 직접 물에 녹지 않는 물질을 분산시켜 콜로이드(colloid)액으로 하여, 이들을 이온으로 존재할 수 있게 한다. 또한 물만큼 많은 물질을 녹일 수 있는 용매는 없다. 따라서 인체 내에서 영양성분을 운반하거나 노폐물을 배설하는 데는 물이 가장 적당하다. 또 소화, 흡수, 대사 등의 생체 내 반응은 모두 물을 용매로 한 예이다.

(2) 기화열과 융해열

물의 기화열 539 cal/g으로 어떤 용매보다 크다. 따라서 대사에 의하여 생긴 열은 호흡이나 땀으로 대량 발산되어 체온을 일정하게 유지시킨다. 물의 융해열은 다른 용매보다 매우 크다. 따라서 물은 인체를 동결에서 보호하기에 알맞다.

(3) 비열, 밀도, 표면장력

물의 비열은 다른 어떠한 용매보다 크므로 65%의 물을 품고 있는 인체는 외계의 급격한 온도 변화에 대하여 최소한의 영향을 받는다. 물의 밀도는 4℃에서 1.0 g/cm^3로 제일 크고, 0°C 얼음의 밀도가 0.917 g/cm^3로 제일 작다. 따라서 물이 동결되면 부피가 커져 냉동육의 드립 생성, 채소류 조직의 파괴의 원인이 된다. 물의 표면장력은 액체 가운데서 가장 크다. 이것은 물이 좁은 틈을 기어오르는 힘이 센 것으로 볼 수 있다. 따라서 물은 세포와 세포의 간격 사이를 침입하여 물질의 운반과 제거에 관여할 수 있다.

TIP 표면장력

표면장력(surface tension, 表面張力)이란 액체의 자유표면에서 표면을 작게 하려고 작용하는 장력을 말한다. 액면 부근의 분자가 액체 속의 분자보다 위치에너지가 크기 때문에 액체는 표면적에 비례하는 표면에너지를 가지고, 이로 인해 표면장력이 생긴다. 즉 액체분자 간 인력의 균형이 액체의 표면 부근에서 깨지기 때문에 이곳에 있는 분자의 위치에너지는 액체 속의 분자보다 더 커지는데, 이로 인해 액체는 표면적에 비례하는 표면에너지를 가지게 되고, 이 에너지를 최소로 만들려는 작용이 바로 '표면장력'으로 나타나는 것이다. 표면장력은 단순히 액체의 자유표면뿐만 아니라 섞이지 않는 액체의 경계면, 고체와 기체, 고체와 고체의 접촉면 등 표면의 변화에 대한 에너지가 존재할 때 보편적으로 생기는 현상으로, 계면장력(界面張力)이라고도 한다.

3. 식품에 존재하는 물의 유형

대부분의 식품은 수분을 함유하고 있다. 채소의 수분이 90% 이상으로 가장 많은 함량을 차지하고 그 다음은 과일류의 수분함량이 많다. 정백미에는 약 15%, 백미 밥에는 약 65%, 조리한 고기는 50~65%의 수분을 함유하고 있다.

그런데 식품 속의 수분은 자유수(free water)와 결합수(bound water)의 두 가지 형태로 존재한다(그림 2-2). 자유수는 식품의 구성성분과 결합되지 않으며, 식품 내의 모세관을 자유로이 이동할 수 있는 보통의 물과 유사한 성질을 가진다. 한편, 결합수는 식품 내 전분 또는 단백질 등과 같이 다른 성분과 수소결합하여 물분자의 운동이 자유롭지 못한 수분을 말한다. 이 두 가지 형태의 물은 각기 다른 성질을 갖는다. 자유수는 건조시키면 쉽게 제거되고, 또 0°C 이하에서 동결된다(표 2-1).

한 식품 속의 자유수와 결합수는 서로 독립적으로 존재하는 것이 아니라 일부 결합수는 경우에 따라서 자유수가 될 수 있고, 또 일부 자유수는 결합수도 될 수 있다. 곧 이들 사이의 이용은 가역적이며, 그 평형은 온도나 물에 녹아있는 물질의 종류나 양 등에 크게 영향을 받는다.

미생물은 자유수에서는 생육번식되지만 결합수에서는 그렇지 않다. 따라서 식품의 부패방지의 한 방법은 자유수를 감소시키는 데 있다. 예를 들어, 식품에 설탕이나 소금을 첨가하거나 건조하면 자유수가 감소함으로써 식품의 저장성을 증가시킬 수 있다(그림 2-3).

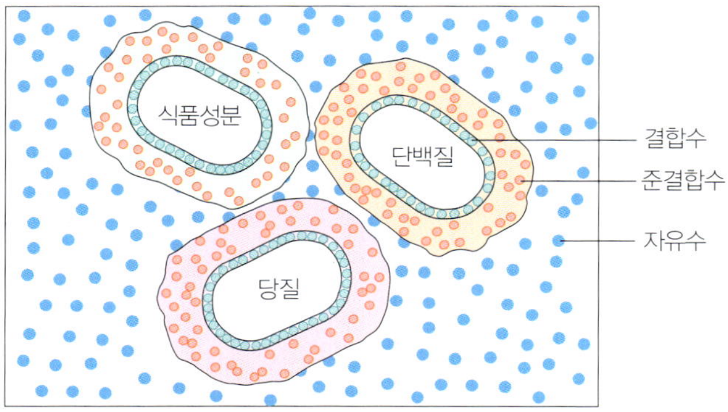

그림 2-2 결합수, 준결합수, 자유수의 분포

표 2-1 ▸ 자유수와 결합수의 성질

자유수	결합수
상압에서는 0°C 이하에서 동결	0°C 이하에서 얼지 않음
건조에 의해 쉽게 제거되며, 100°C 이상에서 증발	100°C 이상 가열하거나 건조, 압착에 의해 제거되지 않음
용매로 작용할 수 있음	용매로 작용할 수 없음
미생물의 생육번식에 이용될 수 있음	미생물 생육번식에 이용되지 않음
화학반응에 관여	화학반응에 관여하지 않음
	자유수에 비해 밀도가 큼

그림 2-3 자유수의 함량을 낮추는 방법

4. 수분평형과 수분활성도

1) 수분함량 및 수분평형

식품의 수분 양은 식품 내에서 여러 가지 중요한 역할을 하며, 미생물의 생장은 물론 여러 가지 화학반응에 의한 식품의 변패와도 밀접한 관련이 있다. 보통의 식품성분표는 수분이 식품의 몇 %를 차지하고 있는지를 나타낸 값으로 식품 그 자체의 일정시기의 수분함량(%)을 가리키는 일반적인 값이다. 식품의 수분함량(%)은 식품을 105°C에서 항량이 될 때까지 건조시켜 변화된 무게를 측정하여 계산한다. 식품의 수분함량은 통조림이나 병조림과 같이 완전히 밀폐된 용기에 존재하지 않는 한 시간이 흐르면 달라진다. 즉 식품은 대기의 습도가 높으면 흡습하고 낮으면 건조한다. 따라서 식품을 방치하면 평형에 이르러 흡습도 건조도 일어나지 않는데, 이때 식품은 일정한 수분을 함유하게 된다. 이와 같은 상태의 수분을 평형수분(equilibrium moisture)이라 한다. 그러나 대기의 온도와 습도는 항상 변화하므로 식품의 수분은 정적인 것이 아니고 동적인 것이다. 따라서 식품 중에 존재하는 미생물의 활동에 영향을 주는 수분의 양은 그 식품의 수분함량(%)이 아니라 미생물이 실제로 이용할 수 있는 수분의 양이 크게 관계된다.

2) 수분활성도

식품의 수분함량(%)이 그것이 놓여져 있는 환경에 의하여 변화하므로 식품의 여러 가지 성질이나 저장성은 수분함량(%)과 관련이 있는 것이 아니라 식품 중의 이용가능한 수분의 양과 밀접한 관련이 있으며, 이것을 나타낸 것이 바로 수분활성도(water activity, A_w)이다. 수분활성도란 식품 중에 존재하는 수분이 순수한 물로서의 역할을 얼마만큼 하고 있는지를 나타내는 것이다.

식품의 수분활성도는 일정한 온도에서 그 식품이 나타내는 수증기압(P)에 대한 그 온도에 있어서의 순수한 물의 최대수증기압(P_0)의 비로 나타낸다. 식품의 수증기압은 그 식품의 수분에 녹아있는 용질의 종류와 양에 따라 영향을 받는다. 즉 물의 몰(mol) 수를 M_w, 용질의 몰수를 M_s라 하면 다음의 식에 의하여 A_w를 계산할 수 있다.

$$A_w = P/P_0 = M_w/(M_w + M_s)$$

공기 중에 식품을 오랜 시간 방치하면 공기 중의 상대습도(relative humidity, RH) 여하에 따라 흡습 또는 건조가 진행되다가 공기 중의 수증기압과 식품 중의 수분의 분압이 평형에 이르러 중지한다. 이때의 상대습도를 평형상대습도(equilibrium relative humidity, ERH)라고 한다. 평형상대습도와 수분활성도와의 관계는 다음과 같다.

$$ERH = P/P_0 \times 100 = A_w \times 100$$

$$A_w = ERH/100$$

만일 식품이 물이라면 식품의 P와 P_0가 같으므로 물의 수분활성도는 1이 된다. 그러나 보통 식품에서는 영양소를 비롯한 식품성분이 용해되어 있어 순수한 물보다 수증기압이 낮으므로 식품의 수분활성도는 1보다 작다. 표 2-2와 같이 채소, 과일, 생선의 수분활성도는 0.97~0.99이며, 곡류 및 두류 등의 수분활성도는 0.60~0.64이다. 수분활성도는 효소의 활성이나 미생물의 생육과 관계가 크므로 식품 저장성의 지표가 되기도 한다.

표 2-2 ▸ 식품의 수분함량과 수분활성도

식품	수분함량(%)	수분활성도(A_w)
과일, 채소	90~97	0.97~0.99
주스류	90~93	0.97
육류	60~70	0.96~0.98
생선류	65~80	0.98~0.99
달걀	72~78	0.97~0.99
식빵	38~40	0.90~0.95
건조과일	18~22	0.72~0.80
곡류, 두류	13~16	0.60~0.64
꿀	15~20	0.75

TIP 수분활성도

조건: 일정온도, 밀폐용기

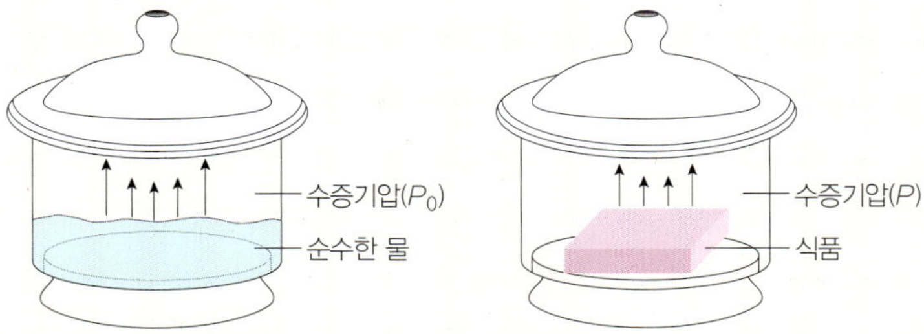

순수한 물이 증발하여 용기 내 수증기압은 P_0가 된다.

식품 중의 물(자유수)이 증발하여 용기 내 수증기압은 P가 된다.

↓

식품의 수분활성(A_w) $\frac{P}{P_0} < 1$

TIP 중간수분식품

일반적으로 수분활성도가 낮으면 저장성이 증가하나 수분활성도가 너무 낮으면 식품의 기호적인 가치가 떨어질 뿐만 아니라 저장성에도 문제가 발생한다. 최근에는 식품에서 적당한 양의 수분만 제거하거나 글리세롤, 설탕, 당알코올 및 올리고당 등의 수분조절제를 첨가하여 저장성과 조직감을 좋게 한 중간수분식품(intermediate moisture food)이 많이 출시되고 있다. 약식, 잼, 젤리, 건조과일, 양갱 및 훈제품 등이 그 예이다. 이들 중간수분식품의 수분활성도는 0.65~0.9로 세균의 생육은 억제되고 물을 첨가하지 않아도 충분한 가소성을 가지고 있다.

5. 등온흡습곡선

1) 등온흡습곡선 및 등온탈습곡선

식품의 수분함량은 식품이 놓여있는 환경의 습도에 따라 변하여 수분평형에 도달한다. 어떤 일정한 온도에서 식품 주위의 상대습도를 가로축에, 그 식품이 함유하는 평형수분함량(%)을 세로축에 나타낸 곡선을 등온흡습곡선(moisture sorption isotherm)이라고 한다. 또한 식품이 수분을 방출할 때 얻어지는 곡선은 등온탈습곡선(moisture desorption isotherm)이라고 한다.

등온흡습곡선의 측정방법은 먼저 여러 상대습도를 조절한 용기 내에서 동일 식품을 넣고 항온기에서 평형화시킨 후 수분함량(%)을 측정한다. 상대습도를 x축으로 하고 식품의 평형수분함량을 y축으로 하여 각 수치의 교차점을 연결하여 등온흡습곡선을 얻는다. 등온흡습곡선은 그림 2-4와 같이 식품의 종류에 따라 다양한 형태를 나타내나 대부분의 식품의 등온흡습곡선은 역 S자형(sigmoid curve)을 나타낸다. 등온흡습곡선의 경사와 굴곡점은 그 식품의 수분과 각 성분들과의 결합력 또는 자유수와 결합수의 상대적인 양과 비율, 성분들의 조직구조 상태의 차이에 따른다.

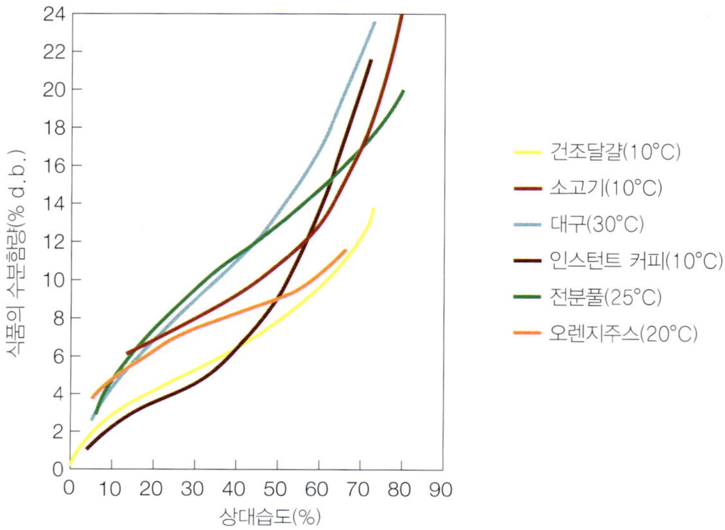

그림 2-4 여러 가지 식품의 등온흡습곡선

TIP ▶ 등온흡습곡선 도식 방법

등온흡습곡선은 여러 방법으로 평형수분함량을 측정하여 도시할 수 있다. 가장 간단한 방법은 여러 상대습도를 조절한 용기(desiccator) 내에 동일 식품을 넣고 항온기에서 평형화시킨 다음 수분함량을 측정한다. 상대습도를 x축으로 하고 식품의 평형수분함량을 y축으로 하여 각 수치의 교차점을 연결하면 곡선이 얻어진다. 이때 상대습도는 다양한 농도의 황산이나 수산화나트륨 용액과 이들 포화염 용액에서 얻어진 값(A_w)에 100을 곱하여 얻는다.

대부분의 식품에서 흡습과 탈습은 가역적이지 않다. 즉 건조식품이 대기 중에서 수분을 흡수하고 방출할 때의 흡습곡선과 탈습곡선이 일치하지 않는데, 이러한 현상을 이력현상(hysteresis)이라고 부른다. 일반적으로 그림 2-5와 같이 동일한 습도에서 흡습할 때보다 탈습할 때의 수분함량이 높다. 이러한 현상은 건조 시 식품 표면의 모세관이 수축되고 파괴되어 수분흡수 시 탈습되었던 수분을 모두 흡수되지 못하기 때문에 발생된다.

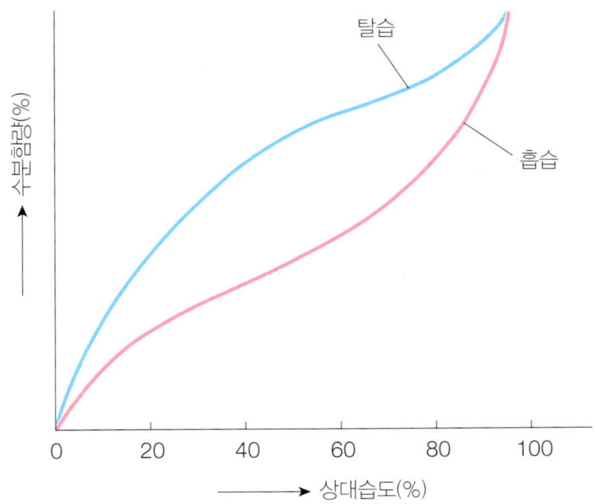

그림 2-5 등온흡습(탈습)곡선과 이력현상

2) 등온흡습곡선의 영역

등온흡습곡선은 3가지 영역으로 나눌 수 있으며, 각 영역의 물은 각기 다른 특성을 나타낸다(그림 2-6). A 영역은 수분은 식품의 결합수로 식품성분 중의 카복실기(carboxyl group)나 아미노기(amino group)와 이온결합을 형성하고 있으며, 단분자층(monomolecular layer)을 형성하는 수분이다. 따라서 식품건조 시 식품조직과 결합한 단분자층의 물이 파괴되면 식품조직이 직접 공기에 노출되고, 물분자층이 덮이지 않은 부분이 많을수록 식품성분이 햇빛이나 산소에 많이 노출되어 있기 때문에 지방산패가 쉽게 발생한다.

하지만 물분자가 균일하게 단분자층을 형성하여 식품을 덮고 있는 영역인 BET(Brunauer-Emmett-Teller) point에서는 지방산패가 가장 적게 발생한다. BET point는 A와 B 영역의 경계지역으로 각 식품마다 차이는 있으나 이 영역의 식품이 갖는 수분활성도는 0.3~0.4 정도이다(그림 2-7).

B 영역은 상대습도가 증가함에 따라 식품의 수분함량이 급격하게 증가하는 영역으로 식품 중의 물분자가 다분자층(multimolecular layer)을 형성하고 있다. 이 영역의 수분은 준결합수로 식품의 가용성 성분을 용해하고 있다. 즉 물분자들은 이온화되지 않은 여러 작용기들과 수소결합, 즉 비극성 결합에 의해서 결합되어 있다. 또한 이 영역의 식품성분은 여러 층의 물분자들로 덮여 있어 공기 중의 산소와 반응할 수 없기 때문에 건조식품에 있어서 안정성이나 저장성이 가장 좋은 최적 수분함량을 나타내는 영역이다.

C 영역은 식품의 평형수분함량이 다분자층 형성 수분함량보다 많은 모세관 응축영

역(capillary condensation region)으로 이 영역에서 물분자는 자유로이 이동하는 자유수 형태로 존재한다. 이 영역의 수분은 점성이 크게 감소하고 물분자의 유동성이 크게 증가하여 용질의 이동성이 강하게 되어 많은 반응에서 진행률을 크게 증가시키기 때문에 용적수라고도 부른다. 이 영역에서의 수분은 식품의 품질저하를 가져오는 화학반응, 효소반응, 미생물 증식 등이 가능하다.

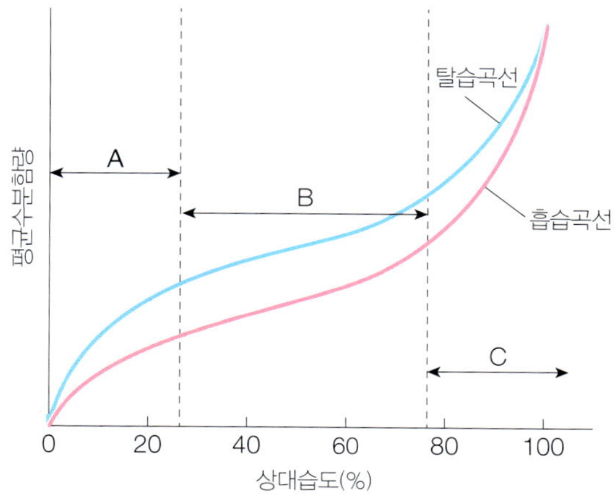

그림 2-6 등온흡습곡선의 영역

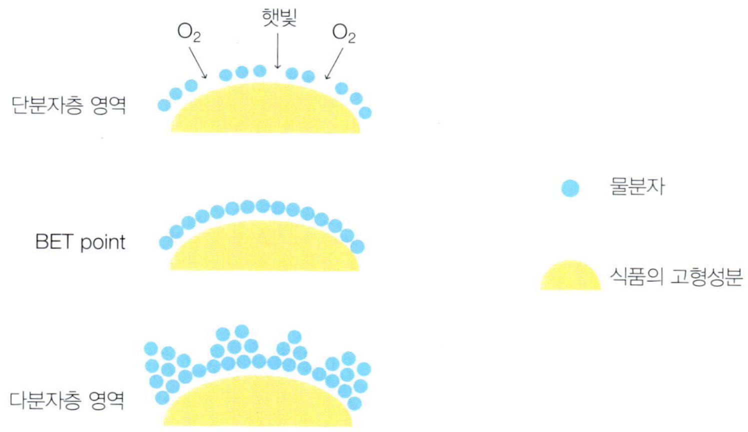

그림 2-7 영역에서의 물분자의 구성 분포와 BET point

6. 수분활성도와 식품의 품질

식품의 수분활성도는 식품의 조직감뿐만 아니라 효소작용, 화학반응, 미생물의 생육 등 식품의 품질변화에 영향을 미침으로서 식품의 안전과 매우 밀접한 관계를 갖고 있다(그림 2-7). 즉 수분활성도가 증가함에 따라 가수분해반응, 효소활성 및 미생물의 성장속도가 증가한다. 특히, 수분활성도는 미생물의 생장과 번식에 큰 영향을 미치게 된다. 보통 세균이 자랄 수 있는 최저 수분활성도는 0.91로, 효모와 곰팡이가 자랄 수 있는 최저 수분활성도는 각각 0.88과 0.80이며, 최저 수분활성도 이상에서는 미생물의 성장이 급격히 증가한다. 그러나 호염성 세균은 0.75, 내건성 곰팡이는 0.65, 내삼투압성 효모는 0.60에서도 생육이 가능하다. 따라서 제한수분활성도 이하에서는 생장활동이 완전히 억제되어 식품의 저장성을 향상시킬 수 있다.

유지의 산패는 수분활성도에 따라 산화속도가 달라진다. 단분자층 형성 수분함량보다 낮은 영역의 범위에서는 산화속도가 증가하는 반면, 단분자층 형성 수분함량보다 다소 높은 영역에서는 가장 낮은 산화속도를 보여준다. 즉 식품의 수분활성도가 0.3~0.4인 식품은 물분자가 전체적으로 균일하게 단분자층(BET point)을 형성할 경우 지방의 산패가 가장 적게 발생한다. 비효소적 갈변반응도 단분자층 형성 수분함량 이하에서 가장 낮은 반응속도를 보이다가 수분활성도의 증가와 함께 반응속도가 증가한다. 하지만 어떤 범위에서 갈변반응이 최대치에 도달한 후 수분활성도가 증가하여도 반응속도는 감소한다.

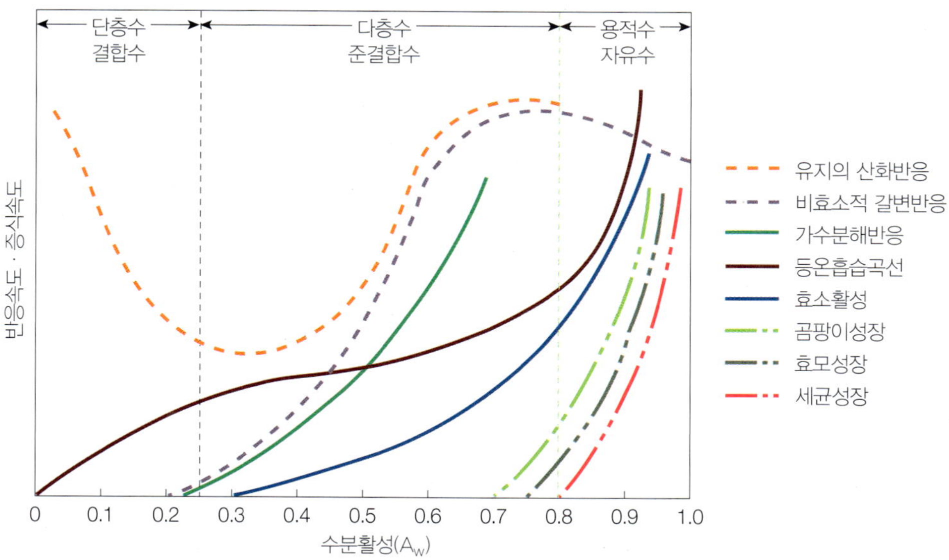

그림 2-8 식품의 수분활성도와 안전성

TIP 수분활성도와 지방산화

유지의 산화반응은 수분활성도가 증가함에 따라 반응속도는 감소하여 0.2~0.3 부근에서 가장 낮다. 이것은 식품표면에 존재하는 물분자가 유리 라디칼에 의해 형성된 과산화물과 수소결합함으로써 과산화물의 분해가 억제되기 때문이다. 그러나 점차 수분활성도가 커짐에 따라 반응속도가 증가한다.

7. 수분과 냉동

냉동은 냉동속도에 따라 급속 냉동과 완만 냉동으로 크게 나누어진다. 온도를 갑자기 급강하시켜 급속 냉동하면 미세한 얼음 입자가 생성되어 세포 내에 균일하게 분산된다. 따라서 냉동과정 중 부피의 팽창이 적게 일어나 냉동된 식품을 다시 해동하더라도 조직의 파괴가 미세하고 재수화될 때 원래의 조직감을 찾기 쉬워 식품의 품질 변화가 적다.

완만 냉동은 식품을 천천히 동결하는 것으로 얼음 결정이 세포 외에 생겨 결정은 크고 수분 분포가 불균일하다. 따라서 식품을 해동할 경우 원래의 조직감을 찾기 어려울 뿐만 아니라 단백질이 변성되어 조직감이 다르게 나타난다. 또한 단단했던 조직이 연화되면서 미생물이나 효소의 작용에 의해 품질이 저하된다.

용어정리

- **공유결합**: 두 개의 원자가 결합할 때, 불활성 기체와 같은 전자배열을 이루기 위하여 부족되는 전자를 두 개의 원자가 서로 공유하여 이루어지는 화학결합
- **수소결합**: 물분자와 같이 양전기를 띤 수소원자가 다른 물분자의 음전기를 띤 산소원자와 약한 결합을 형성하는데, 이와 같은 결합을 수소결합이라 한다.
- **산패**: 유지를 오래 저장하면 공기 중의 산소와 반응하여 산화되고, 이러한 결과로 불쾌한 냄새와 맛을 내는 현상
- **수증기압**: 밀폐된 용기 속에 물을 넣어 두면 물 표면에서 수증기가 증발하여 용기 안에는 수증기 양이 증가하게 되며, 수증기 양이 많아지면 압력도 높아지는데 이때의 압력을 수증기압이라 한다.
- **자유수**: 식품의 구성성분과 결합되지 않으며, 식품 내의 모세관을 자유로이 이동하는 물
- **결합수**: 식품 내 성분과 수소결합을 통하여 직간접적으로 결합되어 있는 물
- **수분활성도**: 식품 중에 존재하는 수분이 순수한 물로서의 역할을 하고 있는지를 나타내는 지표
- **평형수분함량**: 일정한 온도에서 일정한 습도를 지니는 용기 속에 식품을 넣은 후 식품의 수분함량과 주위의 수분함량이 평형이 되었을 때 측정한 식품의 수분함량
- **등온흡습곡선**: 상대습도와 식품의 평형수분함량 사이의 관계를 나타낸 곡선
- **이력현상**: 건조식품이 물이 흡수되면서 측정된 흡습곡선과 수분을 함유한 식품이 탈수되면서 측정된 탈습곡선과 일치하지 않는 현상

핵심요약

1. 물은 대부분의 식품재료의 주성분으로 식품의 조리, 가공, 저장 중 미생물의 생육에 관여하여 발효 및 부패를 유도하고 효소반응 등 생화학적 변화와 물리적 변화에도 영향을 준다.
2. 물분자는 산소원자를 중심으로 2개의 수소원자가 공유결합되어 있으며, 사면체 구조를 형성하고 있다. 또한 한 분자의 산소원자는 다른 물분자의 수소원자를 당겨 수소결합을 하고 있다.
3. 물은 용해성이 크고, 기화열과 융해열, 비열이 다른 용매보다 매우 크다.
4. 식품에 존재하는 물의 유형은 자유수와 결합수 두 가지 형태이다.
5. 수분활성도란 식품 중에 존재하는 물의 수분이 순수한 물로서의 역할을 얼마만큼 하고 있는지를 나타내는 것으로, 일정한 온도에서 그 식품이 나타내는 수증기압에 대한 순수한 물의 최대 수증기압의 비로 나타낸다. 식품의 수분활성도는 식품의 조직감, 효소작용, 화학반응, 미생물의 생육 등 식품의 품질변화에 영향을 미침으로써 식품의 안전과 매우 밀접한 관계를 갖고 있다.
6. 어떤 일정한 온도에서 식품 주위의 상대습도를 가로축에, 그 식품이 함유하는 평형수분함량을 세로축에 나타낸 곡선을 등온흡습곡선이라고 하며, 등온흡습곡선의 영역은 단분자층(결합수 영역), 다분자층(준결합수 영역), 모세관 응축 영역(자유수 영역)으로 나누어진다.
7. 냉동은 냉동속도에 따라 급속 냉동과 완만 냉동으로 나누어진다.

연습문제

1. 식품에서 수분이 갖는 중요성은 무엇인가?

2. 식품이 나타내는 수증기압을 그 온도에 있어서의 순수한 물의 최대 수증기압으로 나눈 것을 무엇이라 하는가?

3. 건조식품을 재흡수할 때 측정된 수분함량이 건조 전의 수분함량에 비해 낮게 측정되었다. 이러한 현상은 무엇이며, 이러한 현상이 생긴 이유는 무엇인가?

4. 등온흡습곡선의 각 영역을 이루고 있는 수분은 무엇인가?

5. 수분활성도와 식품의 저장성과의 관계를 설명하시오.

정답

1. 식품 내의 수분은 화학적 반응에서 용매로 작용할 뿐만 아니라 조직감, 미생물의 성장 등 식품품질 및 식품의 부피와 중량에도 영향을 미친다.
2. 수분활성도
3. 이력현상(hysteresis). 이러한 현상은 건조 시 식품 표면의 모세관이 수축되고 파괴되어 수분 흡수 시 탈습되었던 수분을 모두 흡수되지 못하기 때문에 발생된다.
4. A영역: 결합수, B영역: 준결합수, C영역: 자유수
5. 식품의 수분활성도는 식품의 조직감뿐만 아니라 효소작용, 화학반응, 미생물의 생육 식품의 품질변화에 영향을 미침으로써 식품의 안전과 매우 밀접한 관계를 갖고 있다. 특히, 수분활성도는 미생물의 생장과 번식에 큰 영향을 미치게 된다. 보통 세균이 자랄 수 있는 최저 수분활성도는 0.91이며, 효모와 곰팡이가 자랄 수 있는 최저 수분활성도는 각각 0.88과 0.80로, 최저 수분활성도 이상에서는 미생물의 성장이 급격히 증가한다. 그러나 호염성 세균은 0.75, 내건성 곰팡이는 0.65, 내삼투압성 효모는 0.60에서도 생육이 가능하다. 따라서 제한수분활성도 이하에서는 생장활동이 완전히 억제되어 식품의 저장성을 향상시킬 수 있다.

CHAPTER 3

탄수화물

1. 탄수화물의 분류
2. 단당류(monosaccharide)
3. 올리고당류(oligosaccharide)
4. 다당류(polysaccharide)

탄수화물은 지구상에서 가장 풍부하게 분포되어 있는 유기물로 곡류, 서류, 두류 등의 주요 성분이며 사람에게 가장 중요한 에너지원으로 이용되는 영양소이다. 탄수화물의 주요 성분인 전분(starch), 유당(lactose), 자당(sucrose)은 체내에서 소화되어 인간이 필요로 하는 열량의 70~80%을 공급해주고 있다.

탄수화물은 광합성을 통해 물과 이산화탄소와 태양광선으로부터 식물의 잎에서 만들어진다. 탄수화물은 탄소, 수소, 산소의 세 원소로 구성되어 있으며 일반적으로 탄수화물의 분자식은 $C_x(H_2O)_y$으로 탄소와 물분자가 일정한 비율로 구성되어 있다. 탄수화물은 탄소의 수화물의 의미로 carbohydrate의 번역어이다. 물론 탄수화물은 탄소와 물분자가 결합한 단순한 형태가 아닌 물질도 포함한다.

1. 탄수화물의 분류

탄수화물은 분자의 크기에 따라 단당류(monosaccharide), 올리고당류(oligosaccharide), 다당류(polysaccharide)로 분류한다(표 3-1). 단당류는 포도당(glucose)과 과당(fructose)과 같이 가수분해에 의해 더 이상 분해되지 않은 탄수화물로 분자의 탄소원자 수에 따라 삼탄당(triose), 사탄당(tetrose), 오탄당(pentose), 육탄당(hexose) 등으로 분류한다. 올리고당류는 단당이 2~10개 정도가 연결된 탄수화물로 연결되어 있는 단당의 수에 따라 이당류(disaccharide), 삼당류(trisaccharide), 사당류(tetrasaccharide) 등으로 분류한다. 자당(sucorose)과 유당(lactose)은 올리고당류 중에서 이당류에 속하며 라피노스(raffinose)는 삼당류, 스타키오스(stachyose)는 사당류에 속한다. 다당류는 단당이 수십 개 이상 연결된 중합체로 한 종류의 단당으로만 구성된 동종다당류(homopolysaccharide)와 두 종류 이상의 단당으로 구성된 이종다당류(heteropolysaccharide)로 나뉜다. 전분이나 셀룰로스는 동종다당류에 속하며 펙틴은 이종다당류에 속한다.

2. 단당류_*monosaccharide*

단당류는 대체로 물에 잘 녹고 단맛을 가지는 탄수화물이며 천연식품에 널리 분포되어 있으나 그 양은 얼마 되지 않는다. 식품 제조 및 가공에 널리 사용되는 단당류의 대부분은 올리고당류나 다당류로부터 얻어진다.

표 3-1 ▸ 탄수화물의 분류와 그에 따른 예제들

탄수화물의 종류		분류에 따른 예제들
단당류 (monosaccharide)	삼탄당(triose)	글리세르알데하이드(glyceraldehyde), 다이하이록시아세톤(dihydroxyacetone)
	사탄당(tetrose)	에리트로스(erythrose)
	오탄당(pentose)	아라비노스(arabinose), 자일로스(xylose), 리보스(ribose)
	육탄당(hexose)	포도당(glucose), 마노스(mannose), 갈락토스(galactose), 과당(fructose)
올리고당류 (oligosaccharide)	이당류 (disaccharide)	자당(sucrose), 맥아당(maltose), 유당(lactose)
	삼당류 (trisaccharide)	라피노스(raffinose)
	사당류 (tetrasaccharide)	스타키오스(stachyose)
다당류 (polysaccharide)	동종다당류 (homopolysaccharide)	전분(starch), 셀룰로스(cellulose), 글리코젠(glycogen), 키틴(chitin)
	이종다당류 (heteropolysaccharide)	이눌린(inulin), 헤미셀룰로스(hemicellulose), 펙틴질(pectic substance), 검류(gums)
당유도체 (derived sugar)	우론산 (uronic acid)	글루쿠론산(glucuronic acid), 갈락투론산(galacturonic acid)
	데옥시당 (deoxy sugar)	데옥시리보스(deoxyribose)
	아미노당 (amino sugar)	글루코사민(glucosamine), 갈락토사민(galactosamine)
	당알코올 (sugar alcohol)	소비톨(sorbitol), 자일리톨(xylitol), 마니톨(mannitol)
	배당체 (glycoside)	솔라닌(solanine), 안토사이아닌(anthocyanin), 아미그달린(amygdalin)

1) 단당류의 구조와 분류

단당류는 단순당(simple sugar)으로도 언급되며 접미사 -ose(오스)을 붙여 명명한다. 단당류는 기본 단위로 탄소원자 3~8개의 직선 골격을 가지고 있는 형태이며 구성탄소의 하나는 반드시 카보닐(carbonyl, C=O)의 탄소로 정해져 있고 나머지 탄소는 하이드록시기(−OH)로 하나씩 결합되어 있는 폴리하이드록시카보닐(polyhydroxy-carbonyl)화합물이라고 부른다(그림 3−1).

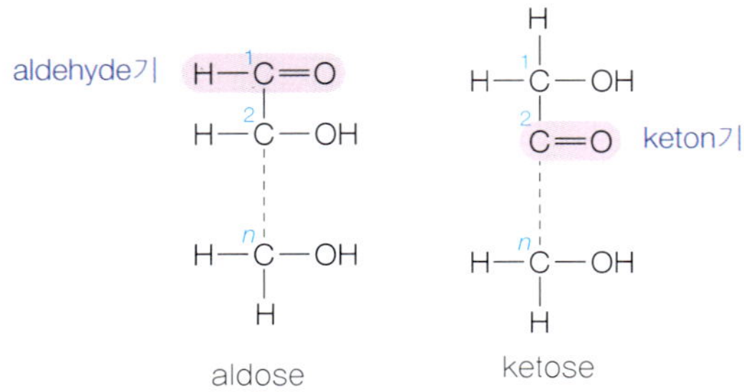

그림 3-1 단당류의 화학구조

단당류는 카보닐기의 종류와 탄소수에 따라서 분류한다. 단당류는 구성 탄소 중 한 개의 카보닐기를 가지는데 카보닐기가 알데하이드(aldehyde)기인 단당을 알도스(aldose), 케톤(ketone)기인 단당을 케토스(ketose)라고 한다(그림 3-1). 알도스에서는 알데하이드기의 탄소로부터 순서대로 탄소번호를 붙이기에 카보닐기인 알데하이드기가 1번 탄소에 위치하고 있으며, 케토스에서는 카보닐기인 케톤기가 2번 탄소에 위치하고 있다. 대표적인 단당류인 포도당은 알도스이며 과당은 케토스이다.

2) 단당류의 이성질체

단당류는 여러 개의 키랄 탄소(chiral carbon, chiral은 손이라는 의미)를 가지고 있다. 키랄 탄소란 4개의 서로 다른 원자단이 붙어 있는 비대칭 탄소(asymmetric carbon)를 의미한다. 비대칭(asymmetric)은 거울상에서 서로 포개 놓을 수 없다는 의미로 오른손과 왼손과의 관계와 같다. 키랄 탄소는 분자량과 구조식은 같지만 원자의 공간 배열이 다른 거울상 이성질체(enantiomer)을 가지게 된다.

단당류 구조의 기본이 되는 삼탄당인 글리세르알데하이드(glyceraldehyde)로 설명해 보면 2번 탄소원자에 4개의 서로 다른 원자단이 연결되어 있기에 2번 탄소원자는 키랄 탄소이고 두 개의 거울상 이성질체를 가진다(그림 3-2).

거울상 이성질체는 키랄 탄소에 결합되어 있는 하이드록시기의 위치에 따라 D-형과 L-형으로 구분하는데 글리세르알데하이드에는 키랄 탄소에 하이드록시기가 오른쪽에 있는 D-글리세르알데하이드와 왼쪽에 있는 L-글리세르알데하이드가 있다. 하이드록시기가 많은 단당류에서는 카보닐 탄소로부터 가장 먼 키랄 탄소(오탄당에서는 4번 탄소, 육탄당에서는 5번 탄소)와 결합한 하이드록시기의 위치에 따라 D-형과 L-형으로 구분한다. 육탄당인 글루코스(glucose, 포도당)의 두 개의 거울상 이성질체는 5번 탄소에 붙어 있는 하이드록시기의 위치에 따라 D-글루코스와 L-글루코스로 구분할 수 있다(그림 3-3). 자연계에는 L-형보다는 D-형이 더 많이 존재한다. 글루코스의 경우에는 D-글루코스는 체내에서 에너지원으로 이용되지만 L-글루코스는 생리적 작용이 없다.

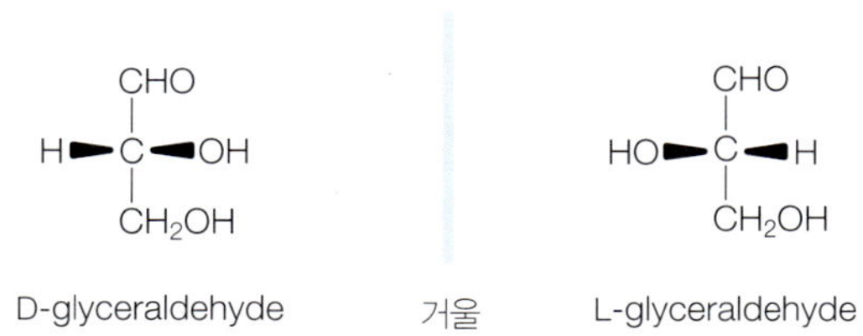

그림 3-2 글리세르알데하이드의 거울상 이성질체

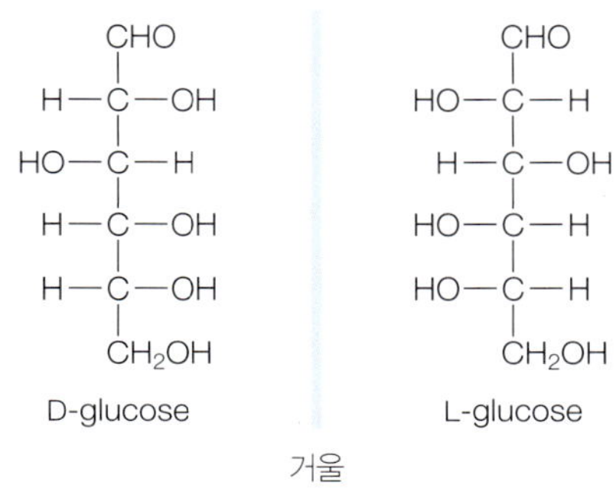

그림 3-3 글루코스의 거울상 이성질체

단당류의 구조적 연관성을 이해하기 위하여 삼탄당인 글리세르알데하이드와 다이하이드록시아세톤(dihydroxyacetone)에 새로운 키랄 탄소가 첨가된 유도체들을 Fisher 투영식(Fisher projection)으로 D-형의 알도스와 케토스의 구조와 명칭을 그림 3-4에 나타냈다. 그러나 그들 중 실제로 자연계에 존재하는 단당류는 일부이다.

단당류의 입체이성질체(stereoisomer)는 키랄 탄소의 수에 의해 결정된다. 입체이성질체의 총수는 2^n(n: 키랄 탄소수)으로 계산되며 포도당의 경우 2번, 3번, 4번, 5번 탄소가 키랄 탄소이기에 입체이성질체의 총수는 2^4=16종(D-알도스 8종, L-알도스 8종)이 된다(그림 3-5).

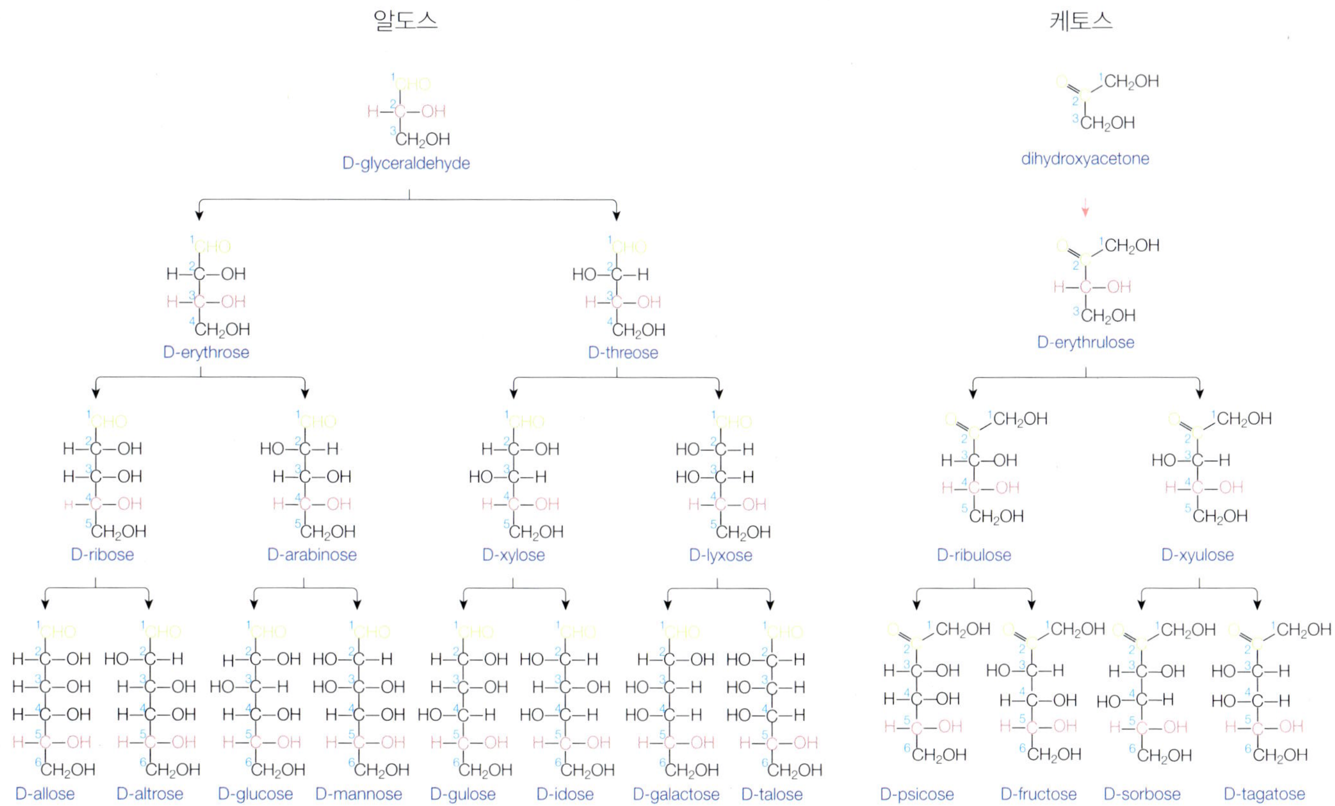

그림 3-4 D계열의 알도스와 케토스

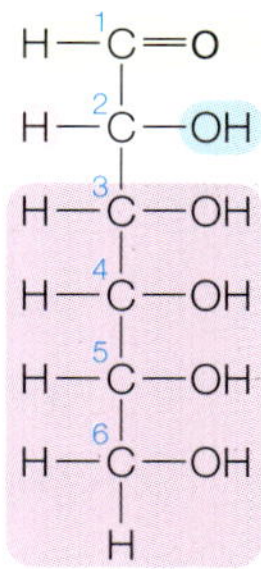

그림 3-5 포도당의 키랄 탄소

포도당과 같이 육탄당인 D-갈락토스(D-galactose)와 D-마노스(D-mannose)도 서로 입체이성질체의 관계에 있다. 포도당과 D-갈락토스는 다른 키랄 탄소에서의 4개의 원자단의 위치가 같은데 4번 탄소에서는 하이드록시기의 위치가 다르며 D-마노스와는 2번 탄소에서 하이드록시기의 위치가 다르다. 이와 같이 다른 키랄 탄소에서의 입체배치는 같고 단 1개의 키랄 탄소에서만 입체배치가 다른 것을 에피머(epimer)라고 한다(그림 3-6). 그래서 포도당과 갈락토스, 포도당과 마노스는 서로 에피머이지만 갈락토스와 마노스는 서로 에피머 관계는 아니다.

TIP Fisher 투영식과 Haworth 투영식

Fisher 투영식(Fisher projection)은 3차원의 유기화합물을 2차원으로 표기하는 방법이다. Fisher 투영식의 모든 공유결합은 가로선 또는 세로선으로 표시하며 탄소사슬은 세로로 나타내고 탄소원자에서 교차점으로 가로로 표시하여 다른 분자를 표시한다. Fisher 투영식은 키랄 탄소를 표시하는 데 효율적인 방법이다.

Haworth 투영식(Haworth projection)은 고리 형태의 단당류를 3차원으로 단순하게 표기하는 방법이다. 탄소는 그림에 직접 표시하지 않고 아래 그림에서와 같이 1번에서 6번의 원소가 탄소이다. 탄소의 연결된 수소원자도 표시하지 않는다. 아래의 그림에서 보여주듯이 두꺼운 선은 구조를 보는 방향에서 가장 가까운 분자를 나타낸다.

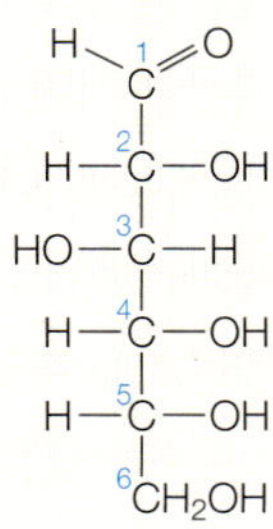

포도당의 Fisher 투영식

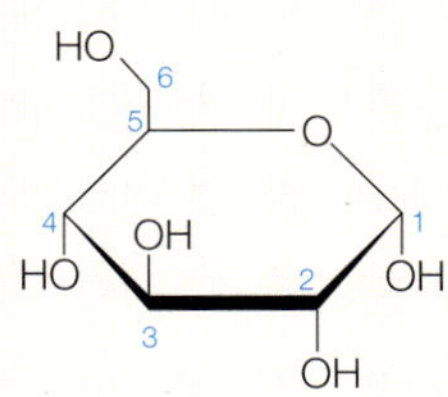

포도당의 Haworth 투영식

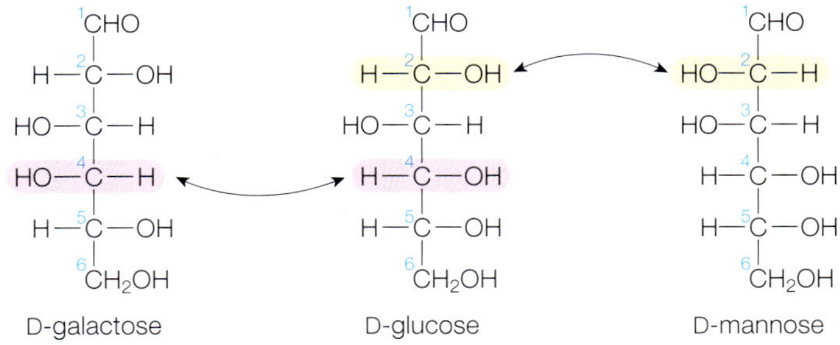

그림 3-6 포도당의 입체이성질체(에피머)

3) 단당류의 환식(ring form) 구조

단당류의 알도스와 케토스는 수용액상에서 열린 사슬(open chain) 구조와 고리형 구조인 환식 구조가 동시에 존재한다. 단당류의 환식 구조는 같은 분자 내에 하이드록시기와 알데하이드기에 의한 헤미아세탈(hemiacetal), 하이드록시기와 케톤기에 의한 헤미케탈(hemiketal)에 의해 생성된다(그림 3-7).

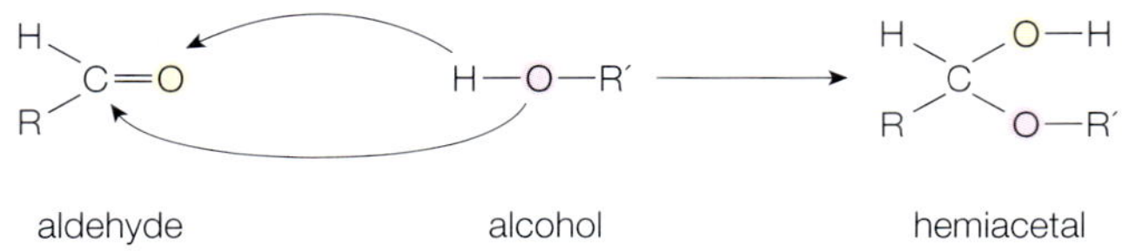

그림 3-7 헤미아세탈

포도당의 경우 5번 탄소에 붙어 있는 하이드록시기와 1번 탄소의 알데하이드와 반응하여 6원자 고리형의 피라노스(pyranose)를 형성한다(그림 3-8). 열린 사슬 구조에서 고리형 구조로 바뀌면 1번 탄소는 헤미아세탈 탄소로서 새로운 키랄 탄소(아노머 탄소라고 함)가 되기에 배열이 다른 두 종류의 입체이성질체가 존재하게 되는데 이와 같은 이성질체를 아노머(anomer)라고 한다. Haworth 투영식으로 나타낼 때 하이드록시기의 위치에 따라 α와 β로 나눌 수 있는데 포도당의 경우 1번 탄소의 하이드록시기가 2번 탄소의 하이드록시기와 같은 쪽에 있으면 α-포도당이라 하며 2번 탄소의 하이드록시기와 반대쪽에 있으면 β-포도당이라 부른다. 포도당의 대부분은 6원자 고리형을 이루고 있으나 간혹 5원자 고리형일 때도 있으며 산소를 포함한 5원자 고리 헤미아세탈을 푸라노스(furanose)라고 한다. 포도당이 6원자 고리형인 피라노스 형태일 때 글루코피라노스(glucopyranose)라고 부르고 5원자 고리형인 푸라노스일 때를 글루코푸라노스(glucofuranose)라고 부른다.

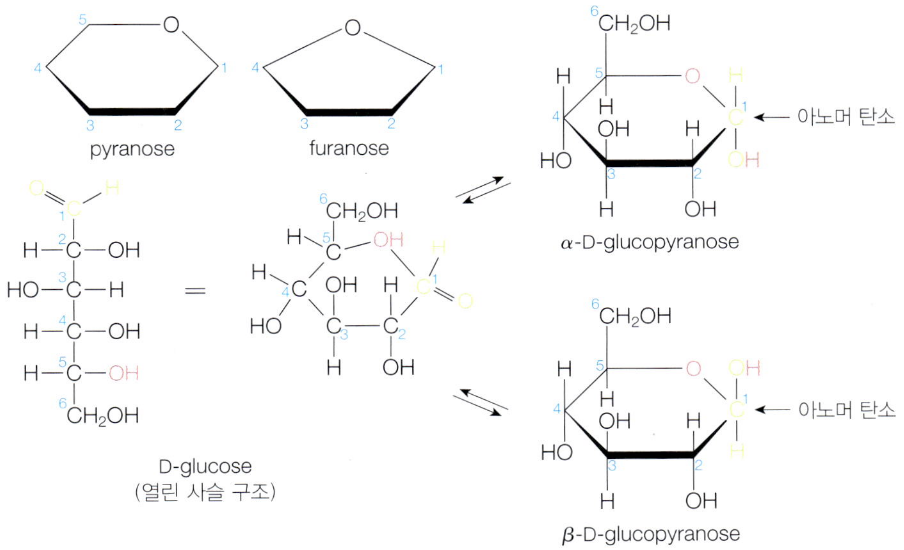

그림 3-8 포도당의 열린 사슬 구조와 환식 구조

과당(fructose)의 경우 2번 탄소와 5번 탄소 사이에 산소원자의 다리가 놓인 형태가 되어 5원자 고리형의 푸라노스를 형성한다. 과당의 경우도 환식으로 바뀌면서 2번 탄소가 새로운 키랄 탄소가 되기에 2종류의 입체이성질체가 존재하게 되고 α-과당과 β-과당을 형성한다(그림 3-9).

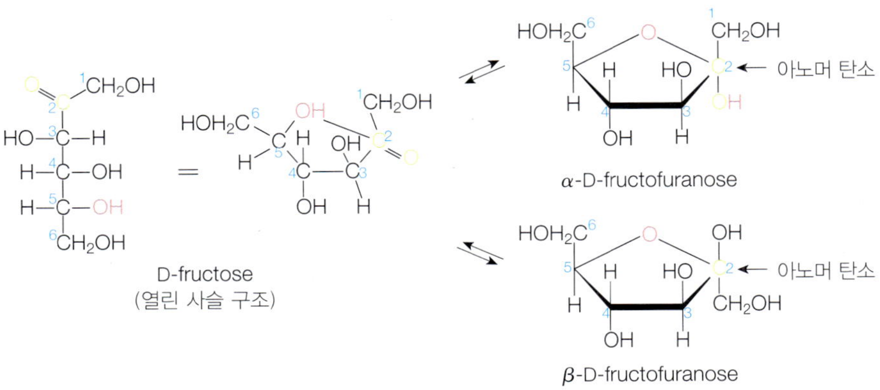

그림 3-9 과당의 열린 사슬 구조와 환식 구조

단당류는 수용액 상에서 5가지 서로 다른 분자 형태의 평형혼합물로 존재한다(그림 3-10). 5가지 분자 형태는 고리가 열리고 닫히는 사이에 6원자 고리형의 α형과 β형, 5원자 고리형의 α형과 β형, 그리고 열린 사슬 구조의 알데하이드형이다. 포도당의 경우

30°C 수용액에서 α형의 6원자 고리형(α-D-glucopyranose)이 37%, β형의 6원자 고리형(β-D-glucopyranose)이 62%, α형의 5원자 고리형(α-D-glucofuranose)이 0.5%, β형의 5원자 고리형(β-D-glucofuranose)이 0.5%, 열린 사슬 알데하이드형이 0.002%로 이루어져 있다. 즉 포도당 수용액에서는 피라노스형이 99%로 주를 이루고 있다.

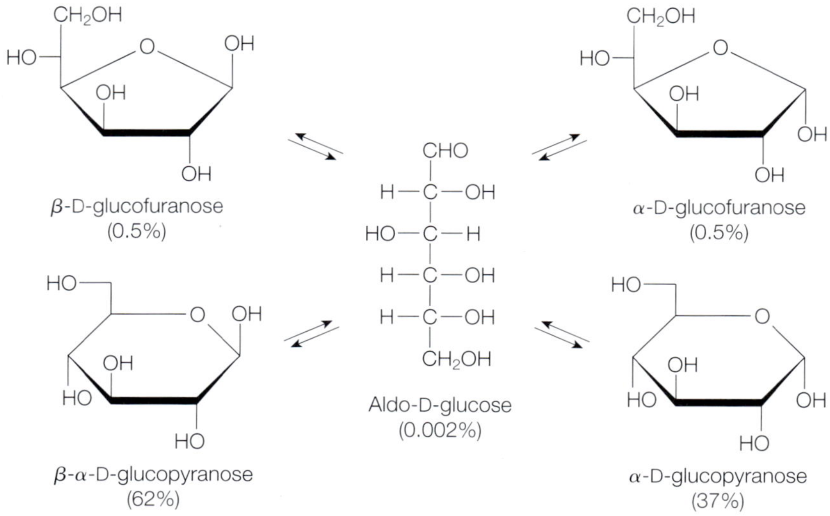

그림 3-10 포도당의 수용액에서의 평형 혼합물

4) 주요 단당류

자연계에 분포량이 가장 많고 가공식품류에 널리 사용되고 있는 주요한 단당류는 오탄당(pentose)과 육탄당(hexose)이다. 삼, 사, 칠탄당은 광합성 및 당대사 과정에서 생성되는 중간체로 인체에서 중요한 물질이지만 분포량은 매우 적다. 단당류의 대부분은 자연계에서 유리 상태로 존재하지 않고 올리고당류나 다당류의 구성단위로 존재한다.

TIP ▶ 온도에 따른 과일 단맛의 차이

과일을 냉장고에 넣어 둔 후 차게 하여 섭취하면 더 달게 느껴진다. 그 이유는 과일 속에 들어 있는 과당의 α형과 β형에 따라 단맛의 강도가 다르기 때문이다. 과당의 β형은 α형에 비해 약 3배의 단맛을 가진다. 과당 수용액이 0°C인 경우는 α형과 β형이 3:7의 비율로 존재하나 온도가 올라감에 따라 β형이 감소하고 α형이 증가하여 80°C에서는 α형과 β형의 비율이 7:3이 된다. 따라서 온도가 낮을수록 단맛이 훨씬 강한 β형의 과당이 많아지기 때문에 과일을 차게 하면 단맛이 강해진다.

(1) 오탄당(pentose)

오탄당은 헤미셀룰로스(hemicellulose)나 핵산(nucleic acid)의 성분으로 존재하며 자연계에 유리 상태로 거의 존재하지 않는다. 식품에서 주요한 오탄당은 자일로스(xylose), 아라비노스(arabinose), 리보스(ribose) 등이다(그림 3-11).

D-자일로스는 목재, 짚, 쌀겨, 견과류의 껍질 등에 함유되어 있는 다당류인 자일란(xylan)의 구성 당이다. 자일로스는 비교적 단맛이 강하고 체내에서 에너지로 이용되지 않기에 무칼로리감미료(no-calorie sweetener)로 이용되고 있다.

L-아라비노스는 아라비아 검의 주성분인 아라반(araban)의 구성 단당류이며 펙틴(pectins)이나 헤미셀룰로스(hemicellulose)의 구성성분으로 식물체에 존재한다.

D-리보스는 핵산의 한 종류인 RNA의 구성당이며(참고: 핵산의 한 종류인 DNA의 구성당은 D-리보스의 유도당인 데옥시리보스) ATP, NAD, NADP, coenzyme A 등의 조효소 및 비타민 B_2, 비타민 B_{12}의 구성성분으로 생리적으로 중요한 물질을 구성하는데 필요한 오탄당이다.

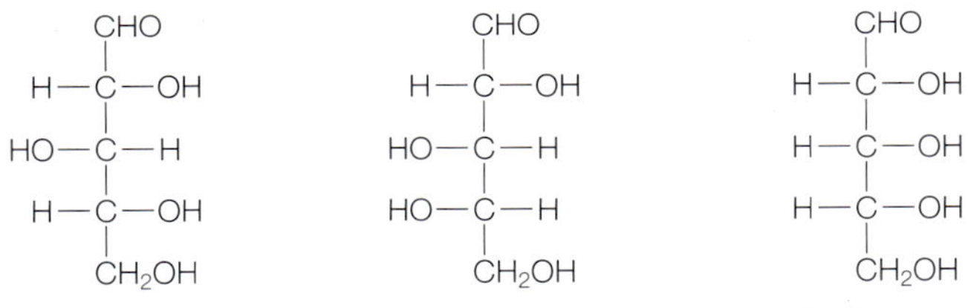

그림 3-11 주요 오탄당의 구조

(2) 육탄당(hexose)

육탄당은 각종 식품류에 널리 분포되어 있으며 자연계에 존재하는 대부분 탄수화물의 주요 구성성분이다. 식품가공이나 저장과정에서 중요한 역할을 하는 단당류의 대부분은 육탄당이며 단맛을 가지고 있어 감미료로도 널리 이용되고 있다. 대표적인 육탄당은 D-글루코스(포도당), D-프럭토스(과당), D-갈락토스, D-마노스이다(그림 3-12).

포도당(D-glucose, dextrose)은 알데하이드기를 가지는 육탄당인 알도헥소스(aldohexose)의 하나로 식품에 가장 널리 분포되어 있는 당으로 모든 과일과 채소에 존재하며 전분, 셀룰로스, 글리코젠 등의 다당류와 자당(sucrose), 전화당(invert sugar) 등의 올리고당류의 구성성분이다. 포도당은 체내 혈액 속에도 약 0.1%가 존재하며 생체의 에너지원으로 가장 중요한 당이다. 포도당의 단맛은 자당의 70~80% 정도이며 결정포도당이나 분말포도당은 다양한 가공식품에서 감미료로 널리 이용되고 있다.

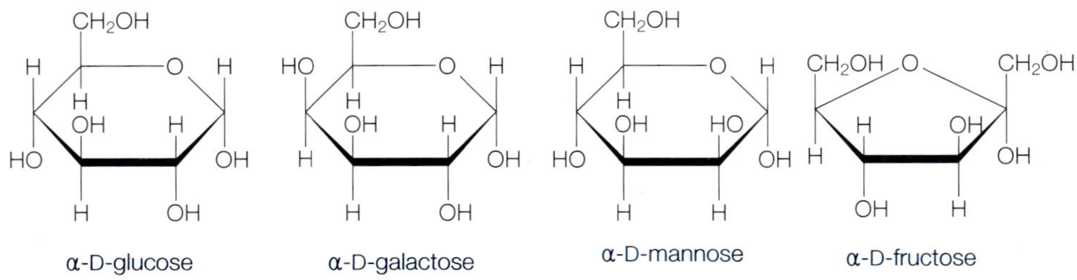

그림 3-12 주요 육탄당의 구조

과당(D-fructose)은 케톤기를 가지는 육탄당인 케토헥소스(ketohexose)의 하나로 모든 과일과 벌꿀에 많이 함유되어 있다. 또한 과당은 돼지감자에 많이 들어 있는 이눌린(inulin)의 구성당이기도 하다. 과당은 천연 당류 중에서 단맛이 가장 강해 설탕의 1.5배 정도에 이르기에 감미료로 사용된다. 과당은 용해성이 커서 다른 단당류에 비해 결정화하기 어려운 점이 있다.

갈락토스(D-galactose)는 천연식품에 유리형으로는 존재하지 않으며 올리고당류나 다당류의 구성성분으로 발견된다. 우유 및 모유에 함유되어 있는 유당(lactose)은 D-갈락토스와 D-글루코스가 결합되어 있어 우유가 발효될 때 유당에서 분해되면서 D-갈락토스가 유리된다. 갈락토스는 라피노스(raffinose) 같은 일부 올리고당류와 한천(agar), 아라비아검(gum arabic) 등의 구성당이며 동물의 뇌, 신경조직의 당지질인 세레브로사이드(cerebroside)의 구성성분이기도 하다.

마노스(D-mannose)는 자연계에서는 유리형으로 거의 존재하지 않으며 곤약(konjac)에 들어 있는 만난(mannan)의 구성당이며 체내에서 거의 대사되지 않는다.

5) 단당류의 성질

(1) 친수성(hydrophilicity)

단당류는 물분자와 수소결합을 할 수 있는 하이드록시기(OH)를 많이 가지고 있기 때문에 친수성이 크다. 모든 단당류는 분자 내의 하이드록시기가 물분자와 수소결합을 통하여 수화(hydration)되어 물에 잘 용해되는 성질이 있다.

(2) 이성질화(isomerization)

탄소수가 같은 알도스와 케토스는 서로 이성질체(isomer)이다. 포도당(D-글루코스)을 수용액에서 약알칼리성으로 처리하며 시간이 지나면서 수용액에는 케토스인 D-프럭토스와 알도스인 D-마노스가 생성되어 3종의 단당 혼합액이 형성된다. 이런 변화는 단당류의 이성질화 현상에 의한 것이다. 이성질화 현상은 알데하이드기나 케톤기와 그 옆의 탄소에 붙어있는 하이드록시기에 의해 일어난다. D-글루코스와 D-마노스의 1번 탄소의 알데하이드기와 2번 탄소의 하이드록시기의 반응과 D-프럭토스의 2번 탄소의 케톤기와 1번 탄소의 하이드록시기의 반응에 의해 엔디올(endiol)이 형성되고 이 엔디올을 통해 3종류의 이성질체가 평형을 이루게 된다(그림 3-13). 이성질화 현상은 알칼리뿐만 아니라 이성화효소(isomerase)에 의해서도 일어난다. 저칼로리 감미료(low-calorie sweetner)로 이용되고 있는 D-타가토스(D-tagatose)도 D-갈락토스의 이성질화에 의해 생성된다.

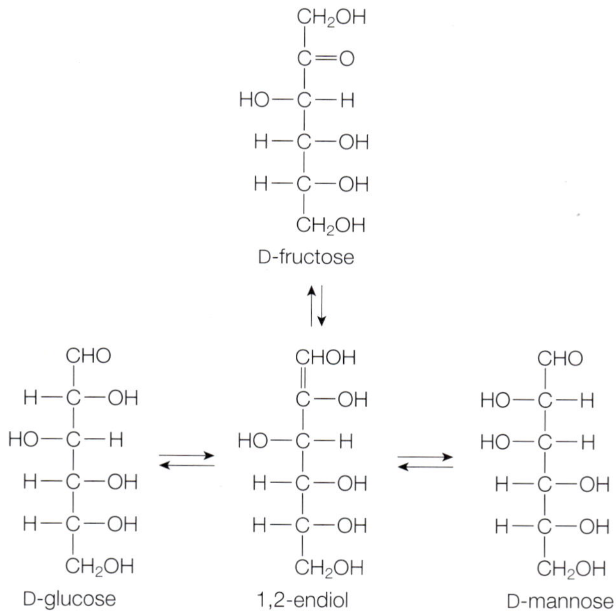

그림 3-13 D-glucose, D-mannose, D-fructose의 이성질화

TIP 타가토스(Tagatose)

타가토스는 육탄당으로 케톤기를 가진 케토헥소스(ketohexose)이며 과일, 우유, 치즈 등에 존재하는 천연 당류이다. 설탕과 가장 유사한 단맛을 가지고 있으면서 칼로리가 1.5 kcal/g으로 설탕에 비해 낮기 때문에 여러 제품에 적용 시 건강과 맛을 만족시킬 수 있는 대체 감미료로 판매되고 있다. 타가토스는 열에 안전성을 가지며 치아를 썩게 하는 위험성이 설탕에 비해 현저히 낮다고 보고되고 있다. 인체적용 실험을 통하여 타가토스를 식후 섭취하면 혈당증가 수준이 낮아지는 것을 확인하여 식품의약품안전처로부터 기능성과 안전성을 인정받았다.

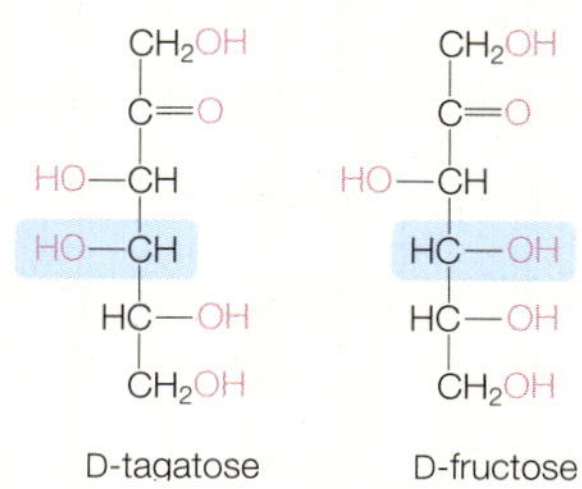

(3) 환원성

단당류는 알칼리 수용액에서 불안정하기에 쉽게 산화가 된다. 모든 단당류는 이와 같이 환원성을 가지고 있기에 환원당(reducing sugar)이라고 부른다. 알데하이드기를 가진 알도스는 산화제에 의해 쉽게 산화가 진행되나 케톤기를 가진 케토스는 알도스에 비해 산화되기 어렵다. 그러나 알칼리 조건에서 케토스는 알도스로 이성질화가 이루어진 후 산화가 되기 때문에 케토스도 환원성을 갖는 환원당이라고 한다.

환식 구조에서 아노머탄소에 결합되어 있는 하이드록시기인 글리코사이드(glycoside) 하이드록시기가 다른 탄소에 결합되어 있는 하이드록시기에 비해 반응성이 가장 높아 환원성이 가장 강하다. 단당류와 이당류는 글리코사이드 하이드록시기의 존재의 유무에 따라 환원당과 비환원당으로 구분된다. 모든 단당류와 이당류 중 맥아당(maltose), 유당(lactose) 등은 글리코사이드 하이드록시가 있어 환원당이고 자당은 글리코사이드 하이드록시기가 존재하지 않아 비환원당이라 한다.

6) 단당류의 화학반응과 당유도체들(유도당, derived sugar)

단당류를 포함한 탄수화물은 카보닐기와 하이드록시기를 가지고 있으며 이들은 반응성이 높기에 여러 가지 화학반응에 관여한다. 단당류나 올리고당류의 화학반응은 주로 카보닐기와 하이드록시기에 의해 진행된다. 자연계에는 단당류나 올리고당류의 산화, 환원, 치환 등의 화학반응으로 형성된 유도체들이 존재한다. 이러한 물질들 중에는 체내에서 특정한 생리적 기능을 나타내고 식품산업에서 유용하게 활용되는 것들이 많다.

(1) 산화(oxidation)

① 우론산(uronic acid)

단당류의 제1차 하이드록시기(D-글루코스에서는 6번 탄소에 연결된 하이드록시기)가 산화되어 카복실기(carboxyl group, -COOH)로 전환된 것으로 한 분자 내 알데하이드기와 카복실기를 동시에 가지고 있다. D-글루코스의 6번 탄소의 하이드록시기가 산화되면 D-글루쿠론산(D-glucuronic acid)이 형성된다(그림 3-14). 간에서 글루코스로부터 글루쿠론산을 형성하여 페놀류 등의 유독물질과 결합하여 소변으로 배설한다.

② 알돈산(aldonic aicd)

알도스는 주로 고리 구조인 헤미아세탈로 존재하나 일부는 열린 사슬 구조인 알데하이드형을 이루고 있다. 알도스의 알데하이드기는 산화제에 의해 쉽게 산화되어 카복실

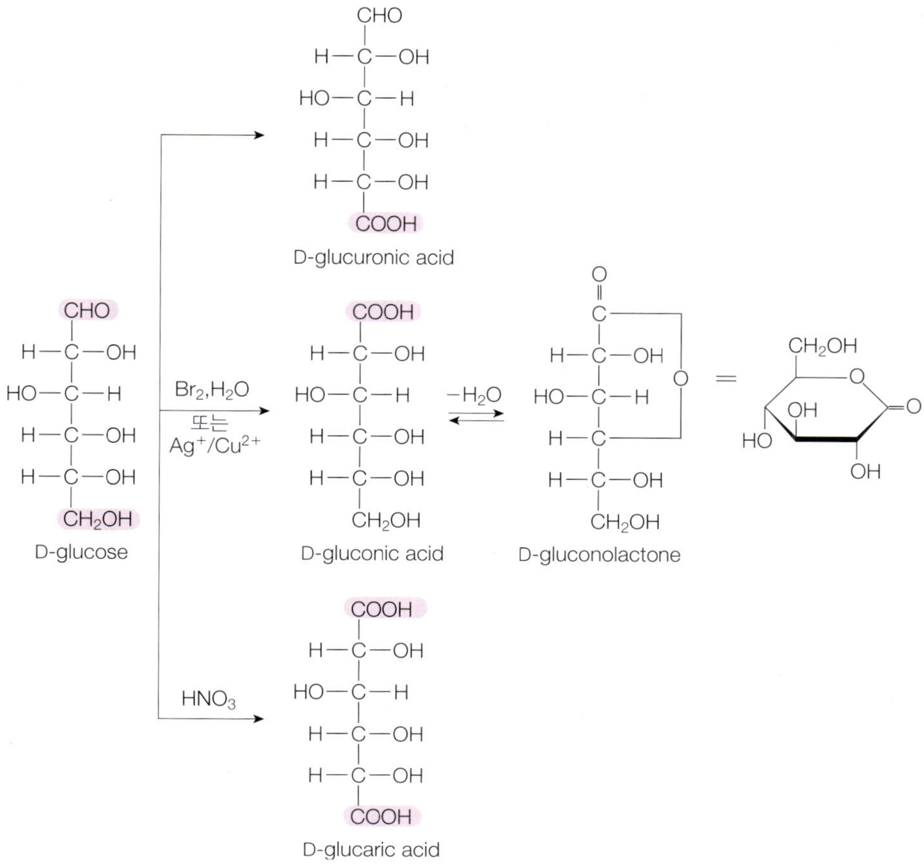

그림 3-14 D-glucose의 산화형

기로 변하는데 이를 알돈산(aldonic acid)이라고 한다. D-글루코스의 알돈산을 D-글루콘산(D-gluconic acid)이라고 한다.

알도스에서 알돈산으로 산화되는 과정에 근거하여 단당류의 정성 및 정량법이 고안되었다. 알도스는 Tollens 시약(Ag^+), Felhing 시약(Cu^{2+}), Benedict 시약(Cu^{2+})과 반응하여 알돈산으로 산화하고 시약들은 환원된다(그림 3-15). 환원된 시약들은 발색하게 되고 발색정도를 통하여 알도스의 함량을 측정할 수 있다.

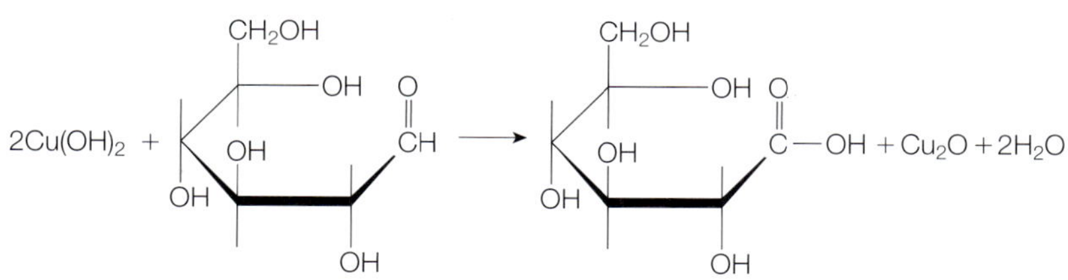

그림 3-15 글루코스의 Fehling 시약과의 반응

③ 알다르산(aldaric acid)

알도스를 강산과 함께 가열하면 알데하이드기와 제1차 하이드록시기가 모두 산화되어 2개의 카복실기를 가지는 알다르산(aldaric acid)을 형성한다. D-글루코스의 알다르산을 글루카르산(glucaric acid)이라고 하며(그림 3-14), D-갈락토스의 알다르산을 갈락타르산(galactaric acid)이라고 한다.

④ 락톤(lactone)

알돈산(aldonic acid)의 카복실기는 δ위치(글루코스의 경우 5번 탄소)의 하이드록시기와 쉽게 분자 내 에스터(ester) 결합을 이루어 고리형 화합물인 락톤(lactone)을 형성한다. 글루코스로부터 얻어진 락톤인 GDL(D-glucono-δ-lactone)은 제빵산업에서 팽창제(leavening agent)나 보존제(preservative)로 이용되며 유제품산업에서도 pH을 조절하면서 제품의 저장기간을 늘리는 데 이용된다.

(2) 환원(reduction)

① 당알코올(sugar alcohol)

당알코올은 단당류나 올리고당류의 1번 탄소의 카보닐기가 환원되어 하이드록시기(알코올기, $-CH_2OH$)로 바뀐 화합물이다(그림 3-16). 당알코올은 알디톨(alditol), 폴리하드록시 알코올(polyhydroxy alcohol), 폴리올(polyol) 등으로 부른다. 단당류의 당알코올인 에리트리톨(erythritol), 자일리톨(xylitol), 소비톨(sorbitol), 마니톨(mannitol)

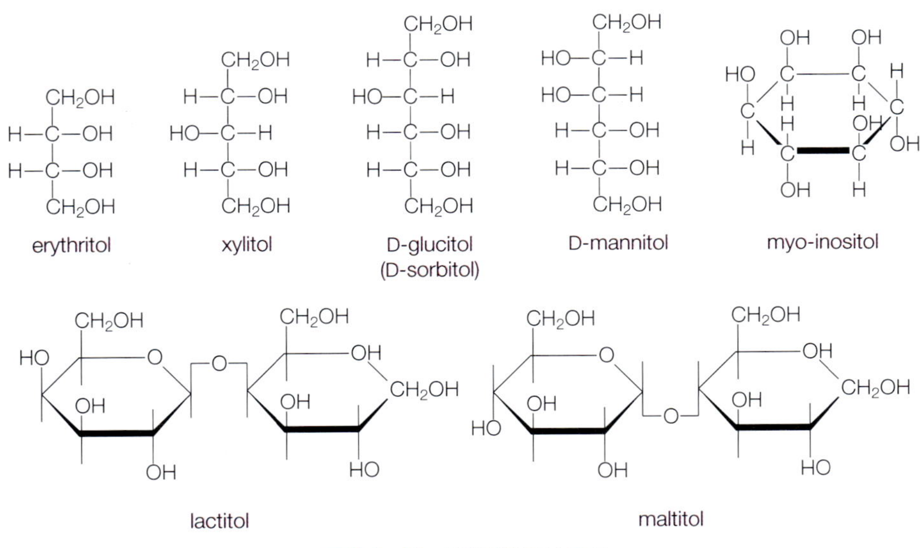

그림 3-16 당알코올류의 구조

은 과일과 채소에 존재하기도 하며 산업적으로는 화학적 합성법이나 미생물을 이용한 발효법으로 생산한다. 올리고당류의 당알코올인 락티톨(lactitol), 말티톨(maltitol)은 자연계에 존재하지는 않으나 화학적, 효소적 방법으로 제조된다. 당알코올은 물에 잘 녹고 단맛을 가지고 있으며 칼로리가 낮아 저칼로리 감미료로 사용되고 있다(표 3-2).

표 3-2 ▸ 주요 당알코올류의 종류와 특성

종류	특성
에리트리톨 (erythritol)	▸ 과일이나 버섯에 존재하고 효모에 의한 발효법으로 생산 ▸ 감미도는 0.8 정도이며 칼로리가 매우 낮음(0.2 kcal/g) ▸ 흡습성이 낮고 청량감(cooling effect)이 강하며 용해도가 낮음
자일리톨 (xylitol)	▸ 오탄당인 자일로스를 환원시킨 것으로 껌과 캔디에 많이 사용 ▸ 감미도는 1.0으로 설탕과 비슷하며 칼로리는 설탕보다 낮음(2.4 kcal/g) ▸ 충치예방과 함께 청량감이 매우 강함
소비톨 (sorbitol)	▸ 육탄당인 포도당이 환원된 것으로 배나 체리에 존재 ▸ 감미도는 0.6 정도이며 칼로리는 2.6 kcal/g ▸ 껌, 캔디, 치약 등에 많이 사용되고 비타민 C의 합성원료로도 사용
마니톨 (mannitol)	▸ 육탄당인 마노스가 환원된 것으로 해조류, 버섯 등에 존재하며 곶감, 다시마 등 표면의 흰가루 ▸ 감미도가 0.5 정도이며 칼로리가 낮음(1.6 kcal/g) ▸ 흡습성이 낮고 용해도가 낮으며 결정화가 쉽게 됨
미오이노시톨 (myo-inositol)	▸ 고리형 당알코올(cyclitol)로서 두류와 과일, 동물의 근육 등에 존재 ▸ 식물에서 피트산(phytic acid) 형태로 존재하여 칼슘이나 마그네슘과 결합하여 무기질의 생체이용률 감소 ▸ 항산화, 암예방, 심혈관질환 조절 등의 생리활성 효과
말티톨 (maltitol)	▸ 올리고당류인 맥아당(maltose)을 환원한 것으로 무설탕 초콜릿 제조에 사용 ▸ 감미도는 0.8 정도이며 칼로리는 설탕의 절반 정도(2.1 kcal/g) ▸ 청량감은 거의 없으며 물성은 설탕과 비슷함

(3) 치환(substitution)

① 데옥시당(deoxy sugar)

데옥시당은 데옥시가 산소가 없다는 의미이기에 단당류의 하이드록시기가 수소로 치환된 화합물을 말한다. 자연계에 발견되는 데옥시당의 종류는 매우 적다. 오탄당인 D-리보스의 2번 탄소에서 하이드록시기가 수소로 치환된 2-데옥시-D-리보스(2-deoxy-D-ribose)는 DNA의 구성성분으로 동·식물계에 널리 분포한다(그림 3-17).

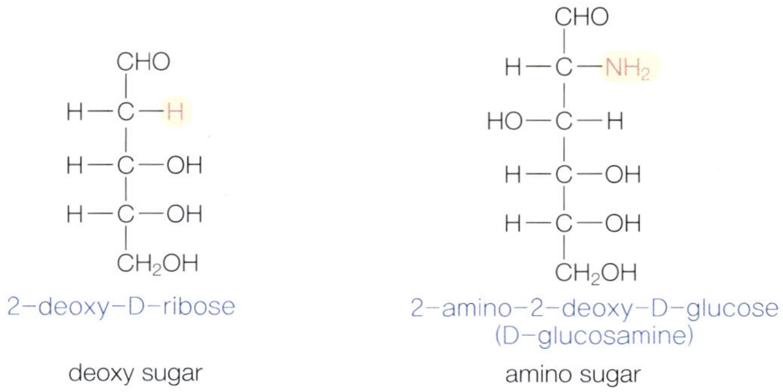

그림 3-17 데옥시당과 아미노당의 구조

② 아미노당(amino sugar)

아미노당는 단당류의 하이드록시기 1개가 아미노기(NH_2)로 치환된 화합물을 의미한다. 자연계에서 주로 발견되는 아미노당은 단당류의 2번 탄소에 하이드록시기가 아미노기로 치환된 글루코사민(D-glucosamine)과 갈락토사민(D-galactosamine)이다(그림 3-17). 이들 아미노당은 갑각류의 껍질의 주성분인 키틴이나 연골의 당단백질인 황산콘드로이틴의 구성성분이다.

③ 배당체(glycoside)

배당체는 단당류의 아노머 탄소의 하이드록시기와 비당류의 하이드록시기가 축합반응에 의해 형성된 것으로 식물계에 널리 분포되어 있다. 당부분을 글리콘(glycone), 비당부분을 아글리콘(aglycone)이라고 하며, 아글리콘의 종류에 따라 여러 가지 배당체가 존재한다(그림 3-18). 배당체는 과일이나 채소의 색과 맛에 관여하는 성분들이 많으며 특이한 생리작용을 하며 독성을 갖기도 한다. 예를 들면 포도의 안토사이아닌(anthocyanin) 색소도 배당체 형태로 존재하며 독성을 나타내는 감자의 솔라닌(solanine), 매실의 아미그달린(amygdalin) 역시 배당체 형태로 존재한다.

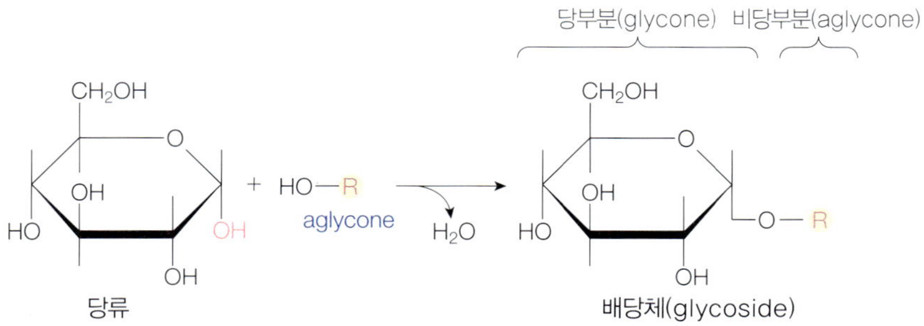

그림 3-18 배당체의 구조

배당체 형태로 자연에 존재하는 이유는 여러 가지 있다. 물에 녹기 어려운 아글리콘이 단당류와 결합함으로써 물에 용해되기 쉬운 형태로 되기 때문이며 생리활성을 나타내는 플라보노이드(flavonoid)의 경우 식물 내 존재하는 효소에 의해 플라보노이드가 분해되는 것을 막아 생리적 효과를 유지하기 위함이고 사이안화물(cyanide)을 포함하는 배당체는 단당류와 결합되어 독성이 있는 사이안화물이 방출되는 것을 막기 위해서이다.

TIP 아크릴아마이드(acrylamide)

아크릴아마이드는 환원당과 아미노산인 아스파라긴(asparagine)을 포함하는 식품을 120°C 이상의 고온에서 조리(frying, baking, roasting)할 때 생성되는 물질로서 신경독소물질(nerotoxin)이며 암을 유발할 수 있다고 여겨지고 있다. 감자칩이나 프렌치프라이 같은 감자튀김 제품에 주로 함유되어 있으며 일부 전분질 식품(크래커나 쿠키)이나 로스팅한 아몬드에서도 일부 함유된 것으로 알려져 있다. 아크릴아마이드는 환원당과 아스파라긴이 존재하여야 하며 고온(120°C 이상)과 비교적 낮은 수분을 가지면서 적당한 pH(5.0~7.0)에서 반응이 잘 일어난다. 따라서 아크릴아마이드는 ① 반응의 기질이 되는 환원당과 아스파라긴을 줄이거나 제거하거나 ② 조리온도를 낮추거나 ③ 유기산을 첨가하여 pH를 낮추거나 ④ 글리신(glycine)이나 글루타민(L-glutamine)을 첨가하여 경쟁적 반응을 유도하거나 ⑤ 커피의 로스팅의 경우 반응시간을 늘려 아크릴아마이드가 분해되도록 함으로써 식품 속 함유량을 줄일 수 있다.

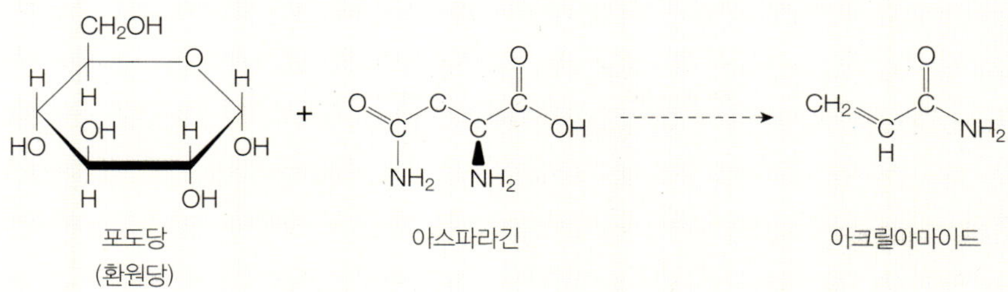

3. 올리고당류_*oligosaccharide*

올리고당류(oligo는 라틴어로 a few의 의미)는 일반적으로 오탄당이나 육탄당의 단당류가 2~10개가 연결된 탄수화물을 의미한다. 올리고당류를 구성하는 단당류의 수에 따라 이당류, 삼당류, 사당류 등으로 구분한다. 올리고당류는 자연계에서 분포량은 적으며 대부분은 다당류로부터 가수분해를 통하여 얻는다.

1) 이당류(disaccharide)

이당류는 두 분자의 단당류가 글리코사이드 결합(glycosidic linkage)으로 연결된 화합물을 의미한다(그림 3-19). 글리코사이드 결합이란 피라노스 또는 푸라노스의 하이드록시기와 다른 단당류의 하이드록시기 사이의 축합반응을 말한다. 글리코사이드 결합은 주로 한 분자의 1번 탄소와 연결된 다른 분자의 4번 탄소가 연결된 결합(1 → 4)과 1 → 6 결합이지만 1 → 2, 1 → 3 결합도 존재한다. 식품에서 중요한 이당류는 맥아당(maltose), 자당(sucrose), 유당(lactose) 등이다.

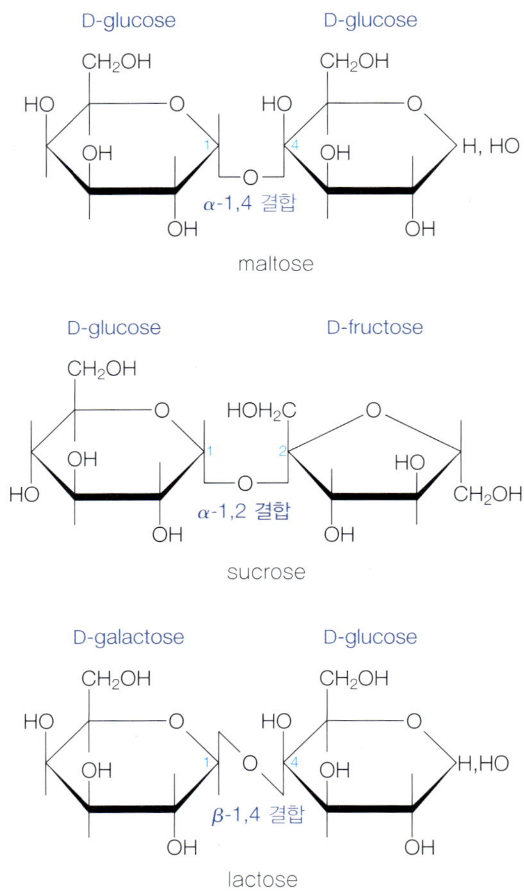

그림 3-19 이당류의 구조

(1) 맥아당(maltose)

맥아당은 엿당이라고도 하며 다당류인 전분을 가수분해하여 얻어지는 이당류이다.

두 분자의 글루코스가 α-1,4 글리코사이드 결합으로 연결되어 있다. 하나의 글루코스(α-D-glucopyranose)의 아노머 탄소(1번 탄소)의 하이드록시기가 다른 글루코스(α- 또는 β-D-glucose)의 4번 탄소의 하이드록시기에 연결된 구조이다. 두 번째 글루코스의 아노머 탄소가 결합되지 않은 상태로 열린 사슬 알데하이드형과 고리형의 피라노스와 평형 상태에 있기에 환원성을 나타내는 당류이다. 맥아당의 구조를 간단히 α-D-Glcp-(1 → 4)-D-Glc로 표현하기도 한다. Glc는 글루코스(glucose)을 간단히 표현한 것이고 p는 pyranose을 의미하며 두 번째 글루코스에 p를 붙이지 않은 이유는 앞서 언급하였듯이 열린 사슬과 고리형이 평형상태에 있기 때문이다.

맥아당은 자연계에는 거의 분포하지 않으며, 발아곡식의 전분이 β-아밀라아제(amylase)에 의해 가수분해되어 일부 존재한다. 맥아당을 환원시킨 당알코올이 말티톨(maltitol)이며 저칼로리 감미료로 많이 이용되고 있다.

(2) 자당(sucrose)

자당은 서당, 설탕이라고도 하며 과일, 꽃, 종자, 벌꿀 등의 식물계에 널리 분포되어 있다. 특히 사탕수수나 사탕무에 14~20% 정도로 많이 함유되어 있어 제당의 원료가 된다. 자당은 글루코스(α-D-glucopyranose)의 1번 탄소와 프럭토스(β-D-fructofuranose)의 2번 탄소 사이의 글리코사이드 결합으로 연결된 이당류로 구조를 간단히 α-D-Glcp-(1 → 2)-β-D-Fruf로 표현한다. 자당의 구조적 특징은 글루코스의 아노머 탄소(1번 탄소)의 하이드록시기와 프럭토스의 아노머 탄소(2번 탄소)의 하이드록시기가 축합반응에 의해 형성되었기에 환원성을 나타내지 않는다. 일반적으로 다른 올리고당류나 다당류는 아노머 탄소(환원성 말단)와 비아노머 탄소(비환원성 말단) 사이의 결합으로 이루어져 머리-꼬리(head-to-tail)방식으로 결합되어 있으나 자당은 특이하게 환원성 말단과 환원성 말단이 결합(head-to-head)하고 있다. 따라서 자당은 환원성이 없기에 환원당 측정에 사용되는 Fehling 시약이나 Tollens 시약과 반응하지 않는다.

자당은 환원성을 나타내지 않기에 산화되기 어렵고 다른 환원당에 비해 안정한 화합물이다. 이런 특성은 온도에 따라 다양한 이성질체를 만들지 않기에 감미도의 변화가 적어 감미의 표준물질로 사용되는 이유이기도 하다(표 3-3).

그러나 자당을 녹는점보다 더 높은 온도(180~200°C)로 가열하면 자당의 분해산물들이 중합이나 축합반응에 의해 갈색색소를 형성하는 캐러멜화 반응(caramelization)이 일어나며 생성된 캐러멜은 가공식품의 첨가제로 이용되고 있다.

자당은 두 구성 당 사이의 글리코사이드 결합이 불안정하여 묽은 산이나 효소(invertase)에 의해 쉽게 가수분해되어 D-글루코스(포도당)와 D-프럭토스(과당)의 혼합

표 3-3 ▸ 당류의 상대적 감미도

당류	상대적 감미도	당알코올류	상대적 감미도
과당(fructose)	120~180	자일리톨(xylitol)	100
전화당(invert sugar)	130	말티톨(maltitol)	70~90
자당(sucrose)	100 = 기준물질	에리트리톨(erythritol)	70
타가토스(tagatose)	92	마니톨(mannitol)	70
포도당(glucose)	70~80	소비톨(sorbitol)	50~70
맥아당(maltose)	30~50	락티톨(lactitol)	40
자일로스(xylose)	40		
유당(lactose)	20		

물이 되는데 이를 전화당(invert sugar)이라고 한다. 자당은 광회전성이 우회전성(+66.5)이나 가수분해되어 포도당과 과당의 혼합물이 생성되면 광회전성이 좌회전성(−20.0)으로 변하기 때문에 전화당이라는 이름이 붙여졌다. 꿀벌을 비롯한 곤충들은 전화효소(invertase)를 가지고 있기에 전화당을 생성한다. 그래서 꿀은 포도당, 과당, 자당의 혼합물로 구성되어 있다. 전화당은 자당보다 감미도가 높으며 용해도가 증가하여 결정 형성이 잘 되지 않아 농후한 시럽이나 결정성 캔디를 만드는 과정에 효과적이다.

TIP ▸ 광회전성(specific optical rotation)

광회전성이란 직선편광(linear polarized light)의 편광면이 시료를 통과하면서 일정한 각도로 회전하는 성질을 말하며 키랄 탄소를 갖고 있는 화합물에서 광회전성이 나타난다. 회전하는 각도가 시계방향이면 우회전성(dextrorotatory)이라고 하며, 시계 반대방향으로 회전하면 좌회전성(levorotatory)이라고 한다. D-글루코스는 우회전성이며 D-프럭토스는 좌회전성을 나타낸다. 우회전도의 각도는 (+)로 나타내며 좌회전도의 각도는 (−)로 나타낸다. 광회전성은 물질을 구별하는 데도 사용되며, 특정 물질의 순도를 결정하는 데도 이용된다.

(3) 유당(lactose)

유당은 포유동물의 젖에 함유된 이당류로서 모유에는 약 7%, 우유에는 4.5~4.8% 정도 함유하고 있다. 유당은 글루코스와 갈락토스가 β-1,4 결합되어 β-D-Gal*p*-(1 → 4)-D-Glc의 구조를 가지고 있다(Gal은 galactose의 약자). 맥아당과 같이 D-글루코스의 아노머 탄소가 고리형 화합물과 알데이드형(열린 사슬)의 평형 혼합물을 이루고 있기에 환원성을 가지는 환원당이다. 유당은 다른 당에 비해 물에 대한 용해도가 낮아 단맛이 적다(표 3-3).

유당은 소장에서 분비되는 락테이스(lactase)에 의해 글루코스와 갈락토스로 가수분해되어 소장에서 빠르게 흡수된다. 일부 성인에서는 락테이스의 활성이 저하되어 유당이 가수분해가 거의 안 되어 소장에서 소화 흡수가 되지 않고 복부팽만이나 설사를 유발하는 경우가 있는데 이를 유당불내증(lactose intolerance)이라고 한다.

(4) 그 외의 이당류

아이소말토스(isomaltose)는 전분의 가수분해 과정에서 얻어지는 부산물로 두 분자의 글루코스가 α-1,6 글리코사이드 결합으로 이루어져 있다(그림 3-20).

젠티오바이오스(gentiobiose)는 전분의 가수분해 과정에서 맥아당과 함께 소량 생성되며 두 분자의 글루코스가 β-1,6 글리코사이드 결합을 이루고 있다.

셀로바이오스(cellobiose)는 자연계에서 유리 상태로 존재하고 않고 셀룰로스의 구성당으로 존재하며 두 분자의 글루코스가 β-1,4 결합을 이루고 있다.

트레할로스(trehalose)는 버섯이나 꿀에 작은 양이 존재하며 두 분자의 글루코스가 α-1,1 글리코사이드 결합을 이루고 있다. 자당과 같이 환원성 말단과 환원성 말단이 결합함으로써 개환 성질을 상실하여 환원성을 나타내지 않는 특징을 가지고 있다. 일본에서는 냉동식품의 물성, 향, 색깔을 유지하기 위해서 사용하며 전분질 식품의 노화억제를 위하여 이용되고 있다.

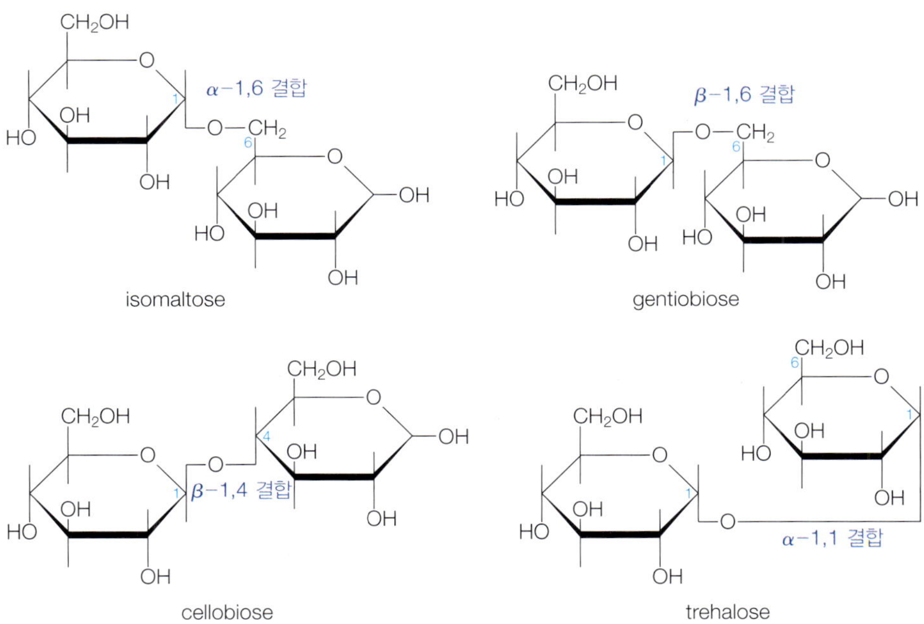

그림 3-20 그 밖의 이당류의 구조

2) 삼당류 이상의 올리고당

(1) 라피노스(raffinose)

라피노스는 자당에 갈락토스가 α-1,6로 연결된 구조로 환원성을 나타내지 않는 삼당류(trisaccharide)이다. 약간의 단맛(상대적 감미도=30)을 가지며 사탕무나 콩 등에 존재한다(그림 3-21).

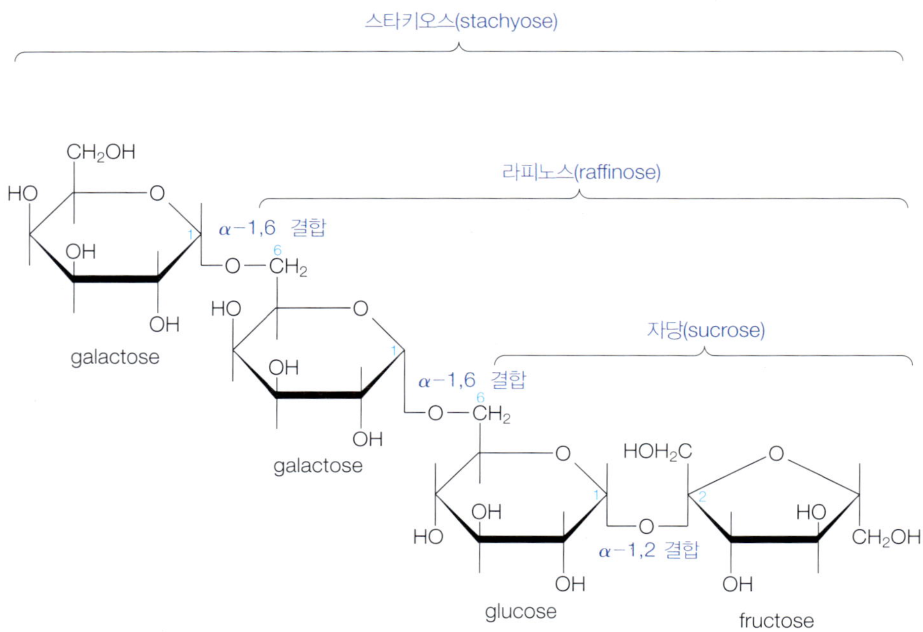

그림 3-21 라피노스와 스타키오스의 구조

(2) 스타키오스(stachyose)

스타키오스는 라피노스에 갈락토스가 α-1,6로 연결된 사당류(tetrasaccharide)의 구조를 가지는 비환원당이다. 사탕무나 콩 등에 비교적 많이 함유되어 있으며 소화가 되지 않기에 장내세균에 의해 발효되어 가스를 형성하거나 복통을 유발하기도 한다. 그러나 라피노스와 스타키오스 등의 올리고당류는 비피더스균 활성을 증가시키는 기능이 있어 변비를 개선하는 정장작용의 효과가 있다고 보고되고 있다.

(3) 말토올리고당(maltooligosaccharide)

말토올리고당은 글루코스 2~6개 정도가 α-1,4 결합으로 연결된 올리고당으로 글루코스의 수에 따라 용해도, 흡습성, 점도 등이 다르다. 식품산업에서 말토올리고당은 다당류인 전분을 전분분해효소로 가수분해하여 얻으며 냉동식품이나 유아식품에 사용되고 있다.

(4) 프럭토올리고당(fructooligosaccharide)

자당에 전이효소(β-fructofuranosidase)를 작용시키면 자당에 프럭토스가 β-1,2 결합으로 연결되는 삼당류인 케스토스(kestose, GF_2-약어로 표현)가 생성된다. 같은 방식으로 GF_2에 프럭토스가 순차적으로 연결되면 GF_3와 GF_4가 생성되는데 이들의 혼합물을 프럭토올리고당이라고 한다(그림 3-22).

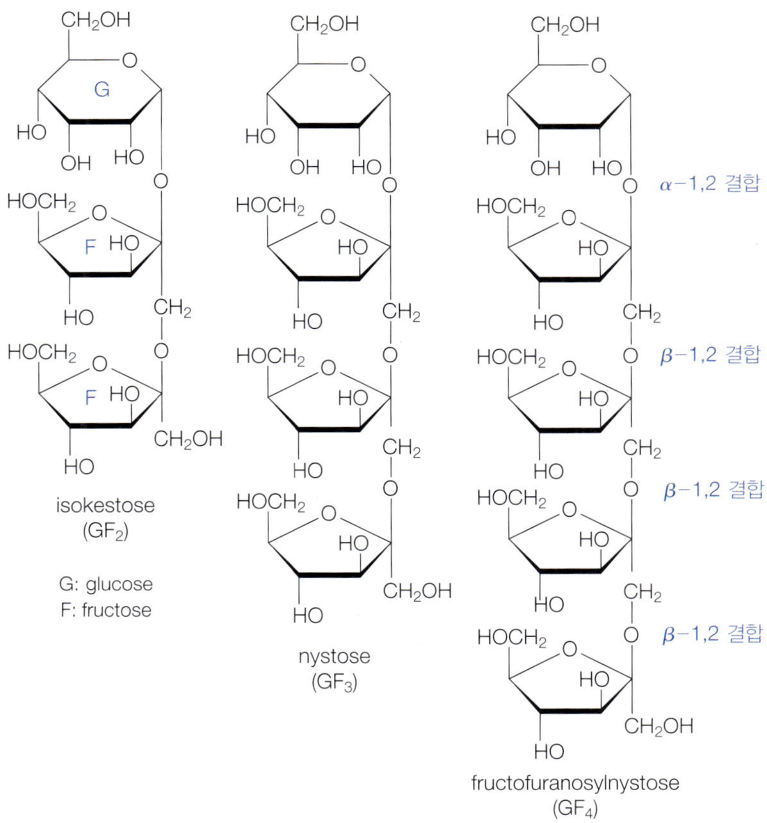

그림 3-22 프럭토올리고당의 구조

프럭토올리고당은 약간의 단맛이 있으며 충치를 유발하지 않고 칼로리를 생성하지 않으며 비피더스균 활성을 증가시키는 장점이 있다.

4. 다당류_*polysaccharide*

자연계에서 존재하는 탄수화물의 대부분은 다당류이다. 다당류는 다수의 단당류가 글리코사이드 결합으로 연결된 분자량이 큰 탄수화물로서 생물체의 구조와 영양에 중요한 물질이다.

식품에 함유되어 있거나 식품산업에서 사용되는 주요 다당류는 여러 가지 특징에 의해 분류할 수 있다(표 3-4). 출처에 따라 식물성 다당류, 동물성 다당류, 해조다당류, 미생물성 다당류로 나눌 수 있으며, 기능에 따라 저장다당류와 구조다당류로 나눌 수 있다. 저장다당류는 에너지를 저장하는 역할을 하는 것으로 대표적인 예로 전분과 글리코젠이 있다. 구조다당류는 동물이나 식물의 형태를 유지하는 역할을 하며, 식물섬유의 셀룰로스나 펙틴, 동물에서 새우, 게 등의 껍질에 있는 키틴(chitin)이 이에 해당한다. 다당류는 구조적 특징에 따라 분류할 수 있는데 형태적인 특징에 따라 직선형 다당류와 분지형 다당류로 구분할 수 있으며, 구성 단위체에 따라 한 가지 단당류만으로 이루

표 3-4 ▸ 특징에 따른 다당류의 분류

분류기준		다당류	종류
출처		식물성 다당류	전분, 셀룰로스, 펙틴, 이눌린
		동물성 다당류	글리코젠, 키틴
		해조다당류	카라기난, 한천, 알긴
		미생물성 다당류	젤란, 잔탄, 덱스트란
기능		저장다당류	전분, 이눌린, 글리코젠
		구조다당류	셀룰로스, 펙틴, 키틴
구조	형태	직선형 다당류	셀룰로스, 아밀로스, 젤란, 펙틴
		분지형 다당류	아밀로펙틴, 글리코젠, 잔탄
	구성 단위체	동종다당류	아밀로펙틴, 아밀로스, 셀룰로스, 글리코젠
		이종다당류	펙틴, 잔탄, 이눌린, 젤란
	전하	중성 다당류	전분, 셀룰로스, 글리코젠, 이눌린
		산성 다당류	젤란, 잔탄, 알긴

어진 동종다당류(homopolysaccharide)와 두 가지 이상의 다른 단당류로 이루어진 이종다당류(heteropolysaccharide)로 분류된다. 이종다당류는 세분화하여 단당류 단위 수에 따라 2단위 이종다당류, 3단위 이종다당류, 4단위 이종다당류 등으로 분류하기드 한다. 또한 다당류는 구조 내의 전하에 의해 분류할 수 있는데 전하를 가지지 않은 중성 다당류와 음전하를 가지는 산성 다당류가 있다.

다당류를 이루는 단위의 수를 중합도(degree of polymerization, DP)라 하는데 다당류는 종류에 따라 중합도가 100~100,000에 이르며 분자량은 16,000~16,000,000 정도이다. 대부분의 다당류는 단맛이 없으며 하이드록시기를 가지고 있어 물분자와 친화력이 있기에 수분을 흡습하는 특징을 가지고 있다. 다당류는 종류에 따라 일부는 물분자와 수화되어 물에 용해되기도 하지만 일부는 촘촘히 모인 규칙적인 구조를 가진 결정성 영역을 형성하여 불용성이기도 하다.

1) 전분(starch)

전분은 포도당(α-D-glucopyranose)이 글리코사이드 결합으로 수백만 개가 연결된 다당류이다. 셀룰로스와 함께 자연계에서 다량으로 존재하는 유기화합물로서 쌀, 보리, 밀 등의 곡류와 감자, 고구마 등의 서류에 많이 들어 있는 저장 다당류로서 에너지원으로 가장 중요한 영양소이다.

(1) 전분입자

전분은 녹색식물 잎의 엽록소에서 공기 중의 이산화탄소와 수분을 이용하여 빛을 흡수하는 광합성으로 만들어져 식물체 세포 내 소기관인 색소체(plastid) 내부에 축적되어 단단하게 조직화된 입자(granule)를 형성한다(그림 3-23). 이런 전분입자의 형태와 크기는 식물의 종류에 따라 다르다. 일반적으로 전분의 입자의 크기와 형태는 주사전자 현미경(scanning electron microscope, SEM)을 이용하여 확인할 수 있다. 전분입자의

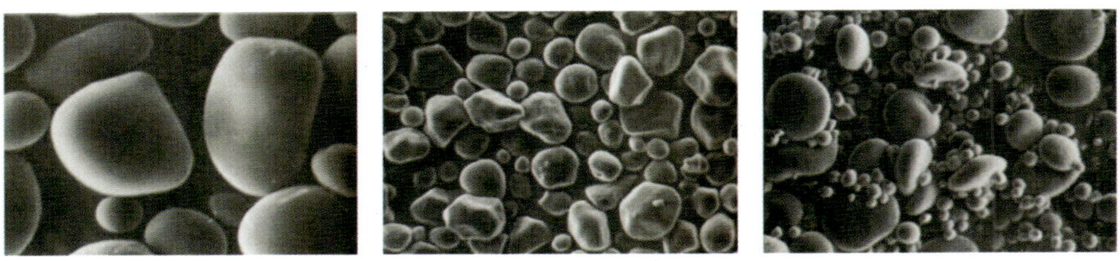

감자전분 옥수수전분 밀전분

그림 3-23 전분입자 모양

형태는 원형, 타원형, 렌즈형, 다각형 등으로 다양하며, 전분입자의 크기는 곡류 전분은 대체로 작고(2~40 μm) 서류 전분은 대체로 큰 편이다(5~100 μm).

전분입자는 물에 녹지 않고 비중이 물보다는 크기 때문에(1.55~1.65) 상온의 물에서 약간 수화되어 현탁액(suspension)을 형성하나 쉽게 침전한다.

(2) 전분의 조성

전분분자는 포도당이 α-1,4 결합으로 직선형의 아밀로스(amylose)와 α-1,4 결합의 직선상에 α-1,6 결합의 가지를 가진 아밀로펙틴(amylopectin)으로 구성되어 있다. 전분의 종류에 따라 아밀로스와 아밀로펙틴의 비율이 다르다. 대부분의 전분은 아밀로스와 아밀로펙틴의 비율이 25:75 정도이나 찹쌀, 찰옥수수 등은 아밀로스가 거의 들어 있지 않고 아밀로펙틴만으로 구성되어 있으며 고아밀로스옥수수(high-amylose corn)전분은 50~70%의 아밀로스를 함유하고 있다. 아밀로스와 아밀로펙틴은 분자구조가 다르기 때문에 서로 다른 이화학적 성질을 나타낸다(표 3-5).

① 아밀로스

아밀로스는 포도당(α-D-glucopyranose)이 α-1,4 결합으로 250~5,000개 정도가 직선형으로 연결되어 있는 중합체로 평균분자량은 약 10^6이다(그림 3-24).

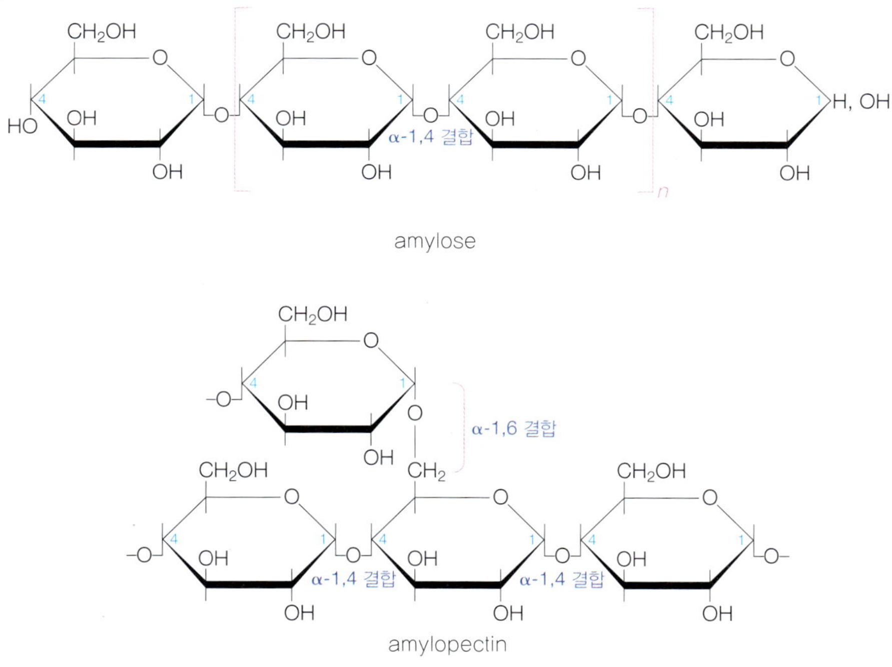

그림 3-24 아밀로스와 아밀로펙틴의 구조

표 3-5 ▸ 아밀로스와 아밀로펙틴의 이화학적 특성 비교

이화학적 특성	아밀로스	아밀로펙틴
모양	직선형 (나선모양)	가지를 친 분지형 (나뭇가지 모양)
결합방식	α-1,4 결합	α-1,4 결합(직선), α-1,6 결합(분지)
분자량	$\sim10^6$	$\sim10^8$
요오드반응	청색	적자색
포접화합물	형성	형성하지 않음
노화속도	직선형으로 빠름	분지형으로 천천히 진행
결정성	무정형	결정성+무정형

아밀로스는 포도당 6개 분자가 한 번씩 오른쪽으로 도는 α-나선구조를 가지고 있으며 나선구조의 내부에는 주로 수소원자가 위치하고 있어 소수성을 띠며 외부에는 하이드록시기가 자리 잡고 있어 친수성을 나타낸다. 따라서 나선구조 내부의 공간에 소수성을 나타내는 다른 화합물과 포접화합물을 형성한다(그림 3-25).

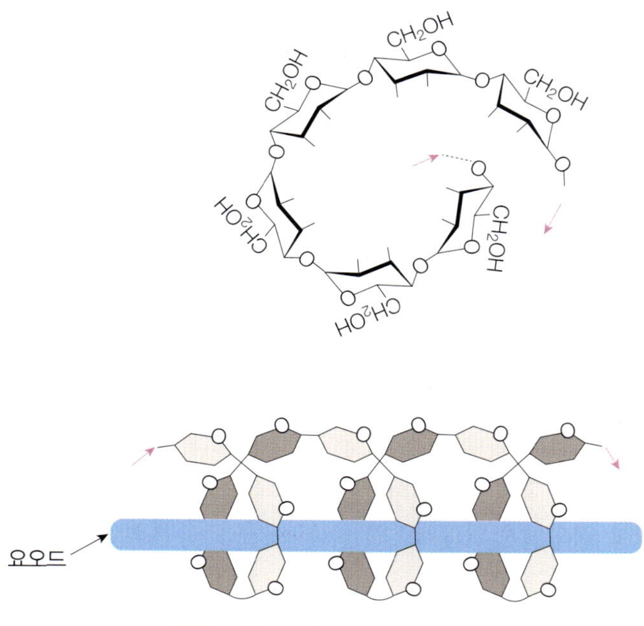

그림 3-25 아밀로스의 포접화합물 형성

요오드 분자는 아밀로스의 나선구조에 들어가 포접화합물을 형성하여 청색을 나타낸다. 요오드 반응을 통하여 전분 내에 겉보기 아밀로스 함량(apparent amylose content)을 구할 수 있다. 또한 지방산 분자도 나선구조에 들어가 포접화합물을 형성할 수 있다.

아밀로스는 가지가 없어 전분을 가열하고 냉각하였을 때 노화되기 쉬워 젤을 형성하는 데 관여한다. 따라서 아밀로스 함량이 높은 전분이 젤을 형성하기 쉽다. 전분의 젤 특성을 이용하여 만드는 우리나라의 전통음식인 묵은 아밀로스 함량이 높은 전분 소재(도토리, 동부, 녹두 등)를 이용하여 만든다.

② 아밀로펙틴

아밀로펙틴은 포도당이 α-1,4 결합으로 연결된 사슬의 중간 중간에 α-1,6 결합으로 가지(branch)를 친 형태이다(그림 3-24). α-1,6 결합된 부위는 4~5% 정도를 차지하며 연결된 짧은 사슬의 곁가지에는 평균 15~30개의 포도당이 존재한다. 아밀로펙틴 분자는 10,000~100,000개의 포도당이 연결되어 있으며 평균분자량은 약 10^8으로 아밀로스에 비해 상당히 크다.

아밀로펙틴의 분자구조는 다발(cluster) 형태를 하고 있다(그림 3-26). 포도당이 α-1,4 결합과 α-1,6 결합에 의해 형성된 다발 모양의 가지들은 이중나선(double helix)구조를 이루어 결정성 영역을 형성한다.

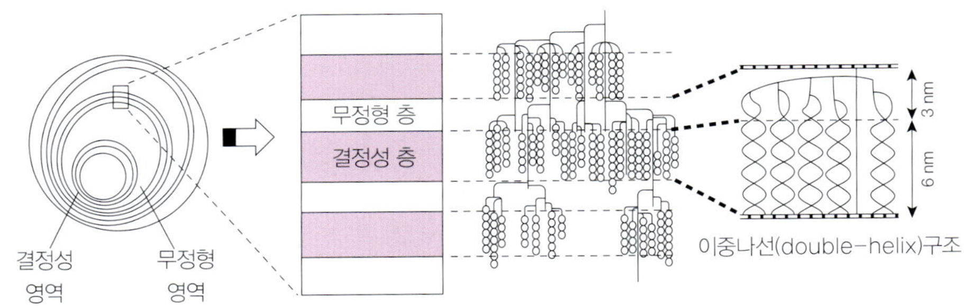

그림 3-26 아밀로펙틴의 다발(cluster)구조

전분입자 내부에는 무정형 영역(amorphous regions)과 결정성 영역(crystalline regions)을 형성하고 있으며 아밀로펙틴의 이중나선구조가 결정성 영역을 형성한다. 일반적으로 전분은 30% 정도의 결정성 영역과 70% 정도의 무정형 영역으로 구성되어 있다. 결정성 구조를 포함하는 물질에 X-선을 조사하면 규칙적으로 배열된 원자들이나 분자들의 결정격자에 의해 산란되어 동심원 모양의 X선 회절 모양이 관찰된다. 전분에 X-선을 조사하면 아밀로펙틴의 이중나선구조의 결정성 영역에 의해 회절도를 나타낸

다. 전분의 출처에 따라 다른 X-선 회절양상을 보인다. 그러나 호화과정에 의해 규칙적인 배열이 파괴되어 결정성 영역이 없어지면 X-선 회절에 의한 뚜렷한 동심원이 관찰되지 않아 천연전분과는 뚜렷이 구별된다.

아밀로펙틴의 분지형 구조는 아밀로스와 달리 포접화합물을 형성하지 못하기에 요오드와 반응하면 적자색을 나타낸다. 아밀로펙틴은 용액의 점도를 증가시키는 역할을 하며 노화되는 속도가 느리며 단단한 젤을 형성하지 못한다.

(3) 전분의 호화

전분의 호화(gelatinization)란 전분을 물에 넣고 가열할 때 전분입자 내부의 수소결합이 끊어지면서 분자 내 배열이 비가역적으로 파괴되는 일련의 과정을 말한다. 전분의 호화과정은 수화, 팽윤, 붕괴의 3단계로 이루어진다.

① 수화

전분은 물에 녹지는 않으나 아밀로스와 아밀로펙틴 분자의 하이드록시기와 물분자 사이에 수소결합이 형성되어 소량의 물을 흡수하는 수화(hydration)의 과정을 거치면서 약간 팽윤한다. 이 시기에 수화에 의해 흡수된 수분은 건조하면 쉽게 제거되어 원래의 크기로 돌아가기에 물의 흡수과정은 가역적(reversible)이다. 호화 개시온도 이전까지의 물의 흡수과정은 가역적이다.

② 팽윤

전분 용액을 계속 가열하면 온도가 올라가면서 물의 흡수량은 증가하고 전분분자 간의 수소결합은 파괴되고 흡수된 물분자와 전분분자와 수소결합을 형성하게 되어 전분입자들의 팽윤(swelling)이 급속하게 일어난다. 팽윤된 전분입자들은 그 형태를 유지하나 이 흡수과정은 비가역적(irreversible)이며 주로 아밀로스인 가용성 성분들이 전분입자 밖으로 확산되어 나오게 된다.

③ 붕괴

최고의 팽윤 상태를 지나면 전분입자들은 붕괴되어 그 형태를 잃게 되어 투명하며 점성을 띤 교질용액(colloidal solution)을 형성하게 된다.

전분은 호화가 일어나면서 전분분자 배열의 규칙성이 붕괴되는데 이러한 현상은 입자의 비가역적 팽윤, 결정성의 소실, 복굴절의 소실 등으로 나타난다. 전분의 호화는 전분의 종류, 온도, 수분함량, pH, 염류 등에 의해 영향을 받는다(표 3-6).

표 3-6 ▸ 전분 호화에 영향을 미치는 인자

인자	영향
전분 종류	▸ 서류(감자, 고구마, 타피오카) 전분은 곡류(쌀, 밀, 옥수수) 전분보다 호화가 쉽게 일어남 (호화온도범위: 감자전분 58~66°C, 타피오카전분 52~64°C, 쌀전분 68~78°C, 옥수수전분 62~70°C)
온도	▸ 가열온도가 높을수록 호화가 빨리 일어남
수분함량	▸ 수분함량이 많을수록 호화가 잘 일어남
pH	▸ 알칼리성 pH에서 전분입자의 팽윤이 촉진되어 호화가 잘 일어남
염류	▸ 대부분의 염류는 팽윤을 촉진하여 호화가 잘 일어남
그 외 성분	▸ 당류를 첨가하면 호화 온도를 상승시킴

TIP ▸ 전분의 복굴절성(birefringence)

전분입자는 규칙적인 배열을 가지는 결정성 영역과 불규칙인 배열인 무정형 영역으로 나뉜다. 전분의 부분적 결정성으로 인해 전분입자는 편광현미경으로 관찰하면 복굴절(birefringence)에 기인하여 십자 모양의 무늬(Maltese cross)가 보인다. 십자무늬의 중앙은 생장점과 일치한다. 이러한 복굴절 현상은 전분이 호화되면서 결정성을 상실하기에 없어진다.

편광현미경에 의한 감자전분입자

(4) 전분의 노화

호화된 전분을 방치해 두면 불규칙적인 배열을 하고 있던 전분분자들이 수소결합을 형성하면서 생전분(native starch)과는 다른 새로운 형태의 규칙성을 띠는 결정성 영역을 형성하는데 이 현상을 노화(retrogradation)라고 한다. 노화에는 전분분자를 이루고 있는 아밀로스와 아밀로펙틴이 모두 관여하는데 아밀로스가 아밀로펙틴보다는 노화속도가 훨씬 빠르다. 노화된 전분은 불투명해지고 점도가 감소하며 효소침투가 어려워 소화율이 떨어진다. 식품에서 발견되는 노화는 밥, 떡, 빵이 굳어지고 신선도가 떨어지는 현상과 스프(soup)나 소스(sauce)의 점도 저하 및 침전으로 식품 품질 저하의 원인되기도 한다. 전분의 노화에 영향을 미치는 인자는 전분 종류, 온도, 수분함량, pH, 염류 등이 있다(표 3-7).

(5) 전분의 덱스트린화

전분의 덱스트린화(dextrinization, 호정화)는 전분에 물을 가하지 않은 상태에서

표 3-7 ▸ 전분 노화에 영향을 미치는 인자

인자	영향
전분 종류	▸ 곡류(쌀, 밀, 옥수수) 전분은 서류(감자, 고구마, 타피오카) 전분보다 노화되기 쉬움 ▸ 아밀로스 함량이 높을수록 노화가 빠르게 진행됨(참고로 아밀로펙틴만으로 이루어진 찹쌀, 찰옥수수전분은 노화가 느리게 진행)
전분 농도	▸ 전분의 농도가 높을수록 노화속도가 빨라짐
온도	▸ 노화가 가장 잘 일어나는 온도는 4°C 부근임 ▸ 60°C 이상 또는 −20°C 이하에서는 노화가 거의 일어나지 않음
수분함량	▸ 30~60%의 수분함량에서 노화가 잘 일어남 (수분함량이 60% 이상일 때는 전분분자가 회합되기 어렵고 30% 이하이면 전분 분자가 그대로 고정되어 노화되기 어려움)
pH	▸ 알칼리성 pH에서 전분의 수화를 촉진하여 노화가 억제됨 ▸ 강산은 노화를 촉진함
염류	▸ 대부분의 염류는 노화를 억제함
그 외 성분	▸ 당류를 첨가하면 노화를 억제함 ▸ 유화제를 첨가하면 아밀로스 간의 결합을 방해하여 노화를 억제함

160°C 이상의 높은 온도로 가열하면 글리코사이드 결합의 일부가 절단되어 덱스트린(dextrin)으로 분해되는 현상이다. 덱스트린화에 의해 사슬길이가 짧아지기에 분자량이 작아지고 용해도가 크며 효소작용도 받기 쉽기에 소화율이 높아진다. 곡류를 볶거나 팽화시키면 전분의 덱스트린화 현상이 일어난다. 반응조건을 달리하여 다양한 사슬 길이의 덱스트린을 제조(말토덱스트린, 아밀로덱스트린 등)하여 식품 및 제지산업에 이용하고 있다.

(6) 변성전분

대부분의 천연전분은 식품산업의 생산과정에서 많이 사용되고 있는 조건인 고온, 낮은 pH, 높은 전단(shear), 반복된 냉 · 해동(free−thaw)을 거친 후에 바람직하지 못한 특성을 보인다. 변성전분(modified starch)은 천연전분을 물리적, 화학적 방법으로 처리하여 성질을 개량하거나 용도에 알맞은 특정한 기능적 성질을 갖도록 제조한 전분 유도체들이다.

변성전분은 제조방법에 따라 크게 물리적 변성방법과 화학적 변성방법으로 분류되고 화학적 변성방법은 가수분해에 의한 전환전분(converted starch), 특정 기능기의 치환에 의한 안정화 전분(stabilized starch), 가교결합에 의한 가교전분(cross−linked starch)로 구분할 수 있다(표 3−8). 변성전분들은 다양한 형태의 식품에 알맞은 점도, 투명성, 냉 · 해동 안정성, 질감과 입안의 촉감 등을 부여한다.

표 3-8 ▸ 변성전분의 종류와 특성

변성전분	변성방법	주요특성 및 용도
물리적 변성전분 (physically modified starches)		
▸ 호화전분(pregelatinized starch)	▸ 전분현탁액를 높은 온도로 가열한 후 건조	▸ 냉수팽윤성, 용해성 ▸ 분산성 푸딩, 인스턴트식품
화학적 변성전분 (chemically modified starches)		
• 전환전분(converted starches)		
▸ 산처리전분 (acid-converted starch)	▸ 염산이나 황산에 의한 부분 가수분해	▸ 열수용해성, 점도저하, 노화지연, 증점안정제
▸ 산화전분 (oxidized starch)	▸ NaOCl 용액으로 가수분해 및 산화	▸ 점도저하, 노화방지, 투명도증가, 저온안정성 ▸ 튀김옷, 마요네즈의 저점도 충 전제
• 안정화전분 (stabilized starches)		
▸ 아세트산 전분 (acetylated starch)	▸ acetic anhydride와의 에스터(ester) 반응 ($R-OCOCH_3$)	▸ 호화온도 저하, 투명도 증가, 노화지연, 냉 · 해동 안정성 증가
▸ 하이드록시프로필 전분 (hydroxypropylated starch)	▸ propylen oxide와 에테르(ether) 반응 ($R-OCH_2CHCH_3OH$)	▸ 호화온도 저하, 투명도 증가, 노화지연, 냉 · 해동 안정성 증가
• 가교전분 (cross-linked starches)	▸ phosphoryl chloride, sodium trimetaphosphate 등에 의해 다른 두 전분의 하이드록시기와 반응하여 서로 연결	▸ 호화온도 상승, 팽윤력 감소, 내산성 증가, 높은 전단력(shear)에서도 안정성 증가

2) 셀룰로스(cellulose)

셀룰로스는 식물 세포벽의 주성분으로 식품조직의 구조를 유지하는 역할을 하는 구조다당으로 자연계에 가장 많이 존재하는 탄수화물이다. 셀룰로스는 전분의 아밀로스와 같이 포도당이 반복하여 직선형으로 연결된 분자량이 큰 중합체이다. 출처에 따라 다르나 셀룰로스는 1,000~1,400개의 포도당이 β-1,4 결합으로 연결되어 있으며 분자 간에 다수의 수소결합을 통하여 규칙성을 가지고 강하게 결합하여 안정된 구조를 이루면서 결정성의 섬유상 다발을 형성한다(그림 3-27). 셀룰로스는 분자 간 결합을 파괴하는 용매를 제외한 대부분의 용매에 녹지 않는다. 즉 물, 묽은 산, 묽은 알칼리에 녹지 않는다.

셀룰로스의 β-1,4 결합을 분해하는 효소인 셀룰레이스(cellulase)가 인체의 소화액에 존재하지 않기 때문에 셀룰로스는 소화되지 않으나 장의 운동을 자극하고 혈청 콜레스테롤을 낮추며 포만감을 가지는 식이섬유로서의 생리적 기능을 한다.

셀룰로스는 여러 가지 형태로 전환하여 식품산업에 사용된다. 목재펄프를 규격에 맞게 정제, 탈색, 분말화를 통하여 제조된 분말 셀룰로스는 빵, 과자 등에 무칼로리 증량제로서 식이섬유 함량을 증가시키고 제품의 수분과 신선도를 오래 유지하는 데 이용된다. 목재펄프를 가수분해한 다음 미세한 셀룰로스 결정으로 분리하여 제조한 미세결정셀룰로스(micro crystalline cellulose, MCC)는 물에 용해되지는 않으나 콜로이드 분산액을 이루어 유동성과 안정성을 나타내기에 거품이나 유화액(emulsion)의 안정화, 유지의 대체제 등에 활용되고 있다. 불용성인 셀룰로스를 치환반응을 통하여 제조한 메틸셀룰로스(methyl cellulose, MC), 하이드록시프로필메틸셀룰로스(hydroxypropylmethyl cellulose, HPMC), 카복시메틸셀룰로스(carboxylmethyl cellulose)는 수용성이면서 젤을 형성할 수 있기에 다양한 식품에서 증점제, 냉 · 해동 안정제 등으로 사용되고 있다.

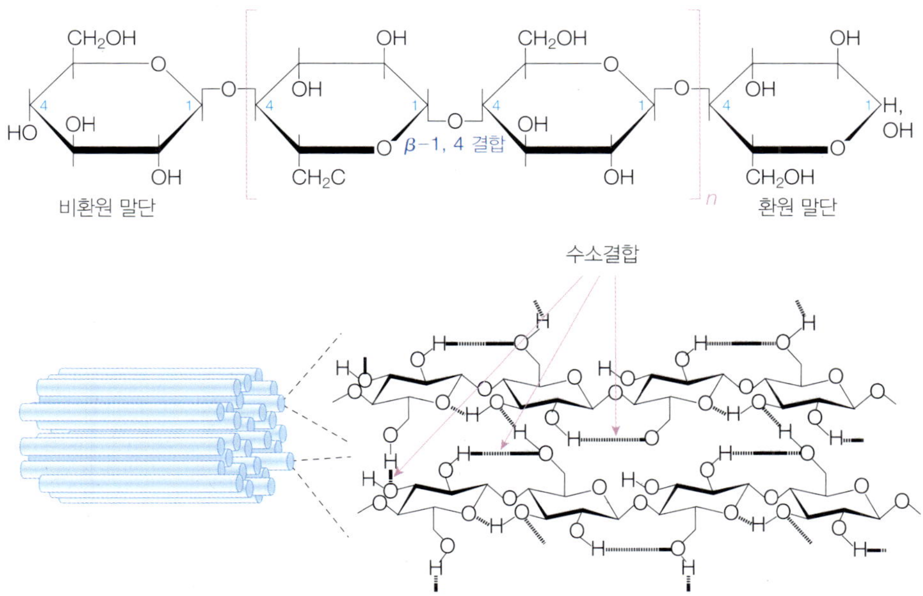

그림 3-27 셀룰로스의 구조

TIP 식이섬유

식이섬유란 식품 중에서 사람의 소화효소로는 소화되지 않고 대장에서 부분적으로 또는 완전히 발효되는 탄수화물을 의미한다. 셀룰로스, 헤미셀룰로스, 펙틴질, 리그닌, 천연검질, 해조다당류, 키틴, 합성한 폴리덱스트로스(polydextrose), 전분입자에 존재하거나 가공 중에 형성된 저항전분(resistant starch), 일부 올리고당류가 식이섬유의 범주에 해당된다. 식이섬유는 변비예방, 혈청콜레스트롤 조절, 혈당 조절 등의 생리적 기능을 가지는 것으로 알려져 있다.

3) 헤미셀룰로스(hemicellulose)

헤미셀룰로스는 식물 세포벽의 구성성분으로서 세포벽의 20~30%를 차지하는 다당류로 셀룰로스와 더불어 식물에 구조적 안정성을 부여하는 역할을 한다. 세포벽에서 셀룰로스가 철근역할이라면 헤미셀룰로스는 시멘트의 역할을 한다. 헤미셀룰로스는 오탄당인 자일로스(β-D-xylopyranose)가 직선형 분자를 이루고 짧은 가지들이 많이 뻗어 있는 형태인데 짧은 가지에는 대개 아라비노스(L-arabinofuranose), 갈락토스(D-galactopyranose), 람노스(L-rhamnopyranose), 마노스(D-mannopyranose), 글루쿠론산(D-glucuronic acid) 등이 존재한다.

헤미셀룰로스는 쌀, 밀, 옥수수, 보리, 귀리 등 곡류 종자의 종피에 많이 들어 있으며 셀룰로스와 달리 묽은 산이나 묽은 알칼리에 의해 가수분해된다.

4) 펙틴질(pectic substance)

펙틴질은 식물의 세포와 세포벽 사이의 층에 존재하며 세포와 세포를 결착시켜주는 물질로서 셀룰로스, 헤미셀룰로스와 함께 식물 조직의 주요 구성성분이다. 펙틴질이 분해되면 세포가 분리되기에 식물조직의 견고성을 잃게 되기에 채소나 과일의 가공 및 저장 중 조직감에 영향을 미친다.

펙틴질의 기본 구조는 갈락투론산(D-galacturonic acid)이 α-1,4 결합을 통하여 연결된 직선형 구조를 가지고 있으며 갈락투론산의 카복실기가 메틸에스터화되었거나 염을 형성하거나 유리 상태로 존재하기도 한다(그림 3-28).

펙틴질은 프로토펙틴(protopectin), 펙트산(pectic acid), 펙틴산(pectinic acid) 등을 포함한다. 프로토펙틴은 숙성하지 않은 과일에 존재하고 물에 녹지 않는 펙틴질의 모체가 되는 물질이다. 프로토펙틴은 과일이 익어감에 따라 가수분해되어 수용성 펙틴으로 전환된다. 펙틴산은 카복실기에 상당수가 메틸에스터의 형태로 되어 있기에 친수성 교

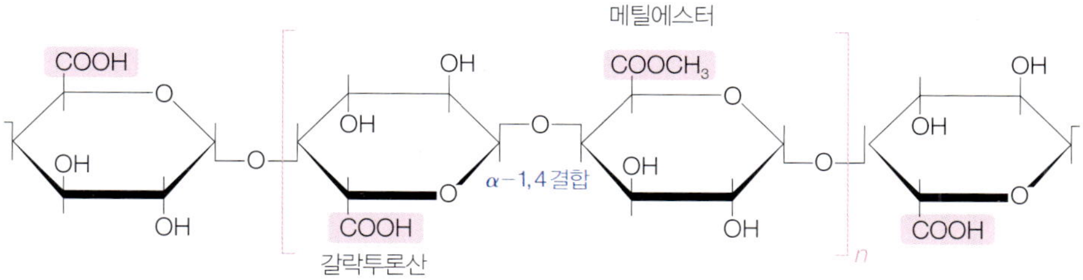

그림 3-28 펙틴질의 기본 구조

질용액(hydrophilic colloidal solution)을 쉽게 만든다. 펙트산은 카복실기에 메틸에스터기가 전혀 존재하지 않거나 미량으로 존재한다. 펙틴(pectins)은 적당한 양의 당류와 산이 존재할 때 젤(gel)을 형성할 수 있는 물질로 펙틴산과 그의 염 형태들이 혼합된 물질에 대한 일반명칭이다.

펙틴의 젤 형성력은 사슬의 길이와 메틸에스터화 정도에 따라 결정되는데 펙틴 분자 속의 메톡실기(methoxyl group, $-OCH_3$)의 함량이 7% 이상이면 고메톡시펙틴이라하고 7% 이하이면 저메톡시펙틴이라 하는데 각각은 젤을 형성하는 기작이 다르다. 고메톡시펙틴은 pH 3.2~3.5에서 당이 50% 이상 존재할 때 분자들 간에 수소결합과 소수성결합을 통하여 회합을 이루고 전체적으로 망상구조를 형성하여 젤을 형성한다(그림 3-29). 그에 비해 저메톡시펙틴은 칼슘(Ca^{2+})과 같은 다가 양이온이 존재하면 분자 내 카복실기와 칼슘이온 간 결합으로 젤을 형성한다. 저메톡시펙틴은 젤을 형성하는데 당류가 필요하지 않으므로 저당도 잼류를 제조하는 데 이용된다.

펙틴질을 가수분해하는 펙틴가수분해효소에는 프로토펙티네이스(protopectinase), 펙틴에스터레이스(pectin esterase), 폴리갈락투로네이스(polygalacturonase), 펙틴라이에이스(pectin lyase) 등이 있다. 프로토펙티네이스는 과일이 익어가면서 작용하는 효소로 불용성인 프로토펙틴을 가수분해하여 수용성인 펙틴으로 전환하는 효소이다. 펙틴에스터레이스는 메틸에스터 결합을 가수분해하는 효소이며 폴리갈락투로네이스는 갈락투론산의 글리코사이드 결합을 가수분해하여 분자의 크기를 감소시키는 효소이다. 폴리갈락투로네이스는 메틸에스터 형태의 갈락투론산에는 작용할 수 없기에 펙틴에스터레이스가 작용한 후 활성을 띠어 펙틴질을 분해할 수 있다. 펙틴라이에이스는 메틸에스터화된 갈락투론산 사이에 글리코사이드 결합을 끊는 효소이다. 과일이 숙성되면서 펙틴가수분해효소들의 작용에 의해 과일조직의 세포주위 펙틴이 분해되면서 부드러워지고 과숙하게 되면 물러지게 된다.

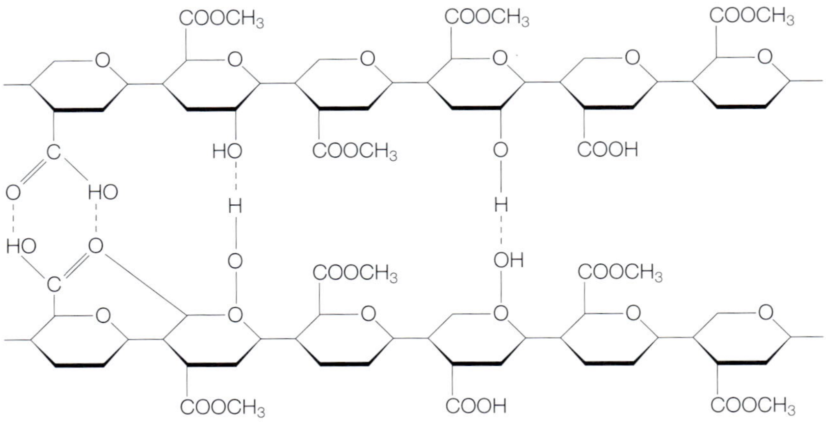

고메톡시펙틴의 젤화

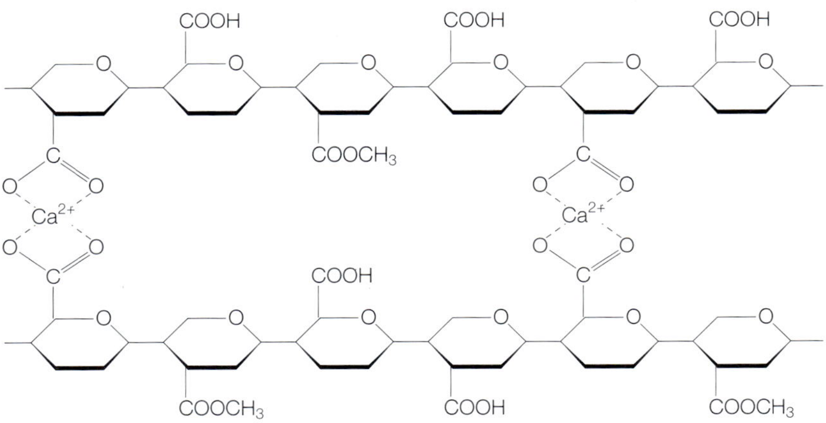

저메톡시펙틴의 Ca^{2+}에 의한 젤화

그림 3-29 펙틴의 젤형성 기작

5) 베타글루칸(β-glucan)

베타글루칸은 효모의 세포벽, 버섯류, 곡류 등에 존재하는데 특히 귀리(2.5~6.6%)와 보리(3.0~6.0%)에 많이 들어 있다. 베타글루칸의 구조는 셀룰로스가 β-1,4 결합으로만 이루어진 데 비하여 포도당(β-D-glucopyranose) 단위가 β-1,4 결합에 β-1,3 결합이 혼합되어 있는 직선형이다. β-1,3 결합이 혼합되어 있는 구조적인 특징에 의해 셀룰로스와 달리 물분자와의 친화성이 커서 쉽게 수화되어 수용성이며 점도가 높은 용액을 형성한다. 베타글루칸은 β-결합으로 연결되어 있기에 셀룰로스와 비슷하게 인체

소화효소에 의해 분해되지 않는다.

베타글루칸은 수용성 식이섬유의 특징을 가지고 있기에 혈당을 낮추어 인슐린 반응을 저하시키며 혈중 콜레스테롤 수치를 낮추는 효과가 있다. 또한 면역증강작용이 있는 것으로 알려져 있다.

6) 이눌린(inulin)

이눌린은 프럭탄(fructan)이라고도 하며 돼지감자, 치커리 등에 함유되어 있는 저장 다당류이다. 이눌린의 구조는 과당(β-D-fructofuranose)이 β-1,2 결합으로 연결된 중합체이다(그림 3-30). 이눌린을 가수분해하면 과당이 얻어지므로 감미료 자원으로 돼지감자를 대량 재배한 적도 있다.

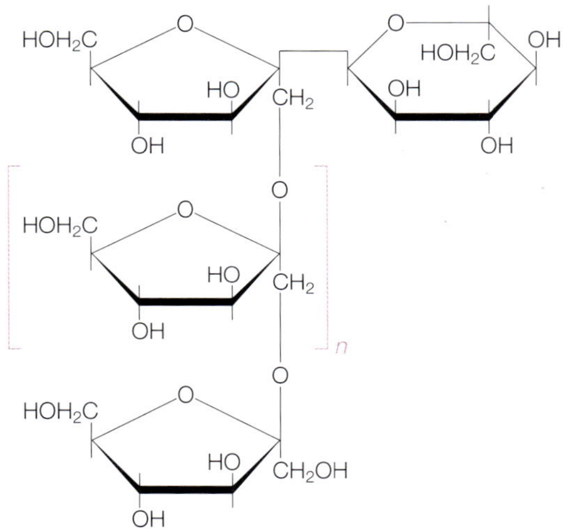

그림 3-30 이눌린의 구조

이눌린은 β-1,2 결합으로 연결되어 있기에 인체 내 소화효소에 의해 분해되지 않으므로 혈당상승억제에 도움을 주고 콜레스테롤을 저하시키는 효과를 가지는 것으로 알려져 있다.

7) 글리코젠(glycogen)

글리코젠은 동물의 저장다당류로 간과 근육에 존재하며 효모, 곰팡이와 같은 미생물에도 들어 있다. 글리코젠의 구조는 전분의 아밀로펙틴과 유사하여 포도당(α-D-glucopyranose)이 $\alpha-1,4$ 결합에 $\alpha-1,6$ 결합으로 가지를 친 형태이며 아밀로펙틴보다 가지가 더 많고 사슬이 더 짧다(그림 3-31).

글리코젠을 산이나 효소로 처리하면 덱스트린이나 맥아당을 거쳐 포도당까지 분해된다. 글리코젠은 요오드와 반응하여 적갈색을 나타내며 전분과 같은 노화 현상이 일어나지는 않는다.

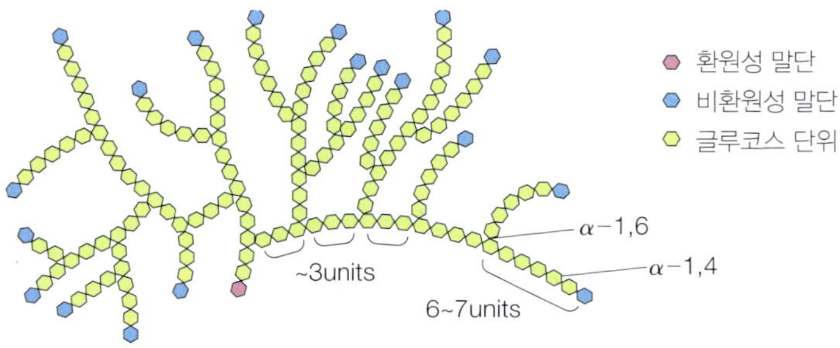

그림 3-31 글리코젠의 구조

8) 키틴(chitin)

키틴은 새우, 게, 곤충의 껍질을 구성하는 동물성 구조다당류이다. 키틴의 구조는 N-아세틸글루코사민(N-acetyl glucosamine)이 셀룰로스와 같이 $\beta-1,4$ 결합으로 연결된 직선상의 동종다당류(homopolysaccharide)이다. 키틴을 강알칼리로 처리하면 아세틸기가 떨어져 나가 아미노기를 가진 글루코사민으로 구성된 키토산(chitosan)이 형성된다(그림 3-32). 키틴은 물에 녹지 않으며 체내에서 소화 흡수되지 않는다.

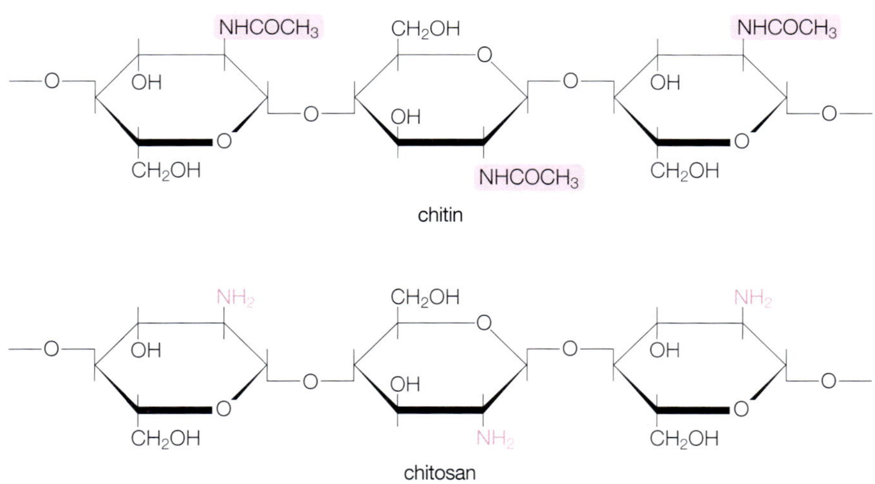

그림 3-32 키틴과 키토산의 구조

9) 뮤코다당(mucopolysaccharide)

뮤코다당은 생체의 점성물질, 연조직(soft tissues), 결합조직(connective tissues) 등의 구성성분으로 우론산(D-glucuronic acid나 D-galacturonic acid)과 아미노당(D-glucosamine이나 D-galactosamine) 등이 주요한 구성단위가 된다. 뮤코다당은 단백질과 결합하여 당단백질(glycoprotein) 형태로 존재하는 경우가 많다. 대표적인 뮤코다당은 눈의 유리체의 히알루론산(hyaluronic acid)과 연골조직이나 결합조직 등에 함유되어 있는 황산콘드로이틴(condroitin sulfate)이다.

히알루론산은 N-아세틸글루코사민(N-acetylglucosamine)과 글루쿠론산(D-glucuronic acid)이 β-1,3 결합이나 β-1,4 결합으로 연결되어 가지가 많은 구조를 하고 있다. 수분보유능력이 있기에 화장품산업에 이용되고 있다(그림 3-33).

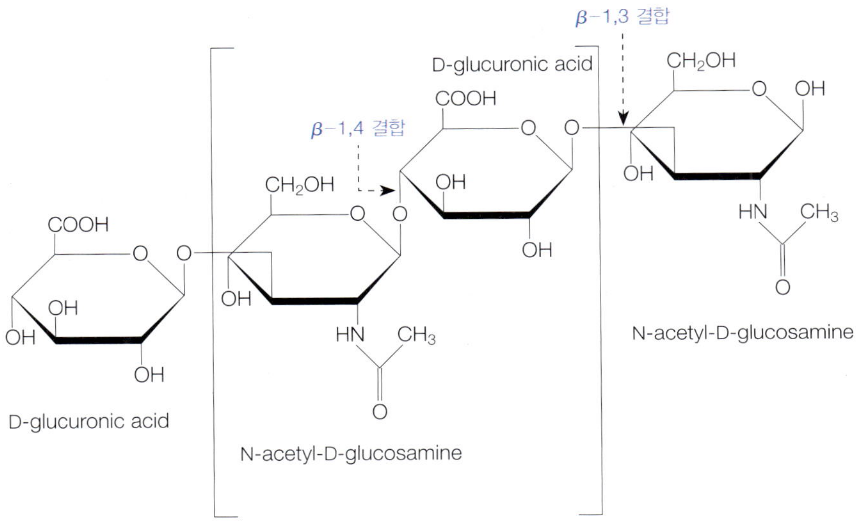

그림 3-33 히알루론산의 구조

10) 검류(gums)

검류는 육상식물, 해조류 및 미생물로부터 얻은 수용성 다당류들로 낮은 농도(1% 이하)에서 점도를 증가시키고 젤을 형성하며 유화액을 안정시키는 역할을 하는 물질로서 친수콜로이드(hydrocolloid)라고도 불린다. 검류는 가공식품에서 점도증강제, 유화제, 안정제 등의 다양한 용도로 활용되고 있다.

(1) 식물성 검류

식물성 검류는 아라비아검(gum arabic), 구아검(guar gum), 로커스트콩검(locust bean gum), 트래커캔스검(gum tragacanth) 등이 있다.

아라비아검은 아카시아나무의 상처로부터 얻은 분비물로 아카시아검이라고도 불린다. 아라비아검의 구조는 갈락토스(D-galactose), 아라비노스(L-arabinose), 람노스(L-rhamnose), 글루쿠론산(D-glucuronic acid), 메틸글루쿠론산(4-*O*-methyl-D-glucuronic acid)의 단위가 가지를 가진 형태로 연결되어 있으며 약산성(pH 4.5~5.0)을 나타낸다. 아라비아검은 다른 검류보다 용해성이 높으며 분자의 형태가 구형이기에 직선형의 검류보다는 점도가 낮은 특성을 가진다. 맥주의 거품안정제나 당류 및 얼음의 결정화 방지제, 청량음료의 유화제 등으로 사용된다.

구아검(guar gum)은 콩과 식물인 구아종자에서 얻어지는 검질로 구아란(guaran)이라고 한다. 구아란의 구조는 갈락토만난(galctomannan)으로서 마노스(β-D-mannopyranose)가 직선상으로 β-1,4 결합을 하고 있고 갈락토스(α-D-galactose) 단위 1개가 α-1,6 결합으로 가지를 가진 구조이다(그림 3-34). 구아검은 중성 분자로서 긴 사슬 형태로 존재하여 부피가 커서 용액의 점도가 매우 높으며 잔탄검(xanthan gum) 등 다른 수용성 다당류와 상호작용을 통하여 점도의 상승효과(synergistic effect)를 나타낸다.

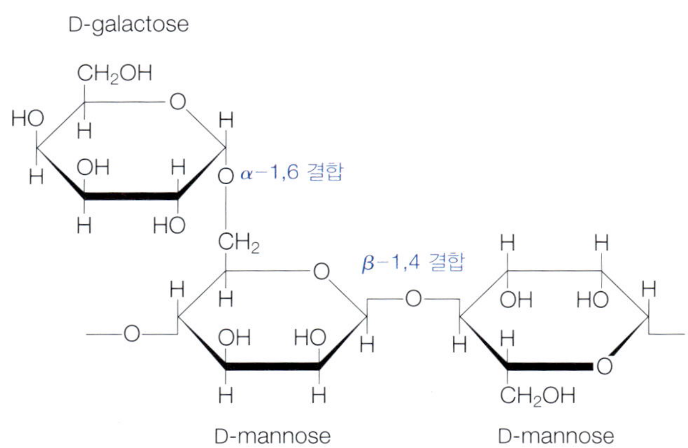

그림 3-34 구아검(구아란)의 구조

(2) 해조 검류

해조류로부터 산이나 알칼리로 추출하여 제조한 검류로 한천(agar), 카라기난(carrageenan), 알긴(algin) 등이 있다.

한천은 홍조류에서 추출한 수용성 다당류로 아가로스(agarose)와 아가로펙틴(agaropectin)의 혼합물이다. 아가로스는 갈락토스(β-D-galactopyranose)와 언하이드로 갈락토스(3,6-anhydro-α-L-galactopyranose)가 교대로 β-1,3 결합과 β-1,4 결합으로 연결된 직선형 구조를 가지고 있다. 그에 비해 아가로펙틴은 일부에 황산(sulfate)기와 메틸(methyl)기가 치환되어 있다. 한천은 찬물에서는 용해되지 않으나 뜨거운 물에는 용해되는데 매우 낮은 농도(~0.1%)에서도 젤을 형성하며 형성된 젤은 85°C 이하에서는 녹지 않은 안정한 젤 형성능력을 가진다. 아가는 비교적 높은 온도로 가열되는 식품인 제빵 및 제과류의 안정제로 이용된다.

알긴은 미역, 다시마 등의 갈조류의 세포벽에 존재하는 수용성 다당류로 알긴산(alginic acid)의 염(alginate)으로서 나트륨, 칼슘, 마그네슘 염의 혼합물이다. 시판되고 있는 알긴은 주로 알긴산의 나트륨염(sodium alginate)이다. 알긴산은 마누론산(β-D-mannuronic acid)과 굴루론산(α-L-guluronic acid)이 1,4 결합으로 연결되어 있다. 알긴은 식품에서 점도조절과 젤 형성에 많이 이용되고 있다.

(3) 미생물 검류

미생물에서 생산되는 검류에는 잔탄검, 커들란(curdlan), 젤란(gellan) 등이 있다.

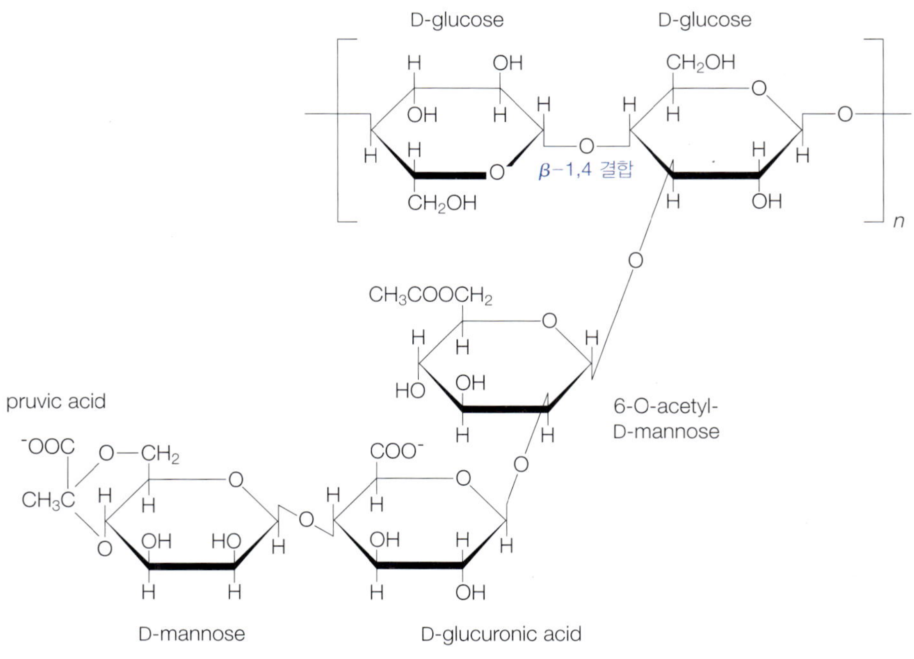

그림 3-35 잔탄검의 구조

잔탄검은 *Xanthomonas campestris*가 생성하는 다당류로 기본 구조는 셀룰로스와 같이 포도당(β−D−glucopyranose)이 β−1,4 결합으로 이루어져 있으며 포도당의 3번 탄소에 마노스(β−D−mannose), 글루쿠론산(β−D−glucuronic acid), 아세틸 마노스(6−*O*−acetyl−β−D−mannose)가 연결되어 곁가지를 이루고 있다. 곁가지의 말단 마노스 단위의 반 정도는 피루브산(pyruvic acid)이 고리아세탈(4,6−cyclic acetal)로 결합되어 있다(그림 3−35).

잔탄검은 용액의 점도가 높고 0~100℃의 범위에서 용액의 점도가 거의 변화하지 않는 특징을 가지고 있어 샐러드 드레싱, 초콜릿 시럽 등에 점도증강제나 안정제로 이용된다.

용어정리

- **탄수화물(carbohydrate)**: 탄소의 수화물의 의미로 carbohydrate의 번역어
- **단당류(monosaccharides)**: 탄소원자 3~8개의 직쇄골격을 가지고 있는 형태이며 카보닐기와 수산기가 결합되어 있는 폴리하이드록시카보닐(polyhydroxycarbonyl)화합물
- **알도스(aldose)**: 알데하이드(aldehyde)기를 가지는 단당류
- **케토스(ketose)**: 케톤기(ketone)기를 가지는 단당류
- **키랄 탄소(chiral carbon)**: 4개의 서로 다른 원자단이 붙어 있는 비대칭 탄소(asymmetric carbon)
- **에피머(epimer)**: 다른 키랄 탄소에서의 입체배치는 같고 1개의 키랄 탄소에서만 입체배치가 다른 이성질체
- **피라노스(pyranose)**: 단당류의 6원자 고리형 구조
- **푸라노스(furanose)**: 단당류의 5원자 고리형 구조
- **아노머(anomer)**: 열린 사슬 구조에서 고리형 구조로 바뀌면 1번 탄소는 헤미아세탈 탄소로서 새로운 키랄 탄소가 되기에 배열이 다른 두 종류의 입체이성질체가 존재하는데 이와 같은 이성질체
- **환원당(reducing sugar)**: 카보닐기에 의한 환원성을 가지는 당류
- **유도당(derived sugar)**: 단당류나 올리고당류가 기본적인 구조는 유지하면서 화학구조가 산화, 환원, 치환 등의 화학반응에 의해 일부가 변화된 당
- **우론산(uronic acid)**: 단당류의 제1차 하이드록시기(D-글루코스에서는 6번 탄소에 연결된 하이드록시기)가 산화되어 카복실기(carboxyl group, $-COOH$)로 전환된 것
- **알돈산(aldonic acid)**: 알도스의 알데하이기가 산화제의 의해 카복시기로 전환된 것
- **알다르산(aldaric acid)**: 알도스를 강산과 함께 가열하면 알데하이드기와 제1차 하이드록시기가 모두 산화되어 2개의 카복실기를 가지는 것.
- **당알코올(sugar alcohol)**: 단당류나 올리고당류의 1번 탄소의 카보닐기가 환원되어 하이드록시기(알코올기, $-CH_2OH$)로 바뀐 화합물
- **데옥시당(deoxy sugar)**: 단당류의 하이드록시기가 수소로 치환된 화합물
- **배당체(glycoside)**: 단당류의 아노머 탄소의 하이드록시기와 비당류의 하이드록시기가 축합반응에 의해 형성된 것
- **올리고당(oligosaccaride)**: 단당류가 2~10개가 연결된 탄수화물을 의미
- **글리코사이드 결합(glycosidic linkage)**: 피라노스(pyranose) 또는 푸라노스(furanose)의 하이드록시기와 다른 단당류의 하이드록시기 사이의 축합반응에 의한 결합
- **전화당(invert sugar)**: 자당이 가수분해되어 D-글루코스(포도당)와 D-프럭토스(과당)가 혼합물을 이룬 당
- **광회전성(optical rotation)**: 직선편광(linear polarized light)의 편광면이 시료를 통과하면서 일정한 각도로 회전하는 성질
- **유당불내증(lactose intolerance)**: 락테이스의 활성이 저하되어 유당이 가수분해가 거의 안

되어 소장에서 소화흡수가 되지 않는 현상

- **말토올리고당(maltooligosaccharide)**: 글루코스 2~6개 간 $\alpha-1,4$ 결합으로 연결된 올리고당
- **다당류(polysaccharide)**: 다수의 단당류가 글리코사이드 결합으로 결합된 분자량이 큰 탄수화물
- **동종다당류(homopolysaccharide)**: 구성 단위체가 한 가지 단당류만으로 구성된 다당류
- **이종다당류(heteropolysaccharides)**: 구성 단위체가 두 가지 이상의 단당류로 구성된 다당류
- **중합도(degree of polymerization, DP)**: 다당류를 이루는 단위의 수
- **호화(gelatinization)**: 전분을 물에 넣고 가열할 때 전분입자 내부의 수소결합이 끊어지면서 분자 내 배열이 비가역적으로 파괴되는 일련의 과정
- **노화(retrogradation)**: 호화된 전분을 방치해 두면 불규칙적인 배열을 하고 있던 전분분자들이 수소결합을 형성하면서 생전분(native starch)과는 다른 새로운 형태의 규칙성을 띠는 결정성 영역을 형성하는 현상
- **덱스트린화(dextrinization)**: 전분의 글리코사이드 결합의 일부가 절단되어 덱스트린(dextrin)으로 분해되는 현상
- **변성전분(modified starch)**: 천연전분을 물리적, 화학적 방법으로 처리하여 성질을 개량하거나 용도에 알맞은 특정한 기능적 성질을 갖도록 제조한 전분 유도체들

핵심요약

1. 탄수화물은 광합성을 통해 물과 이산화탄소와 태양광선으로부터 식물의 잎에서 만들어지며 분자의 크기에 따라 단당류(monosaccharide), 올리고당류(oligosaccharide), 다당류(polysaccharide)로 분류한다.
2. 단당류는 카보닐기의 종류에 따라 알데하이드(aldehyde)기를 갖는 단당을 알도스(aldose), 케톤(ketone)기를 갖는 단당을 케토스(ketose)라고 한다. 구성 탄소의 개수에 의해 삼탄당(triose), 사탄당(tetrose), 오탄당(pentose), 육탄당(hexose) 등으로 나눈다.
3. 단당류이 알도스와 케토스는 수용액상에서 열린 사슬(open chain) 구조와 고리형 구조인 환식 구조가 동시에 존재한다. 단당류의 환식 구조는 같은 분자 내에 하이드록시기와 알데하이드기에 의한 헤미아세탈(hemiacetal), 하이드록시기와 케톤기에 의한 헤미케탈(hemiketal)에 의해 생성된다.
4. 단당류나 올리고당류가 기본적인 구조는 유지하면서 화학구조가 산화, 환원, 치환 등의 화학반응에 의해 일부가 변화된 당을 유도당이라고 하며, 산화반응에 의한 우론산(uronic acid), 알돈산(aldonic acid), 알다르산(aldaric acid), 락톤(lactone)과 환원반응에 의한 당알코올(sugar alcohol), 치환반응에 의한 데옥시당(deoxy sugar), 아미노당(amino sugar), 배당체(glycoside) 등이 있다.
5. 올리고당류는 단당류가 2~10개가 연결된 탄수화물을 의미하며 단당류의 수에 따라 이당류, 삼당류, 사당류 등으로 구분한다. 올리고당류 중에서는 이당류의 분포량이 가장 많으며 맥아당, 유당, 자당 등이 이당류에 해당한다.

6. 다당류는 다수의 단당류가 글리코사이드 결합으로 결합된 분자량이 큰 탄수화물로서 출처에 따라 식물성 다당류, 동물성 다당류, 해조다당류, 미생물성 다당류로 나눌 수 있으며 기능에 따라 저장다당류와 구조다당류로 나눌 수 있다. 다당류는 구조적 특징에 따라 분류할 수 있는데 형태적인 특징에 따라 직선형 다당류와 분지형 다당류로, 구성 단위체에 따라 한 가지 단당류만으로 이루어진 동종다당류(homopolysaccharide)와 두 가지 이상의 다른 단당류로 이루어진 이종다당류(heteropolysaccharides)로 분류되며, 전하에 의해 전하를 가지지 않은 중성 다당류와 음전하를 가지는 산성 다당류로 나눌 수 있다.

7. 전분은 포도당이 $\alpha-1,4$ 결합으로 연결된 직선형의 아밀로스(amylose)와 $\alpha-1,4$ 결합의 직선상에 $\alpha-1,6$ 결합의 가지를 가진 아밀로펙틴(amylopectin)으로 구성되어 있으며, 셀룰로스는 포도당이 $\beta-1,4$ 결합으로 연결되어 있다.

8. 전분의 호화(gelatinization)는 전분을 물에 넣고 가열할 때 전분입자 내부의 수소결합이 끊어지면서 분자 내 배열이 비가역적으로 파괴되는 일련의 과정을 말한다. 노화(retrogradation)는 호화된 전분을 방치해 두면 불규칙적인 배열을 하고 있던 전분분자들이 수소결합을 형성하면서 생전분(native starch)과는 다른 새로운 형태의 규칙성을 띠는 결정성 영역을 형성하는 현상을 말한다.

9. 펙틴질은 식물의 세포와 세포벽 사이의 층에 존재하며 세포와 세포를 결착시켜주는 물질로서 셀룰로스, 헤미셀룰로스와 함께 식물조직의 주요 구성성분이며 프로토펙틴(protopectin), 펙트산(pectic acid), 펙틴산(pectinic acid) 등을 포함한다.

10. 검류(gums)는 육상식물, 해조류 및 미생물로부터 얻은 수용성 다당류들로 낮은 농도(1% 이하)에서 점도를 증가시키고 젤을 형성하며, 유화액을 안정시키는 역할을 하는 물질로서 친수콜로이드(hydrocolloid)라고도 불린다.

연습문제

1. 탄수화물을 여러 가지 기준에 의해 분류하고 그들의 예를 들어보시오,

2. 키랄 탄소란 무엇이며 단당류의 이성질체들에 대해 설명하시오.

3. 단당류의 환식 구조에 대하여 설명하시오.

4. 유도당이란 무엇이며 유도당에 속하는 물질을 설명하시오.

5. 자당의 구조적 특징에 대해 설명하시오.

6. 전분의 아밀로스와 아밀로펙틴을 비교 설명하시오.

7. 전분의 호화와 노화의 기작에 대해 설명하시오

8. 전분과 셀룰로스의 차이점을 설명하시오.

9. 식이섬유란 무엇이며 식이섬유에 해당하는 물질이 무엇이 있는지 설명하시오.

10. 펙틴질에 해당하는 물질을 나열하고 그들의 젤화 기작을 설명하시오.

정답

1.

- 분자 크기에 의한 분류
  단당류: 자일로스, 포도당, 과당
  올리고당류: 자당, 맥아당, 라피노스
  다당류: 전분, 셀룰로스, 글리코젠
- 단당류의 분류(카보닐기의 종류)
  알도스: 포도당, 마노스, 자일로스
  케토스: 과당, 타가토스
- 단당류의 분류(탄소수)
  삼탄당: 글리세르알데하이드
  사탄당: 에리트로스
  오탄당: 아라비노스, 자일로스, 리보스

육탄당: 포도당, 과당, 갈락토스

- 올리고당의 분류(단당의 수)
  이당류: 자당, 맥아당, 유당
  삼당류: 라피노스
  사당류: 스타키오스
- 다당류의 분류(구성당의 종류)
  동종다당류: 전분, 셀룰로스, 글리코젠
  이종다당류: 헤미셀룰로스, 이눌린, 펙틴질

2.

- 키랄 탄소란 4개의 서로 다른 원자단이 붙어 있는 비대칭 탄소(asymmetric carbon)를 의미한다.
- 단당류는 여러 개의 키랄 탄소를 가지기에 분자량과 구조식은 같지만 원자의 공간 배열이 다른 거울상 이성질체(enantiomer)을 가지게 된다.
- 단당류의 입체이성질체(stereoisomer)는 키랄 탄소의 수에 의해 결정된다. 입체이성질체의 총수는 2^n(^{n}: 키랄 탄소수)으로 계산된다.
- 단당류에서는 카보닐 탄소로부터 가장 먼 키랄 탄소와 결합한 하이드록시기의 위치에 따라 D-형과 O-형으로 구분한다.
- 다른 키랄 탄소에서의 입체배치는 같고 단 1개의 키랄 탄소에서만 입체배치가 다른 것을 에피머(epimer)라고 한다.
- 열린 사슬 구조에서 고리형 구조로 바뀌면 1번 탄소는 헤미아세탈 탄소로서 새로운 키랄 탄소(아노머 탄소라고 함)가 되기에 배열이 다른 두 종류의 입체이성질체가 존재하게 되는데 이와 같은 이성질체를 아노머(anomer)라고 한다.

3.

- 단당류이 알도스와 케토스는 수용액상에서 열린 사슬(open chain) 구조와 고리형 구조인 환식 구조가 동시에 존재한다. 단당류의 환식 구조는 같은 분자 내에 하이드록시기와 알데하이드기에 의한 헤미아세탈(hemiacetal), 하이드록시기와 케톤기에 의한 헤미케탈(hemiketal)에 의해 생성된다. 포도당의 경우 5번 탄소에 붙어 있는 하이드록시기와 1번 탄소의 알데하이드와 반응하여 6원자 고리형의 피라노스(pyranose)을 형성한다.
- 단당류는 수용액 상에서 5가지 서로 다른 분자 형태의 평형혼합물로 존재한다. 5가지 분자 형태는 고리가 열리고 닫히는 사이에 6원자 고리형의 α형과 β형, 5원자 고리형의 α형과 β형, 그리고 열린 사슬 구조의 알데하이드형이다.

4.

- 단당류를 포함한 탄수화물은 카보닐기와 하이드록시기를 가지고 있으며 이들은 반응성이 높기에 여러 가지 화학반응에 관여한다. 자연계에는 단당류나 올리고당류의 산화, 환원, 치환 등의 화학반응으로 형성된 유도체들이 존재하는데 이러한 물질을 유도당이라 한다.
- 유도당에는 산화반응에 의한 우론산, 알돈산, 알다르산, 락톤 등이 있으며 환원반응에 의한 당알코올류 등이 있고 치환반응에 의한 데옥시당, 아미노당, 배당체 등이 있다.

5.

- 자당의 구조적 특징은 글루코스의 아노머 탄소(1번 탄소)의 하이드록시기와 프럭토스의 아노머 탄소(2번 탄소)의 하이드록시기가 축합반응에 의해 형성되었기에 환원성을 나타내지

않는다. 일반적으로 다른 올리고당류나 다당류는 아노머 탄소(환원성 말단)와 비아노머 탄소(비환원성 말단) 사이의 결합으로 이루어져 머리-꼬리(head-to-tail)방식으로 결합되어 있으나 자당은 특이하게 환원성 말단과 환원성 말단이 결합(head-to-head)하고 있다.

6.

- 아밀로스
  - 포도당이 α-1,4 결합으로 직선형
  - 분자량은 약 10^6
  - 포접화합물을 형성하기에 요오드와 반응하여 청색
  - 노화속도가 직선형으로 빠름
- 아밀로펙틴
  - 포도당이 α-1,4 결합의 직선상에 α-1,6 결합의 가지를 가진 분지형
  - 분자량은 약 10^8
  - 포접화합물을 형성하지 않아 요오드반응에서 적자색
  - 노화속도가 분지형으로 천천히 진행

7.

- 전분의 호화(gelatinization)란 전분을 물에 넣고 가열할 때 전분입자 내부의 수소결합이 끊어지면서 분자 내 배열이 비가역적으로 파괴되는 일련의 과정을 말한다. 전분의 호화과정은 수화, 팽윤, 붕괴의 3단계로 이루어진다.
- 호화된 전분을 방치해 두면 불규칙적인 배열을 하고 있던 전분분자들이 수소결합을 형성하면서 생전분(native starch)과는 다른 새로운 형태의 규칙성을 띠는 결정성 영역을 형성하는데 이 현상을 노화(retrogradation)라고 한다.

8.

- 전분은 포도당(α-D-glucopyranose)이 글리코사이드 결합으로 수백만 개가 연결된 저장다당류이다. 전분분자는 포도당이 α-1,4 결합으로 직선형의 아밀로스(amylose)와 α-1,4 결합의 직선상에 α-1,6 결합의 가지를 가진 아밀로펙틴(amylopectin)으로 구성되어 있다. 아밀로스는 포도당이 α-1,4 결합으로 250~5,000개 정도가 직선형으로 연결되어 있는 중합체이다.
- 셀룰로스는 식물 세포벽의 주성분으로 식품조직의 구조를 유지하는 역할을 하는 구조다당으로 자연계에 가장 많이 존재하는 탄수화물이다. 셀룰로스는 1,000~14,00개의 포도당이 β-1,4 결합으로 연결되어 있으며 분자 간에 다수의 수소결합을 통하여 규칙성을 가지고 강하게 결합하여 안정된 구조를 이루면서 결정성의 섬유상 다발을 형성한다.

9.

- 식이섬유란 식품 중에서 사람의 소화효소로는 소화되지 않고 대장에서 부분적으로 또는 완전히 발효되는 탄수화물을 의미한다. 셀룰로스, 헤미셀룰로스, 펙틴질, 리그닌, 천연검질, 해조다당류, 키틴, 합성한 폴리덱스트로스(polydextrose), 전분입자에 존재하거나 가공 중에 형성된 저항전분(resistant starch), 일부 올리고당류가 식이섬유의 범주에 해당된다.

10.

- 펙틴질은 식물의 세포와 세포벽 사이의 층에 존재하며 세포와 세포를 결착시켜주는 물질로서 셀룰로스, 헤미셀룰로스와 함께 식물조직의 주요 구성성분이며 프로토펙틴(protopectin), 펙트산(pectic acid), 펙틴산(pectinic acid) 등을 포함한다.

- 펙틴의 젤 형성력은 사슬의 길이와 메틸에스터화 정도에 따라 결정되는데 고메톡시펙틴은 pH 3.2~3.5에서 당이 50% 이상 존재할 때 분자들 간에 수소결합과 소수성결합을 통하여 회합을 이루고 전체적으로 망상구조를 형성하여 젤을 형성한다. 그에 비해 저메톡시펙틴은 칼슘(Ca^{2+})과 같은 다가 양이온이 존재하면 분자 내 카복실기와 칼슘이온 간 결합으로 젤을 형성한다.

FOOD CHEMISTRY

CHAPTER 4 지질

지질은 오래전부터 인류가 생명을 영위하기 위해 요구되는 영양소(탄수화물, 단백질)들과 함께 식품 중 가장 중요한 성분으로 인식되어 오고 있다. 지질은 단위무게로 가장 높은 열량을 제공하는 에너지원으로써 영양학적 및 생리학적으로도 매우 중요할 뿐만 아니라, 각종 식품에 특유하며 풍부한 풍미를 부여한다. 또한 이와 같은 식물들의 가공, 저장 중에도 기능적으로 매우 중요한 역할을 담당하고 있다. 또한 피하지방과 내장지방층을 형성하고, 체온 유지 및 신체기관의 보호와 장기고정 등의 생리학적 역할을 수행한다.

식품학적으로는 식품의 향과 맛에 대하여 다른 영양소보다 큰 영향을 미치는 성분이며, 튀김과정 중에서 식품의 열전달 매체(100°C 이상)로 매우 중요한 역할을 한다. 또한 수소화(경화) 과정을 통한 유지의 가공은 제과공정에서 매우 중요한 역할을 하고 있다. 비스킷과 스낵류에 바삭함이나 부드러움을 부여하여 식품의 조직감에도 영향을 미친다. 최근에는 오메가-3지방(DHA, EPA) 혹은 공액 리놀렌산(conjugated linoleic acid, CLA) 등과 같은 기능성 지질과 LDL-콜레스테롤 혹은 트랜스지방과 같은 부정적인 영향을 미치는 지질에 대해서도 많은 연구가 진행 중이다.

1. 지질의 정의와 분류

1) 지질의 정의

지질은 단백질이나 탄수화물처럼 한마디로 정의하기는 어렵지만 일반적으로 다음의 세 가지로 정리할 수 있다.

1. 물에 녹지 않으며, 유기용매로 알려져 있는 다이에틸 에테르(diethyl ether), 석유 에테르(petroleum ether), 아세톤(acetone), 클로로폼(chloroform), 벤젠(benzene) 및 사염화탄소(carbon tetrachloride) 등에 잘 녹는 물질이다.

2. 실제로 지방산의 에스터(ester) 형태로 존재하거나, 지방산의 에스터를 형성할 수 있는 물질이다.

3. 생체에 의해서 이용될 수 있는 물질이다.

하지만 지질로 간주되지만 모든 지질이 위의 조건을 만족하는 것은 아니다. 위의 세 가지 지질로서의 조건에 맞지 않는 예외적인 예들도 존재한다. 생체에 의해서 이용되지 못하는 파라핀(paraffin)과 같은 석유계통의 탄화수소(hydrocarbons)들은 위의 범주를

벗어난다.

이처럼 지방질은 다양한 성분을 포함하고 있으며 실제로 생체에 고루 분포되고 있으면서 생체 내에서 생리학적으로 또는 영양학적으로 중요한 역할을 하고 있으나, 식용으로서 또는 식품가공상 가장 많이 사용되고 있는 지방질 성분, 따라서 식품학적으로 가장 중요한 지방질 성분은 유지, 즉 중성 지방질이다. 이 유지는 식용뿐만 아니라 비누 제조, 페인트 제조, 계면활성제의 제조 등 화학공업에 있어서도 중요하며, 막대한 양이 해마다 사용되고 있다. 이와 같은 용도에 사용되는 유지류와 식용에 사용되는 유지류의 기본적인 화학구조는 같으나 그 세부적인 화학적, 물리적 성질들은 다소 다르기 마련이다.

유지는 세 분자의 지방산(fatty acid)과 글리세롤(glycerol)의 에스터 결합을 한 구조로, 즉 트라이글리세라이드(triglyceride)들의 혼합물이라고 정의할 수 있다. 유지는 흔히 실온에서 고체인 경우 fats란 말로 표현되며, 액체인 경우에는 oils라는 말로 표현되기도 하나 이것은 물리적 성질의 차이, 즉 융점의 차이에서 오는 외관상의 구별이며, 지방산의 트라이글리세라이드류의 혼합물이라는 화학적 본질에 있어서는 마찬가지다. 일반적으로 식물성 유지는 실온에서 액체의 경우가 많으며, 동물성 유지의 경우에는 대개 고체이기 때문에 식물성유, 동물성 지방 등으로 구별하여 사용되기도 한다.

한편, 식용유지나 유지 함유 제품들은 육안으로 쉽게 알아 볼 수 있기 때문에 가시적인 지방질들이라고도 불려진다. 이에 반해서 육류, 달걀노른자, 땅콩류, 라면, 감자튀김이나 도넛 등에 함유된 유지류 내지는 지방질들은 쉽게 알아볼 수 없기 때문에 비가시적인 지방질들로 알려져 있다. 우리가 섭취하는 지방질량에는 이 두 가지 형태의 지방질량이 모두 고려되어야 한다.

2) 구성성분과 구조에 따른 분류

지질은 구조가 비교적 간단한 지방산들, 이 지방산들의 트라이글리세라이드, 즉 유지에서부터 구조가 복잡한 매우 다양한 형태의 화학성분을 포함하고 있다. 이들은 서로 다양한 구성성분과 화학적 구조를 가지고 있으므로 이런 특성에 따라 다음과 같이 다양하게 분류할 수 있다(표 4-1).

(1) 단순지질

유지는 한 분자의 글리세롤(glycerol)과 세 분자의 지방산이 에스터 결합을 한 지질로 다음과 같은 것이 단순지질에 해당한다(그림 4-1).

1. 중성지질: 세 개의 탄소와 세 개의 $-OH$기를 가지고 있는 3가 알코올인 글리세롤과 세 개의 유리지방산이 에스터 결합한 것을 말한다.
2. 왁스: 고급 지방족 알코올과 유리지방산(특히 고급지방산)이 에스터 결합한 것을 말한다.

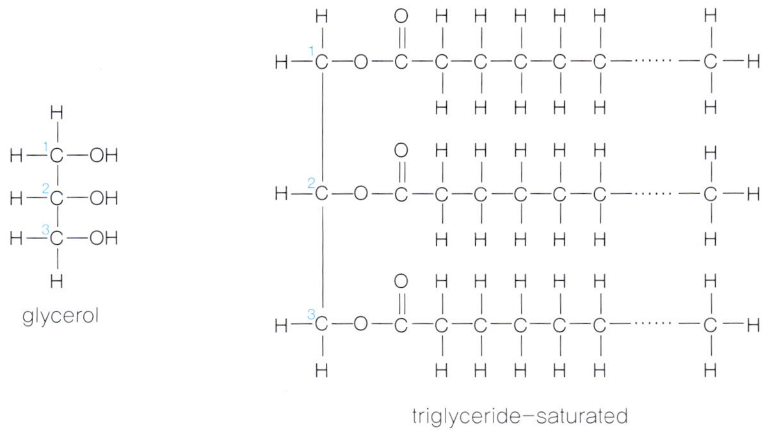

그림 4-1 트라이글리세라이드의 구조

(2) 복합지질

복합지질은 지방산과 여러 알코올의 에스터에 다른 원자단이 결합한 것을 말한다.

1. 인지질: 글리세롤에 지방산, 질소화합물, 인산이 결합한 것으로 레시틴(lecithin), 세팔린(cephalin), 스핑고마이엘린(sphingomyelin) 등이 있다.
2. 당지질: 지방산, 스핑고신과 당류가 결합한 것으로 세레브로사이드(cerebroside), 강글리오사이드(ganglioside) 등이 있다.
3. 황지질: 지질에 유황을 함유한 것을 말한다.
4. 지단백질: 단백질과 결합한 지질을 말한다.

(3) 유도지질

단순지질과 복합지질의 가수분해에 의해 얻어지는 것으로 고급지방산, 스테롤(sterol)류, 테르페노이드(terpenoids), 지용성 비타민(fat-soluble vitamins)과 같은 지용성 물질을 유도지질이라 하며 다음과 같은 것이 있다.

표 4-1 ▸ 지질의 분류와 특징

종류			특징	예
단순지질	중성지질		글리세롤과 지방산의 에스터	트라이글리세라이드 다이글리세라이드 모노글리세라이드
	왁스		고급 1가 알코올과 고급지방산의 에스터	밀랍, 경랍
	스테롤에스터		스테롤과 지방산의 에스터	
복합지질	인지질	글리세로인지질	글리세롤, 지방산, 인산이 결합한 지질	레시틴, 세팔린
		스핑고인지질	스핑고신, 지방산, 인산이 결합한 지질	스핑고미엘린
	당지질	글리세로당지질	글리세롤, 지방산, 당질이 결합한 지질 식물의 엽록체에 존재	다이갈락토-다이글리세라이드
		스핑고당지질	스핑고신, 지방산, 당질이 결합한 지질 동물의 세포막에 존재	갈락토-세레브로사이드
	지단백(아미노지질)		단백질과 결합한 지질	
유도지질	지방산			
	고급알코올	스테롤	알칼리로 겸화한 유지의 불검화물	콜레스테롤 에르고스테롤
		고급 1가 알코올	왁스를 구성하는 알코올	
	각종 탄화수소	스쿠알렌	심해 상어의 간유에 존재	
		지용성 비타민		비타민 A,D,E,K
		지용성 색소		카로틴

1. 지방산: 탄소수 16~18개의 직쇄형의 카복시산을 말한다.
2. 고급알코올: 탄소원자 8~30개를 가진 직쇄 및 환상 알코올을 말한다.
3. 탄화수소: 지방족 및 환상 화합물을 말한다.
4. 아이소프렌류: 스테로이드와 카로테노이드류를 분해할 경우 얻어진 물질을 말한다.

3) 상온 상태에 따른 분류

상온에서 상태가 고체인 경우를 지방(fat)이라 부르고, 액체인 경우를 기름(oil)이라 부른다. 일반적으로 지질의 다른 용어인 유지(lipid)라는 용어는 이 두 낱말의 한자어가 합쳐서 일컬어지는 말이다.

상온에서 고체로 존재하는 지방을 구성하는 중성지질은 주로 포화지방산으로 되어 있으며, 동물성 재료에서 얻은 버터, 우지, 돈지 등이 여기에 속한다. 액상으로 존재하는 기름은 불포화지방산으로 구성되어 있으며, 식물성 재료에서 얻은 콩기름, 옥수수기름, 참기름과 들기름 같은 것이 여기에 속한다.

식용유지 가공에서 때로는 상온에서 고체인 지방의 사용을 선호하여 불포화지방산을 함유한 식물성 기름에 수소를 첨가시켜 경화된 경화유를 만들어 사용하기도 한다. 경화(hydrogenation)는 불포화지방산을 포화지방산으로 바꾸어 지방을 만든다. 이렇게 만든 경화유에는 마가린, 쇼트닝, 경화 대두유 등이 있다.

4) 비누화 여부에 따른 분류

지질은 알칼리 처리과정을 통해서 가수분해되어 지방산과 글리세롤이 만들어지며, 그로 인해 글리세롤과 비누를 만드는데, 이 과정을 비누화 혹은 검화(saponification)라고 한다(그림 4-2). 지질은 비누화가 이루어지는 지질과 이루어지지 않는 지질로도 구분이 가능하다. 결론적으로 비누화 가능 여부는 지질분자 내부에 에스터 결합의 유무에 따라 결정된다. 비누화가 되는 지질에는 중성지질, 왁스류, 인지질 등이 있고, 비누화가 되지 않는 지질에는 스테롤류와 일부 탄화수소, 지용성 색소가 있다.

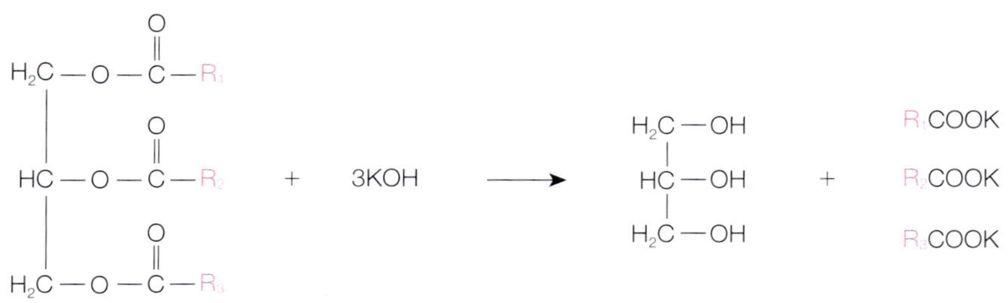

그림 4-2 유지의 비누화 과정

2. 지방산_*fatty acid*

1) 지방산의 정의

지방산은 지질의 대표적인 구성요소로서 에스터 결합을 가진 지방질이 가수분해될 때 얻어지는 물질이다. 일반적으로 직쇄상으로 결합한 탄소사슬이며, 끝에 작용기로 카복시기(–COOH)를 가지고 있으며, 약식으로 RCOOH로 표시한다. 자연계에 존재하는 지방산은 생합성 원리에 의해서 대부분 짝수이며, 탄소수가 4개인 저급지방산(C_4~C_{10})부터 24개까지의 고급지방산까지 다양하게 존재하고 있지만, 주로 탄소 16개와 18개로 구성되어 있는 지방산이 대부분을 이루고 있다(그림 4-3).

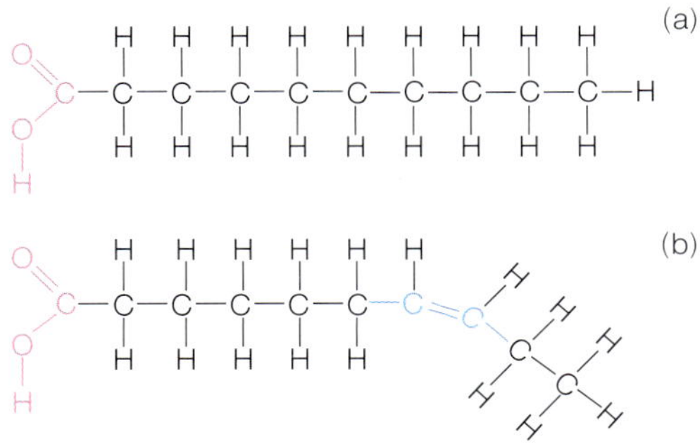

그림 4-3 포화지방산(a)과 불포화지방산(b)의 구조

지방산은 탄소사슬 내부에 이중결합의 존재 유무에 따라서 이중결합이 없는 포화지방산과 이중결합을 1개 이상 가지고 있는 불포화지방산으로 나뉜다. 이중결합을 포함하지 않는 포화지방산은 동물성 지방에 많이 함유되어 있다. 단일결합으로 포화되어 있어 산화에 안정되고, 또한 탄소수가 증가할수록 융점과 비점이 증가한다. 자연계에 가장 많이 존재하는 대표적인 포화지방산으로는 팔미트산($C_{16:0}$) 등이 있다.

포화지방산의 일반적인 명명방식은 계통명과 관용명으로 구분한다. 계통명은 IUPAC법이라고 부르기도 하는데 국제 공인방법에 따라 붙이는 화학명이고, 관용명은 과거부터 관용적으로 사용한 화학명이다. 이 중 계통명은 유기 카복실산의 명명법을 기본으로 이루어진다. 유리지방산은 $-COOH$기를 가지고 있으므로 $-COOH$의 탄소까지 포함하는 알케인을 명명하고, 이름 뒤에 '-oic acid'를 붙이면 된다(표 4-2).

불포화지방산은 분자 내에 이중결합이 1개 이상 존재하고 있는 지방산을 말한다. 존재하는 이중결합의 개수에 따라 단일 불포화지방산(이중결합 1개)과 다중불포화지방산(이중결합 2개 이상)으로 분류한다. 불포화지방산은 식물성 유지에 높은 비율로 함유되어 있으며, 불포화되어 있는 부분에서 쉽게 산화반응이 일어난다. 일반적인 산화반응의 속도는 이중결합의 수가 많을수록 급격히 빨라진다. 또한 굴절률 역시 불포화도가 클수록 높고 녹는점은 낮아진다.

일반적으로 자연 중에 존재하는 불포화지방산은 팔미톨레인산($C_{16:1}$), 올레인산($C_{18:1}$), 리놀레산($C_{18:2}$), 리놀렌산($C_{18:3}$), 아라키돈산($C_{20:4}$), 에이사코사펜타노산(EPA; $C_{20:5}$), 그리고 도코사헥사노산(DHA; $C_{22:6}$) 등이 있다.

불포화지방산의 경우는 탄소의 개수 및 이중결합의 개수와 위치를 명명해야 하므로 포화지방산보다 계통명이 더 복잡하다. 우선 이중결합의 존재는 '-enoic'이라는 어미를 붙여 표시를 하고, 이중결합의 개수는 2개면 'dienoic', 3개면 'trienoic', 4개면 'tetraenoic'과 같이 어미 '-enoic'의 앞에 그리스 접두어를 붙여 표시한다. 다음으로 이

표 4-2 ▸ 포화지방산의 명명법

계통명	일반명	단축표기
Methanoic	Formic	1:0
Ethanoic	Acetic	2:0
Propanoic	Propionic	3:0
Butanoic	Butyric	4:0
Pentanoic	Valeric	5:0
Hexanoic	Caproic	6:0
Heptanoic	Enanthic	7:0
Octanoic	Caprylic	8:0
Nonanoic	Pelargoic	9:0
Decanoic	Capric	10:0
Undecanoic	–	11:0
Dodecanoic	Lauric	12:0
Tridecanoic	–	13:0
Teradecanoic	Myristic	14:0
Pentadecanoic	–	15:0
Hexadecanoic	Palmitic	16:0
Heptadecanoic	Margaric	17:0
Octadecanoic	Stearic	18:0
Nonadecanoic	–	19:0
Eicosanoic	Arachidic	20:0
Docosanoic	Behenic	22:0
Tetracosanoic	Lignoceric	24:0
Hexacosanoic	Cerotic	26:0
Octacosanoic	Montanic	28:0
Tricontanoic	Melissic	30:0
Dotriacontanoic	Lacceroic	32:0

중결합의 위치를 표시해야 한다. 이를 위해서는 탄소에 번호를 붙이는 것이 필요하다. IUPAC법에 의하면 지방산의 탄소번호는 작용기인 –COOH의 탄소부터 번호를 붙이도록 되어 있다. 표 4-3에서 보는 것처럼 올레산의 이중결합은 –COOH부터 번호를 붙이면 9번째 탄소에 존재한다. 위의 두 가지 규칙에 의해 oleic acid(일반명)의 계통명을 표시하면 9-octadecenoic acid가 된다.

표 4-3 ▸ 불포화지방산의 명명법

계통명	일반명	단축표기
c-9-Dodecenoic	Lauroleic	12 : 1ω3
c-5-Tetadecenoic	Physeteric	14 : 1ω9
c-9-Tetradecenoic	Myristoleic	14 : 1ω5
c-9-Hexadecenoic	Palmitoleic	16 : 1ω7
c-7,*c*-10,*c*-13-Hexadecenoic	–	16 : 3ω3
c-4,*c*-7,*c*-10,*c*-13-Hexadecatetraenoic	–	16 : 4ω3
c-9-Octadecenoic	Oleic	18 : 1ω9
c-11-Octadecenoic	*cis*-Vaccenic (Asclepic)	18 : 1ω7
t-11-Octadecenoic	Vaccenic	18 : 1ω7
t-9-Octadecenoic	Elaidic	18 : 1ω9
c-9,c-12-Octadecadienoic	Linoleic	18 : 2ω6
c-9-t-11-Octadecadienoic acid	Rumenic	18 : 2ω7
c-9,*c*-12,*c*-15-Octadecatrienoic	Linolenic	18 : 3ω3
c-6,*c*-9,*c*-12-Octadecatrienoic	γ-Linolenic	18 : 3ω6
c-6,*c*-9,*c*-12,*c*-15-Octadecatetraenoic	Stearidonic	18 : 4ω3
c-11-Eicosenoic	Gondoic	20 : 1ω9
c-9-Eicosenoic	Gadoleic	20 : 1ω11
c-8,*c*-11,*c*-14-Eicosatrienoic	Dihomo-γ-linolenic	20 : 3ω6
c-5,*c*-8,*c*-11-Eicosatrienoic	Mead	20 : 3ω9
c-5,*c*-8,*c*-11,*c*-14-Eicosatrienoic	Arachidonic	20 : 4ω6
c-5,*c*-8,*c*-11,*c*-14,*c*-17-Eicosapentaenoic	Eicosapentaenoic (EPA)	20 : 5ω3
c-13-Docosenoic	Erucic	22 : 1ω9
c-11-Docosenoic	Cetoleic	22 : 1ω11
c-7,*c*-10,*c*-13,*c*-16,*c*-19-Docosapentaenoic	DPA	22 : 5ω3
c-4,*c*-7,*c*-10,*c*-13,*c*-16,*c*-19-Docosahexaenoic	DHA	22 : 6ω3
c-15-Tetracosenoic	Nervonic (Selacholeic)	24 : 1ω9

불포화지방산 중 2개 이상의 이중결합을 가진 구조는 대부분 비공액(non-conjugated) 형태로 배치되어 있다. 비공액 형태는 pentadiene 구조나 1,4-pentadiene 구조로써 명명된다. 이중결합이 3개 이상 지방산 내부에 배치될 경우도 비공액 형태로 배치된다.

이럴 경우 이중결합은 탄소 위치에 따라 9번, 12번, 15번순으로 배치된다.

IUPAC법에 의해서 명명할 때에는 작용기인 -COOH기부터 번호를 붙여야 되지만 경우에 따라서는 반대편 methyl기의 탄소를 시작으로 번호를 붙이는 것이 유용할 경우가 있다. 이럴 경우 −COOH기의 반대쪽 끝인 $-CH_3$기에서부터 번호를 붙이기 때문에 번호 앞에 ω(omega)를 붙인다. ω−3계열 지방산은 끝의 탄소부터 3번째 탄소에 이중결합이 나타나는 지방산으로 리놀렌산이나 EPA와 DHA와 같은 고도의 불포화지방산이 이에 포함된다. ω−3계열 지방산은 심근경색, 동맥경화 및 혈전과 같은 심혈관질환에 대해서 예방효과가 있다는 것은 널리 알려진 사실이며, 그러한 효능에 대해서도 FDA에서 공식적으로 발표되어 왔다. 리놀레산과 아라키돈산은 ω−6계열에 포함된다.

불포화지방산의 이중결합의 구조적인 형태는 대부분 시스형(*cis*)으로 되어 있다. 시스형은 이중결합을 중심으로 탄소에 결합한 수소가 같은 방향에 위치하고 있는 것이다. 표에서 보는 바와 같이 포화지방산인 스테아린산의 경우 직쇄형 구조를 보이지만, 단일불포화지방산인 올레인산은 이중결합 부분이 꺾인 구조를 보인다. 이런 꺾인 구조는 중성지질의 구조에서 상호 간섭을 일으켜 더 큰 물리적이고 입체적 특징 차이를 보인다. 이중결합이 두 개 이상인 경우인 고도 불포화지방산은 이러한 꺽임현상이 더 커진다.

또한 이중결합이 2개 이상 배치될 경우 이중결합의 배치 형태에 따라 다른 명칭이 부여된다(그림 4−4).

TIP 지방산의 ω−명명법

ω−계열의 명칭은 불포화지방산의 메틸기에서 번호를 붙여가면서 첫 번째 이중결합이 존재하는 위치의 번호를 명명한다. 주된 계열은 ω−3, ω−6, 그리고 ω−9으로 알려져 있으며, 한쪽으로 치우친 영양섭취는 혈전과 같은 염증물질의 생성과 비정상적인 혈액응고를 유발할 수 있으므로 적절한 비율의 섭취가 필요하다. ω−3와 ω−6의 적절한 비율은 1:4 정도로 알려져 있다.

2) 트랜스지방산과 필수지방산

유지를 구성하는 지방산의 이중결합에 수소를 첨가하여 경화를 진행과정에서 시스형 지방산이 트랜스형으로 변하게 되는데, 이를 트랜스지방산이라 한다. 시스형 지방산은 포화지방산과 좌우 탄소의 위치가 달라 구조적으로 큰 각도로 휘는 구조를 보이는데 비해, 트랜스형으로 변할 경우는 포화지방산의 탄소 배치와 매우 비슷한 직쇄상의 모습을 보인다(그림 4−5). 트랜스지방산은 심혈관계 질환과 관련된 질환을 일으킬 수 있다는 보고가 있으며, 식품법규상으로 그 함량 표시가 의무시되고 있다.

시스형 지방산의 트랜스형으로의 변환은 외부 자극에 의해서 그림과 같은 과정을 통해서 이루어지는데, 불포화지방산의 결합이 파이 결합과 시그마 결합이 동시에 존재하는 이중결합일 때는 탄소의 회전이 일어나지 않는다. 하지만 열이나 빛을 받게 되면 파

• 포화지방산 saturated fatty acid (S)
스테아린산($C_{18:0}$), $CH_3(CH_2)_{16}COOH$

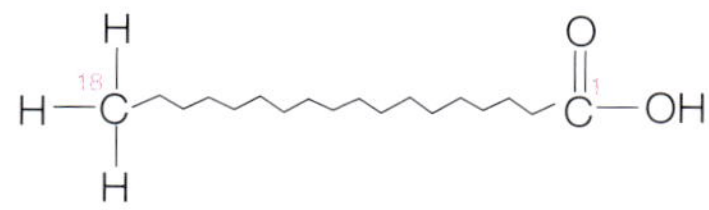

• 1가 불포화지방산 monounsaturated fatty acid (M)
n−9(w_9)올레산($C_{18:1}$, D^9), $CH_3(CH_2)_7CH{=}CH_3(CH_2)_7COOH$

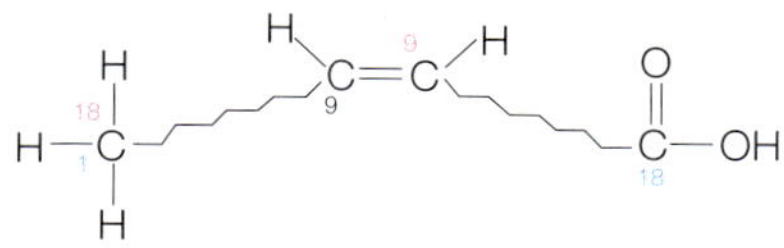

• 다가 불포화지방산 polyunsaturated fatty acid (p)
n−6(w_6)리놀레산($C_{18:2}$, $D^{9,12}$), $CH_3(CH_2)_4CH{=}CHCH_2\ CH{=}CH(CH_2)_7COOH$

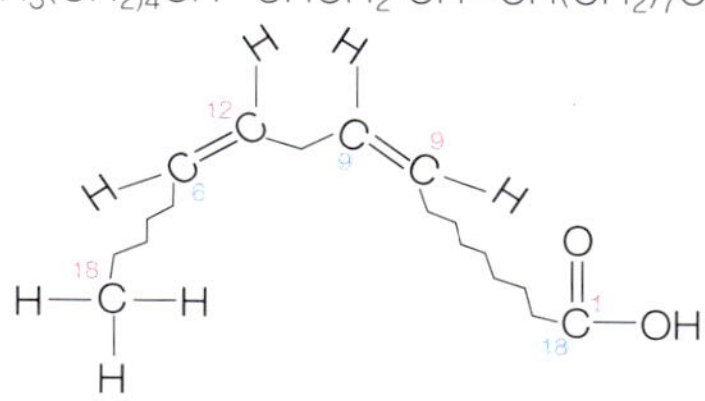

n−3(w_3)α−리놀렌산($C_{18:3}$, $D^{9,12,15}$)$CH_3CH_2CH{=}CHCH_2\ CH{=}CHCH_2\ CH{=}CH(CH_2)_7COOH$

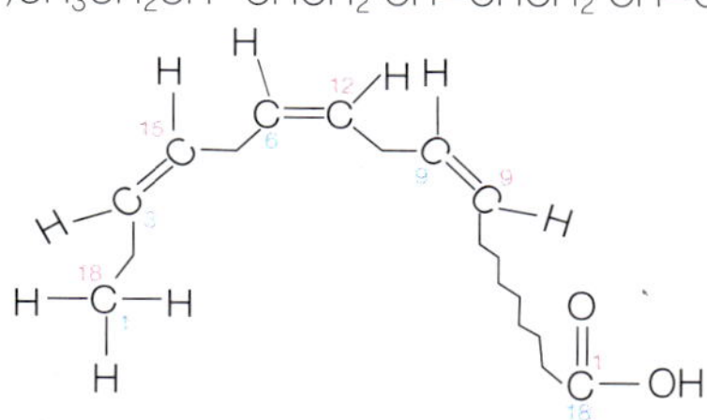

그림 4−4 지방산의 구조

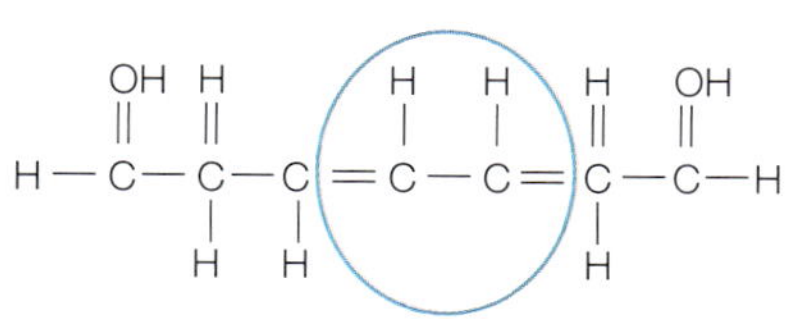

시스지방산 구조

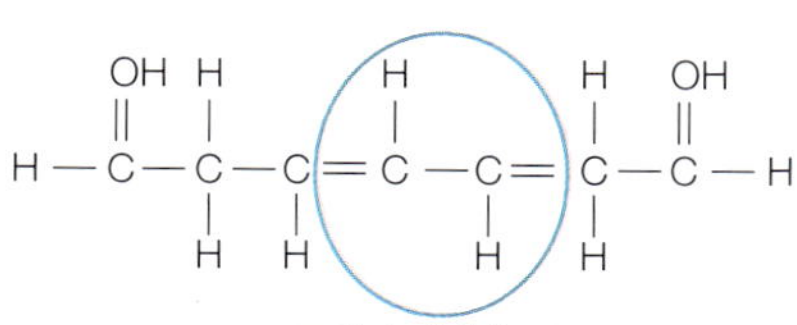

트랜스지방산 구조

그림 4−5 시스형과 트랜스 지방산 구조

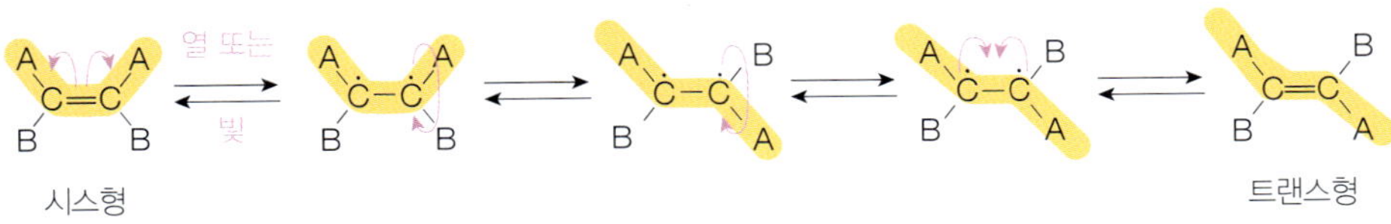

그림 4-6 트랜스지방의 생성메커니즘

이 결합이 깨지면서 이중결합이 단일결합으로 변하게 되고 탄소의 회전이 쉬워진다. 이 과정에서 트랜스형으로 배치 변화가 발생하고 이후 남은 전자들이 다시 파이 결합을 만들어 이중결합을 생성하게 되면 시스형 구조에서 트랜스형 구조를 가지는 지방산이 생성된다. 이런 변화는 상온에서는 자주 일어나지 않으며, 충분한 양의 열이나 빛과 같은 외부 자극이 가해질 경우에만 발생한다. 그러한 이유로 자연발생적인 트랜스지방산은 거의 존재하지 않는다. 하지만 높은 열이 가해진 가공 공정을 통해 튀김유나 수소를 첨가시킨 마가린, 쇼트닝 같은 경화유에는 트랜스지방산이 존재한다(그림 4-6).

필수지방산은 동물의 정상적인 성장과 건강 유지를 위하여 식품을 통해 반드시 공급되어야 하는 지방산을 명칭하며, 체내에서 합성이 이루어지지 않는 지방산을 말한다. 특히 포유동물은 이중결합을 2~3개 갖는 지방산을 합성할 수 없어 주요한 고도 불포화지방산인 리놀레산과 리놀렌산, 아라키돈산을 외부에서 음식을 통해서 공급해야 한다. 이들은 영양학적으로 비타민으로 분류하여 비타민 F라고도 부른다. 생화학적 관점에서 필수지방산은 생체막의 중요한 구성성분이며 혈중 콜레스테롤 수치를 낮추는 기능을 한다.

3) 식품 중 지방산의 조성

다양한 동식물 자원에서 발견되는 유지는 다양한 물리 · 화학적 특성을 나타내는데, 그러한 이유는 지질이 구성하는 지방산의 구성차이에 의해서 기인된다. 시판 유지 중 코코넛유, 버터와 팜유는 포화지방산의 함량이 가장 높게, 홍화유와 채종유는 가장 낮게 나타났다. 올리브유의 경우 이중결합이 하나인 지방산의 함량이 80%나 되었는데 이는 대부분 올레인산으로 구성되어 있고, 올레인산이라는 명칭이 올리브유에서 유래되었다고 알려져 있다(표 4-4).

TIP 공액리놀렌산: 리놀렌산의 위치 이성질체

불포화지방산 중 위치 이성질체 구조로 특이한 생리활성을 가진 지방산이 있는데, 대표적인 것이 공액불포화지방산(conjugated fatty acids)이 있다. 특히 CLA(conjugated linoleic acid)라고 명명되는 공액리놀렌산이 있다.

표 4-4 ▸ 식물유의 지방산 조성

	$C_{4:0}$	$C_{6:0}$	$C_{8:0}$	$C_{10:0}$	$C_{12:0}$	$C_{14:0}$	$C_{16:0}$	$C_{18:0}$	$C_{18:1}$	$C_{18:2}$	$C_{18:3}$	포화(%)	다가불포화(%)
홍화유							7.3	2.6	13.4	76.4	0.2	9.9	76.6
해바라기유							6.7	3.7	19.0	69.9	0.7	10.4	70.6
면실유						0.7	20.6	2.4	18.4	56.9	0.5	23.7	57.4
올리브유							10.6	3.2	75.0	10.4	0.8	13.1	11.2
땅콩기름							11.5	4.0	41.5	34.9	0.2	22.3	35.1
미강유						0.2	16.6	1.7	42.0	36.6	1.4	19.4	38.0
참기름								9.2	5.3	39.0	44.8	15.1	45.2
옥수수유							11.2	2.1	34.7	50.5	1.5	13.3	52.0
대두유							0.4	3.8	24.3	52.7	7.9	14.8	60.6
채종유							4.2	1.7	58.6	21.8	10.8	6.5	32.6
팜유				0.2		1.0	44.5	4.5	39.3	9.6	0.3	50.3	9.9
팜핵유		0.3	3.9	4.0		49.6	16.0	8.0	2.4	13.7	2.0	84.2	2.0
코코넛유	3.2	2.3	8.0	6.0		47.0	18.0	9.0	3.0	7.0	2.0	91.0	2.0
버터		1.4	3.1	3.7		13.1	31.5	11.1	24.6	2.6	0.7	68.8	3.3
하드 마가린				1.4		0.8	20.1	6.2	41.7	26.2	2.5	28.0	28.7
소프트 마가린				0.1		0.3	16.6	6.1	41.0	32.0	2.7	22.7	34.7
우지						3.7	28.9	17.6	43.0	3.3	0.3	47.8	3.6
돈지						2.3	29.2	12.1	42.5	9.8	0.7	41.4	10.8

3. 지질의 분류

1) 중성지질

(1) 중성지질의 구조

지질에는 여러 가지 식품성분을 포함하여 정의하지만 일반적으로는 중성지질을 지칭한다. 중성지질은 3가 알코올인 글리세롤(glycerol)과 카복실기(carboxyl)를 가지고 있는 탄화수소사슬형인 3개의 유리지방산이 탈수 및 축합반응에 의해 새로운 3개의 에스터(ester) 결합을 형성하여 만들어진다.

중성지질이 만들어질 때 항상 3개의 유리지방산이 결합하는 것은 아니다. 경우에 따라서는 2개의 유리지방산과 혹은 1개의 유리지방산만이 에스터 결합을 하여 중성지질을 만들게 되고, 이러한 중성지방은 결합된 유리지방산의 갯수에 따라 2개가 결합된 다이글리세라이드(diglyceride)와 모노글리세라이드(monoglyceride)라고 부른다. 중성지질은 소수성의 성질을 갖고 있는데 비해 다이글리세라이드와 모노글리세라이드는 에스터 결합을 만들지 않은 하이드록시기로 인하여 부분적으로 친수성을 가지기도 한다.

(2) 중성지질의 분류

일반적으로 식품에 함유된 구성 지질의 대부분은 중성지질로써, 중성지질은 분류는 다음과 같다.

① 유지방

유지방은 포유류, 특히 젖소의 젖에서 얻어지며, 주요 지방산은 고급지방산인 팔미트산(palmitic acid), 스테아린산(stearic acid) 및 올레인산(oleic acid)이다. 하지만 일부 포유류의 젖에는 저급지방산(C_4~C_{12})이 포함되어 있다.

② 식물성 유지

일반적인 식물 유래의 지질은 올레인산과 리놀레인산이 높은 비율을 차지한다. 평균적으로 포화지방산은 20% 이하로 존재하고 있는데, 대표적인 식물성 유지는 면실유, 옥배유, 땅콩유, 해바라기유, 잇꽃유, 올리브유와 참기름이 있다. 높은 리놀레인산을 많이 함유하고 있는 유지는 대두유와 밀배아유, 대마씨유와 들기름이 있으며, 이러한 높은 리놀레인산은 산패 중 한 가지로 알려진 변향에서 이취를 만드는 것으로 알려져 있다.

③ 수산물 유지

수산물에 유래하는 유지의 종류는 대체적으로 긴 사슬의 고도 불포화지방산으로 구성된 중성지질이다. 주로 DHA($C_{22:6}$)와 EPA($C_{20:5}$)가 함유되어 있어, 높은 불포화도를 가지고 있으며, 일반적인 식물성 · 동물성 지질에 비해 산패가 쉽게 발생된다.

TIP 유지의 정제과정

유지의 정제는 몇 가지 단계가 있는데, 그 대표적인 정제과정은 아래와 같다.

- 탈검 : 유지 중에 존재하는 인지질을 제거
- 탈산 : 유지 중에 존재하는 유리지방산을 제거
- 탈색 : 유지 중에 존재하는 색소물질을 제거
- 탈취 : 유지 중에 존재하는 휘발성 물질을 제거

2) 인지질

지방의 주요 원소인 탄소(C), 수소(H), 산소(O) 이외의 질소(N)와 인(P) 등을 함유한 지질을 복합지질이라고 명명하며, 복합지질 중 가수분해 후 인산이 생기는 지질을 인지질이라고 부른다. 인지질은 유지, 왁스류와 함께 지방질 중의 검화될 수 있는 부분을 형성하고 있다. 인지방질은 식용유지 중 최종 정제가 되지 않은 유지에 널리 함유되고 있으며, 특히 최종 정제가 되지 않은 대두유에 높은 함량으로 존재하며, 옥수수기름, 면실유, 땅콩유에도 발견된다. 한편, 최종 정제가 되지 않은 동물성 지방에는 그 함량은 크지 않다. 달걀노른자는 인지질의 함량이 특이하게 많은 식품성분으로 전체 중량의 20%가 인지질이다. 인체에서도 인지질의 함유량을 볼 수 있는데, 그 중에서도 뇌(31%), 척추(11～16%), 간(10%), 심장(7%) 등에도 높은 함량을 가지고 있음을 볼 때 생리학적으로도 매우 중요한 지질임을 알 수 있다. 일반적인 인지질의 구조는 그림 4-7과 같다.

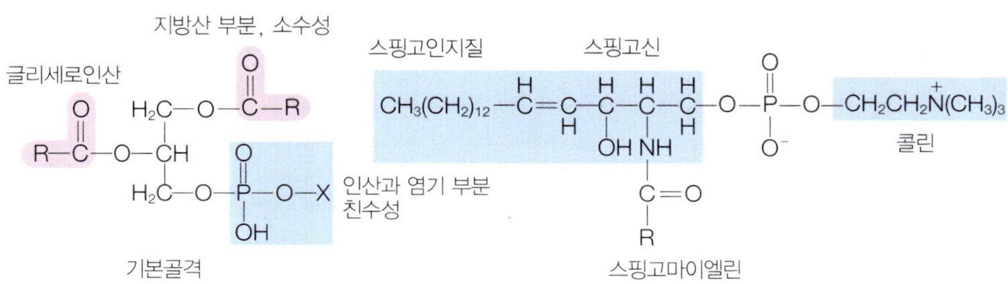

결합성분 (X)	$X=-CH_2CH_2\overset{+}{N}(CH_3)_3$ 콜린	$X=-CH_2CH_2NH_2$ 에탄올아민	$X=-CH_2CH(NH_2)COOH$ 세린	$X=-CH_2CHOHCH_2OH$ 글리세롤
글리세로 인산	포스파티딜콜린 (레시틴)	포스파티딜에탄올아민(세파린)	포스파티딜세린 (세파린)	포스파티딜글리세롤

그림 4-7 인지질의 구조 (R:지방산)

(1) 레시틴(lecithin)

포스파티딜 콜린(phosphatidyl choline)은 인지질 중 가장 많은 부분을 차지하고 있으며, sn-1위치에 포화지방산, sn-2위치에 불포화지방산을 가지고 있는 인지질이며, 레시틴이라고도 부른다. 레시틴은 공기와 접촉시 쉽게 자동산화되어 노란색 또는 갈색으로 변하는 왁스상의 물질이다. 석유에테르, 클로로폼 및 알코올에 높은 용해성을 지니며, 아세톤에는 낮은 용해성을 지닌다.

레시틴은 친수성과 소수성의 양성물질이며, 강한 유화작용을 갖고 있기 때문에 여러 지질함유 식품(마가린, 초콜릿, 아이스크림 및 기타 유제품) 등에 유화제로서 널리 사용되고 있다.

(2) 세팔린(cephalin)

인지질 중 하나인 세팔린은 구성아미노산의 한 종류인 세린(serine)이 결합된 포스파티딜 세린(phosphatidyl serine)과 에탄올 아민(ethanol amine)이 결합된 포스파티닐 에탄올아민(phosphatidyl ethanolamine)의 두 종류가 존재한다.

3) 당지질

지방의 주요 원소인 탄소(C), 수소(H), 산소(O) 이외의 질소(N)와 인(P) 등을 함유한 지질을 복합지질이라고 명명하며, 복합지질 중 가수분해 후 당이 생기는 지질을 당지질이라고 부른다. 글리세롤이나 스핑고신(sphingosine) 또는 세라마이드(ceramide)에 하나 이상의 당분자가 결합된 형태이며, 글리세로당지질(glyceroglycolipids), 스핑고신이나 세라마이드를 포함한 형태는 스핑고당지질(sphingolipids)이라고 명명한다. 구조는 그림 4-8과 같다.

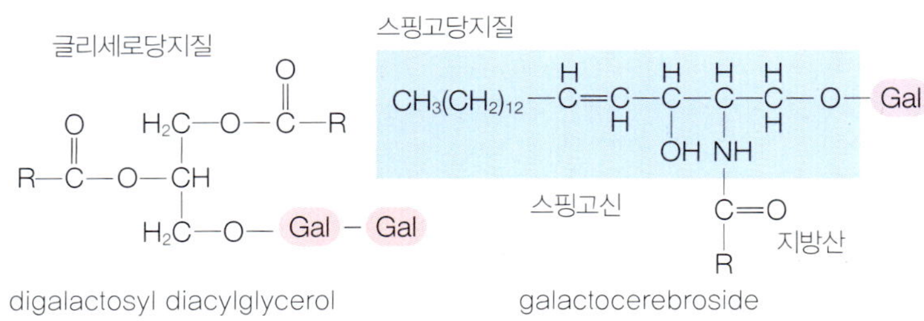

(R: 지방산, Gal: 갈락토스)

그림 4-8 당지질의 구조

당지질에는 대뇌에서 처음 추출된 세레브로사이드(cerebroside)는 수산기에 당분자로써 갈락토스(galactose)를 포함하고 있으며, 동물의 뇌 및 신경조직에서 발견되며, 식물에서는 좀처럼 나타나지 않는다. 글루코실세라마이드(glucosylceramide)는 수산기에 당분자로써 글루코스(glucose)를 포함하고 있으며, 원형질막(plasma membrane)의 구성성분으로 존재한다. 글루코실세라마이드는 동물뿐만 아니라 식물 및 곰팡이류에서도 존재한다.

4) 유도지질 및 기타 지질

유도지질은 앞서 언급한 중성지방과는 구조 및 성질이 다르지만, 유기용매에 의해 추출되는 스테롤(sterols), 탄화수소(hydrocarbons), 그리고 지용성 비타민(fat-soluble vitamins) 등이 포함된다. 또한 검화되지 않는 특성으로 인해 불검화물(unsaponifiable lipids)이라고 한다.

(1) 스테롤(sterols)

스테롤은 스테로이드(steroid)핵을 기본 골격으로 갖는 화합물로써 그 출처에 따라서 동물성 지질에서 얻은 동물성 스테롤, 식물성 지질에서 얻어지는 식물성 스테롤, 그리고 미생물에서 얻어지는 미생물 스테롤류로써 분류된다. 이러한 스테롤의 구조는 스테로이드핵의 3번 탄소 위치에 수산기(–OH)를 갖는 공통점이 있다(그림 4-9).

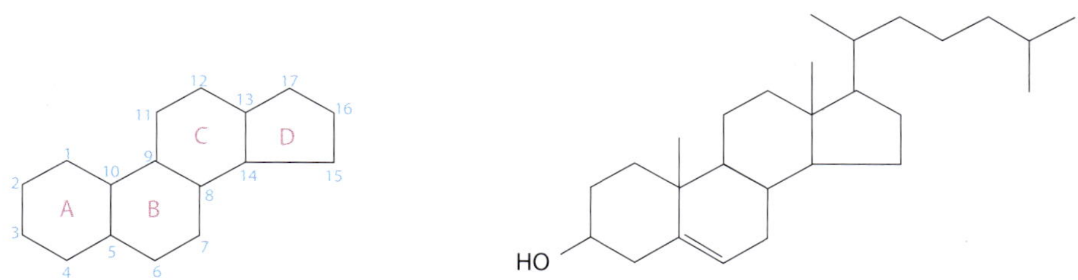

steroid 핵 cholesterol

그림 4-9 스테로이드핵과 콜레스테롤

동물성 스테롤(cholesterol)은 고등동물의 근육조직, 뇌조직, 신경조직, 담즙, 혈액의 구성성분이 되며, 콜레스테롤에서 유도된 7-dehydrocholesterol은 자외선에 의해 비타민 D_3(cholecalciferol)로 전환 가능하여, 프로비타민(provitamin) D_3라고 불리며, 과량 존재 시 혈관벽에 콜레스테롤의 축적으로 심혈관계 질환을 유발할 수 있다.

식물성 스테롤(phytosterol)은 고등식물의 대표적인 스테롤로써 밀의 배종유에서 처음 유리되었다. 시토스테롤(sitosterol)이 식물유지의 대표적인 스테롤이며, 시토스테롤의 존재 유무를 통해서 유지가 식물성 유지인지 동물성 유지인지를 구분하는 기준이 된다.

(2) 탄화수소(hydrocarbons)

탄화수소의 기본구조는 아이소프렌$(C_5H_8)_n$이며, 스쿠알렌(squalene)과 같은 간단한 구조에서 지용성 비타민인 비타민 K나 비타민 E와 같은 복잡한 구조를 가진 탄화수소류가 고루 존재한다(그림 4-10).

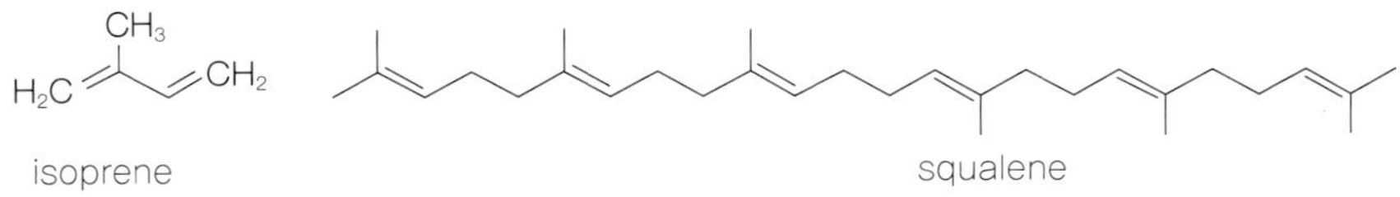

그림 4-10 아이소프렌과 스쿠알렌의 구조

(3) 카로테노이드(carotenoids)

탄화수소의 단위였던 아이소프렌이 8개가 합쳐진, 총 40개의 탄소원자 골격을 가진 카로테노이드는 식물성 식품의 색소로써 노란색, 빨간색, 그리고 오렌지색을 띠고 있다. 산소원자의 유무에 따라 산소원자가 없는 카로텐(carotene)과 산소원자를 포함하고 있는 잔토필(xanthophyll)이 있다(그림 4-11).

4. 지질의 물리 · 화학적 특성

1) 물리적 특성

지질은 성분에 따라 다양한 물리적 특성을 가지고 있으며, 다음과 같다.

(1) 용해도

유지는 물에 대하여 불용성이며, 유기용매에 용해된다. 하지만 이러한 용해도는 탄소수의 길이에 따라서 달라질 수 있는데, 짧은 탄소수(7개 이하)에서는 약간의 수용성 성질을 나타내기도 한다. 예로써 4개의 탄소를 가진 지방산인 뷰티르산은 우유 중 유지방을 구성하는 지방산으로 수용성을 지닌다.

(2) 융점과 굴절률

지방의 융점은 지방이 완전히 녹을 때의 온도를 의미한다. 지질을 구성하는 포화지방산의 탄소수가 증가할수록 지방산과 지방산 사이에 겹치는 표면적의 증가로 융점이 높아진다. 불포화지방산의 함량이 높거나 불포화도가 높으면 높을수록 융점은 낮아진

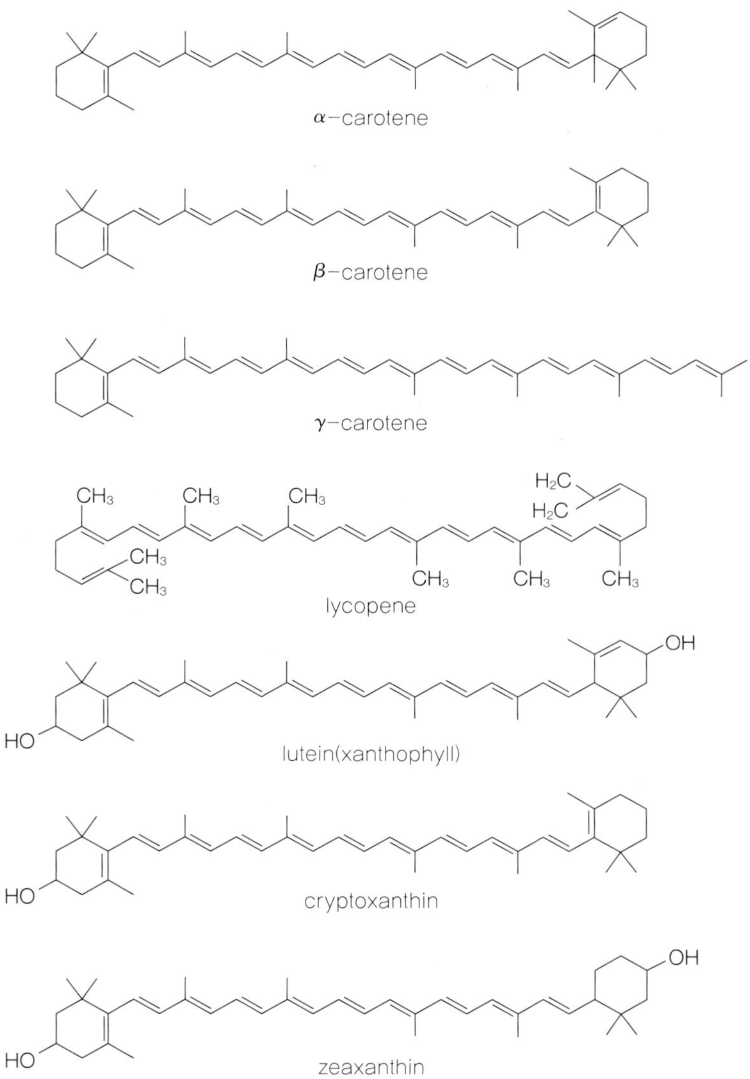

그림 4-11 카로테노이드 구조

다. 하지만 지질의 융점을 명확하게 예측하기는 어려운데, 그 이유는 트라이글리세라이드에 결합된 다양한 지방산의 조성으로 인해 다양한 융점을 나타낸다. 그러한 이유로 어느 한순간에 녹지 못하고 일정 범위 동안 서서히 녹게 된다. 이때 중성지질을 구성하는 지방산의 조성이 단순할수록 중성지질의 녹는점은 좁은 범위에서 녹게 된다.

또한 녹는점은 구성 지질의 결정구조에 따라 몇 개의 녹는점을 가질 수 있다. 이를 동질이상현상이라고 한다. 동질이상현상이란 동일 화합물이 2개 이상의 결정형을 갖는

표 4-5 ▸ 유지 결정형에 따른 물리적 특징

구분	α형	β′형	β형
결정계 (crystal system)	육방정계 (hexagonal crystal)	사방정계 (orthorhombic crystal)	삼사정계 (triclinic crystal)
융점	낮다	중간	높다
안정성	낮다	중간	높다
밀도	낮다	중간	높다
크기(um)	5	1	25~50

현상을 말하며 이런 현상은 중성지질뿐만 아니라 지방산 분자에서도 발견된다. 이런 이유로 유지를 구성하는 중성지질 분자가 같다고 하여도 결정형에 따라 녹는점이 달라지기 때문에 유지의 녹는점은 순수한 화합물과 달리 불명확하게 나타난다.

단순 중성지질의 결정형에 따른 녹는점은 표 4-5와 같다.

또한 유지의 굴절률은 탄소수가 많은 지방산 및 불포화지방산의 함량이 높을수록 굴절률이 높으며, 일반적인 유지의 굴절률은 1.45~1.47 정도이다.

(3) 비중

유지의 비중은 보통 측정온도가 명시되어 있고 대체로 25℃에서 측정하게 된다. 일반적으로 물보다 가벼우며, 탄소수가 많을수록 비중이 줄어드는 경향이 있다. 일반적으로 유지의 비중은 0.92~0.94 정도로, 불포화지방산 함량이 줄어들수록, 지방산 잔기가 줄어들수록 비중이 감소한다. 비중의 경우 트라이스테아린, 트라이올레인과 트라이놀레인으로 중성지질을 구성하는 지방산의 탄소수는 모두 18개로 같지만 이중결합이 0~2개로 증가할수록 비중은 0.86~0.93로 증가한다.

(4) 발연점과 인화점, 연소점

발연점은 유지를 가열할 때 표면에서 엷은 푸른색의 연기가 발생할 때의 온도로서 높은 발연점은 튀김식품 향미를 개선시켜 준다.

발연점은 구성 지방산의 사슬길이가 길수록, 불포화도가 낮을수록 높으며, 유리지방산의 함량이 높거나 불순물의 함량이 높을수록 발연점은 낮아진다. 일반 식물유지는 정제 이전의 발연점(150°C)에서 정제를 마친 후 발연점이 증가(200°C)하는 것을 볼 수 있다. 또한 유지에서 발생한 증기가 공기와 섞여 발화하는 온도를 인화점이라 하는데, 이러한 연소가 계속적으로 지속되는 온도를 연소점이라고 한다. 발연점과 인화점에 비해 연소점은 유지 간의 차지가 그다지 크지 않다.

2) 화학적 특성

유지에는 고유의 화학적 성질이 있는데, 이러한 성질을 통해 유지의 품질, 식별, 순도와 변조 검출을 확인할 수 있다. 대표적인 특성은 다음과 같다(표 4-6).

표 4-6 ▸ 유지의 화학적 시험

구분	측정목적	측정방법	판정
검화값(SV)	유지를 알칼리로 검화하며 생기는 유리 지방산의 양	유지 1 g을 검화하는 데 필요한 KOH의 mg수	이것에 의해 지질 구성지방산의 분자량을 구한다. 분자량이 적은 저급지방산을 함유하는 버터, 야자유는 높고 고급지방산을 많이 함유하는 팜유는 낮다.
산값(AV)	유리지방산의 함량	유지 1 g 포함된 유리지방산을 중화하는 데 필요한 KOH의 mg수	산값이 높은 것은 지질 이 변질되었음을 의미 한다. 정제된 신선한 유지는 1.0 이하이고, AV 30 이상은 식용에 부적당하다.
요오드값(IV)	지방산의 불포화도	유지 100 g 중의 불포화 결합에 첨가되는 요오드의 g수	소비되는 요오드의 양을 측정하여 지질을 구성하는 지방산의 불포화도를 안다. 건성유: 130 이상 반건성유: 100~130 불건성유: 100 이하
아세틸값	유지 중의 -OH기의 양	아세틸화한 유지 1g을 검화하여 생성되는 초산을 중화하는 데 필요한 KOH의 mg수	순수한 중성지방의 아세틸값은 0이지만 산패될수록 값은 상승한다.
폴렌스케값	불용성 휘발성 지방산의 양	유지 5 g 속의 불용성 휘발성 지방산을 중화하는 데 필요한 KOH의 mL수	야자수와 다른 유지의 구별 팜유: 16.8~18.2 버터: 1.5~3.5 일반 유지: 1.0
라이헤르트-마이슬값(RMV)	수용성 휘발성 지방 방산의 양	유지 5 g을 검화한 후 산성에서 증류하여 얻은 수용성 휘발성 지방산을 중화하는 데 필요한 N/10 KOH의 mL수	C_4~C_{10} 지방산을 가지는 비율을 표시하며 버터의 위조 검정에 사용된다. 버터 26~32, 야자유 5~9, 돌고래유 5~12, 신선유지 1이다.
과산화물값(PV)	과산화물의 양, 유지의 초기 산패도 측정	유지 1 kg에 함유된 과산화물(hydroperoxide)의 mg 당량수	산패된 유지는 PV가 높다.
싸이오바르비탈산 반응성물질량(TBA)	TBA반응성물질, 유지의 산패 정도 측정량	유지 산화생성물의 알데하이드류에 싸이오바르비탈산(TBA)을 작용시켜 생기는 적색 색소의 양을 유지 1 g당 흡광도로 표시	산패된 유지는 TBA가 높다.

(1) 검화가(비누화가)

유지는 KOH와 같은 알칼리 존재하에서 가열하면 가수분해를 통해서 글리세롤과 지방산의 염인 비누를 만들며, 이를 비누화 반응이라 한다.

이런 유지의 특성을 이용하여 만든 정의가 검화가이다. 검화가는 유지 1 g을 완전히 비누화시키는 데 필요한 KOH의 mg수로 정의되며, 이 값을 통해 유지를 구성하는 지방산의 사슬길이와 유지의 분자량을 알 수 있다. 사슬길이가 짧고 분자량이 적을수록 검화가는 커진다(그림 4-12).

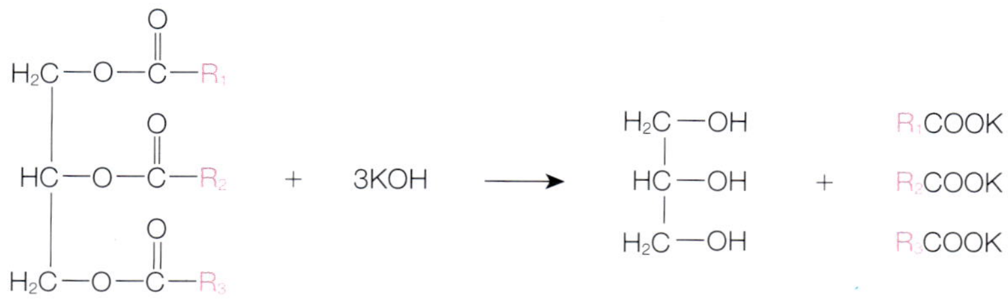

그림 4-12 검화반응

(2) 요오드가

요오드가는 유지를 구성하는 지방산의 불포화도를 의미한다. 원리는 살펴보면, 지방산의 이중결합은 촉매작용에 의해 수소가 첨가되면 단일결합으로 바뀐다. 요오드 역시 수소와 같은 방식으로 첨가될 수 있다. 이때 첨가되는 요오드의 양을 측정하여 지방산의 불포화도를 측정할 수 있다. 요오드가의 정의는 유지 100 g이 흡수하는 I_2의 g수로 나타낸다.

(3) 산가

자연 중에 존재하는 지방산은 유리 형태로 존재하지 않고 중성지질에 에스터 결합 형태로 존재한다. 하지만 유지의 신선도가 떨어지고 오랫동안 저장하게 되면 중성지질에서 분리되어 나와 유리지방산 형태가 된다. 이 지방산을 중화하는 데 필요한 알칼리의 양을 산가라고 한다.

산가는 정확하게 1 g의 유지 중에 존재하는 유리지방산을 중화하는 데 필요한 KOH의 mg수로 정의된다. 유지의 산가는 지방의 정제 정도와 산패 정도에 따라 다르게 나타난다.

(4) 아세틸값

아세틸화한 유지를 검화하여 생성되는 초산을 중화하는 데 필요한 KOH값을 측정하여, 유지 중의 수산기(—OH)의 양을 측정하는 값이다.

(5) 폴렌스케값

폴렌스케값은 불용성 휘발성 지방산의 함량을 측정하는 데 사용되며, 유지 5 g 중의 불용성 및 휘발성 지방산을 중화하는 데 필요한 0.1N KOH의 mL수로 정의된다.

(6) 라이헤이트-마이슬값

라이헤이트-마이슬값은 수용성 휘발성 지방산의 함량을 재는 데 사용된다. 유지 5 g 중의 수용성 휘발성 지방산을 중화하는 데 필요한 0.1N KOH의 mL수로 정의되며, 버터와 유지방 함유식품의 위조와 함량검사에 사용된다.

(7) 과산화물값

유지 1 kg에 함유된 과산화물의 mg 당량수를 측정하여, 유지의 초기 산패도를 측정하는 값이다.

(8) 싸이오바르비탈산(TBA)값

유지 산화생성물의 알데하이드류에 싸이오바르비탈산을 작용시켜 생기는 적색색소의 양을 유지 1 g당 흡광도로 표시하는 값으로써 유지의 산패정도를 측정하는 목적으로 사용된다.

TIP 기타 유지의 화학적 시험법

- **활성산소법(Active oxygen method, AOM법)**

유지의 산패도를 측정하는 방법으로 지방 샘플을 97℃의 수용성 중탕에서 2.33 mL/sec 속도로 일정하게 공기를 주입하여, 산패를 촉진시킨 후 일정 시간 동안 지방질에서 생성된 과산화물의 생성량을 측정하는 산패측정법

- **렌시멧측정법(Rancimat method)**

유지의 산패측정법 중 하나로써 지방 샘플을 100℃로 유지시키고 일정한 공기를 주입하여 산화생성물의 생성 정도를 전기전도도를 측정하여 지방의 산소유도기간을 측정하여 유지의 산패도를 측정하는 방법

5. 유지의 산패

1) 산패의 정의와 분류

유지는 시간이 지나거나 외부 요인에 의해서 본래의 품질을 잃고 변질되는데 이런 유지의 변화를 산패(acidity)라 한다. 일반적으로 유지의 산화에 의하여 이취와 이미를 나타내는 현상으로 메커니즘에 따라 몇 가지로 분류할 수 있다.

(1) 가수분해

유지가 물, 산, 알칼리 혹은 효소에 의해서 가수분해되어 유리지방산이 발생하는 산패를 말하며, 이러한 분해과정은 유리지방산의 생성을 촉진하고 이미와 이취를 생성한다.

(2) 자동산화

유지가 공기와의 접촉으로 산소를 흡수하고, 흡수된 산소는 유지를 산화시켜 산화생성물을 형성한다. 불포화도가 높은 유지는 함유된 이중결합이 공기 중의 산소와 결합하여 산화생성물을 만든다. 자동산화는 유지 산패의 주된 원인이다. 유지의 자동산화는 상온에서 산소가 존재 시 자연스럽게 일어나는 산화반응이지만, 일정 시간 동안 유지는 산소를 흡수하지 않는다(산소유도기간). 하지만 이 일정 시간이 지나면 산소의 흡수가 증가하고 더불어 과산화물과 카보닐화합물의 생성도 증가한다. 자동산화가 시작되면 산소의 흡수가 증가하고 더불어 과산화물과 카보닐화합물의 생성도 증가한다. 유도기간 후에는 과산화물이 생성되나 이는 저장시간이 길어짐에 따라 함량이 증가하다가 최고점 이후에는 오히려 함량이 감소하는데, 그것은 과산화물이 불안정하여 분해되기 때문이다.

자동산화의 진행과정은 초기반응, 전파반응, 종결반응 3단계으로 이루어진다. 각 단계에서 일어나는 주요반응과 특징은 그림 4-13과 같다.

초기단계 $RH \longrightarrow R\cdot + H\cdot$

전파단계 $R\cdot + O_2 \longrightarrow ROO\cdot$

$ROO\cdot + R_1H \longrightarrow ROOH + R_1\cdot$

종결단계 $R\cdot + R\cdot \longrightarrow RR$

$ROO\cdot + ROO\cdot \longrightarrow ROOR + O_2$

$RO\cdot + R\cdot \longrightarrow ROR$

$ROO\cdot + R\cdot \longrightarrow ROOR$

그림 4-13 유지의 자동산화 과정

초기반응 단계는 흡수된 산소와 연쇄반응을 일으킬 라디칼 생성단계라 할 수 있다. 라디칼은 홀수 개의 비공유전자를 갖고 있는 불안정한 물질을 말한다. 유지는 열, 기계적 에너지, 빛, 수분 등에 노출되면 유리 라디칼이 생성되는데, 이미 생성되어 있던 과산화물이나 유리 라디칼이 있다면 이 단계에서 새로운 라디칼들이 생성된다.

라디칼 생성은 올레산과 리놀레산, 리놀렌산, 아라키돈산과 같은 불포화지방산의 이중결합 부분에서 잘 일어난다. 이중결합에 인접한 메틸렌기에서 수소가 이탈되면서 유리 라디칼이 생긴다. 이것이 공기 중 산소가 결합하여 과산화물 라디칼이 되며, 이것이 다른 분자에서 수소를 제거하여 새로운 라디칼을 만들고 과산화물이 되는 전파단계로 넘어간다.

전파단계는 초기 반응단계에서 만들어진 유리 라디칼과 과산화 라디칼에 의해 공기 중의 산소가 유지의 이중결합 부분에 결합하여 과산화물을 계속적으로 만들어가는 과정이다. 과산화물은 불안정하기 때문에 쉽게 분해되지만, 자동산화 초기 단계에서는 분해속도보다 생성속도가 더 빠르기 때문에 결과적으로 과산화물의 양은 증가하게 된다.

마지막 종결단계에서는 생성되었던 라디칼들이 서로 결합을 하여 중합체를 생성하기 때문에 각종 복잡한 물질들이 생성되는 단계이다. 이때 일어나는 반응은 크게 중합반응과 분해반응으로 나눌 수 있는데, 중합반응에 의해 앞 과정에서 만들어진 유리 라디칼들은 라디칼로서의 특성을 잃게 된다. 또한 자동산화 이전 유지에는 없었던 고분자 중합체들이 만들어진다. 중합반응에서 만들어진 고분자 중합체는 유지의 점도를 증가시키고, 색을 짙게 하는 성분이 된다.

종결단계에서 일어나는 분해반응에 의해 알데하이드, 케톤, 알코올, 카복실산 같은 저분자 물질들이 생성되며, 이러한 물질들은 분자량이 작아 쉽게 휘발이 되어 산패에 의한 산패취의 주요 성분이 된다. 분해반응에 의해 전파단계에서 만들어진 과산화물은 분해되기 때문에 종결단계에서는 과산화물가가 오히려 감소한다. 하지만 분해산물인 카보닐화합물들의 함량은 증가한다.

자동산화에 의한 유지의 변화를 보면 다음과 같다.

- 이중결합의 전위가 일어난다.
- 산패취와 같은 이취가 생성된다.
- 고분자인 중합체의 생성으로 인하여 유지의 점도가 증가하게 된다.
- 고도 불포화지방산을 많이 함유한 지방산은 산패 진행 시 우선적으로 손실된다.
- 자동산화를 거치면서 시스형으로 존재하던 불포화지방산이 트랜스형으로 변화한다.

- 인체 유해물질들이 생성된다.
- 유지의 색도가 저하된다.
- 유리지방산의 함량의 증가로 산가가 높아진다.

(3) 가열

유지가 산소 존재 하에서 150~200℃로 가열될 때 산패가 발생되며, 일반적인 튀김과정에서 가열에 의한 산패가 발생된다. 가열에 의한 산화는 고온으로 처리되기 때문에 자동산화가 가속화되고, 중합반응에 의해 유지의 점도가 상승하며, 탄소 간 결합의 분해에 인한 카보닐 화합물의 생성과 이미 및 이취생성, 유리지방산의 증가 등의 현상이 일어난다. 고온의 상태로 가열된 유지의 경우 노출된 공기 중에서 산소와 수분이 유입되며, 이 과정 중 유지의 산화는 촉진되며, 이 과정 중 산패의 부산물인 공액이중결합 물질과 알코올, 케톤 등의 카복실 화합물이 생성된다. 식품에 존재하던 수증기가 빠져 나와 유지의 가수분해를 촉진시켜 유리지방산과 글리세롤의 함량을 증가시킨다(그림 4-14).

그림 4-15는 가열산패가 진행될 경우 유지의 여러 물리적 화학적 인자들의 변화를 나타낸 그림이다. 가열이 진행되면 유지의 불포화도는 감소하고, 유리지방산, 거품형성, 색도 및 점도, 극성 물질 함량과 고분자물질의 함량은 증가한다. 과산화물과 휘발성 물질의 함량은 초기에는 증가하지만, 계속 가열이 진행되면서 오히려 함량이 감소하는 모습을 보인다.

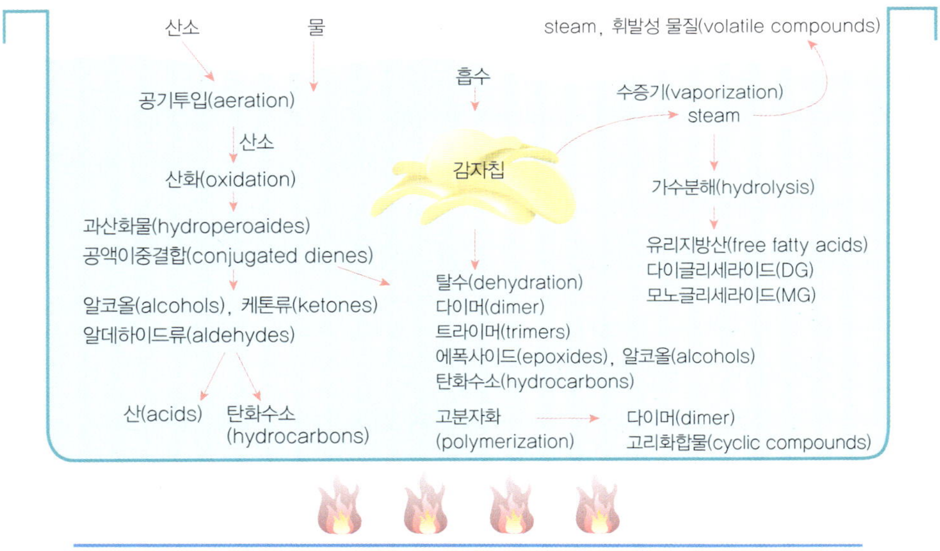

그림 4-14 가열에 의한 유지의 변화

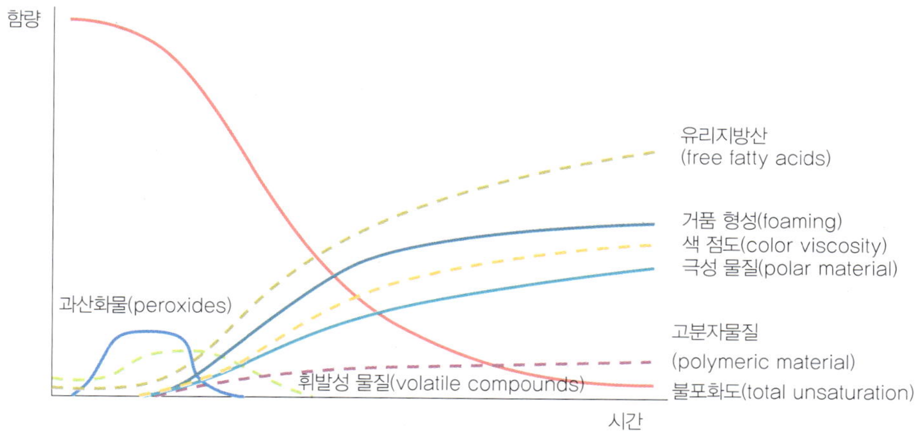

그림 4-15 가열시간에 따른 유지의 변화

2) 산화를 촉매하는 인자

유지의 자동산화에는 많은 인자들이 촉진 혹은 억제한다. 이들 중 유지의 산화를 촉진시키는 역할을 하는 물질을 산화촉진제라 한다. 흔히 유지 중에 존재하는 금속, 금속염, 광선, 온도, 수분, 산화효소, 헤모글로빈 등이 산화촉진제로 알려져 있다.

(1) 불포화도

지방산의 이중결합은 라디칼을 생성하는 주요 부분으로서 지방산의 불포화도가 증가는 라디칼의 생성을 촉진한다.

(2) 온도

온도의 상승은 유리 라디칼 생성을 촉진시켜 자동산화의 초기반응을 빨리 일어나게 하여 전체적으로 자동산화의 반응속도를 증가시킨다.

(3) 금속

금속은 유리 라디칼과 연쇄반응의 촉매로 작용되기 때문에 유지 중의 금속은 미량으로도 산패를 크게 촉진시키는데, 구리(Cu)가 일반적인 금속 중에서 가장 강한 산화촉매제로 알려져 있다.

(4) 광선

광선 역시 라디칼의 생성을 촉진하는 인자로 유지의 산패를 촉진시킨다. 여러 파장의 광선 중에서 특히 청색, 보라색을 갖는 자외선 조사에 의해 산패는 더 촉진된다.

(5) 수분

유지 중에 함유된 미량의 수분은 금속의 촉매작용에 영향을 주어 자동산화를 촉진시킨다. 따라서 높은 수분함량은 금속의 촉매작용을 유발한다. 유지의 산패속도는 단분자층 수분함량에서 가장 낮다. 단분자층 수분함량보다 수분함량이 적을 경우는 단분자층이 파괴되어 식품 중 지질이 공기 중 산소와 직접 접촉하게 되므로 산패가 빨라진다.

(6) 산소 분압

산패는 산소를 소비하는 반응으로 산소가 줄어들면 산패반응 역시 줄어든다. 이런 이유에서 통조림 제품의 저장에 있어서 탈기를 충분히 하여 통조림 내부의 산소분압이 낮을 경우는 지방의 산패는 억제되고, 산소분압이 일정값 이상이 되면 산화 억제효과가 나타나지 않는다.

3) 산화를 억제하는 인자

산화를 억제하는 물질을 항산화제라고 하는데, 토코페롤, 비타민 C, 세사몰, 고시폴 등이 항산화제로 알려져 있다.

천연이나 합성 항산화제의 첨가는 자동산화의 초기단계에서 유리 라디칼의 생성을 억제시켜 유지의 자동산화를 억제한다. 항산화제는 일반적으로 유리 라디칼의 생선만을 억제시켜 줄 뿐 분해 및 중합반응을 억제시키지는 못한다. 항산화제는 라디칼을 과산화물로 변화시켜 전파단계로의 진행을 차단한다. 이 과정에서 항산화제 자체는 유리 라디칼 A·로 되며 이것은 상승제로부터 수소을 받아 AH로 변하여 항산화력을 회복한다.

(1) 항산화제

항산화제는 일반적으로 천연 항산화제와 합성 항산화제로 구분된다. 대표적인 천연 항산화제로는 세사몰, 토코페롤, 아스코브산(ascorbic acid), 고시폴(gossypol) 등이 있으며, 합성 항산화제로는 dibutyl hydroxy toluene(BHT), butyl hydroxy anisole(BHA), propyl gallate(PG), ethyl protocate chuate(EP) 등이 있다.

세사몰은 참기름 중에 존재하며 자연계에 존재하는 황산화제 중 항산화력이 매우 우

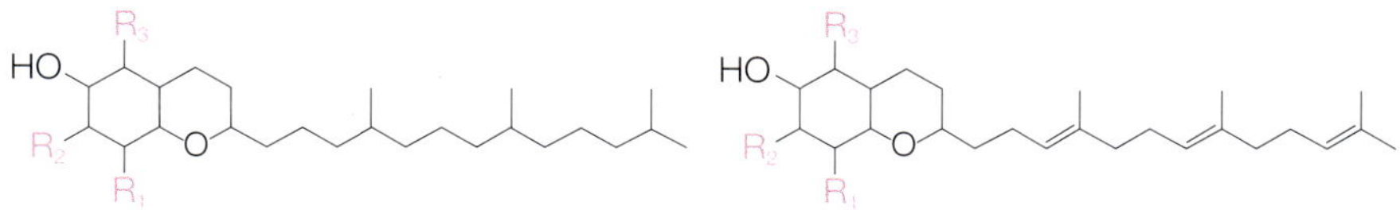

tocopherol　　　　　　　　tocotrienol

α-tocopherol: $R_1 = R_2 = R_3 = CH_3$
α-tocotrienol: $R_1 = R_2 = R_3 = CH_3$

β-tocopherol: $R_1 = R_3 = CH_3$, $R_2 = H$
β-tocopherol: $R_1 = R_3 = CH_3$, $R_2 = H$

γ-tocotrienol: $R_1 = R_2 = CH_3$, $R_3 = H$
γ-tocotrienol: $R_1 = R_2 = CH_3$, $R_3 = H$

δ-tocotrienol: $R_1 = CH_3$, $R_2 = R_3 = H$
δ-tocotrienol: $R_1 = CH_3$, $R_2 = R_3 = H$

그림 4-16 토코페롤의 구조와 종류

수하다. 이는 참기름의 강한 산화 안정성의 주요 원인이라 볼 수 있다.

지용성 비타민으로 알려진 토코페롤은 각종 식물성 종자유에 함유되어 있고 매우 광범위하게 사용되고 있는 항산화제이다. 토코페롤의 항산화력은 비교적 약하나, 비타민 E로서 영양적 가치는 높다. 토코페롤의 항산화력은 $\delta > \gamma > \beta > \alpha$ 순으로 나타난다(그림 4-16).

(2) 상승제

상승제는 스스로는 항산화 능력이 없지만 항산화제와 같이 상용할 경우 항산화제의 항산화 효과를 크게 증가시키는 물질을 말한다. 대표적인 예로 구연산, 피트산, 중인산염 등이 있다. 이들 물질은 식품 중의 중금속과 킬레이트 결합을 하여 금속이 산패의 촉매로 작용하는 것을 방해하므로 항산화력을 증가시키는 역할도 한다(표 4-7).

표 4-7 ▸ 항산화제 및 상승제

황산화제	천연	비타민 E, 세사몰, 고시폴, 레시틴, 폴리페놀화합물, 플라보노이드화합물, 과이액검, 향신료
	합성	BHA, BHT, TBHQ, EDTA
상승제		구연산, 인산, 주석산, 사과산, 비타민 C

용어정리

- **지방산:** 탄화수소사슬에 1개의 결합된 카복시산을 말한다. 사슬 모양의 포화 혹은 불포화 모노카복시산을 말하며, 일반적 지방의 90% 이상의 비중을 차지하고 있다.
- **경화:** 불포화지방산에 수소를 공급하여 포화지방산으로 구조를 바꾼 지방을 만든다. 이렇게 만든 경화유에는 마가린, 쇼트닝, 경화 대두유 등이 있다.
- **트랜스지방산:** 유지를 구성하는 지방산의 이중결합에 수소를 첨가하여 경화를 진행과정에서 시스형 지방산이 트랜스형으로 변하게 되는데, 이를 트랜스지방산이라 한다.
- **산패:** 유지와 같은 식품을 공기에 장시간 노출하거나 고온에 가열하였을 때 맛과 색상이 나빠지며 이취가 발생하는 등 식품 성상에 변화가 생기는 현상으로 변패의 일종이다.

핵심요약

1. 지질은 유지 용매에 용해되는 물질의 총칭이며, 구조에 따라 단순지질 · 복합지질 · 유도지질로 나눌 수 있으며, 검화(비누화) 여부에 따라 검화되는 지질과 검화되지 않는 지질로 나눌 수 있다.
2. 단순지질은 글리세롤 한 분자에 지방산 세 분자가 결합된 화합물이며, 이때 결합된 지방산의 이중결합 유무에 따라 포화지방산과 불포화지방산으로 나뉜다.
3. 복합지질은 글리세롤에 결합된 지방산 이외의 성분에 따라 레시틴, 세파린, 스핑고마이엘린 등의 인지질과 세레브로사이드, 강글리오사이드 등의 당지질로 구분할 수 있다.
4. 유도지질은 단순지질이나 복합지질을 가수분해하여 얻어진 물질로 스테롤류, 탄화수소류, 카로티노이드류 등이 있다.
5. 유지의 산패는 가수분해, 산화 및 변향에 의해 발생한다.
6. 지질은 산화에 의해서 산패가 일어나는데, 지방이나 지방질 식품이 산소를 흡수하면서 유도기간을 거쳐 초기, 전파, 종결 단계로 자동으로 일어나는 자동산화와, 삼중항산소가 식품 중에 존재하는 천연색소에 의한 감광화를 통해 일중항산소로 변화되면서 일어나는 광산화, 산화반응의 양상은 실온에서와 같지만 실온에서보다 훨씬 빠른 속도로 일어나는 가열산화의 세 가지로 분류할 수 있다.
7. 유지의 산화 정도를 측정하는 방법으로는 산가, 아세틸가, 요오드가, Hener가, 과산화물가, TBA가, Reichert-Meissl가와 Polenske가 등이 있으며 식품의 종류 및 산패 정도에 따라 적절한 방법을 사용해야 한다.
8. 유지의 산패는 지방산의 종류, 금속류, 온도, 수분, 광선, 소금 및 기타의 염 등에 의해 영향을 받으며, 항산화제에 의해서 산화 발생을 지연하거나 산화 속도를 지연시킬 수 있다.

연습문제

1. 트라이글리세라이드의 구조를 설명하시오.

2. 불포화지방산과 포화지방산의 구조적 차이 및 특성을 비교 설명하시오.

3. 유지방의 구조와 특징을 설명하시오.

4. 자동산화의 3단계를 말하시오.

5. 식품산업에서의 레시틴을 설명하라.

6. 스테롤이란 무엇인가?

7. 카로테노이드를 설명하고 분류하는 기준은 무엇인가?

8. 유지의 용해도를 설명하라.

9. 산가란 무엇인가?

10. 산화를 억제하는 인자를 설명하라.

정답

1. 3분자의 지방산과 글리세롤의 에스터 결합을 한 구조이다.
2. 지방산은 탄소사슬 내부에 이중결합의 존재 유무에 따라서 이중결합이 없는 포화지방산과 이중결합을 1개 이상 가지고 있는 불포화지방산으로 나뉜다.
3. 유지방은 포유류, 특히 젖소의 젖에서 얻어지며, 주요 지방산은 고급지방산인 팔미트산(palmitic acid), 스테아린산(stearic acid) 및 올레인산(oleic acid)이다. 하지만 일부 포유류의 젖에는 저급지방산(C_4~C_{12})이 포함되어 있다.
4. 지방에서 라디칼이 생성되는 초기단계와 생성된 라디칼이 산소를 흡수하여 과산화물을 생성하고, 새로운 라디칼을 계속적으로 생성하는 전파단계, 그리고 라디칼이 서로 중합하여 새로운 고분자의 polymer를 생성하면서 산패가 마무리되는 종결단계가 있다.
5. 레시틴은 친수성과 소수성의 양성물질이며, 강한 유화작용을 갖고 있기 때문에 여러 지질함유 식품(마가린, 초콜릿, 아이스크림 및 기타 유제품) 등에 유화제로서 널리 사용되고 있다.
6. 스테롤은 스테로이드(steroid)핵을 기본 골격으로 갖는 화합물로써 그 출처에 따라서 동물성

지질에서 얻은 동물성 스테롤, 식물성 지질에서 얻어지는 식물성 스테롤, 그리고 미생물에서 얻어지는 미생물 스테롤류로써 분류된다.

7. 아이소프렌이 8개가 합쳐진, 총 40개의 탄소원자 골격을 가진 카로테노이드는 식물성 식품의 색소로써 노란색, 빨간색, 그리고 오렌지색을 띠고 있다. 산소원자의 유무에 따라 산소원자가 없는 카로텐과 산소원자를 포함하고 있는 잔토필이 있다.
8. 유지는 물에 대하여 불용성이며, 유기용매에 용해된다. 하지만 이러한 용해도는 탄소수의 길이에 따라서 달라질 수 있는데, 짧은 탄소수(7개 이하)에서는 약간의 수용성 성질을 나타내기도 한다. 예로써 4개의 탄소를 가진 지방산인 뷰티르산은 우유 중 유지방을 구성하는 지방산으로 수용성을 지닌다.
9. 자연 중에 존재하는 지방산은 중성지질에 에스터 결합 형태로 존재하지만, 유지의 신선도가 떨어지고 오랫동안 저장하게 되면 중성지질에서 분리되어 나와 유리지방산 형태가 된다. 이 지방산을 중화하는 데 필요한 알칼리의 양을 산가라고 한다.
10. 산화를 억제하는 물질을 항산화제라고 하는데, 토코페롤, 비타민 C, 세사몰, 고시폴 등이 항산화제로 알려져 있다. 천연이나 합성 항산화제의 첨가는 자동산화의 초기단계에서 유리 라디칼의 생성을 억제시켜 유지의 자동산화를 억제한다.

CHAPTER 5 단백질

단백질은 생물체를 구성하는 세포의 주요 구성성분으로 효소, 호르몬, 항체, 저장단백질로서 중요한 역할을 한다. 단백질은 20여 종의 아미노산(amino acid)이 펩타이드(peptide) 결합으로 이루어진 고분자 유기화합물이며 아미노산의 종류와 수, 배열 순서에 따라 다른 단백질이 생성된다. 일반적으로 단백질은 탄소(50~55%), 수소(6~8%), 산소(20~23%), 질소(15~18%) 및 유황(0~4%)으로 구성되어 있다. 특히 단백질은 다른 거대분자인 탄수화물, 지질과 달리 분자 내에 약 16%의 질소를 함유하고 있다. 따라서 식품의 질소량을 kjeldahl법에 의하여 측정하여 100/16=6.25를 곱하면 조단백질(crude protein)량을 계산할 수 있다. 이 6.25를 단백질의 질소계수라고 하며, 질소계수는 식품을 조성하고 있는 질소의 함량에 따라 차이가 있다.

단백질은 체내에서 아미노산으로 가수분해되어 흡수된 다음 우리 몸에서 필요한 단백질로 다시 합성되어 근육, 피부, 모발, 적혈구의 헤모글로빈, 체내 효소, 그리고 대사를 조절하는 호르몬 등의 체내 단백질을 형성한다. 단백질 급원 식품은 동물성 단백질 식품과 식물성 단백질 식품으로 분류하며, 동물성 단백질 식품은 필수 아미노산(essential amino acid)이 풍족한 반면 식물성 단백질 식품은 필수 아미노산이 결여되어 있다. 또한 단백질은 탄수화물, 지질과 함께 사람의 열량 에너지원으로 중요한 영양소이다.

1. 아미노산

아미노산은 단백질을 구성하고 있는 기본단위이며 천연의 단백질을 구성하는 아미노산에는 약 20여 종이 있다. 그 밖에 흔하지 않은 아미노산이 천연에 존재하는데 이들을 생물학적 기능을 가지고 있다.

1) 아미노산의 구조

아미노산 한 분자 내에는 한 개 또는 그 이상의 아미노기(amino기, $-NH_2$)와 한 개 또는 그 이상의 카복실기(carboxyl기, $-COOH$)를 가지고 있으며 아미노산은 단백질을 가수분해하여 얻는다.

아미노기가 결합하고 있는 탄소의 위치에 따라 α-아미노산과 β-아미노산으로 분류되며, 천연 단백질의 합성에 기여하는 아미노산은 α-아미노산이다. α-아미노산은 카복실기($-COOH$)에 이웃한 α-탄소에 아미노기가 결합한 α-아미노산이며, β-탄소에

α-아미노산　　　　β-아미노산

그림 5-1 α-아미노산과 β-아미노산

아미노기가 결합하면 β-아미노산이라고 한다.

글리신(glycine)을 제외한 α-아미노산은 비대칭 탄소원자를 가지고 있으므로 광학적 성질을 가지고 있어서 아미노산은 L-형과 D-형의 두 이성질체가 존재한다. 각종 식품에 함유되어 있는 유리 아미노산이나 자연 단백질을 구성하고 있는 아미노산은 L-α-amino acid들이다.

D-α-아미노산　　　　L-α-아미노산

그림 5-2 D-형과 L-형의 광학이성체

2) 아미노산의 종류와 분류

아미노산은 단백질을 구성하는 아미노산과 단백질을 구성하지 않은 아미노산으로 구분한다.

(1) 단백질을 구성하는 아미노산

아미노산 분자 중에서 아미노기와 카복실기를 각각 하나씩 갖는 아미노산을 중성아미노산(neutral amino acid)이라 하고, 곁사슬에 제2의 카복실기를 갖는 것을 산성 아미노산(acidic amino acid)이라 한다. 또한 제2의 아미노기를 비롯하여 다른 염기성기 등을 갖는 것을 염기성 아미노산(basic amino acid)이라고 한다. 이들은 물과 작용하는 능력에 따라 ① 극성-중성 ② 비극성-중성 ③ 산성 ④ 염기성 아미노산으로 분류된다.

지방족 사슬을 갖는 아미노산들을 지방족 아미노산(aliphatic amino acid)이라 하고, 방향족 고리를 갖는 것들은 방향족 아미노산(aromatic amino acid)이라고 하며, 헤테

표 5-1 ▸ 단백질을 구성하는 아미노산

분류	아미노산	약호	화학구조	pI
극성과 중성 아미노산	serine	Ser(S)	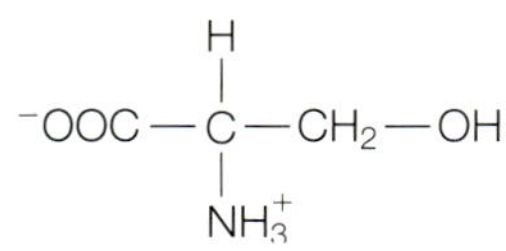	5.7
	threonine	Thr(T)	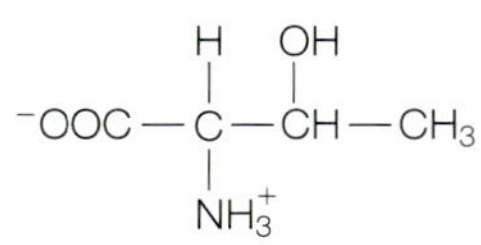	6.5
	tyrosine	Tyr(Y)	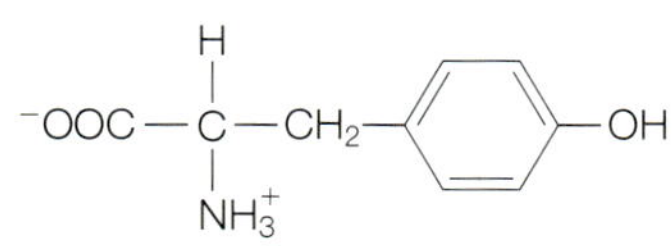	5.7
	asparagine	Asn(N)	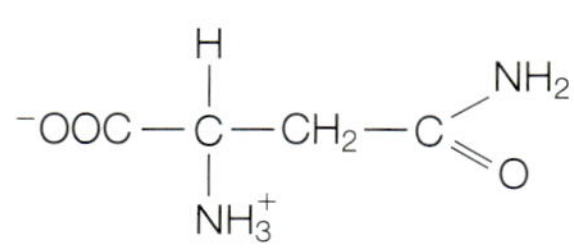	5.4
	glutamine	Gln(Q)	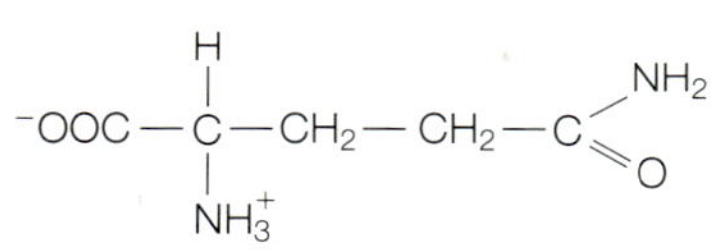	5.7
산성 아미노산	aspartil acid	Asp(D)	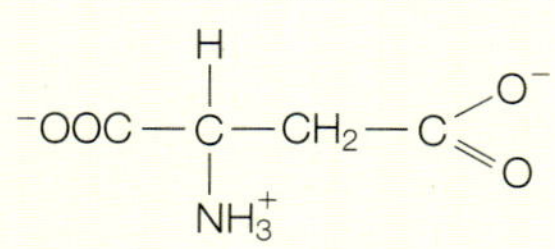	3.0
	glutamic acid	Glu(E)	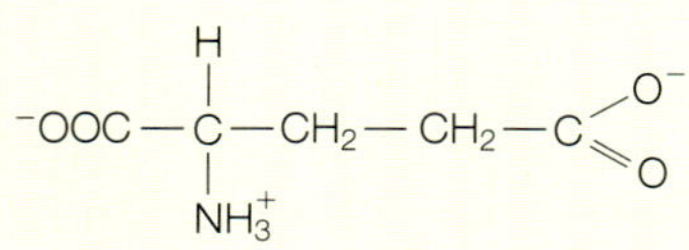	3.2
염기성 아미노산	lysine	Lys(K)	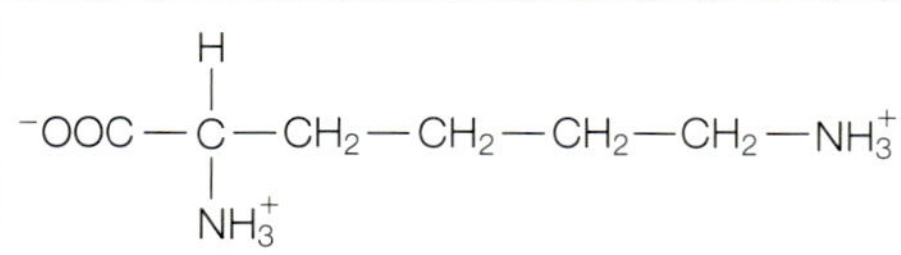	9.8
	arginine	Arg(R)	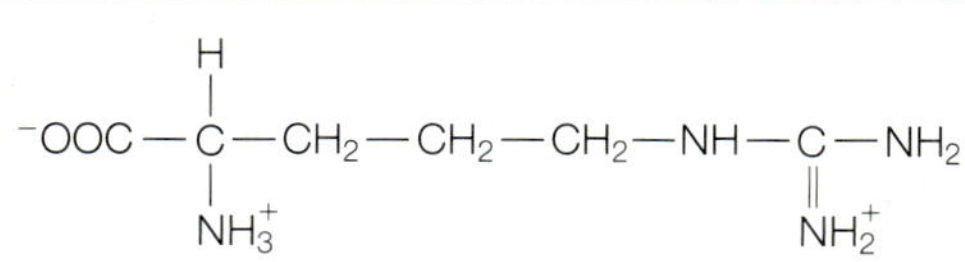	10.8

분류	아미노산	약호	화학구조	pI
염기성 아미노산	histidine	His(H)	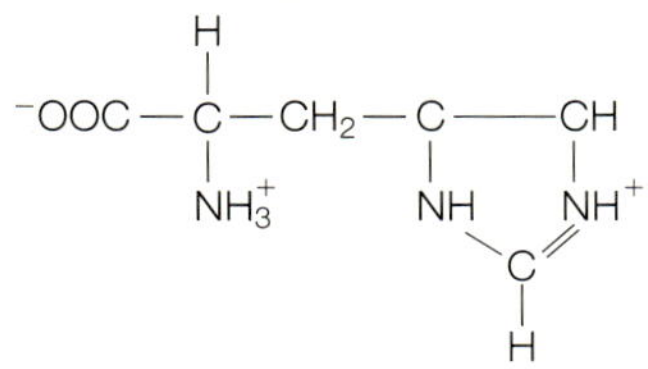	7.6
비극성과 중성 아미노산	glycine	Gly(G)	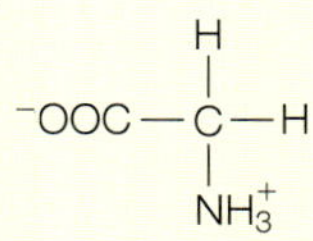	6.0
	alanine	Ala(A)	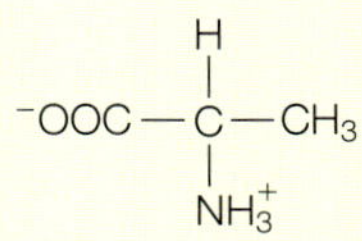	6.0
	valine	Val(V)	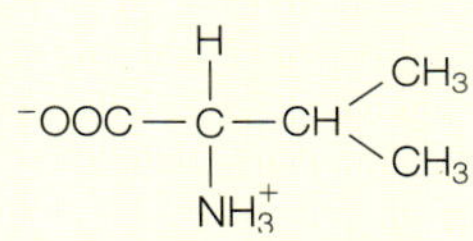	6.0
	leucine	Leu(L)	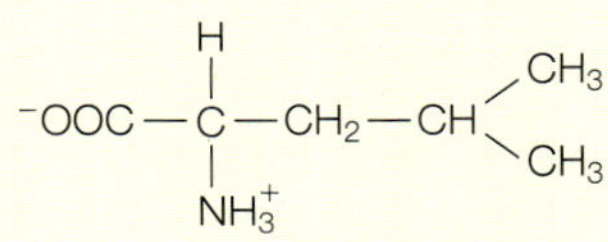	6.0
	isoleucine	Ile(I)	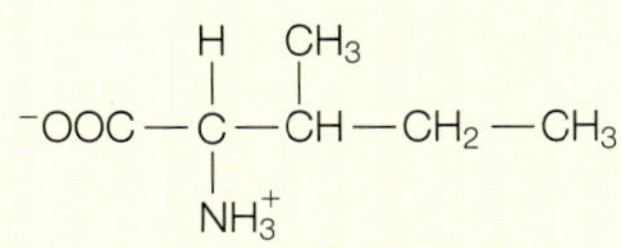	6.1
	proline	Pro(P)	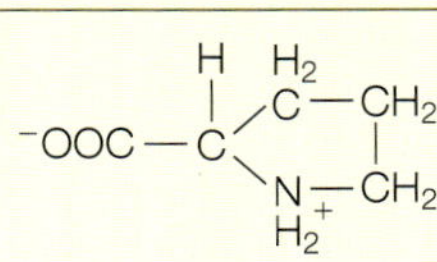	6.3
비극성과 중성 아미노산	cysteine	Cys(C)	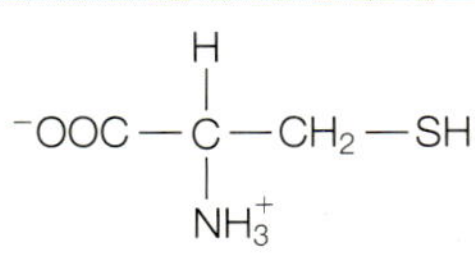	5.0
	methionone	Met(M)	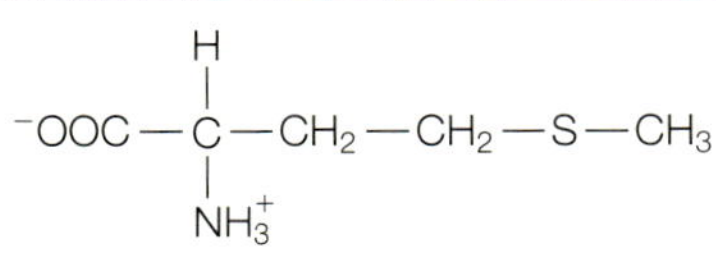	5.8

분류	아미노산	약호	화학구조	pI
비극성과 중성 아미노산	phenylalanine	Phe(F)	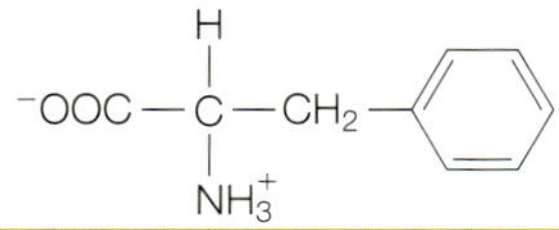	5.5
	tryptophan	Trp(W)	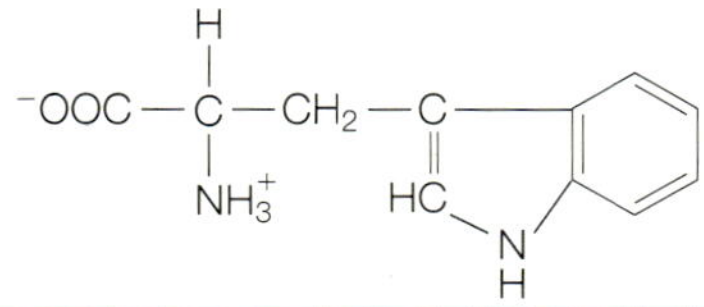	5.9

로고리를 갖는 것들을 복소환식 아미노산(heterocyclic amino acid)이라고 부른다. 이밖에 황을 함유한 아미노산을 함황 아미노산이라고 부른다.

단백질을 구성하는 아미노산 중에서 발린(valine), 루신(leucine), 아이소루신(isoleucine), 트레오닌(threonine), 라이신(lysine), 메싸이오닌(methionine), 페닐알라닌(phenylalanine), 트립토판(tryptophan)의 8개 아미노산은 성인의 경우 인체 내에서 합성할 수 없거나, 합성하는 양이 적기 때문에 반드시 식품을 통해 섭취해야 한다. 이러한 아미노산을 필수 아미노산(essential amino acid)이라고 말하며, 히스티딘(histidine)과 아르지닌(arginine)은 발육기 어린이와 환자에게는 체내에서 필요한 양을 충분히 합성하지 못하므로 필수 아미노산으로 포함하여 10개이다. 이상적 필수 아미노산 분포도에 가까운 필수 아미노산 조성을 가진 식품으로는 달걀, 우유, 육류 등이 있다.

(2) 단백질을 구성하지 않는 아미노산

아미노산 중에는 단백질의 구성성분이 되지 않고, 유리 상태 또는 비타민 등 특수한 화합물의 구성성분으로 존재하는 아미노산이 있다. 단백질을 구성하지 않는 아미노산 종류는 표 5-2에 있다.

2. 아미노산의 성질

1) 용해성

아미노산은 일반적으로 물과 같은 극성 용매와 묽은 산이나 알칼리에는 용해되기 쉽고, 에테르, 클로로폼 등과 같은 비극성 유기용매에는 전혀 용해되지 않는다. 그러나 물에 녹지 않는 아미노산으로는 타이로신(tyrosin)과 시스테인(cystine)이 있고, 프롤린(proline)과 하이드로프롤린(hydroxyproline)은 알코올에 잘 녹는다.

표 5-2 ▸ 단백질을 구성하지 않은 아미노산

명칭	구조식	소재
ornithine	$H_2N—(CH_2)_3—CH(NH_2)—COOH$	간
β-alanine	$H_2N—CH_2—CH_2—COOH$	동물조직, 담즙, 과실
γ-aminobutyric acid(gaba)	$H_2N—CH_2—CH_2—CH_2—COOH$	뇌, 감자
citruline	$NH_2—C(=O)—NH—CH_2—(CH_2)_2—CH(NH_2)—COOH$	간, 수박
alliin	$CH_2=CH—CH_2—S(=O)—CH_2—CH(NH_2)—COOH$	마늘
canavaine	$NH_2—C(=NH)—NH—O—(CH_2)_2—CH(NH_2)—COOH$	작두콩
homoserine	$CH_2(OH)—CH_2—CH(NH_2)—COOH$	두류
dihydroxyphenylalanine (DOPA)	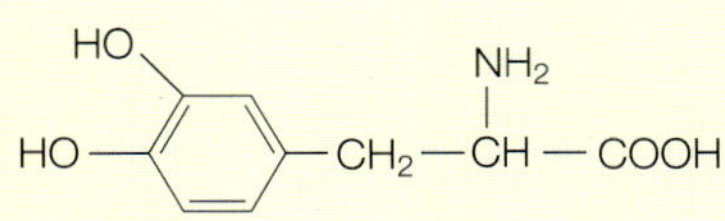	동물, 식물
taurine	$H_2N—CH_2—CH_2—SO_3H$	문어, 오징어, 담즙
theanine	$CH_2=CH_2—S—CH(NH_2)—COOH$	녹차

2) 양성 전해질

아미노산 분자에 알칼리로 작용하는 아미노기와 산으로 작용하는 카복실기가 동시에 있으므로 아미노산은 수용액 중에서 산 또는 염기로 작용할 수 있는 양성물질이다. 즉 아미노산 수용액에서 이들 작용기들은 음이온과 양이온의 전하를 동시에 갖게 되어 양성이온의 상태로 존재하므로 양성 전해질이라고 한다. 따라서 중성 아미노산 수용액을 전기영동 장치에 넣고 전류를 통하면 산성용액에서는 아미노산 분자가 음(−)극으로 이동하고, 염기성 용액에서는 아미노산이 양(+)극으로 이동한다. 그러나 아미노산 종류에 따라 특정 pH에서 양전하량과 음전하량의 크기가 서로 똑같아져서 실제전하가 0이 되는데, 이때 전기장 내에서 어느 전극 방향으로도 이동하지 않는다. 이때의 pH

를 등전점(isoelectric point, pI)이라고 한다. 아미노산들의 등전점은 화학구조와 해리 상수가 다른 기능기들의 차이로 인하여 서로 다르나 일반적으로 중성 아미노산의 등전점은 약산성(pH 5~7), 산성 아미노산은 산성(pH 3), 염기성 아미노산은 알칼리성(pH 8~11 범위) 부근에 있다. 일반적으로 아미노산은 등전점에서 불안정하여 침전되기 쉬우며, 용해도, 점도, 삼투압은 최소가 되고 흡착성과 기포성은 최대가 된다.

표 5-3 ▸ 각종 아미노산의 등전점

아미노산	등전점	아미노산	등전점
glycine	6.06	tyrosine	5.66
alanine	6.0	tryptophane	5.9
valine	5.96	proline	6.3
leucine	5.98	hydoxyproline	5.8
isoleucine	5.9	asaparatic acid	2.8
serine	5.7	asparagine	5.4
threonine	5.6	glutamic acid	3.22
cysteine	5.07	glutamine	5.7
cystine	5.0	lysine	9.74
methionine	5.74	ariginine	10.9
phenylalanine	5.7	histidine	7.6

3. 단백질

1) 단백질의 종류

단백질은 수백 개 이상의 아미노산들이 펩타이드 결합으로 구성된 고분자 화합물로서 현재 사용하고 있는 단백질의 분류법은 용해성 분류법에 기초를 두고 있지만, 용해성에 따른 분류는 한계가 있어서 실용도가 한정되어 있다.

일반적으로 단백질은 화학적 조성 및 이화학적 성질에 따라 크게 세 가지로 나누는데, 즉 가수분해에 의하여 아미노산만이 생성되는 단순단백질(simple protein), 아미노산 이외의 다른 화합물도 생성되는 복합단백질(conjugated protein), 그리고 단순단백질이나 복합단백질에서 유도된 유도단백질(derived protein) 등으로 분류한다.

(1) 단순단백질

가수분해에 의하여 아미노산과 그 유도체만을 생성하는 것으로 다음과 같이 분류한다.

① 구상 단백질

생체 내의 여러 가지 생리작용과 관계하여 영양적으로 중요한 식품단백질의 대부분이 이에 속한다. 폴리펩타이드(polypeptide) 사슬이 구부러지고 겹쳐 있어서 분자의 모양이 전체적으로 구상을 갖는 단백질로 비교적 물, 묽은 산, 알칼리, 염류 용액에 녹는다.

가. 알부민(albumin)

물, 묽은 염류 용액, 묽은 산 및 묽은 알칼리에 잘 녹으며 가열과 알콜에 의하여 쉽게 응고된다. 알부민은 동물계에 널리 존재하며, 동물성 알부민으로는 오브알부민(ovoalbumin; 난백), 콘알부민(conalbumin; 난백), 락토알부민(lactoalbumin; 우유), 혈청알부민(serum albumin; 혈청) 등이 있고, 식물성 알부민으로는 류코신(leucosin; 밀), 리신(ricin; 피마자) 등이 있다.

나. 글로블린(globulin)

물에는 거의 녹지 않는 반면 묽은 염류 용액, 묽은 산 및 묽은 알칼리에 대한 용해도가 높으며 일반적으로 가열에 의해 응고된다. 글로블린은 각종 종류의 아미노산을 함유하고 있으나, 알부민과 공존하는 경우가 많으며, 동식물계에 많이 분포되어 있다. 동물성 글로블린으로는 오보글로브린(ovoglobulin; 난백), 락토글로블린(lactoglobulin; 우유), 혈청글로블린(serumglobulin; 혈청) 등이 있으며, 식물성 글로블린으로는 글리시닌(glycinin; 대두), 레규민(legumin; 완두), 에데스틴(edestin; 대마) 등이 있다.

다. 글루텔린(glutelin)

물, 묽은 용액에는 녹지 않고 묽은 산, 묽은 알칼리에 잘 녹으며 가열에 의하여 응고되지 않는다. 곡류의 종자 단백질과 화본과 식물의 배젖 중에 많이 함유되어 있고 글리시닌(glycinin)과 글루탐산(glutamic acid)을 다량 함유하고 있다. 오리제인(oryzenin; 쌀), 글루테닌(glutenin; 밀), 호테인(hotein; 보리) 등이 있다.

라. 프롤라민(prolamin)

글루텔린과 달리 프롤라민은 70~80%의 알코올에 녹는 특징이 있다. 글루텔린와 같이 이들 단백질 역시 곡류의 종자에 많이 함유되어 있으며 글루탐산과 프롤린(proline)

을 다량 함유하고 있다. 제인(zein; 옥수수), 글리아딘(gliadin; 밀), 호르데인(hordein; 보리) 등이 이에 속한다.

마. 히스톤

물, 묽은 용액, 묽은 산, 묽은 알칼리에 용해도가 높으나 가열에 의해 응고되지 않는다. 동물의 체세포액이나 정자액에 DNA나 단백질과 공존하며, 적혈구 중의 글로빈(globin), 흉선 중의 사이머스 히스톤(thymus histone) 등이 알려져 있는 동물성 단백질이다.

② 섬유상 단백질

견사처럼 일정한 방향으로 규칙적으로 배열하는 긴 사상을 이루고 있는 형태를 지니고 있다. 보통의 용매에 용해되지 않으며, 산, 알칼리, 유기용매의 작용이나 소화효소의 작용에 대해서 내성이 강하다. 이 단백질은 동물체에만 존재하며 골격조직, 연골조직을 포함하는 결합조직, 표피, 모발 등을 형성한다.

가. 콜라겐(collagen)

피부 및 결합조직을 구성하는 단백질로 물이나 묽은 산 및 알칼리와 함께 오래 끓이면 소화될 수 있는 젤라틴으로 변한다. 동물체의 단백질 중 30%가 콜라겐이다.

나. 엘라스틴(elastin)

힘줄(tendon), 혈관 등의 탄성조직 중에 존재하며 트립신에 의하여 느리게 소화된다.

다. 케라틴(keratin)

머리카락, 뿔, 깃뿔 등에 함유되어 있고 펩신, 트립신 등에 의하여 소화되지 않고 묽은 산, 알칼리에도 녹지 않는다. 이 단백질은 시스테인 함량이 많아 펩타이드 사슬 사이에 이황화결합(다이설파이드 결합, disulfide bond)이 이루어져 여러 가지 소화효소에 대한 내성이 강하다.

(2) 복합단백질

단순단백질에 핵산, 당질, 지방질, 색소, 금속 및 인 등의 비단백성 물질이 결합된 단백질을 말하며, 이 중 비단백성 물질을 보결원자단(prosthetic group)이라 한다. 복합단백질은 보결원자단의 종류에 따라 분류가 되며, 이들 복합단백질들은 주로 인체 내에서 일어나는 중요한 생화학적 기능과 밀접한 관계가 있다.

① 핵단백질(nucleoprotein)

단순단백질에 핵산(DNA, RNA)이 결합한 단백질로 복합단백질로 단백질 부분은 염기성의 히스톤(histone) 또는 프로타민(protamine)이다. 핵단백질은 동식물의 세포핵의 주성분이며, 동물체의 흉선(thymus), 식물체의 배아(germ), 효모, 세균 등에 함유되어 있다.

② 인단백질(phosphoprotein)

단순단백질과 인산(H_3PO_4)이 결합한 복합단백질이며, 동물성 식품에서만 많이 발견된다. 대표적인 것으로 카세인(casein; 우유), 비텔린(vitellin; 달걀노른자), 비텔리닌(vitellenin; 달걀노른자)으로 존재하고 있다.

③ 당단백질(glycoprotein)

단순단백질에 당질이 결합한 단백질로서 독특한 점성이 있어 점성 단백질이라고 한다. 이 단백질은 동식물세포와 조직의 보호작용을 하며 조직 및 장내의 윤활작용을 한다. 당단백질 중 산성용액에서 침전되는 것을 뮤신(mucin), 침전되지 않는 것을 뮤코이드(mucoid)라고 한다. 오보뮤코이드, 오보뮤신(ovomucoid, ovomucin; 달걀흰자), 뮤신(mucin; 타액, 점액분비물) 등이 여기에 속한다.

④ 지단백질(lipoprotein)

단순단백질과 지질이 결합한 단백질로 유화력을 가지고 있으며 거의 모든 동식물세포에 들어 있다. 리포비텔린(lipovitelenin; 달걀노른자) 등이 이에 속한다.

⑤ 색소단백질(chromoprotein)

단순단백질과 색소가 결합한 복합단백질로 색소성분으로는 클로로필(chlorophyll), 카로티노이드(carotenoid), 헴(heme), 플라보노이드(flavonoid) 등이 있다. 이들은 생체 내에서 중요한 생리작용을 나타내며 식품의 색과 밀접한 관계가 있다. 클로로필과 결합된 단백질을 클로로필 프로테인(chlorophyll protein)이라 하며 필로클로린(phyllochlorine)이 이에 속한다. 헴 색소와 결합된 단백질을 헤모프로테인(hemeprotein)이라 하며, 헤모글로빈(hemoglobin; 동물의 혈액), 미오글로빈(myoglobin; 근육), 싸이토클롬(cytochrome; 동식물의 호흡효소) 등이 있다. 카로티노이드 색소와 결합된 단백질을 카로티노이드 프로테인(carotenoid protein)이라 하며, 아잔틴 프로테인(astaxanthin protein; 갑각류의 껍질) 등이 있다. 플라보노이드 색소와 결합된 단백질을 플라보프로테인(flavoprotein)이라 하며 황색효소(우유, 혈액, 일반조직체)가 여기에 속한다.

⑥ **금속단백질(metalloprotein)**

단순단백질이 금속(Fe, Cu, Zn)과 결합한 것으로 철단백질로는 헤모글로빈(hemoglobin; 혈액), 페라틴(ferritin; 간), 구리단백질로는 헤모사이아닌(hemocyanin; 연체동물의 혈액), 아연단백질로는 인슐린(insulin; 췌장)이 있다.

(3) 유도단백질

천연단백질을 물리적 또는 화학적으로 변성된 단백질을 말하며, 그 변성의 정도에 따라 1차 유도단백질과 2차 유도단백질로 분류된다.

① **1차 유도단백질**

천연단백질이 산, 알칼리, 효소, 가열 등에 의하여 구조는 약간 변성되며 성질이 약간 변화된 단백질이다.

1. 젤라틴(gelatin): 콜라겐(collagen; 피부, 힘줄, 뼈, 연골)을 물과 끓여 얻어진 것을 말한다.
2. 파라카제인(paracagein): 우유단백질인 카제인(casein)이 레닌(renin) 효소에 의해 응고되어 생긴 것을 말한다.
3. 피브린(fibrin): 혈액 중의 피브리노겐(fibrinogen)이 효소, 산, 알칼리, 열 등에 의하여 변성된 것으로 혈액의 응고에 관여한다.
4. 메타프로테인(metaprotein): 묽은 산, 알칼리의 작용에 의해서 그 구조가 바뀌어 변성된 것을 말하여 변성된 글로블린, 알부민이 해당된다.

② **2차 유도단백질**

천연단백질이 가수분해되어 아미노산이 되기까지 중간생성물을 말하며, 1차 프로테오스(primary proteose), 2차 프로테오스(secondary proteose), 펩톤(peptone), 펩타이드가 있다.

1. 1차 프로테오스(primary proteose): 천연단백질의 가수분해된 생성물로 물에 녹고 열에 의해 응고되지 않으며, 황산암모늄에는 반포화로 침전한다.
2. 2차 프로테오스(secondary proteose): 1차 프로테오스를 더 분해한 것으로 분자량은 1차 프로테오스보다 작다. 물에 녹고 열에 의해 응고되지 않으며 황산암모늄 포화로 침전된다.
3. 펩톤(peptone): 프로테오스보다 분해가 더 진행된 것으로 그 분자량은 프로테오스보다 더 작은 생성물이다. 물에 녹고 열에 의해 응고되지 않으며 황산암모늄 포

화로 침전되지 않으며 콜로이드성도 나타내지 않는다.

4. 펩타이드: 단백질의 가수분해가 가장 많이 진행된 단백질로 그 분자량이 가장 작은 생성물이다. 결합하는 아미노산의 수에 따라 다이펩타이드(dipeptide), 트라이펩타이드(tripeptide), 테트라펩타이드(tetrapeptide) 등으로 구분한다.

TIP ▶ 단백질의 자가분해

천연식품의 단백질은 그 식품이 자신이 가지는 프로테이스(protease)에 의하여 가수분해하며 이러한 현상을 자기분해라 한다. 숙성기간을 통하여 근육 자체 내에 단백질은 펩타이드나 아미노산 등으로 자기분해가 일어나 수용성 질소화합물들이 증가하게 되어 고기는 연해지고 풍미가 높아진다. 사후경직이 해제되고 숙성이 완료되는 기간은 소고기의 경우 4~7°C에서 7~10일이 소요된다.

2) 단백질의 구조

단백질과 같은 거대분자의 구조는 1, 2, 3, 4차 구조로 나눌 수 있다.

(1) 1차 구조

제1차 구조는 폴리펩타이드(polypeptide) 중의 아미노산 배열 순서를 나타낸 구조를 말한다. 첫 번째 아미노산의 α-카복실기(carboxyl)와 다음 아미노산의 α-아미노기(amino기)가 아미드 결합(—CO—NH—)을 한 상태를 펩타이드 결합이라고 한다. 두 분자의 아미노산이 펩타이드 결합을 이룬 생성물을 다이펩타이드, 세 개의 아미노산으로 이루어진 것을 트라이펩타이드, 여러 분자의 아미노산으로 이루어진 것을 폴리펩타이드(polypeptide)라 한다.

단백질의 1차 구조는 선상 펩타이드 사슬 중의 아미노산 조성과 결합 순서를 말한다. 아미노산 배열순서는 2, 3차 구조의 형성 코드로 작용하고 궁극적으로 단백질의 생물학적 기능성을 결정한다.

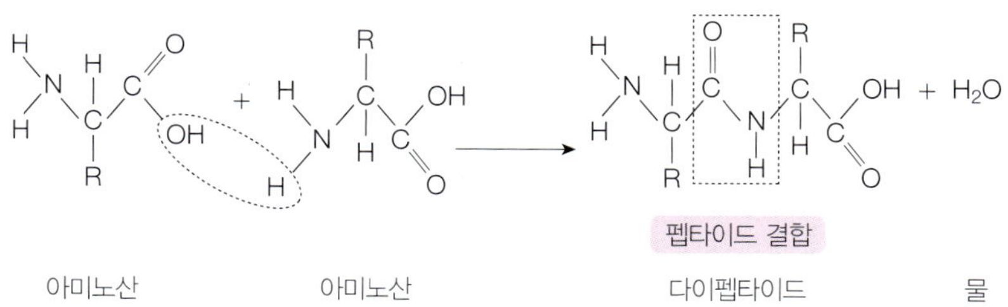

그림 5-3 단백질 1차 구조

(2) 2차 구조

단백질의 2차 구조로는 측쇄 상호 간의 작용에 의해서 생긴 α-helix, β-sheet, β-turn 구조 및 불규칙 코일(coil) 등에 의해서 폴리펩타이드 사슬의 입체적 사슬을 말한다.

① α-나선구조(α-helix structure)

α-나선구조는 한 펩타이드 내에서 나선을 따라 규칙적으로 카보닐기(> C=O)와 아미노기(N−H) 사이의 수소결합으로 안정한 구조를 이룬다. 펩타이드 사슬 내의 모든 카보닐기 산소와 아미드기 수소 사이에 수소결합이 형성되고 코일 밖으로 모든 아미노산 잔기의 곁사슬이 향하고 있기 때문에 나선구조는 매우 안정하게 유지된다. 천연단백질에서는 1회전에 3.6 아미노산 잔기가 들어가는 매우 안정한 나선형만을 가진다. α-나선구조를 많이 가지고 있는 단백질은 미오신, 헤모글로빈, 피브린, 케라틴 등의 섬유상 단백질이다.

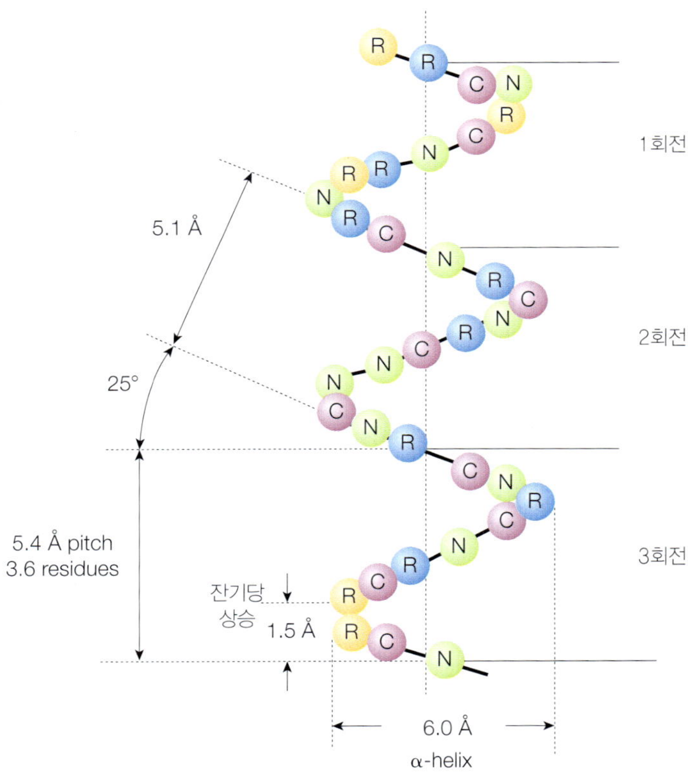

그림 5-4 단백질 α-나선구조

② β-구조(β-pleated sheet structure)

β-구조는 병풍구조라고도 하며 병풍을 펼친 것과 같은 모양을 유지하는 것으로서 β-구조의 주름진 형태를 하고 있다. 주름진 구조에서는 2개의 펩타이드가 카보닐기와 아미노기 사이의 수소결합에 의하여 안정화되어 있는데, 2개의 펩타이드사슬이 같은 방향으로 배열되어 있을 경우에는 수소결합이 기울어지는 평행형 주름진 구조, 서로 반대 방향으로 늘어질 때는 평행의 수소결합을 이루는 비평행형 주름진 구조를 이루게 된다.

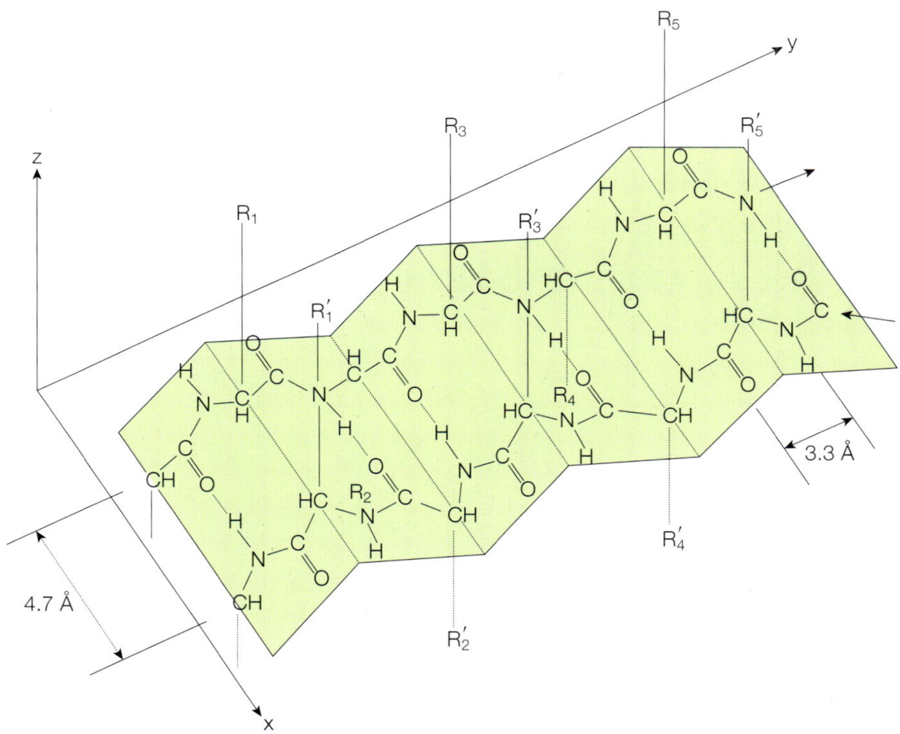

그림 5-5 단백질 β-구조

③ 불규칙 구조(random coil structure)

한 아미노산의 곁사슬은 정전기적 또는 입체적 특성 때문에 규칙성이 없는 불규칙적인 구조(랜덤 코일, random coil)를 이루게 된다. 락토글로블린의 경우 전체에서 α-나선구조는 약 6.8%이고 β-구조는 약 51.2%이며, 나머지 약 31.5%는 불규칙 구조를 하고 있다.

(3) 3차 구조

2차 구조를 이루는 선상의 폴리펩타이드 사슬이 구부러지고 중첩되어 3차원적인 공간에서 입체구조를 이룬 형태를 말한다. 단백질은 종류에 따라 고유한 3차 구조를 갖는데 그것은 아미노산의 조성과 결합 순서가 단백질마다 다르기 때문이다. 하나의 폴리펩타이드 사슬은 각 영역의 1차 구조에 따라 α-나선구조 또는 β-병풍구조 그리고 불규칙한 구조를 형성하고 이것이 수소결합, S-S 결합, 이온결합, 소수성 결합 등에 의해 서로 조합되어 구상 및 섬유상의 입체 형태를 이룬 것을 3차 구조라 한다. 물에 녹지 않고 유기용매에 녹는 지단백질과 같은 단백질의 분자 표면에 소수성 아미노산들이 더 많이 분포한다.

단백질의 3차 구조는 아미노산의 R-기 사이에 작용하는 수소결합, 이온결합, 이황화(disulfide, -S-S) 결합, 소수성 결합 등으로 안정화되어 있다. 그러나 펩타이드 결합은 매우 강한 결합을 이루어서 강산이나 강알칼리에 의하지 않고는 끊어지기 어려우나 공유결합 이외의 결합 양식은 그 결합력이 약하기 때문에 가열, pH 변화, 요소, 유기용매, 계면활성제 등으로 단백질의 구조가 쉽게 변화할 수 있다.

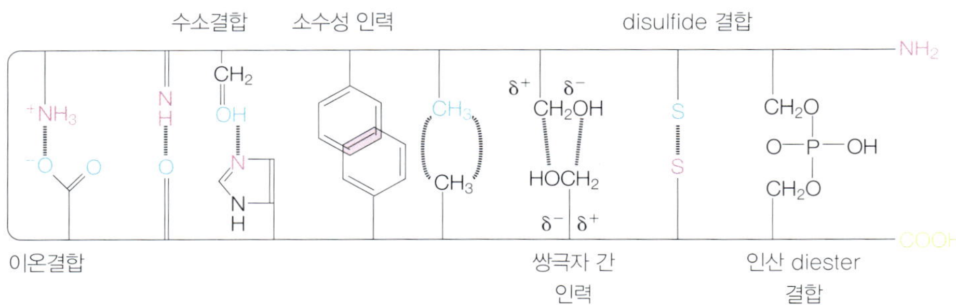

그림 5-6 단백질 3차 구조

(4) 4차 구조

4차 구조란 여러 개의 3차 구조 단위의 소단위가 수소결합, 소수성 결합, 이온결합 등의 비공유 결합을 회합하여 특정한 공간 배치를 가지는 구조를 말한다. 각각의 소단위를 서브유니트(subunit)라 하고, 많은 식품단백질은 보통 2~4개의 서브유니트로 이루어져 있으나 때로는 24개 서브유니트가 회합된 것도 있다.

단백질 복합체는 동일한 서브유니트로 이루어진 단순 복합체가 있는 반면 다른 서브유니트가 서로 결합하여 이루어진 혼합 복합체가 있다. 헤모글로빈의 경우 α와 β의 2

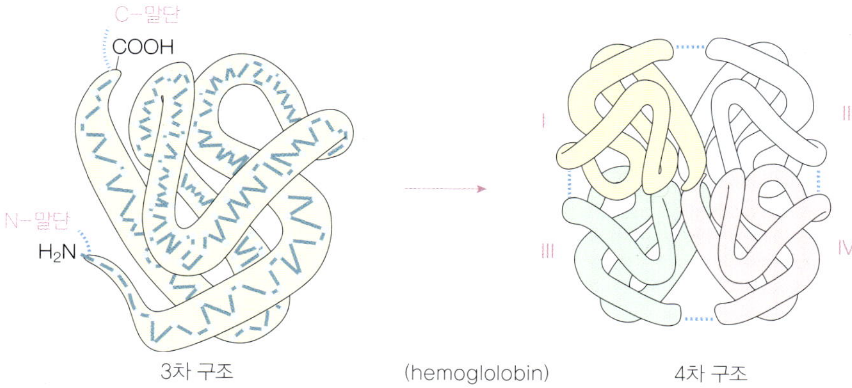

그림 5-7 단백질 4차 구조

개의 다른 소단위가 모여 복합체를 형성해서 기능을 발휘하고 있기 때문에 각각의 소단위를 분리시키면 그 기능을 상실하게 된다.

3) 단백질의 일반적 성질

(1) 양성 전해질과 등전점

단백질은 아미노산과 같이 산 또는 알칼리에 작용할 수 있는 양성 화합물이다. 단백질의 양성반응을 갖는 원인은 사슬 중에 있는 아미노산 잔기들이 가지고 있는 산성 또는 염기성 기능기들 때문이다. 단백질을 구성하는 아미노산의 잔기는 해리될 수 있는 기능기이므로 용액의 pH에 따라 (+)나 (−)로 전하를 갖는다. 즉 산성에서 (−)전하가 감소하고 산성이 매우 세지면 (+)전하만을 가지며, 반대로 알칼리성 용액에서는 (+)전하가 감소하고 알칼리성이 세지면 (−)전하를 가지게 된다. 또한 산성과 알칼리성 중간의 특정한 pH에서는 (+)(−)전하의 양이 같아져서 분자 전체로서는 전기적으로 중성이 된다. 즉 전하가 0이 되어 어느 쪽 전극으로도 이동하지 않는데, 이때의 pH값을 그 단백질의 등전점(pI)이라고 한다.

등전점에서 단백질 분자는 양전하와 음전하의 양이 동등하게 존재하는, 즉 쌍극이온으로 존재하며, 양전하의 양과 음전하의 합계가 최대에 이른다. 등전점에서 단백질 분자는 전기장의 어느 극으로도 이동하지 않으며, 침전성은 높고, 수화력, 팽윤력 및 용해도가 낮아진다. 이와 같은 단백질의 성질을 이용하여 전기영동법으로 단백질을 분리하거나 정제에 이용한다.

표 5-4 ▸ 단백질의 등전점

단백질	등전점
미오글로빈	7.0
오브알부민	4.6
헤모글로빈	6.9
혈청알부민	4.8
피브리노겐	5.5
시트크롬 C	10.6

(2) 용해성

단백질 종류에 따라 물, 묽은 중성 염류용액, 묽은 산, 묽은 알칼리, 암모니아수 등에 녹는다. 단백질이 물에 녹는 것은 펩타이드 결합의 곁사슬에 $-COOH$, $-NH_2$, $-OH$, $>C{=}O$ 등과 같은 친수성기를 가지고 있으므로 물속에서 물분자들과 수화하여 용해하는 것이다.

단백질의 용해도는 pH와 염류의 존재 등에 의하여 현저하게 영향을 받는데, 등전점에서 용해도가 가장 적은 것은 그 전하가 0이므로 분자 사이의 정전기적 반발력이 가장 적기 때문이며, 산이나 알칼리 쪽으로 pH가 변화함에 따라 용해도가 증가하는 것은 단백질 분자가 양 또는 음이온으로 전하를 갖게 되므로 분자 사이의 반발력이 증가되어 용해가 용이해지기 때문이다.

대부분 단백질들이 중성 염류용액에서 용해도가 증가되는 것은 중성염의 해리로 생성된 이온이 단백질 분자의 이온화된 기능기와 작용함으로써 단백질 분자 사이의 인력을 감소하기 때문이다. 이러한 현상을 염용(salting in)효과라고 한다. 글로블린을 제외한 대부분의 단백질은 묽은 중성 염류용액에 잘 녹으며, 이는 염용효과에 의한 것이다. 그러나 농도가 높은 중성 염류용액에서는 오히려 용해도가 감소되어 단백질이 침전되는데 이 현상을 염석(salting out)효과라고 한다. 일반적으로 사용되고 있는 황산염으로는 황산암모늄이나 황산나트륨 등이 있다. 단백질을 정제하는 데 단백질의 염석효과 성질을 이용하고 있다.

4) 단백질 변성

단백질의 1차 구조를 이루는 펩타이드 결합이 분해되지 않은 채 2차, 3차, 4차 구조가 가역 또는 비가역적 변화로 일어나는 것을 변성(denaturation)이라고 한다. 단백질에 열, 동결, 교반, 희석, 자외선 조사와 같은 물리적 작용과 산, 알칼리, 효소, 중금속염, 유기용매와 같은 화학적 작용이 작용하면 단백질 고유의 입체 구조에 변화가 일어난다.

단백질 변성에 의하여 소수성기가 노출에 따른 용해성 감소, 물 결합 능력의 변화, 생물학적 활성 기능 상실, 효소 소화성 증대, 점도 증가, 결정성 상실 등이 초래된다.

단백질의 변성은 식품의 조리가공 중에 물리 · 화학적 요인들에 의하여 흔히 일어나는 현상이며, 바람직한 결과를 주기도 한다. 예를 들면 대두에서 트립신 저해제(trypsin inhibitor) 등은 가열하여 변성시키면 그 활성을 잃어 소화성 및 체내이용률을 증가시켜 준다.

(1) 열

식품 중 단백질의 열에 의한 변성은 식품의 조리가공에 매우 중요하다. 일반적으로 육류, 난류, 어패류의 조리가공 중 가용성 단백질은 가열에 의해서 변성되어 응고하게 된다. 반면에 육류를 장시간 가열하면 결합조직 내에 존재하는 불용성 단백질인 콜라겐이 변성되어 가용성인 젤라틴으로 되어 용출한다.

열변성은 단백질 분자의 변성, 회합, 응고의 3단계를 거쳐서 이루어지는데 열변성은 물, 온도, 산, 전해질, pH 등에 의해 영향을 받는다. 단백질의 종류에 따라 다르지만 대부분 60～70℃ 부근에서 단백질 열변성이 일어난다. 단백질 응고온도는 수분함량에 따라 영향을 받는데, 수분이 적을수록 응고온도는 높아진다. 이는 가열에 의하여 물의 분자 운동이 왕성해져서 단백질 내 폴리펩타이드 사슬이 풀리거나 응집할 때 사슬의 움직임을 쉽게 하여 수분이 적어짐에 따라 응고가 일어나는 것이다. 콜라겐을 물속에서 가열하면 젤라틴(gelatin)이 되는데 이것은 단백질 분자가 응고, 침전하지 않고 겔(gel)화하는 것으로 변성한 폴리펩타이드 사슬 사이의 상호작용에 의하여 망상구조가 형성되고 그 속에 물이 들어가 흡수, 팽윤, 그리고 분해되어 수용성의 젤라틴이 된다.

열에 의하여 효소를 불활성화시키는 일은 식품가공에서 흔히 이용되는 중요한 과정이다. 또한 바이오틴(biotin)과 결합함으로써 흡수를 방해하는 달걀의 아비딘(avidin)이나 대두의 트립신 저해제(trypsin inhibitor)과 같은 단백질 등은 가열에 의하여 변성되어 그 활성을 잃는다.

(2) 냉동

어육의 동결에 의한 변성은 분산매인 물이 동결됨으로써 섬유상 단백질 입자가 상호 접근하여 결합하게 된다. 섬유상 단백질인 미오신은 변성하여 불용성으로 변화가 일어나 냉동어육이나 고기를 가열하면 딱딱하고 거칠어지는 현상이 일어난다. 반면 알부민이나 리포프로테인과 같은 근육 중의 구상 단백질은 변하지 않는다.

동결변성은 영하 1~5℃에서 최대이며, pH, 염의 농도 등에 의하여 다소 영향을 받는다. 대두, 달걀, 우유에 함유되어 있는 일부 단백질은 저온이나 냉동 상태에서 응고한다. 따라서 동결 변성으로 인한 품질저하를 막기 위해서는 영하 23℃에서 급속 동결하는 방법을 사용한다.

(3) 건조 및 기계적 전단력

열변성과는 달리 건조에 의한 어육의 단백질 변성은 많은 차이가 있다. 건조가 진행됨에 따라 육섬유를 형성하는 직쇄상의 폴리펩타이드 사슬 사이의 수분은 제거되고, 인접한 폴리펩타이드 사슬이 서로 접근하여 그 사이가 결합되어 견고한 구조로 변하게 되어 변성된다. 건조에 의해 어육은 염석, 응집 현상이 일어나고 외관, 수분, 맛, 경도, 수분함량 등이 달라진다.

식품 내 단백질은 흔들기(shaking), 치대기(kneading), 휘젓기(whipping) 등의 조작 중에서 생성되는 기계적 전단력에 의해서 변성된다. 난백 단백질은 거품을 생성하는 과정에서 생성하는 기계적 전단력에 의하여 쉽게 변성되며, 밀가루 반죽을 치대는 조작을 하면 전단력에 의하여 주로 단백질의 나선구조가 붕괴되어 단백질의 입체구조가 변화한다.

(4) 산 및 효소

대부분의 단백질은 산에 의하여 변성, 응고되는데 계속 산을 가하면 용해된다. 산에 의하여 단백질이 변성되는 것은 산으로 단백질 등전점에 이르게 하여 단백질을 응고시키는 것이다. pH에 의한 변성은 대개 가역적이나 어떤 경우에는 비가역적이기도 하다. 산에 의한 변성의 예로서 우유의 pH를 카세인의 등전점인 pH 4.6 정도가 되게 하여 치즈를 제조하는 것과, 생선에 식초를 가하면 생선살이 단단해져 식감이 좋아지는 것이다. 또한, 우유를 발효시켜 카세인의 등전점 이하로 pH를 낮추면 유산균음료를 제조할 수 있다.

TIP ▸ 치즈 제조

치즈는 우유에 효소(레닌)나 산을 첨가하여 카세인을 응고 침전시킨 후 응고물을 유청에서 분리한 다음 숙성시키기 위해 미생물을 첨가하여 제조한다. 이때 효소인 레닌으로 우유단백질인 카세인을 응고시킬 때 Ca이온이 필요하다. 우유의 응고물을 제조하는 방법으로 산을 첨가하여 pH를 4.6 정도로 낮춘 커드는 응집력이 없고 부서지기 쉬워 효소작용에 의해 생성된 탄력성이 있는 커드와 차이가 있다.

우유단백질인 카세인은 레닌 효소에 의하여 변성하여 파라카세인이 되는데, 이것이 Ca^{2+}과 결합하면 파라카세인이 응고된다. 위 속에서의 카세인의 소화 및 치즈제조 때 생기는 커드는 이와 같이 단백질의 변성으로 생긴 것이다.

(5) 금속

가용성 단백질은 2가 또는 3가의 금속이온에 의하여 응고된다. 그 예로서 두부를 만들 때 두유 중 콩단백질인 글리시닌(glycinin)은 가열만으로는 변성되지 않으나, 간수 주성분인 $CaCl_2$, $MgCl_2$를 넣으면 Ca^{2+} 및 Mg^{2+}에 의하여 응고되는 것은 이 원리에 의한 것이다. 또한 육류의 미오겐, 미오신은 가열에 의하여 변성될 뿐 아니라 소금을 넣고 변성응고된다.

TIP ▸ 두부 제조

두부는 불린 콩을 마쇄하여 가열한 후 두유를 얻은 다음 콩단백질인 글리신이 응고되는 성질을 이용하여 제조한다. 두유를 응고시키는 데 여러 종류의 응고제를 사용할 수 있으며 전통적으로 간수에 들어있는 칼슘과 마그네슘 등의 전해질을 첨가하여 두부를 제조한다.

4. 단백질의 정색반응

단백질은 아미노산이 펩타이드 결합과 아미노산의 측쇄를 가지고 있어 화학물질과 반응성이 풍부하다. 따라서 단백질을 구성하는 아미노산의 종류에 따라 여러 가지 정색을 나타낸다.

1) 뷰렛 반응(biuret 반응)

단백질 용액에 1~2N NaOH 용액을 가하여 알칼리성으로 만들고 여기에 1% $CaSO_4$ 용액 1~2방울을 가하면 적자색을 띤다. 이 반응은 2개 이상의 펩타이드 결합에서 일어나는 반응으로서 단백질뿐 아니라 폴리펩타이드에서 일어난다.

2) 잔토프로테인 반응(xanthoprotein 반응)

진한 질산을 단백질 용액에 가하면 백색 침전이 발생되고, 이를 다시 가열하면 용해되어 황색으로 변한다. 이 반응은 단백질 분자 내의 타이로신 또는 트립토판 등의 방향족 아미노산에 있는 벤젠기가 나이트로화되어 나이프로페놀 유도체가 형성되기 때문에 발생된다.

3) 닌하이드린 반응(ninhydrin 반응)

단백질 용액에 1%의 닌하이드린 용액을 가한 후 중성에서 가열하면 적자색을 나타낸다. 이 반응은 α-아미노기를 포함한 화합물이 나타내는 정색반응으로서 아미노산으로 구성된 펩타이드, 단백질뿐만 아니라 아민, 암모니아 등도 이와 같은 반응을 한다.

4) 밀론 반응(Milon 반응)

단백질 용액에 밀론 시약을 가하면 백색 침전이 발생하고 가열하면 적색으로 변한다. 이 반응은 단백질 분자 내에 타이로신과 같은 페놀기를 가진 아미노산의 존재에 의하여 일어난다.

5) 사카구치 반응(Sakaguchi 반응)

단백질 용액 2~3 mL를 NaOH로 알칼리성화 한 후, 여기에 0.1%의 α-나프톨의 70% 에탄올 용액 소량과 NaOCl의 5% 수용액 소량을 가하게 되면 적색으로 변화된다. 이 반응은 아르지닌을 함유한 단백질에서만 나타난다.

6) 홉킨-콜 반응(Hopkins-Cole 반응)

글리옥살산 또는 무수초산을 단백질 용액에 가한 다음 다시 진한 황산을 가하면 그 경계면에서 적자색의 환이 발생된다. 이 반응은 단백질 분자 내에 트립토판이 있을 때 나타난다.

7) 유황반응(Elrlich 반응)

40% NaOH 용액을 단백질 용액에 가하여 2분간 끓인 다음 초산납 용액을 가하면 흑색의 황화납의 침전이 발생한다. 이 반응은 시스테인 또는 시스틴과 같은 유황함유

아미노산을 포함하고 있는 단백질에서 볼 수 있는 정색반응이지만, 유황을 함유하는 아미노산의 하나인 메싸이오닌을 포함하고 있는 단백질에서는 이와 같은 반응이 발생하지 않는다.

5. 유해 단백질

1) 아비딘과 오브뮤코이드

날달걀 흰자에 함유되어 있는 당단백질인 아비딘은 비타민 일종인 바이오틴(biotin)과 결합함으로써 장에서 바이오틴의 흡수를 저해한다. 따라서 날달걀을 섭취하면 바이오틴 결핍을 초래할 수 있지만, 달걀을 가열하면 아비딘이 변성되어 바이오틴과의 결합력을 잃게 된다.

한편, 달걀의 흰자에는 단백질 분해효소 억제 단백질인 오보뮤코이드가 존재하기 때문에 단백질 분해효소의 활성이 일부 감소된다. 따라서 날달걀의 소화 및 흡수가 원활하지 못하게 된다. 반숙 달걀에서는 가열로 인하여 오보뮤코이드가 변성되기 때문에 다른 단백질의 소화흡수율은 증대된다. 완숙 달걀에 있어서는 오랜 시간 동안 가열함으로써 단백질의 변성과 아미노산의 파괴가 심하게 일어나므로 달걀의 영양가는 오히려 떨어지게 된다.

2) 트립신 저해인자(trypsin inhibitor)

생대두에 함유되어 있는 트립신 저해인자는 단백질 분해효소인 트립신의 작용을 저해하는 단백질이다. 트립신 저해인자는 펩신, 레닌 등과 같은 효소에는 작용을 하지 않으며 가열에 의해 변성된다. 대두에 함유되어 있는 트립신 저해인자는 121°C에서 1시간 가열 시에는 완전히 제거된다.

3) 그 밖의 유해 단백질

생대두에는 트립신 저해인자 이외에도 적혈구를 응집시키는 헤마글루티닌(hemagglutinin)이 있고 피마자씨에는 리신(ricin)이라는 유독 단백질의 함유되어 있다. 이들 유해 단백질도 가열에 의해 변성되어 활성을 잃게 된다.

용어정리

- **필수 아미노산(essential amino acid)**: 인체 내에서 합성할 수 없거나, 합성하는 양이 적기 때문에 반드시 식품을 통해 섭취해야 하는 아미노산들이며, 필수 아미노산이 풍부히 함유된 식품은 동물성 단백질 식품이다.
- **등전점(isoelectric point)**: 아미노산 종류에 따라 특정 pH에서 양전하량과 음전하량의 크기가 서로 똑같아져서 실제전하가 0이 되는데, 이때 전기장 내에서 어느 전극 방향으로도 이동하지 않는 pH으로서 단백질은 고유의 등전점을 가지고 있다.
- **변성(denaturation)**: 단백질의 1차 구조를 이루는 펩타이드 결합은 분해되지 않은 채 단백질의 2차, 3차, 4차 구조가 가역 또는 비가역적으로 변화하는 것이다.
- **펩타이드(peptide) 결합**: 한 아미노산의 α-아미노기와 다른 아미노기의 카복실기 사이에서 탈수, 축합반응으로 형성된 결합이다.
- **펩타이드**: 두 개 이상의 아미노산이 펩타이드 결합을 형성하여 축합한 형태의 생성물이다.
- **폴리펩타이드(polypeptide)**: 20여 종의 천연 아미노산들이 펩타이드 결합으로 서로 길게 사슬 모양으로 연결된 것이다.
- **해리**: 분자 따위의 화학물이나 물질이 용매, 전기 따위로 인하여 이온, 원자단, 다른 분자 따위로 분해되는 것이다.
- **가역반응**: 화학반응에서, 정반응과 역반응이 동시에 일어나는 반응이다. 평형에 영향을 주는 온도나 압력 따위의 외부적 조건을 변화시켰다가 전 상태로 바꾸면 반응의 방향도 바뀌게 되는 반응이다
- **정색반응**: 두 가지 이상의 화학종이 반응하여 반응물질에는 보이지 않는 색을 나타내는 화학반응으로서 발색반응이라고 한다.
- **바이오틴**: 황(sulfur)을 함유하고 있는 비타민으로 지방과 탄수화물 대사에 관여한다. 좋은 급원 식품에는 간, 이스트, 난황, 콩, 곡류이다.

핵심요약

1. 단백질(protein)은 20여 종의 아미노산들이 펩타이드(peptide) 결합으로 만들어진 고분자 유기화합물이며 탄소(50~55%), 수소(6~8%), 산소(20~23%), 질소(15~18%) 및 유황(0~4%)으로 구성되어 있다. 생물체를 구성하는 세포의 주요 구성성분으로서 근육, 피부, 모발, 적혈구의 헤모글로빈, 체내 효소, 그리고 대사를 조절하는 호르몬 등의 체내 단백질을 형성한다.
2. 아미노산(amino acid)은 단백질을 구성하고 있는 기본단위이다. 아미노산 한 분자 내에 한 개 또는 그 이상의 아미노기(amino기, $-NH_2$)와 한 개 또는 그 이상의 카복실기(carboxyl기, $-COOH$)가 결합되어 있고, 천연 상태에서는 L-형의 입체구조를 가지고 있어 α-L-아미노산이라 한다.
3. 아미노산은 양성 전해질이므로 아미노산 종류에 따라 특정 pH에서 양전하량과 음전하량의 크기가 서로 똑같아져서 실제전하가 0이 되는데, 이때 전기장 내에서 어느 전극 방향으로도 이동하지 않는 pH를 등전점(isoelectric point)이라 한다. 일반적으로 아미노산은 등전점에서

불안정하여 침전되기 쉬우며, 용해도, 점도, 삼투압은 최소가 되고 흡착성과 기포성은 최대가 된다. 단백질도 아미노산과 같이 등전점 성질을 가지고 있다.

4. 단백질은 이화학적 성질에 따라 단순단백질과 복합단백질 및 유도단백질로 분류한다. 가수분해에 의하여 아미노산만이 생성되는 단순단백질(simple protein), 아미노산 이외의 다른 화합물도 생성되는 복합단백질(conjugated protein), 그리고 단순단백질이나 복합단백질에서 유도된 유도단백질(derived protein) 등이 있다. 유도단백질은 천연단백질의 변성 정도에 따라 1차 및 2차 유도단백질로 분류한다.

5. 단백질의 구조는 1차, 2차, 3차 및 4차 구조로 나눈다. 1차 구조는 폴리펩타이드의 아미노산 배열 순서를 나타낸 구조이고 2차 구조는 곁사슬 상호 간 수소결합으로 이루어지는 α-나선구조, β-병풍구조 및 불규칙 구조를 말한다. 3차 구조는 수소결합, S—S 결합, 이온결합, 소수성 결합 등에 의해 서로 조합된 구상 및 섬유상의 입체형태를 말하며, 4차 구조는 이들 3차 구조의 단백질이 수소결합, 소수결합, 이온결합 등의 비공유 결합으로 회합하는 구조를 말한다.

6. 단백질은 가열, 냉동, 건조, 산, 효소 및 염류 등에 의해 비가역적으로 단백질 고유의 입체구조에 변화가 일어나며 이러한 현상을 변성이라고 한다. 예를 들면 육류를 장기간 가열하면 결합조직 내에 존재하는 불용성 단백질인 콜라겐이 변성되어 가용성인 젤라틴으로 되어 용출된다.

7. 단백질은 아미노산이 펩타이드 결합과 아미노산의 측쇄를 가지고 있어 화학물질과 반응성이 풍부하므로 단백질을 구성하는 아미노산의 종류에 따라 여러 가지 정색반응을 나타낸다.

연습문제

1. 천연식품 단백질을 구성하는 아미노산은 (　　　　　) 아미노산으로 이루어지며, 아미노산 한 분자 내에 (　　　　)기와 (　　　　)를 가지고 있다.

2. (　　　　)은 동식물체의 주성분으로 생물체의 생명유지에 가장 중요한 성분으로서 효소, 호르몬, 항체, 유전자를 구성하는 중요한 역할을 한다.

3. (　　　　)은 단백질 분자 중에 양전하와 음전하의 양이 동등하여 전기적으로 중성이 되는 pH 이다.

4. 난백에 함유된 (　　　　)은 비타민인 (　　　　　)과 쉽게 결합하여 (　　　　　)결핍증을 일으키는 당단백질이다.

5. 우유에 함유되어 있는 인단백질은 (　　　　), 동물 혈액 내에 존재하고 있는 색소단백질은 (　　　　), 당단백질 중 산성용액에서 침전되는 것을 (　　　　)이라고 한다.

6. 뼈, 힘줄, 연골에 있는 콜라겐을 물에서 오래 동안 끓이면 소화될 수 있는 (　　　　)으로 변하며, 이는 (　　　　)에 의한 변성에 해당된다.

7. 우유 단백질인 카세인이 (　　　) 효소에 의해 응고되어 생긴 것을 (　　　)라고 말한다.

8. 단백질의 2차 구조로는 측쇄 상호 간의 작용에 의해서 생긴 (　　　　　), (　　　　　), (　　　　) 및 (　　　　) 등에 의해서 폴리펩타이드 사슬의 입체적 사슬을 말한다.

9. 단백질 변성은 (　　), (　　), (　　) 구조가 변화되며, 단백질 변성의 특징으로는 소화율이 (　　), 효소작용을 받기 (　　).

10. 단백질의 변성이 일어나는 조건에 대해 설명하시오.

정답

1. α-L-형, 아미노, 카복실
2. 단백질
3. 등전점
4. 아비딘, 바이오틴, 바이오틴
5. 카세인, 헤모글로빈, 뮤신
6. 젤라틴, 가열

7. 레닌, 파라카제인
8. α-helix, β-sheet, β-turn 구조 및 불규칙 coil
9. 2차, 3차, 4차, 증가, 쉽다
10. 단백질의 1차 구조를 이루는 펩타이드 결합이 분해되지 않은 채 2차, 3차, 4차 구조가 가역 또는 비가역적 변화로 일어나는 것을 변성(denaturation)이라고 한다. 단백질 변성이 일어나는 조건으로는 열에 의해서 일어나며, 콜라겐(collagen)을 물속에서 가열하면 수용성의 젤라틴(gelatin)이 되는 현상이 그 예이다. 또한 냉동에 의해 일어나며 고기 내 섬유상 단백질인 미오신은 변성하여 불용성으로 변화가 일어나 냉동어육이나 고기를 가열하면 딱딱하고 거칠어지는 현상이 예이다. 그 밖에 금속에 의해 두부 제조, 산이나 효소에 의해 치즈 제조 및 건조 및 기계적 전단력에 의해 단백질 변성이 일어난다.

CHAPTER 6

비타민과 무기질

1. 비타민_*vitamin*

비타민은 생체의 구성성분은 아니지만, 탄수화물, 단백질, 지질 등의 영양소가 체내에서 그 기능을 충분히 발휘할 수 있도록 도와주며, 미량으로 작용하는 유기화합물이다. 비타민은 동물의 생명유지에 필수 불가결한 존재이지만, 체내에서 합성될 수 없거나 합성되었다고 해도 최소한이기 때문에 반드시 음식으로 섭취해야 한다. 동물이 생명을 유지하는 데는 효소, 호르몬, 그리고 비타민이라는 유기화합물이 촉매로 작용한다.

비타민이라는 물질의 명칭은 1920년에 Drummond에 의해서 처음 사용되었다. 생명현상의 유지에 꼭 필요한 아민이라는 의미로 '비타민'이라는 용어가 사용되기 시작하여 지금은 성장이나 질병의 예방, 특히 암의 예방에 필요한 영양소로 주목받고 있다. 지금까지 20여 종의 비타민이 알려져 있으며, 초기에는 발견 순서에 따라 알파벳(A, B, C) 순서로 명명하였으나 구조가 밝혀지면서 화학명 구조에 따른 다양한 이름으로 명명되고 있다. 비타민은 생체 내에서 다양한 기능을 하는데, 예를 들면 나이아신(niacin), 티아민(thiamine)은 보조효소의 전구체로서 기능을 하고, 아스코브산과 비타민 E는 항산화 역할을 하고 있으며, 비타민 A나 D는 유전정보 조절에 관련된 인자로서 알려져 있다. 그리고 비타민 A는 시각작용, 비타민 C는 다양한 하이드록시화(hydroxyl) 반응에 관여하는 등의 기능을 가지고 있다.

일반적으로 비타민의 분류는 비타민이 가지는 용해성으로 분류를 한다. 유기용매에 용해되는 지용성 성분인 지용성 비타민과 물에 녹는 수용성 비타민으로 나눌 수 있다(표 6-1).

표 6-1 ▸ 수용성 비타민과 지용성 비타민의 비교

특성	수용성 비타민	지용성 비타민
용해성	물에 용해됨	유기용매에 용해됨
흡수성	당질, 단백질과 함께 간으로 흡수됨	지방과 함께 임파계로 흡수됨
필요성	매일 필요량만큼 요구됨	매일 공급할 필요는 없음
저장성	필요량 이상은 배설됨	간, 지방조직에 저장됨
배설 경로	소변으로 빠르게 배설됨	담즙으로 서서히 배설됨
전구체	없음	있음
조리 중 손실	조리수를 통하여 손실됨	조리수 중 손실되기 어려움

TIP ▸ 체내에서의 비타민 요구량

비타민은 미량으로 체내에서 합성되지 않아 외부(식품)로부터 공급받아야 하지만 가역반응을 통해서 비타민 분자를 반복하여 이용할 수 있으므로 미량으로도 충분하며, 단지 극히 일부가 분해 손실되므로 손실량만큼만 보충하면 된다.

1) 지용성 비타민

지용성 비타민은 물에는 녹지 않고, 유지나 지방에 잘 녹는 성질을 가지고 있으며, 비타민 A, D, E, K가 있다(표 6-2).

(1) 비타민 A

비타민 A는 레티노이드(retinoids)와 비타민 A의 전구물질인 카로티노이드(carotenoids)가 있으며, 지방 및 유기용매에 잘 녹은 담황색의 결정이다.

① 구조

비타민 A는 β-아이오논 환에 아이소프렌(isoprene) 사슬로 되어 있으며, 끝에는 알코올기를 가지고 있는 고급 탄화수소이다. 비타민 A는 레틴올과 똑같은 생리작용을 가진 화합물의 총칭이며 레티놀, 레티날, 레틴산의 형태로 존재한다. 체내에서 비타민으로 합성될 수 있는 물질을 프로비타민(provitamin) 또는 전구체(precursor)라고 하며 비타민 A의 전구체인 카로틴에는 α-카로틴, β-카로틴, γ-카로틴, 크립토잔틴 등이 있다(그림 6-1).

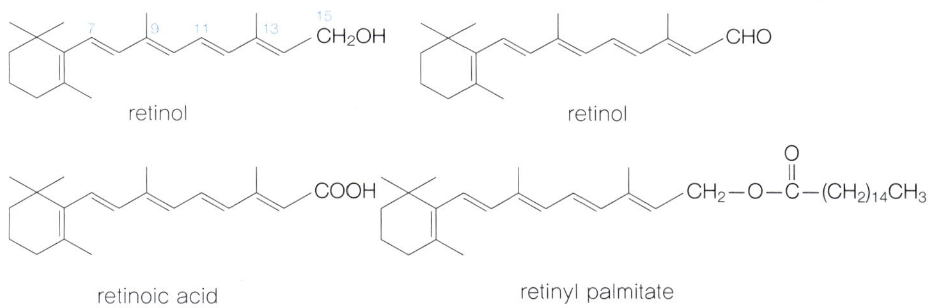

그림 6-1 비타민 A의 구조

② 특성과 기능

비타민 A의 활성은 β-카로틴이 가장 크고, 크립토잔틴, α-카로틴, γ-카로틴의 순이다. β-카로틴은 두 개의 β-아이오논 핵을 가지고 있기 때문에 두 분자의 비타민 A가 생성되면, α-카로틴, γ-카로틴과 크립토잔틴은 1개의 β-아이오논 핵을 가지므로 한 분자의 비타민 A가 생성된다. 비타민 A와 카로틴은 대부분 조리방법에 의해서는 큰 영향을 받지 않으나 이중결합의 존재로 인해 산화가 쉽게 일어나고 물리적 자극(빛, 열, 산성)에 의해 쉽게 파괴된다. 그러나 산소가 없는 상태에서는 100°C 이상으로 가열하

표 6-2 ▸ 지용성 비타민의 종류와 특성

종류	생리작용	결핍증	성질	함유 식품
비타민 A(레티놀)	성장촉진, 눈 보호, 상피세포 보호, 세포 분화 및 증식	야맹증, 안구건조증, 피부 각질화, 유아 성장지연	산소 · 빛 · 금속에 불안정	당근, 파래, 김, 고추(잎), 간, 버터
비타민 D(칼시페롤)	칼슘, 인의 항상성 조절, 골조직 형성	구루(곱추)병, 골연화증, 골다공증, 유아 발육부진	열 · 광선 · 산소에 안정, 알칼리 · 산에 불안정	등푸른생선, 효모, 버섯, 우유, 난황
비타민 E(토코페롤)	생식기능 정상화, 산화(노화)방지, 비타민 A의 흡수 증가	불임증, 근위축증 적혈구 수명 단축, 빈혈	열 · 산에 안정, 알칼리 · 빛에 불안정	마가린, 밀배아, 식물유, 쇼트닝
비타민 K(필로퀴논)	혈액응고	혈액응고 지연, 신생아 출혈	열 · 산에 안정, 알칼리 · 빛 · 산화제에 불안정	간, 녹색 채소, 김, 달걀, 육류, 미역
비타민 F(필수지방산)	산화 · 환원반응에 관여	피부염, 성장정지		식물성기름

거나 건조하여도 분해되지 않는다. 하지만 산소 존재 시 식품 중의 유지방 산화로 인해 연속적으로 비타민 A도 급속히 산화된다. 그리고 카로틴은 10~30%의 낮은 흡수율을 보이지만, 다른 지방함유 식품과 함께 섭취하면 흡수율이 50% 이상이 된다. 따라서 β-카로틴의 효력은 비타민 A의 30%라고 할 때 비타민 A를 β-카로틴의 형태로 섭취할 때는 요구되는 비타민 A 섭취량의 3배를 필요로 한다. β-아이오논 핵 고리가 없는 라이코펜은 비타민 A를 합성하지 못한다. 동물성 식품에는 비타민 A의 형태로 존재하며, 식물성 식품에서는 카로티노이드의 형태로 존재한다.

비타민 A는 시각기능과 연관이 있는데, 안구색소(로돕신)의 형성, 피부 · 각막 등의 각화방지에 도움을 주며, 항암효과, 성장 촉진 및 생식기능에 관여한다. 결핍 시 야맹증, 안구건조증, 감염증에 대한 저항성의 저하, 피부 각질화 및 성장 지연 증세가 나타난다.

비타민 A는 과다 섭취 시 체내에 축적되므로, 장기간 과량 섭취하면 급성 증상으로 두통, 구토 및 현기증이 유발되며, 만성적인 증상으로는 탈모, 입술균열, 피부건조 및 간 비대화가 일어난다.

비타민 A의 함유식품은 주로 동물성 식품인 동물의 간, 고지방 생선, 난황, 버터, 치즈 등이 있으며, 프로비타민 A로 알려진 β-카로틴은 식물성 식품이 주요 급원으로 고추, 당근, 호박, 녹색채소 등에 많이 존재한다. 해조류인 김 역시 카로틴을 많이 함유하고 있으나 낮은 흡수율을 보인다.

(2) 비타민 D

비타민 D는 비타민 D의 활성을 가진 모든 지용성 화합물을 포함하고 있으며, 뼈의 석회화와 관계가 있어 칼시페롤(calciferol)이라고도 한다. 항구루병 인자인 비타민 D는 식물성 에르고스테롤(ergosterol)로부터 자외선 조사에 의해 형성되는 D_2(ergocalciferol)와 동물성 스테롤인 7-데하이드로콜레스테롤(7-dehydrocholesterol)로부터 자외선 조사에 의해서 피부에서 합성되는 D_3(cholecalciferol)로 분류된다.

① 구조

비타민 D의 전구체인 에르고스테롤과 7-데하이드로콜레스테롤은 자외선 조사에 의해 각각 비타민 D_2와 D_3가 된다.

에르고스테롤을 함유한 식품에 자외선을 쬐면 비타민 D_2가 증가하는 것을 확인할 수 있다. 그러므로 자외선은 비타민 D의 활성화에 반드시 필요한 요소가 되며, 비타민 D의 활성화는 호르몬, 혈중 인산농도 그리고 비타민 D 자체의 농도에 의해서도 영향을 받는다(그림 6-2).

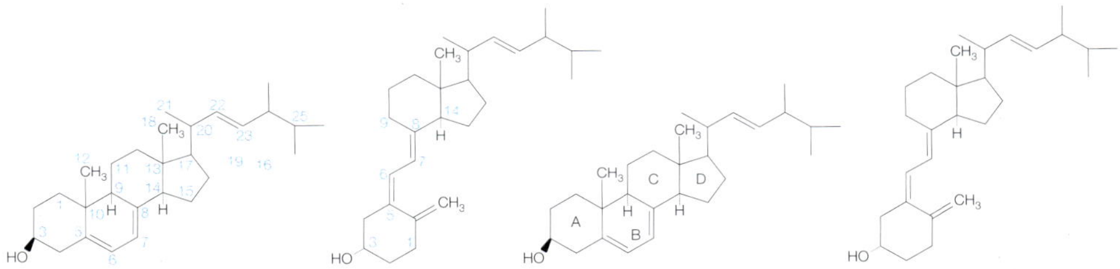

ergosterol　　vitamin D_2　　7-dehydrocholesterol　　vitamin D_3

retinoic acid　　retinyl palmitate

그림 6-2 비타민 D_2, D_3의 구조

② 특성과 기능

비타민 D_2와 D_3는 무색 침상의 결정으로 지방과 지용성 용매에 용해되는데, 가열에는 안정하지만, 산, 산소, 광선에 대해서는 불안정하여 서서히 분해된다. 또한 알칼리 환경에서도 비교적 안정하다.

지용성 특성을 가진 비타민 D의 결핍 증세는 지방함유 식품의 섭취가 부족하거나 엄격한 채식주의자, 햇빛에 노출되는 시간이 부족한 사람들 또는 과도한 스트레스를 받는 사람들에게서 주로 나타난다. 비타민 D는 지방과 담즙의 도움으로 소장에서 흡수되어 주로 간에 저장되며 피부, 뇌, 비장 및 뼈에도 소량 저장된다. 비타민 D의 결핍증으로는 어린이는 구루병, 성인은 골연화증이 나타난다. 과잉되면 혈청 칼슘 농도가 증가하는 고칼슘혈증, 성장지연, 체중감소 및 식욕부진, 구토가 나타난다.

비타민 D_2의 전구체인 에르고스테롤은 버섯류, 효모 식품에 함유되어 있으며, 비타민 D_3는 기름진 생선과 난황에 주로 함유되어 있다. 유제품인 우유, 달걀, 버터 및 치즈의 비타민 D의 함량은 소량으로 함유되어 있는 경우가 많아 인위적 첨가를 통한 비타민 D 강화 제품이 생산된다.

(3) 비타민 E

비타민 E는 1923년 항불임성 비타민으로 명명되었고, 에반스(Evans)와 비숍(Bishop)에 의해서 최초로 밀배아(wheat germ)에서 유효성분을 추출하면서 알려지게 되었다. 생식과 출산과 관계가 있어 그리스어로 후손을 의미하는 토코스(tocos)라는 이름에 따라 토코페롤(tocopherol)로 명명되었다. 비타민 E는 항산화 효과를 지니므로 노화방지에 효과가 있으며, 점성의 담황색 유상물질로 자연계에 존재하는 토코페롤은 2-methyl-6-hydroxy-chroman 유도체군으로 정의되며, chroman-ring에 결합된 메틸기의 정도에 따라서 α, β, γ, δ형의 토코페롤이 존재한다. 비타민 E로서의 활성은 α형이 가장 크지만, 항산화제로서의 활성은 δ형이 가장 크다. 비타민 E의 효력은 $\alpha > \beta > \gamma > \delta$의 순으로 감소하며, 불포화지방산과 인지질, 그리고 지용성 비타민 A의 산화를 막아 비타민 A의 흡수율을 증가시킨다. 그러므로 비타민 E는 지질의 산패 시 발생하는 지질과산화 등이 원인이 되어 발병하는 동맥경화, 백내장, 암 등을 예방한다. 또한 비타민 E는 철의 흡수를 돕고, 노화를 방지한다.

① 구조

자연계에 있는 비타민 E는 토콜의 유도체로서 chroman-ring에 결합하는 메틸기의 수와 위치에 따라 α, β, γ, δ-토코페롤로 구분하며, 꼬리(phytyl tail) 탄소사슬에 이중결합의 유무에 따라 α, β, γ, δ-토코트라이엔올(tocotrienol)로 구분되어, 총 8개의 이성질체로 존재한다(그림 6-3).

② 특성과 기능

비타민 E는 산에 가장 안정하고, 비교적 공기 중의 산소, 열 및 광선에도 안정하지만 불포화지방산과 공존할 때는 생체 내에서 쉽게 산화된다. 또한 강한 항산화력을 지니고 있기 때문에 지방의 산패를 방지한다.

비타민 E의 결핍은 동물에서는 불임으로 나타나지만, 지용성 성분의 섭취가 늘어난

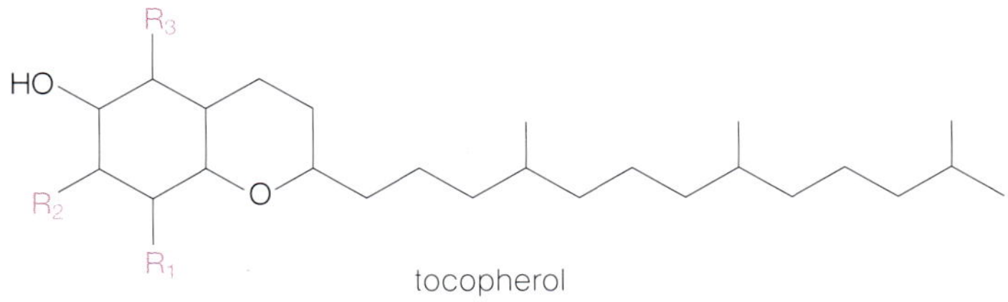

tocopherol

α-tocopherol: $R_1 = R_2 = R_3 = CH_3$
α-tocotrienol: $R_1 = R_2 = R_3 = CH_3$

β-tocopherol: $R_1 = R_2 = CH_3$, $R_2 = H$
β-tocotrienol: $R_1 = R_2 = CH_3$, $R_2 = H$

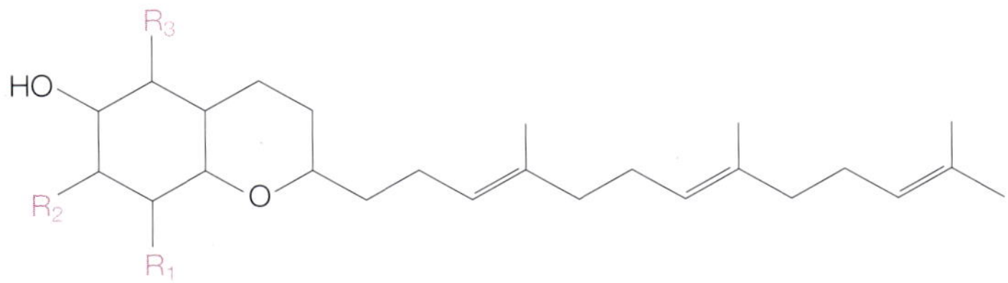

tocotrienol

γ-tocopherol: $R_1 = R_2 = CH_3$, $R_3 = H$
γ-tocotrienol: $R_1 = R_2 = CH_3$, $R_3 = H$

δ-tocopherol: $R_1 = CH_3$, $R_2 = R_3 = H$
δ-tocotrienol: $R_1 = CH_3$, $R_2 = R_3 = H$

그림 6-3 비타민 E의 구조

현대인에게 평소 식생활에서는 나타나지 않는다.

비타민 E는 주된 공급원은 식물성 기름, 마가린, 쇼트닝, 밀배아가 있으며, 육류, 생선, 과일 및 채소에는 소량으로 존재한다.

(4) 비타민 K

1992년 담에 의해 발견된 비타민 K는 혈액응고와 관계가 있어 koagulation이라 부르며, 그 첫 자를 따서 비타민 K라고 이름이 붙여졌다. 비타민 K 활성을 가진 물질로는 식물계에서 합성된 K_1(phylloquinone)과 생선기름과 육류에 존재하는 K_2(menaquinone) 등이 있으며, 인공적으로 합성한 K_3~K_7이 있다. 특히 K_3는 수용성이어서 혈액응고 치료제로 사용하기 쉽고 천연 비타민 K보다 활성이 더 커서 비타민제로 널리 사용된다.

① **구조**

비타민 K는 나프토퀴논의 유도체로써, K_1은 2-메틸-나프토퀴논기에 피틸기가 축합되었으며, K_2는 2-메틸-나프토퀴논기에 파네실기가 축합된 형태를 가지고 있다(그림 6-4).

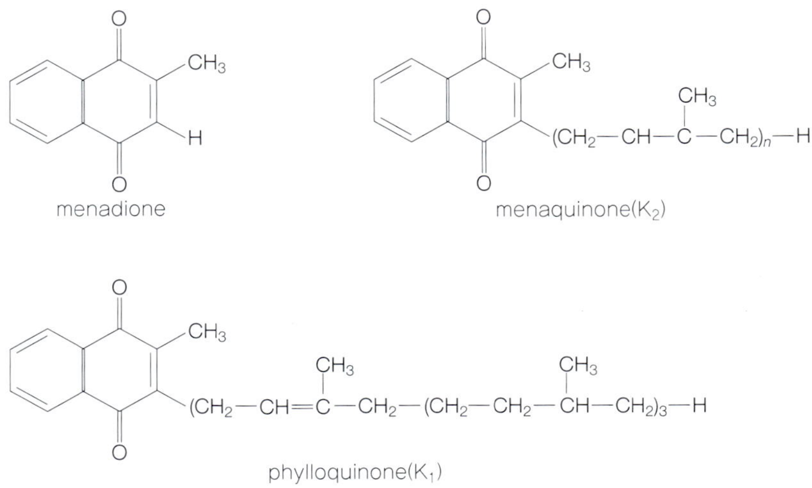

그림 6-4 비타민 K의 구조

② **특성과 기능**

비타민 K는 황색 지용성으로 최적 흡수를 위해서 장에서 담즙 또는 담즙산이 요구되며, 열, 산, 환원제에는 안정하지만 알칼리, 광선, 산화제에는 불안정하다. 비타민 K_1은 담황색 유상물질이며, K_2는 담황색 결정으로 알칼리에서는 K_1보다 안정하다.

비타민 K는 장내 세균에 의해도 합성이 가능하여 결핍증은 드물지만 부족하게 되면 혈액응고가 지연되며, 신생아의 경우에는 무균 상태로 출생하므로 장내 세균에 의한 합성이 어려워 출혈이 일어날 수 있다. 반면 과잉되면 황달이나 출혈성 빈혈이 일어나지만 비타민 K는 독성도 낮고 체외로의 배설도 빠르므로 잘 발생하지 않는다. 그러나 혈전이나 경색 등 혈액이 응고되기 쉬운 병의 치료를 위해 약을 복용하는 사람은 발효식품, 미역, 김, 양배추 등 비타민 K를 많이 함유한 식품은 피해야 한다. 일반적으로 해조류, 녹황색채소, 양배추, 대두, 차 등이 주된 비타민 K 공급원이다.

2) 수용성 비타민

수용성 비타민은 물에 녹는 성질을 가진 것으로 비타민 B 복합체와 비타민 C 등이 있다. 이들은 여러 조효소를 구성하여 효소반응을 도와 체내 대사에 관여하며, 이중 비타민 C는 인체에 필요한 일부 물질들의 합성에도 관여하는 중요한 성분이다. 수용성 비타민은 체내에 축적되지 않으며, 소변으로 배출되기 때문에 매일 일정량을 꾸준히 섭취하는 것이 좋다(표 6-3).

표 6-3 ▸ 수용성 비타민의 종류와 특성

종류	생리작용	결핍증	성질	함유 식품
비타민 B_1 (티아민)	당질대사 촉진, 식욕 및 소화기능 자극, 신경기능 조절	피로, 권태, 각기병, 신경염, 식욕부진	산·빛에 안정, 알칼리에 분해, 산소·열에 불한정	대두, 배아, 쌀겨, 돼지고기, 효모, 생선눈
비타민 B_2 (리보플래빈)	성장촉진, 입안 점막 보호, 체내 산화환원 작용	성장 저해, 구내염, 설염, 구각염	산·열·산소에 안정, 빛에 분해	우유, 효모, 분유, 달걀, 간, 송이버섯, 김
나이아신	열량소 산화환원 작용	펠라그라, 흑설병, 피부, 점막 손상	안정	효모, 밀배아, 간, 커피, 땅콩
비타민 B_6 (피리독신)	단백질 대사 관여, 헴 합성, 지방합성	피부염, 습진, 기관지염	산·알칼리, 산소에 안정.빛·열에분해	간, 배아, 다랑어,마늘, 파래, 피스타치오
비타민 B_{12} (시아노코발라민)	혈액 생성, 성장촉진	악성 빈혈, 손발 지각 이상	열에 안정, 산·알칼리에 불안정	김, 간, 우유, 생선, 달걀, 굴
엽산 (폴라신)	항빈혈작용, 핵산 합성	거대적아구성 빈혈	산, 빛·산소에 불안정	시금치, 간, 풋콩, 과일
판토텐산	에너지 생성, 지방산 합성, 스테롤 합성, 헤모글라빈 합성	피로, 불면, 손발 화끈거림, 근육경련, 빈혈	산·알칼리에 불안정	간, 곡류, 두류, 감자
바이오틴	포도당·지방산 합성	탈모, 발톱 깨짐, 위장 증상	알칼리·산화제에 불안정	간, 로얄젤리, 달걀, 두류, 우유
비타민 C (아스코브산)	콜라겐·스테로이드 호르몬 합성, 감기 예방,철분 흡수 촉진	괴혈병, 잇몸출혈, 전염병 노출	산에 안정, 열·알칼리, 미량금속에 불안정	주스, 고추, 파슬리, 브로콜리,양배추 외잎,무청, 레몬
비타민 L	젖 분비 촉진	젖 분비 저하		소간, 효모
비타민 P (루틴, 헤스페리딘)	혈관 강화작용, 혈관 삼투압 유지	자반병, 신장염		메밀, 토마토, 감귤, 오렌지

(1) 비타민 B_1

비타민 B_1은 티아민(thiamine)이라고도 불리며, 비타민 중에서 가장 먼저 발견된 것으로 열에 불안정하다. 동식물계에 널리 분포되어 있으며, 주된 공급원은 식물성 식품인 두류와 곡류이다. 곡류의 배아와 겨층에 많은 비타민 B_1은 도정과 제분에 의해 손실되기 쉽다.

① 구조

비타민 B_1의 구조는 질소가 포함된 육각형의 피리미딘 핵과 티아졸 핵이 메틸렌기로 연결된 것이다. 식물과 동물조직에 널리 분포하고 있으며 주로 티아민 피로포스페이트(thiamine pyrophosphate, TPP) 형태이나 이보다 적은 양으로 티아민인산, 티아민2인산, 티아민3인산의 형태로 존재한다.

식품에서의 형태는 티아민에 인산이 에스터 결합을 하고 있는 티아민인산에스터가 주된 형태이다(그림 6-5).

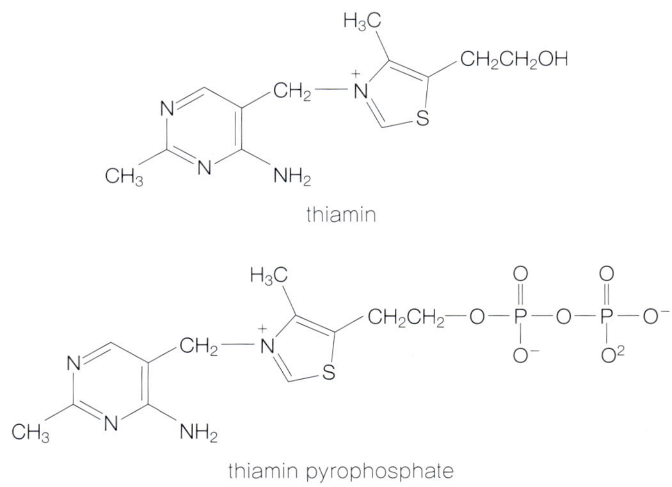

그림 6-5 티아민의 구조

② 특성과 기능

비타민 B_1은 무색의 쓴맛을 지니고 있으며, 광선에 의해서는 안정되지만 형광물질이 비타민 B_1에 같이 존재하면 쉽게 분해된다. 열에 불안정한 특성으로 가열조리, 가공 시에 비타민 B_1의 파괴가 일어난다.

어패류나 담수어의 내장, 고사리, 고비 등에는 비타민 B_1을 분해하는 효소 티아미네이스(thiaminase)가 존재하는데 가열처리에 의해 효소가 불활성화되므로 일반적인 식생활에서는 영향이 없다.

티아민은 마늘에 존재하는 알리신(allicin)과 결합하여 알리티아민(allithiamine)이 된다. 알리티아민의 형태로 존재하는 티아민은 흡수가 잘 되므로 마늘과 함께 섭취하면 티아민의 이용률이 높아진다.

동물조직에 주로 존재하는 비타민 B_1인 TPP는 생체 내 탄수화물 대사에서 중요한 역할을 하는 피루브산 탈수소효소 등의 조효소로 작용하므로 비타민 B_1이 결핍되면 대사가 순조롭게 진행되지 못하여 탄수화물의 분해산물인 피루브산과 유산이 조직 속에 축적되기 때문에 각기병의 증상인 신경염, 부종, 식욕 감퇴 및 권태감 등이 나타난다. 비타민 B_1은 수개월 동안 대량 투여하여도 부작용과 독성이 없다.

비타민 B_1이 함유된 식물성 식품에는 두류나 곡류에 특히 많은데, 곡류에는 배아와 겨층에 많고 배유에는 적으므로 현미, 땅콩, 대두, 건조효모에 많으며, 동물성 식품 중에서는 동물의 간, 돼지고기, 명란, 대구알에 많이 존재한다.

(2) 비타민 B_2

비타민 B_2는 난백에서 최초로 분리되었으며, 성장인자란 뜻에서 비타민 G로 불린다. 수용성 비타민에 속하나 물에 용해도나 낮다. 구조상 리보스를 함유하여 리보플래빈이라고 명명되었으며, 그 소재에 따라서 락토플래빈(lactoflavin), 오보플래빈(ovoflavin), 헤파토플래빈(hepatoflavin)이라고도 불린다.

① 구조

비타민 B_2는 당알코올인 리비톨(ribitol)이 아이소알록사진(isoalloxazin) 핵에 결합한 구조를 이루고 있는 리보플래빈이다. 리보플래빈에 인산을 하나 결합하고 있는 플래빈모노뉴클레오타이드(flavin mononucleotide; FMN), 리보플래빈과 아데닌이 인산을 2개 결합하고 있는 플래빈아데닌다이뉴클레오타이드(flavin adenine dinucleotide; FAD)가 있다(그림 6-6).

② 특성과 기능

비타민 B_2는 황색 침상의 결정으로 입안의 점막을 보호하고 성장을 촉진하는 기능을 하며, 수용액은 독특한 녹황색 형광을 띤다. 산, 열, 공기, 산화제에는 비교적 안정하나 광선에는 불안정하여 알칼리성의 빛에 노출되면 루미플래빈으로 되고, 산성 및 중성에서는 루미크롬으로 분해되어 비타민 효력을 상실한다. 우유에는 리보플래빈이 유리 상태로 존재하는데, 우유를 햇빛에 2시간 동안 노출시키면 약 50%의 리보플래빈이 파괴된다. 비타민 B_1이나 C가 B_2와 함께 공존하면 광분해로부터 비타민 B_2를 보존할 수 있으며, 리보플래빈의 파괴를 방지하기 위해 갈색 병에 보관하거나 착색필름으로 코팅하는 방법도 있다. 체내에서는 소장과 여러 조직에서 유리 상태에서 인산화된 후에 흡수된다.

무취 및 쓴맛을 가진 비타민 B_2는 단독에 의한 결핍현상은 일어나지 않으며, 주로 다른 비타민 B 복합체가 부족할 때 결핍증이 나타나기 쉽다. 비타민 B_2의 효율을 감소시키는 인자들은 알칼리성 pH, 식물성 식품 속의 결합 형태, 장관에서의 인산화율의 감소, 효소적 파괴, 위장관 질환으로 소화불량과 흡수장애가 있을 때 주로 일어난다. 비타민 B_2는 탄수화물, 지질 및 단백질 대사에서 산화 및 환원반응을 촉매하는 효소들의 조효소로 작용하므로 결핍되면 성장 정지, 피로, 식욕부진, 구순구각염, 설염 및 피부염 등의 증상이 나타난다.

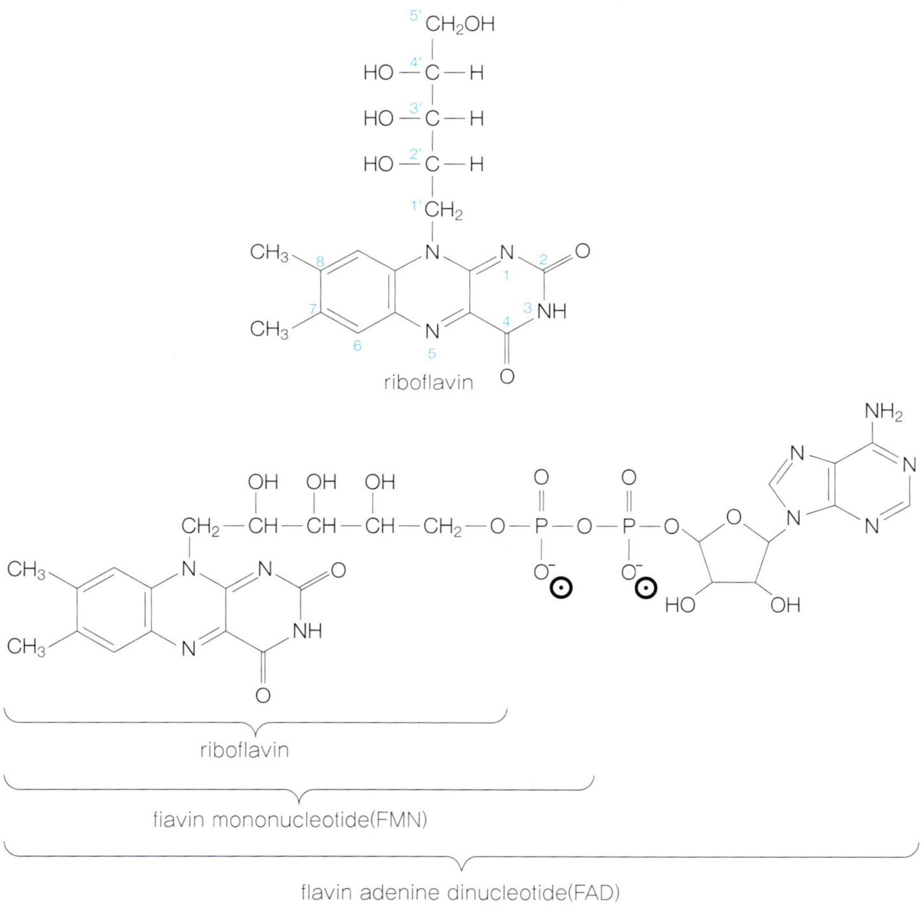

그림 6-6 리보플래빈, FMN 및 FAD의 구조

비타민 B_2는 미생물의 합성으로 생성되는 이유로 동물 및 식물계에 널리 분포한다. 주된 공급원은 간, 콩팥, 건조효모, 우유, 난백 및 건표고 등이 있으며, 해조류에서는 낮은 비율로 존재한다.

(3) 나이아신

나이아신(niacin)은 피리딘(pyridine)유도체로 카복시기(carboxyl)를 가지고 있으며, 니코틴산(nicotinic acid)과 니코틴아마이드(nicotinamide)를 포함하는 명칭이다.

① 구조

나이아신은 비타민 중 가장 간단한 구조를 가진 비타민으로 생체 내에서 에너지 대사에 필수적인 NAD(nicotinamide adenine dinucleotide) 및 NAD에 인산이 결합한 NADP(nicotinamide adenine dinucleotide phosphate)의 구성성분으로 존재한다. 나이아신은 조효소로 전환되어 생체 내 산화 · 환원 반응에 관여하며 탄수화물 대사, 지방산 대사, 세포 호흡, 스테로이드 합성 대사 과정에 참여한다. 조효소로 작용하는 나이아신은 조효소로서 체내에서 에너지 대사 특히 ATP 생성과정에 중요한 역할을 한다(그림 6-7).

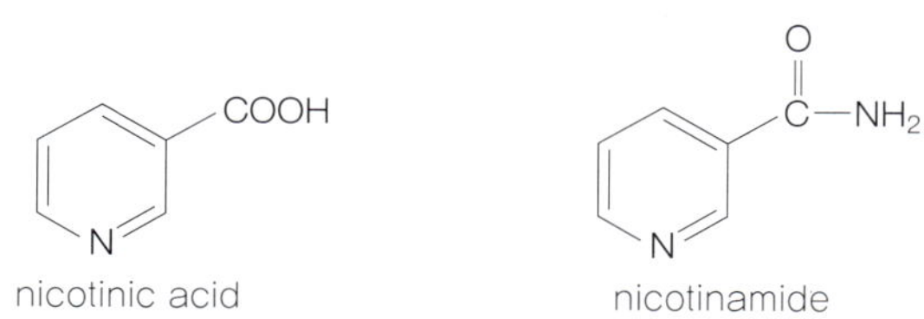

그림 6-7 나이아신의 구조

나이아신은 필수아미노산 중 하나인 트립토판(tryptophan)으로부터 전환되는데 전환율은 트립토판 60 mg이 나이아신 1 mg으로 전환되는 것으로 추정된다. 트립토판으로부터 나이아신으로 전환되는 과정에서 비타민 B_2, B_6, 철 등 미량 영양소가 작용한다. 동물성 식품에는 니코틴아마이드와 NAD가, 식물성 식품에는 니코틴산과 NAD가 들어 있고, 신선한 식품 중에는 NAD가 많다. 나이아신은 가장 안정성이 있는 비타민이지만, 환원에는 불안정하며, 끓여도 파괴되지 않는다.

② 특성과 기능

나이아신은 열, 산, 알칼리, 광선에 안정하고 산화도 잘 되지 않아서 조리나 가공에 의한 손실이 거의 없지만, 조리 중 끓인 물에 의해서 일부 손실이 발생한다.

나이아신이 부족하면 피부와 점막에 약한 손상이 일어나고, 심하게 결핍되면 피부염, 설사, 정신이상, 색소 침착이 일어나는 피부병 펠라그라 증세가 나타난다. 나이아신의 섭취는 이와 같은 증세를 예방하므로 항펠라그라성 인자 또는 항흑설병 인자로도 알려져 있다.

나이아신은 주로 땅콩, 소간, 육류, 곡류 등에 존재하고, 과일이나 채소에는 미량으로 존재한다.

(4) 비타민 B_6

비타민 B_6는 피리딘(pyridine) 유도체라고 불리며, 피리독신 또는 항피부병 인자이기 때문에 아데르민이라고도 부른다.

① 구조

자연계에 존재하는 비타민 B_6는 피리독신(pyridoxine), 피리독살(pyridoxal), 피리독사민(pyridoxamine) 세 종류로 존재한다. 이러한 세 종류가 서로 평형상태를 이루고 있으며, 동물체내에서는 상호 전환이 가능하다. 또한 이 세 종류의 인산에스터인 피리독신인산, 피리독살인산, 피리독사민인산을 포함한 6종이 있다. 이들 6종의 비타민 B_6는 생체 내에서 효소의 작용에 의해서도 환원된다(그림 6-8).

② 특성과 기능

비타민 B_6의 활성형은 피리독살-5-인산으로 아미노산 대사와 헴 색소의 합성에 관여하며, 조혈작용, 신경전달물질 합성에도 관여한다. 아미노산 대사와의 연관성으로 단백질 섭취량이 증가하면 비타민 B_6의 필요량도 증가한다. 그 수용액은 산, 알칼리, 산소에는 안정하나 광선과 열에는 불안정하다.

비타민 B_6이 결핍되면 비타민 B 복합체가 전반적으로 부족할 때 발생하는데, 입 · 코 · 귀의 습진이나 지루성 피부염 증세가 나타난다.

비타민 B_6의 활성이 강한 식품은 쌀겨, 간장, 효모, 달걀노른자, 곡류의 배아가 있으며, 채소는 활성이 적다.

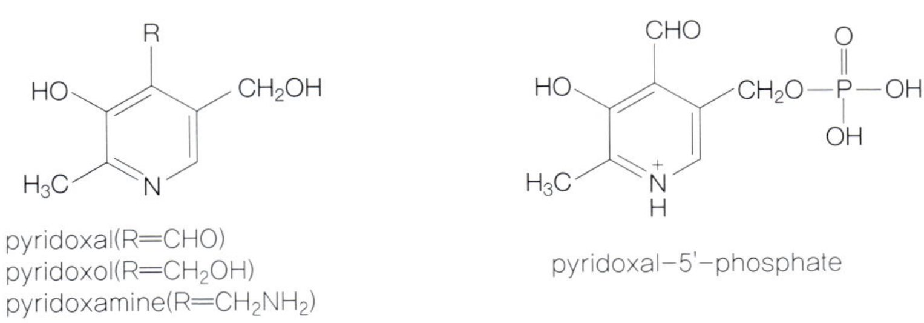

그림 6-8 비타민 B_6와 pyridoxal-5'-phosphate(PLP)의 구조

(5) 비타민 B_{12}

비타민 B_{12}는 분자 중에 무기질의 하나인 코발트(Co)를 함유하여 코발아민(cobalamine)이라고도 불리며, 비타민 중 가장 복잡한 구조를 가지고 있다.

① 구조

비타민 B_{12}는 포피린 유도체 D핵의 프로피온산(propionic acid)과 벤즈이미다졸 리보타이드(benzimidazole ribotide) 사이에 아미노프로필 알코올(aminopropyl alcohol)이 결합되어 있으며, 이 포피린 핵의 중앙에 1개의 코발트를 가지고 있다(그림 6-9).

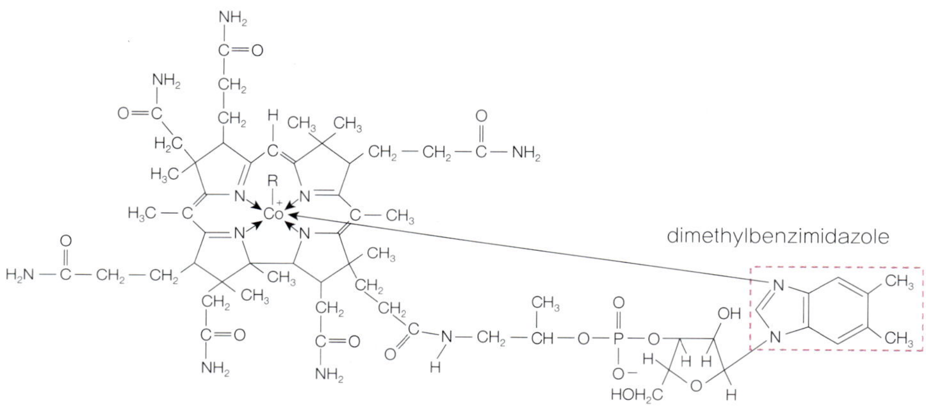

그림 6-9 비타민 B_{12}의 구조

② 특성과 기능

비타민 B_{12}는 침상의 적색 결정이며, 물이나 알코올에 쉽게 녹는 수용성이다. 산에는 비교적 안정하지만, 강산이나 알칼리 용액에서는 불안정하다. 그러나 가공 · 저장 중에 비타민 B_{12}의 손실은 거의 일어나지 않는다. 아미노산 대사 중 메싸이오닌과 라이신의 대사에 관계하며, 단백질의 영양효율을 증가시켜 어린이의 성장을 촉진하고, 식욕을 증진시켜 활력을 증가시킨다. 또한 항악성빈혈인자이며, 적혈구의 생성, 지방과 탄수화물 대사 및 DNA합성 등에 관여한다.

비타민 B_{12}는 소간, 우유, 달걀, 알 등의 동물성 식품에 주로 존재하며, 해조류나 밀 등 식물성 식품에는 부족하여 비타민 B_{12} 결핍증은 채식주의자들에게서 주로 발생한다. 또한 장내세균에 의해서도 합성되므로 흡수에 장해가 없는 건강한 사람에게서는 결핍증이 나타나지 않으나, 위를 절제한 사람이나 노인의 경우에는 결핍되는 경우가 있다.

(6) 엽산

엽산은 1941년에 미첼이 라틴어 folium이라는 식물의 잎에 존재한다는 뜻에서 유래하였으며, 비타민 M 또는 비타민 B_9이라고도 한다.

① 구조

식품에 포함된 엽산은 pteryl−L−glutamate 구조를 가지고 있으며, 글루탐산의 아미노기가 파라아미노벤조산(*p*−amino benzoic acid)의 카복시기와 결합하고 여기에 2−amino−4−hydroxypteridine이 결합한 것으로 엽산의 형태는 5,6,7,8−테트라하이드로엽산(5,6,7,8−tetrahydrofolate)과 그 유도체이다. 엽산은 체내에 흡수되면 조효소형의 엽산이 되고, 핵산, 염기, 아미노산, 단백질 등의 생합성에 관한 효소의 조효소로 작용한다(그림 6−10).

엽산은 엷은 황색의 결정으로 수용성이기 때문에 가공 · 조리과정 중 손실되기 쉬운 비타민이다. 엽산의 안정도는 pH, 엽산의 형태, H_4 folate에 결합되어 있는 탄소 한 단위의 형태에 따라 다르다. 엽산은 산성에서 열이나 광선에 의해 쉽게 분해되나 알칼리성에서는 안정하다. 광선에 의해서 분해되어 조리, 가공, 저장에 쉽게 손실된다. 엽산은 식품 중에 폴리글루탐산, 혈청에는 모노글루탐산 형태로 존재한다. 식품 속에 있는 엽산은 약 75%가 polyglutamate 형태로 존재하고 흡수 이전에 glutamate 잔기는 효소에 의해 가수분해된다.

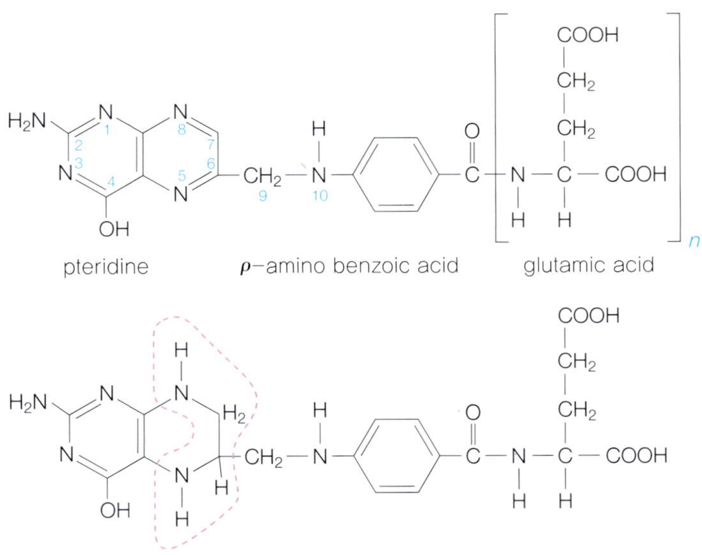

그림 6−10 엽산 및 tetrahydrofolate의 구조

엽산이 부족하면 비정상적 크기의 미숙한 적혈구가 증가되어 발생하는 거대적아구성 빈혈에 걸리는데, 대개 알코올 중독자에게서 많이 발견된다. 미국에서는 비타민 결핍증 중에서 엽산 결핍증이 가장 많이 나타난다고 한다.

엽산은 동식물성 식품에 광범위하게 분포되어 있으며 특히 간, 밀의 배아, 채소류 등에 많다.

(7) 판토텐산

판토텐산은 그리스어인 panthothen(모든 곳에 존재한다는 뜻)에서 유래하였으며, 모든 동식물성 식품 중에 널리 분포되어 있다.

① 구조

판토텐산은 β-알라닌(alanine)과 2,4 dihydroxy-3,3-dimethylbutyrate로부터 이루어진 다이펩타이드이다(그림 6-11).

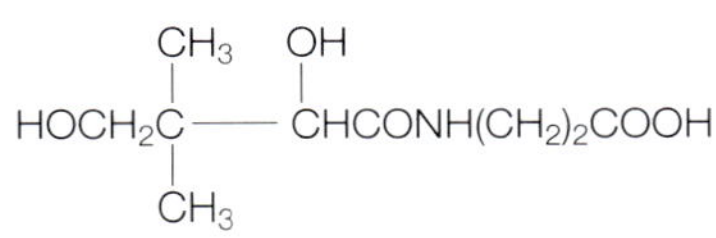

그림 6-11 판토텐산의 구조

② 특성과 기능

판토텐산은 공기, 광선, 열에는 안정하여 식품 중에 존재할 때에는 판토텐산 칼슘염의 형태로 존재한다. 또한 산과 알칼리에는 불안정하여 쉽게 분해되지만 일반적인 조리 조건에서는 안정한 편이다.

판토텐산은 장내세균에 의하여 합성되고 식품전반에 널리 분포되어 있기 때문에 평소의 식사를 통해서는 특별한 결핍증상이 나타나지는 않는다. 만약 결핍되면 피로, 불면, 메스꺼움, 근육 경련 및 손발의 화끈거림의 증상이 나타난다.

소간 · 난황 · 땅콩 · 대두 등에 다량 함유되어 있고, 채소 · 과일 및 우유에는 소량 함유되어 있으며, 주로 coenzyme A(CoA)의 결합형태로 식품과 함께 섭취된다.

(8) 바이오틴

바이오틴(biotin)은 동식물에 널리 분포되어 있는데, 1927년에 보아스에 의해 항난백장애인자로 발견되었으며, 피부염과 관계가 있어 항피부염인자, 비타민 H라고도 한다.

① 구조

바이오틴은 이미다졸(imidazole)과 싸이오펜(thiophan) 고리에 유사한 것이 결합한 것으로서 황을 함유한 것이 특징이다. 식품에 함유된 바이오틴은 단백질의 라이신에 결합한 것이 많다. 이 결합형 바이오틴은 소화관 내에서 유리된 바이오틴이 되어 흡수된다(그림 6-12).

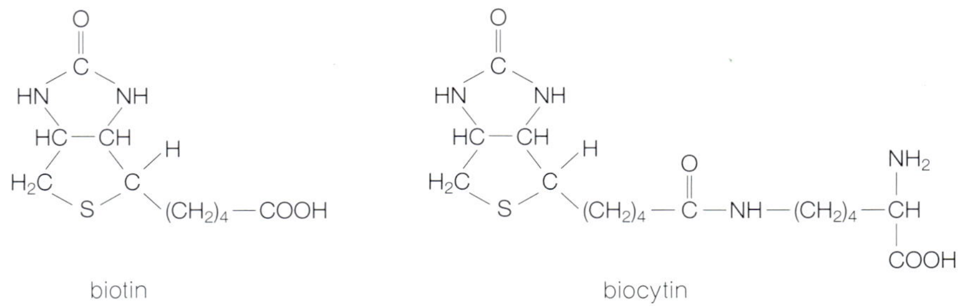

그림 6-12 biotin 및 biocytin의 구조

② 특성과 기능

백색의 고운 가루이며 열, 산, 광선에는 안정하나 알칼리나 산화제에 불안정하다. 바이오틴은 장절제 수술로 세균에 의한 합성이 감소되거나 생난백을 과량으로 섭취하면 결핍될 수 있는데, 이는 난백 중에 함유된 당단백질인 아비딘이 바이오틴의 흡수를 방해하기 때문이다. 식품 속의 바이오틴 함량은 식품조리 정도에 따라 감소된다.

바이오틴의 결핍은 메스꺼움, 구토, 식욕부진 등의 위장 증상이나 탈모, 지루성 피부염, 설염 등의 피부 증상을 유발한다.

바이오틴은 동식물성 식품에 널리 분포하며, 소간, 달걀, 닭고기, 효모, 굴, 시금치, 콩, 우유에 다량 함유되어 있다.

(9) 비타민 C

아스코브산(ascorbic acid)이라 불리는 비타민 C는 항괴혈병성(antiscorbutic) 비타민이라는 뜻에서 유래되었다.

① 구조

비타민 C는 신맛의 무색의 결정으로 환원형과 산화형이 존재하며 당과 유사한 구조를 갖고 있다. 산화형은 환원형의 1/2 정도의 효력을 지닌다(그림 6-13).

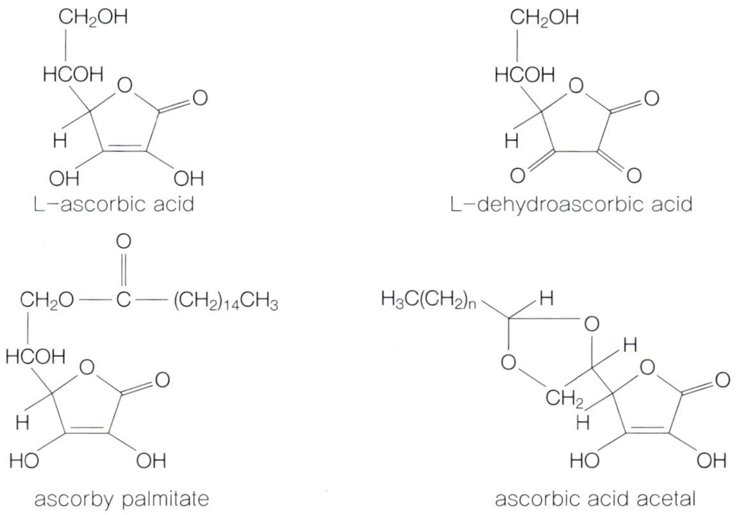

그림 6-13 비타민 C의 구조

② 특성과 기능

비타민 C의 환원형은 강한 비타민 C의 작용을 나타내며, 산화형은 환원형의 50%의 효력을 가진다. 또한 콜라겐이나 스테로이드 호르몬을 합성하며, 철의 흡수를 촉진하여 감기에 대한 저항력을 증가시키는 효과도 나타나고 있다. 강한 환원성을 가지고 있어 유지류나 비타민 등의 산화방지제로 이용된다. 그 밖에 육제품의 발색과정에서 환원제나 갈변반응에 의한 변색 방지 등 식품가공에 중요한 역할을 하고 있다.

비타민 C는 수용액 상태에서 산에는 안정하나 알칼리, 열, 산소, 금속, 아스코비네이스(ascorbinase)에는 불안정하다.

비타민 C가 결핍되면 모세혈관이 약해져 쉽게 멍들고, 콜라겐 합성이 저하되어 연골이나 근육조직의 변형이 일어난다. 이외에도 점막과 피부의 출혈, 빈혈, 쇠약증세 등이 나타난다.

비타민 C는 일반적으로 신선한 채소, 과실에 많고 채소에서는 담색부분보다 녹색부분에 많이 존재한다. 동물성 식품과 곡류, 두류에서는 비타민 C가 거의 없다. 두류의 경우 발아 시 비타민 C가 다량 생성된다.

TIP 비타민 C와 감기

"감기에 걸리면 비타민 C를 섭취하라"는 말을 주로 듣게 된다. 비타민 C의 감기에 대한 효능은 1970년에 라이너스 폴링 박사의 저서인 《비타민 C와 감기》라는 책이 출판되면서부터로 알려져 있다. 하지만 시간이 흘러 그러한 내용에 대한 검증을 밝혀낸 연구가 그 주장을 뒷받침하지 못하고 있다. 감기의 회복을 위해 비타민의 섭취가 도움이 될 수는 있지만 치료의 직접적인 영향을 미치지는 못한다는 점을 알아야 할 것이다.

2. 무기질_*mineral*

무기질은 인체에 존재하는 원소 중에서 유기화합물을 구성하는 탄소, 수소, 산소, 질소를 제외한 원소의 총칭으로 신체구성 성분의 4% 정도를 차지하고 있다. 무기질은 생체 내에서 직접적인 에너지원으로 이용되지는 않지만 생리기능 조절과 신체 발육에 절대적으로 필요한 보조적 기능을 하는 영양소이다. 식품 및 인체의 구성성분으로 중요한 생리작용을 하는 무기질은 약 20여 종으로, 인체에서는 만들 수 없으므로 음식물로부터 섭취할 필요가 있다(표 6-4).

1) 무기질의 기능

(1) 인체의 구성성분

칼슘(Ca), 인(P), 마그네슘(Mg) 등은 뼈와 치아의 구성성분이 되며, 황(S)은 머리털, 손톱, 피부의 구성성분이다. 또한 철(Fe), 구리(Cu), 나트륨(Na), 인(P), 염소(Cl) 등의 무기질은 혈액의 구성성분이다.

(2) 조절작용

무기질은 생체 내에서 pH 및 삼투압을 조절하여 생체 내의 항상성에 도움을 준다. 혈액의 pH가 일정하게 7.3~7.5로 유지되는 부분은 혈액 중의 단백질이 무기질과의 결합을 통해 무기질의 완충작용을 하여 산과 알칼리의 평형을 유지시킨다.

(3) 촉매기능

무기질은 주로 생물계 내의 여러 반응에 촉매역할을 하는 효소와 연관이 있다. 즉 철(Fe), 구리(Cu), 아연(Zn), 요오드(I), 황(S), 인(P), 몰리브덴(molibden) 등이 효소의 구성성분으로 역할을 하며, 칼륨, 나트륨, 마그네슘, 망간, 칼슘 등의 효소의 무기이온은 대사에 관여하는 여러 가지 효소를 활성화시킨다.

무기질은 1일 필수량과 작용에 따라서 다량이 요구되는 필수 무기질과 미량이 요구되는 비필수 무기질 및 독성 무기질로 나눈다. 필수 원소는 1일 필요량을 기준으로 하루에 100 mg 이상을 필요로 하는 다량 무기질에는 칼슘, 인, 칼륨, 염소, 나트륨, 황, 마그네슘이 있고, 1일 필요량이 10 mg 이하를 필요로 하는 비필수 무기질에는 철, 아연, 구리, 망간, 요오드, 셀레늄, 코발트, 플루오린이 있으며, 독성 무기질은 수은, 납, 카드뮴, 비소 등이 있다.

표 6-4 ▸ 식품의 무기질 함량(mg/100 g)

식품명		칼륨	유황	나트륨	염소	마그네슘	구리
식물성 식품	백미	120	78	2	14	45	0.2
	밀가루	118	–	2.2	44.9	16.8	0.22
	감자	568	34.6	6.5	78.5	24.2	0.15
	고구마	296	10.7	15	51.0	11	0.11
	콩	–	–	3	–	–	–
	땅콩	680	377	5.6	6.8	181	0.27
	호박	309	9.5	1.3	36.5	8.2	0.08
	토마토	288	10.7	2.8	51.0	11.0	0.10
	양배추	302	68.0	31.6	44.5	16.5	0.09
	양파	137	50.7	10.2	19.5	7.6	0.08
	시금치	490	86.5	123.0	55.5	59.2	0.26
동물성 식품	소고기	357	283	70	74	25.0	0.19
	닭고기	407	268	46	61	29.0	–
	우유	160	29	50	98	14.0	0.02
	달걀	138	178	135	159	12.3	0.02
	대구	302	223	125	156	22.7	–
	청어	317	191	130	122	31.7	–
	굴	258	249	505	815	41.8	–

2) 다량 무기질

(1) 칼슘

칼슘은 체내에 가장 많이 존재하는 무기질로 체중의 약 2%를 차지하며 그 중 약 99%는 뼈와 치아에 인산염($Ca(PO_4)_2$) 또는 탄산염($CaCO_3$)의 형태로 존재하고, 나머지 1%는 혈액과 근육 중에 분포되어 생체기능 조절에 관여한다. 칼슘은 인과 함께 작용해 뼈와 치아를 건강하게 하는데, 식품 중에 칼슘과 인의 비율은 1:1 또는 2:3의 비율이 흡수면에서 이상적이다. 또한 비타민 D, 락토스, 펩타이드, 단백질 등은 칼슘의 흡수를 촉진하지만, 인산, 수산, 피트산, 식이섬유, 지방 등은 칼슘의 흡수를 저해한다. 곡류나 두류에 함유되어 있는 피트산과 과일, 채소의 수산은 칼슘과 불용성 염을 형성하여 칼슘의 흡수를 방해한다.

칼슘 결핍증상으로는 신경과민, 성인은 골연화증이 나타나며, 어린이는 성장저해를 일으킨다. 일반적으로 동물성 식품에 함유된 칼슘이 식물성 식품의 칼슘보다 흡수가 좋으며 보통 식사에서 칼슘 흡수율은 약 40%이다.

(2) 인

인은 신체의 모든 세포 안에 포함되어 있으며, 체내에 존재하는 인의 약 85%는 칼슘과 결합하여 인산칼슘염의 형태로 존재하는데, 이들의 대부분은 골격과 치아를 형성(0.8~1.2%)한다. 나머지 인은 인지질, 인단백질, 핵산, ATP 등의 구성성분으로서 존재하고 생체 내에서 세포막의 구성성분, 에너지 대사 등에 중요한 역할을 한다.

식품 중의 칼슘과 인의 섭취비율은 인의 흡수에 영향을 미치는데 지나치게 칼슘 양이 많으면 인의 흡수가 나빠진다. 인은 일반식품에 널리 분포되어 있으므로 인이 결핍되는 경우는 드물다. 그러나 한국인의 식사에서는 칼슘과 인의 섭취량의 비가 인의 비중이 높아서, 오히려 인의 과잉 섭취가 문제가 되고 있다.

(3) 나트륨과 염소

생체 내의 나트륨 인체에 약 60~65 g 정도 함유되어 있고, 주로 세포외액 중에 이온의 형태로 존재하며 삼투압 조절, 산 · 알카리 평형, 수분량 유지 등의 역할을 한다. 나트륨은 칼륨과 같이 체액의 산 · 알칼리 평형 및 삼투압을 조절하며, 근육 수축, 신경의 흥분 억제 및 자극 전달에 관여한다.

채소를 많이 먹으면 칼륨의 섭취가 많아지는데, 칼륨의 섭취량이 많아지면 소금의 배설량이 많아지므로 염화나트륨의 소요량도 늘어난다.

염소(Cl)는 인체 내에서는 그 일부가 단백질과 결합되어 있고, 대부분은 나트륨과 함께 NaCl 형태의 혼합물로서 세포외액에 존재하는 음이온이다. 나트륨과 칼륨의 생리작용을 보조한다. 시중에 유통 중인 소금은 천일염, 기계염, 재제소금, 죽염, 기타소금 등이 있다. 소금(NaCl)은 신경의 자극 전달, 근육의 흥분성 유지, 삼투압 조절과 산 · 염기의 균형을 조절하는 등 체내에서 항상성을 유지하는 중요한 기능을 하지만, 소금 섭취가 증가할수록 혈관을 수축시켜 고혈압을 유발시킨다. 한식 위주의 식습관을 지닌 우리나라 국민들 대다수가 소금 과다섭취의 위험성에 이미 노출되어 있기 때문에 저염식 식사를 습관화해야 한다.

(4) 마그네슘

마그네슘은 식물색소인 클로로필의 구성원소로 식물성 식품에 풍부하게 존재하며, 대부분 인산염 또는 탄산염으로 골격에 존재하며, 나머지는 혈액과 근육 중에 있다. 엽록소에서 마그네슘이 수소와 치환되면 황갈색을 띠어 열록성 식품의 색이 변화된다. 마그네슘은 녹색채소에 함유되어 있으므로 녹색채소를 많이 먹는 사람에게는 부족한 경우가 거의 없지만, 결핍 시 근육통, 심장기능 약화, 신경장애 및 근육경련의 증세를 보이며, 견과류에도 많이 존재한다.

(5) 칼륨

칼륨은 나트륨과는 달라 주로 세포내액 중에 염화물, 인산염, 탄산염으로 존재하는데, 특히 식물성 식품에 많이 함유되어 있으며 그중에서도 어패류, 육류, 시금치, 감자

표 6-5 ▸ 다량원소의 생리작용과 결핍증

종류	생리작용	결핍증	함유식품
칼슘 (calcium, Ca)	▸ 골격과 치아의 형성 ▸ 혈액의 응고 촉진 ▸ 근육의 수축이완작용 ▸ 신경 흥분 억제 ▸ 효소의 활성화(ATPase) ▸ 삼투압 유지	골격과 치아의 발육부진, 골연화증, 구루병, 혈액응고 불량, 내출혈	멸치, 우유, 치즈, 콩, 해조류, 달걀 노른자
인 (phosphorus, P)	▸ 골격과 치아의 형성 ▸ 에너지 대사에 관여 ▸ 삼투압 및 pH 조절 ▸ 지방산의 이동	골격과 치아의 발육부진, 골연화증, 성장부진, 구루병	멸치, 우유, 달걀 노른자, 새우, 채소류, 육류
나트륨 (sodium, Na)	▸ 삼투압 및 pH 조절 ▸ 신경 흥분 억제 ▸ 타액 효소(ptyalin)의 활성화	식욕부진, 소화불량, 과잉증(삼투압 상승으로 인한 부종)	소금, 우유, 육류, 당근
염소 (chloride, Cl)	▸ 삼투압 및 pH 조절 ▸ 위액의 산성 유지 ▸ 소화에 참여	위액의 산도 저하, 식욕부진, 소화불량	소금
마그네슘 (magnesium, Mg)	▸ 골격과 치아의 형성 ▸ 근육과 신경의 흥분 억제 ▸ 당질대사 효소의 조효소 구성성분	신경계 자극 감수성 촉진, 혈관 확장, 경련, 과잉증(칼슘의 배설 촉진, 골연화증)	곡류, 두류, 감자, 육류
칼륨 (potassium, K)	▸ 삼투압 및 pH 조절 ▸ 근육 수축 ▸ 신경자극 전달 ▸ 글리코젠 및 단백질 합성	근육이완, 발육부진, 체액의 이동, 구토, 설사	곡류, 채소류, 과일류
황 (sulfur, S)	▸ 함황 아미노산의 구성성분 ▸ 효소의 활성화 ▸ 항독소 작용 ▸ 세포 단백질의 구성요소	손톱과 발톱의 발육부진, 모발의 발육부진, 체단백질의 질적 저하	육류, 어류, 우유, 달걀, 콩, 함황채소

등에 많다. 칼륨의 일일 요구량이 2,000 mg인 데 반해 보통의 식생활에서 일일 식사량을 기준으로 평균 2,500 mg 이상의 칼륨을 섭취하므로 따라서 보통의 식생활을 하면 충분히 섭취되어 부족한 일은 없다.

(6) 황

황은 인체의 약 0.25%를 차지하는 다량 무기질로 함황아미노산, 황지질, 점질다당류인 콘드로이틴 황화염, 생체 내 산화 · 환원에 관여하는 글루타싸이온 등 많은 화합물 등을 구성하는 필수 무기질이다. 황은 특히 동물성 식품에 많이 함유되어 있으므로 인체에 결핍된 예가 거의 없다. 함유식품은 동물의 결체조직, 육류, 우유, 달걀, 두류 및 녹황색 채소 등에 많다.

3) 미량 무기질

미량 무기질은 일반적으로 효소, 색소, 비타민, 혈색소, 근육색소, 단백질의 구성성분으로 각종 화학반응 및 식품의 색의 생성 및 변화에 기여한다(표 6-6).

(1) 철

철은 생명을 유지하는 데 필요한 필수 무기질이며, 그중 60~70%는 적혈구의 헤모글로빈에 있고, 3~5%는 근육세포 내의 적색 색소인 미오글로빈을 구성하며, 나머지는 간 내장의 페리틴 철 효소에 존재한다.

체내의 철은 전체의 약 70%가 헴철로 존재하며, 헴철은 주로 적혈구의 헤모글로빈과 육색소의 미오글로빈의 구성성분이며, 이들의 철단백질은 효소의 운반이나 효소의 세포 내 유지작용을 한다. 그밖의 사이토크롬이나 카탈레이스의 효소에도 헴철이 포함되어 이들의 효소는 산화환원반응, 해독 등의 생체반응을 촉매한다. 그리고 약 30%가 비헴철로 존재하는데, 비헴철은 저장철 성분으로 페리틴이나 헤모시데린의 형태로 존재하고 또 혈소의 트랜스페린과 경합해 운반된다.

헴철은 철이 포피린고리의 중심에 단단히 결합하여 있기 때문에 그대로 흡수되며, 비헴철은 Fe^{2+}(제1철)만이 흡수되며, 식물성 식품 중에 존재하는 철은 대부분 Fe^{3+}(제2철)의 형태이기 때문에 이들은 위액 중 염산에 의하여 환원되어야만 흡수될 수 있다. 식물성 식품을 동물성 식품과 함께 섭취하면 철의 흡수율이 높아진다고 한다.

철은 동식물계에 널리 분포하고 있으며, Fe^{2+}은 Fe^{3+}보다 흡수가 잘 된다. 체내 흡수율에서 동물성 식품 내의 철은 10~30%의 흡수율을 보이며, 식물성 식품 내의 철은

2~10%의 흡수율을 보인다.

(2) 요오드

체내 요오드의 약 80%는 갑상선에 집중되어 있는데, 갑상선은 우리 몸의 신진대사를 통제하고 조정하는 역할을 한다. 그 외의 부분은 근육, 피부 및 내분비 조직 등에 분포되어 있다. 요오드는 해조류와 해산물, 해안지역의 토양에서 자란 농작물 등에 풍부하다.

(3) 아연

아연은 인체 내에 약 1.5 g~2.5 g 정도로 소량으로 존재하는 미량원소이다. 전체 비율의 60%는 근육에 있으며, 30%는 골격에 함유되어 있다. 아연은 인체 내에서 알칼리성 인산가수분해효소, 알코올 탈수소효소 등 각종 효소의 구성성분이며 필수 무기질이다. 식품 내 함유된 아연의 생체이용률은 10~35% 정도로써 식품의 종류에 따라 다양한 이용률을 보인다.

표 6-6 ▸ 미량원소의 생리작용과 결핍증

종류	생리작용	결핍증	함유식품
철 (iron, Fe)	▸ 헤모글로빈의 구성성분 ▸ 산화적 호흡 촉매작용 ▸ 조효소의 성분 ▸ 효소의 활성화	저혈색소성 빈혈, 피로, 유아 발육부진, 손·발톱의 편평	간, 달걀노른자, 육류, 녹황색 채소(시금치)
요오드 (iodine, I)	▸ 갑상선 호르몬의 성분(기초대사 촉진)	갑상선종	해조류, 무, 당근
아연 (zinc, Zn)	▸ 췌장 호르몬인 인슐린 성분 ▸ 카보닉 안하이드레이스 (carboinc anhydrase)의 구성성분	발육장애, 탈모 증상, 빈혈	곡류, 두류, 채소류,
구리 (copper, Cu)	▸ 헤모글로빈의 합성 촉진 ▸ 철의 산화작용 ▸ 철의 흡수와 운반에 관여	저혈색소성 빈혈	간, 해조류, 채소류, 달걀
플루오린 (fluorine, F)	▸ 골격, 치아의 경화 ▸ 충치 예방	과잉증(반상치), 결핍증(심근장애)	해조류, 음료수
망간 (manganese, Mn)	▸ 발육에 관여 ▸ 단백질 대사에 관여 ▸ 포도당 산화작용 ▸ 지방산의 합성반응 활성화	생식작용 불능, 성장장애	곡류, 채소류, 두류, 코코아
코발트 (cobalt, Co)	▸ 비타민 B_{12} 구성성분 ▸ 적혈구 생성에 관여	비타민 B_{12}의 결핍, 악성빈혈	채소류, 동물의 간장, 곡류

(4) 구리

인체 내에 구리는 간장 혈액, 신장 및 모발에 존재하는데, 주로 당단백질 형태로 있다. 체내의 철을 헤모글로빈으로 바꾸는 데 미량의 구리가 사용되기 때문에, 체내의 구리가 부족하면 철의 공급이 원활하여도 조혈작용이 저해되어 빈혈이 발생할 수 있다.

연체동물이나 갑각류의 혈색소인 헤모시아닌(hemocyanin), 타이로시네이스(tyrosinase), 아스코브산염 산화효소(ascorbic oxidase), 폴리페놀 산화효소(polyphenol oxidase) 등 많은 생체 내 효소의 구성성분이다.

(5) 플루오린

플루오린은 체내의 95%가 뼈와 치아에 존재하며, 충치 발생과 충치와 관련 있는 세균의 성장을 억제하고, 골다공증 및 귀경화증의 예방효과가 있다. 하지만 플루오린이 과잉되면 치아에 반점이 나타나는 반상치가 생길 수도 있다. 또한 높은 플루오린 함량은 골다공증의 발병률을 낮춘다고 한다.

(6) 망간

망간은 미량이지만 혈액 및 장기 등에 들어 있는데, 특히 간, 이자, 유선 등에 분포하고 미토콘드리아에 가장 많다. 또한 망간은 피루브산 카복실화효소, 아지네이스, 글루타민 합성효소와 과산화물 제거효소의 보조효소로 작용하며, 중추신경계의 일반적 기능에 중요한 역할을 한다. 밀의 배아, 두류, 녹색채소, 견과류가 주된 공급원이다.

(7) 코발트

코발트는 악성 빈혈의 예방인자인 비타민 B_{12}의 구성성분으로 체내에서는 간장 및 췌장, 흉선에 많이 존재한다. 코발트의 결핍은 빈혈과 연관성을 가진다.

TIP 삼투압 차이에 의한 세포 내 수분의 이동

채소류 식품의 조리 중 세포 내외의 삼투압의 차이에 의해서 무기질의 용출이 발생하는데, 세포 내의 삼투압이 높으면 세포 내의 무기질은 세포 외로 용출되고 세포 외의 수분은 내부로 침투한다. 특히 채소류에서는 K염이 많이 용출된다.

반대로 세포 외의 삼투압이 높으면 세포 내의 수분은 세포 외로 빠져나오고 세포의 성분이 세포 내로 침투한다. 특히 채소에 소금이 가해지면 채소 내부의 수분이 빠져나오고 원형질 분리가 생기면서 세포가 죽게 된다.

용어정리

- **비타민:** 생명 현상을 영위해 나가는 데 중요한 역할을 하는 화합물로써, 소량이 요구되지만, 몸에서 아예 만들어지지 않거나 충분하게 만들어지지 않기 때문에 음식으로부터 섭취해야만 하는 물질들이다.
- **지용성 비타민:** 유지 및 유기용매에 용해되는 비타민으로 과잉 섭취를 하면 체내에 축적되기 때문에 적당히 섭취하는 것이 중요하다.
- **수용성 비타민:** 물에 용해되는 비타민으로 체내에 축적되기 때문에 일정하게 섭취하는 것이 중요하다.
- **무기질:** 소량이 필요하지만 생명과 건강을 유지하는 데 필수적인 영양소로서, 미네랄이라고도 한다.

핵심요약

1. 비타민은 동물체내에서 합성되지 않아 식품섭취를 통해 공급받아야 하는 미량의 유기화합물로써 생명유지에 필수 불가결한 물질이다.
2. 비타민의 주요 역할은 체내 대사활동에 작용하는 각종 조효소의 구성성분으로 작용한다.
3. 비타민의 분류를 용해성으로 나뉘는데, 물에는 불용성이며, 지방이나 유기용매에 용해되는 비타민 그룹을 지용성 비타민이라고 부르며, 그 외의 수용성 비타민으로 분류한다.
4. 지용성 비타민은 지방과 함께 흡수되어 림프계를 통해 이용하여 담즙을 통해 체외로 서서히 배설된다. 체내에 축적되는 이유로 결핍 증세는 천천히 일어나지만, 과다섭취도 부작용을 보인다.
5. 수용성 비타민의 그룹은 비타민 B복합체와 비타민 C가 주를 이루며, 탄수화물 및 단백질과 함께 소화 및 흡수가 되며 체내에서 이용된다. 체내에서 필요량만 보유하고 나머지는 배출되므로 결핍증세가 지용성 비타민보다 빠르게 일어나므로 매일 일정한 양의 섭취가 중요하다.
6. 분자구조에 탄소를 함유하지 않은 물질인 무기질은 단일원소로서 그 자체가 영양소로서 에너지를 내지 못하나 식품과 인체 내에서 무기화합물이나 이온 형태로 존재한다.
7. 무기질의 주된 역할은 인체의 구성성분, 조절작용 및 촉매기능이 있다.
8. 무기질 원소 중 신체의 구성성분으로서 체액의 산, 염기 평형 유지나 삼투압 유지와 같은 항상성에 관여하고 1일 섭취권장량이 100 mg 이상인 무기질을 다량 무기질이라고 하며, 칼슘, 인, 마그네슘, 나트륨, 염소, 칼륨, 황이 있다.
9. 미량 필수 무기질은 1일 필요량이 10 mg 정도로 효소, 색소, 특정 유기화합물의 구성성분을 이루는 철, 요오드, 구리, 망간, 아연, 코발트, 셀레늄, 몰리브덴 등이 있다.
10. 무기질은 식품 및 인체의 중요한 구성성분, 생체 내 물리·화학적 작용의 조절 및 촉매작용의 주요한 기능으로 섭취에 따라 결핍증 및 과잉증의 문제가 발생된다.

연습문제

1. 비타민의 분류기준은 무엇인가?

2. 비타민 A의 주된 역할은 무엇인가?

3. 체내에서 생성될 수 있는 유일한 비타민은 무엇인가?

4. 비타민 E의 이성질체의 항산화 활성을 비교하여라.

5. 비타민 B_6의 종류를 말하라.

6. 코발아민의 역할을 말하라.

7. 비타민 C의 환원형과 산화형의 차이를 설명하라.

8. 필수 무기질과 비필수 무기질을 차이는?

9. 체내에서 무기질의 주요한 세 가지 기능을 설명하시오.

10. 갑상선호르몬의 주요 성분으로 결핍 시 갑상선종을 일으키는 미량 무기질은?

정답

1. 수용성 비타민과 지용성 비타민
2. 성장과 발달, 상피세포 및 각막보호, 시각작용에 중요한 기능을 한다.
3. 비타민 D
4. δ-tocopherol > γ-tocopherol > β-tocopherol > α-tocopherol
5. 피리독솔, 피리독살, 피리독사민
6. 적혈구를 생성하고 재생하여 신경계 악성빈혈에 효과가 있다.
7. 환원형은 강한 비타민 C의 작용을 나타내며, 산화형은 환원형의 50%의 활성을 가진다.
8. 1일 필요량을 기준으로 하루에 100 mg 이상을 필요로 하는 무기질을 필수 무기질이라 하며, 10 mg 이하를 필요로 하는 무기질을 비필수 무기질이라 한다.
9. 인체 내의 중요한 구성성분, 조절작용, 촉매적 기능
10. 요오드

CHAPTER 7 효소

효소는 생물체에서 일어나는 화학반응을 촉매시켜 주는 생촉매(biocatalyst)로 기질과 반응하여 생성물을 생산한다. 효소반응은 생체 또는 식품 내에서 일어나는 내적 반응과 미생물에 의한 외적 반응이 있다. 내적 효소는 소화와 흡수를 위한 작용이 주요 목적이고, 외적 효소는 식품의 가공, 저장, 발효, 부패 중에 일어나는 변화에 영향을 주며, 특정 성분의 향상이나 억제가 주요 목적으로 사용된다. 효소의 작용이 식품의 가공이나 저장 중 유리하게 일어날 때는 그 작용을 촉진시키고, 반대로 불리하게 작용할 때는 그 작용을 억제해야 한다.

효소는 단순 또는 복합단백질로서 단백질분해효소에 의해 분해되고 열과 pH에 의해 변성되어 그 활성을 잃게 된다. 또한 그 전기적 성질과 물리, 화학적 성상도 보통 단백질과 비슷하다. 많은 효소는 복합단백질로서 단백질 부분(apoenzyme)과 여기에 붙어 있는 보결분자족(prosthetic group)으로 되어 있으며 이들 두 부분이 결합된 형태를 완전효소(holoenzyme)라 하고 이때 비로소 활성을 갖게 된다.

1. 효소의 화학적 특징

효소는 아미노산이 펩타이드 결합으로 구성되어 있는 단백질이다. 효소는 단순단백질인 경우와 복합단백질인 경우가 있다. 복합단백질효소는 단백질 부분인 결손효소(apoenzyme), 비단백질 물질인 조효소(coenzyme) 또는 보결분자단(prosthetic group)으로 구성되어 있다. 복합단백질인 경우를 홀로효소(holoenzyme)라 하며 완전효소는 다음과 같은 경우에서 완전한 효소의 활성을 갖게 된다.

완전효소 = 결손효소(단백질) + 보결분자단(보조효소, 보조인자)

결손효소는 효소의 특이성을 결정하고 열에 불안정하다. 보결분자단은 단백질과 단단하게 결합되어 있고, 효소의 종류에 따라 보조효소 또는 보조인자를 가지고 있기도 하다. 보조효소(coenzyme)는 주로 비타민이 보조효소형으로 전환된 것으로 분자량이 적고 열에 안정하다. 보조인자(cofactor)는 주로 무기질로 되어 있고 효소작용을 돕는다.

$$\underset{\text{효소}}{E} + \underset{\text{기질}}{S} \rightleftharpoons \underset{\text{효소-기질 복합체}}{ES} \rightleftharpoons \underset{\text{효소-생성물 복합체}}{EP} \rightleftharpoons \underset{\text{효소}}{E} + \underset{\text{생성물}}{P}$$

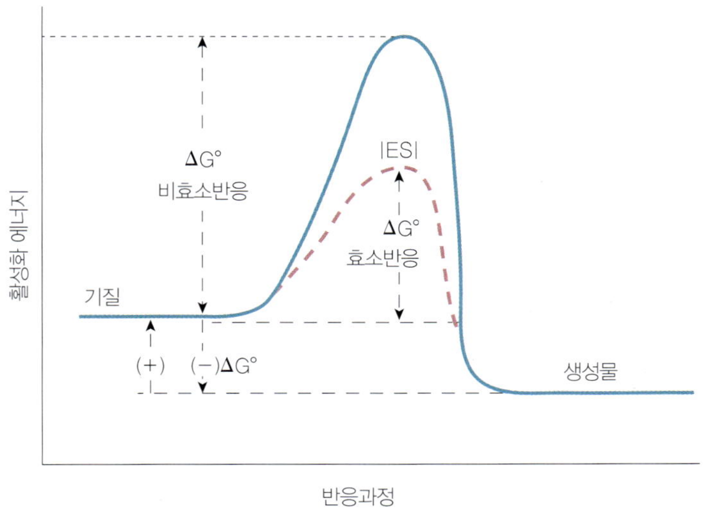

그림 7-1 효소반응에서의 활성화 에너지의 변화

1) 효소의 메커니즘

효소는 기질과 결합하여 효소-기질 복합체를 만든다. 효소와 기질은 열쇠와 자물쇠의 관계를 가지고 있어 효소의 활성부위와 기질의 형태가 일치하는 경우에만 효소-기질 복합체를 만든다.

반응물(기질)에서 생성물이 만들어지는 화학반응은 기질분자의 어떤 부분이 분자 내의 나머지 부분보다 더 많은 내부 에너지를 가지고 있어 전이 상태(transition state)라 부르는 에너지 정점에서 분자를 이동시킴으로써 일어난다. 활성화 에너지(activation energy)는 주어진 온도에서 1몰의 물질 내에 있는 모든 분자를 에너지장벽의 정점인 전이 상태로 이동시키는 데 필요한 에너지를 말한다. 이 정점에서는 반응이 생성물을 형성하는 쪽으로 진행되거나 또는 미반응된 기질 쪽으로 떨어지게 된다. 효소(E)는 기질(S)과 잠정적으로 결합하여 복합체(ES)를 만드는데, 이 복합체의 전이 상태는 촉매작용이 없는 기질보다 훨씬 많은 활성화 에너지를 가지게 되어 에너지 장벽을 쉽게 넘게 되므로 반응속도가 빨라진다.

산업체에서 사용하는 비효소 촉매는 비슷한 조건하에서의 반응 효율이 훨씬 떨어진다. 예를 들면 카탈레이스(catalase)에 의한 과산화수소(H_2O_2) 분해는 콜로이드 백금촉매를 사용하였을 때보다 천만 배 빨리 일어난다.

2. 효소작용에 영향을 미치는 인자

1) 온도

효소반응은 일반적으로 화학반응과 같이 온도가 증가함에 따라서 반응속도가 증가한다. 그러나 효소는 단백질로 되어 있으므로 높은 온도에서는 단백질이 변성되어 오히려 반응속도가 감소하거나 활성을 잃게 된다. 특정한 온도범위에서 효소가 최대의 촉매활성을 나타내는 온도를 최적온도(optimum temperature)라고 한다. 일반적인 효소의 최적온도는 30~40°C 정도이다. 최적온도 이상에서는 효소 단백질이 열 변성을 일으켜 반응속도가 감소하게 된다. 거의 대부분의 효소는 70°C 이상의 온도에서 활성을 잃는다.

효소의 열변성은 식품공업에서 많이 이용되고 있는데 식품 중에 존재하는 효소는 보통 원료를 70°C 또는 그 이상의 온도에서 수 분간 가열(데치기, blanching)함으로써 불활성화된다.

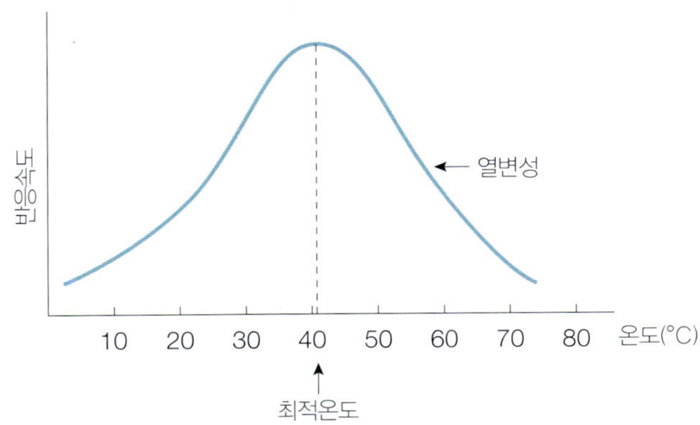

그림 7-2 온도에 따른 효소반응속도

2) pH

효소의 작용은 온도의 경우와 마찬가지로 반응용액의 pH에 따라 크게 영향을 받는다.

효소는 일정한 pH의 범위 안에서 최고의 활성도를 나타내는 것을 효소의 최적 pH(optimum pH)라고 한다. 반응용액의 pH가 최적 pH보다 알칼리성 또는 산성 쪽으로 증감하면 효소활성도가 점차적으로 감소하여 그림과 같은 전형적인 종모양이 나온다. 효소는 단백질이므로 강한 산성이나 알칼리성에는 비가역적 변성을 일으켜 불활성화된다. 모든 효소에는 작용 최적 pH가 있지만 효소의 최적 pH는 기질의 종류에 따라서 다를 수 있다. 예를 들어 펩신(pepsin)은 1.8, 아르지네이스(argrinase)는 10.0이다. 일반적으로 pH 4.5~8.0 범위이다.

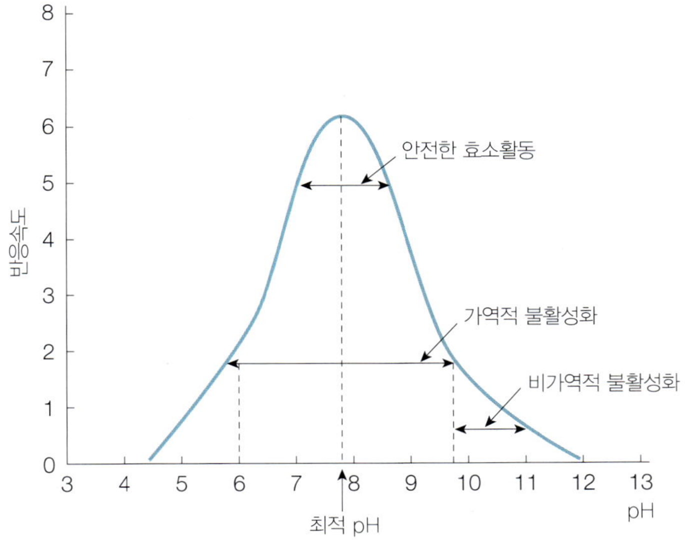

그림 7-3 pH에 따른 효소반응속도

표 7-1 ▸ 효소의 최적 pH

효소	급원	기질	최적 pH
펩신	위	단백질	2
키모트립신	췌장	단백질	7.8
파파인	열대식물	단백질	7~8
라이페이스	미생물	올리브유	5~8
α-글루코시데이스	미생물	말토스	6.6
β-아밀레이스	맥아	전분	5.2
인베르테이스	토마토	수크로스	4.5
펙틴 레이스	미생물	펙틴산	9.0~9.2
잔틴 옥시데이스	우유	잔틴	8.3
리폭시제네이스, Ⅰ형	대두	리놀레산	9.0
리폭시제네이스, Ⅱ형	대두	리놀레산	6.5

3) 효소의 농도와 기질의 농도

효소반응에서 일정한 pH, 온도, 기질농도가 주어졌을 때 효소농도에 따른 반응속도의 변화를 그림에서 보면 효소농도가 낮은 경우에는 효소농도와 반응속도 간에 비례관계를 나타내게 된다. 효소농도가 높을 경우에는 효소농도가 증가하여도 반응속도는 그

다지 증가하지 않게 된다. 이때, 기질농도가 제한인자가 되어 기질을 더 첨가하지 않는 한 반응속도는 증가하지 않게 된다. 효소반응속도에서는 효소농도와 기질농도가 아주 긴밀하게 연결되어 있다.

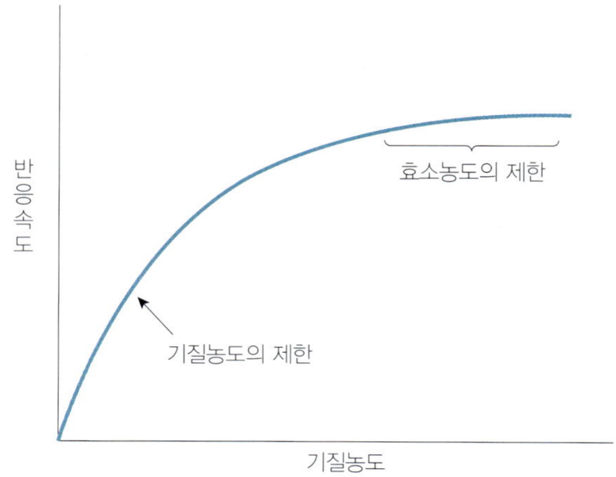

그림 7-4 일정한 기질 농도에서 효소농도에 따른 효소반응속도

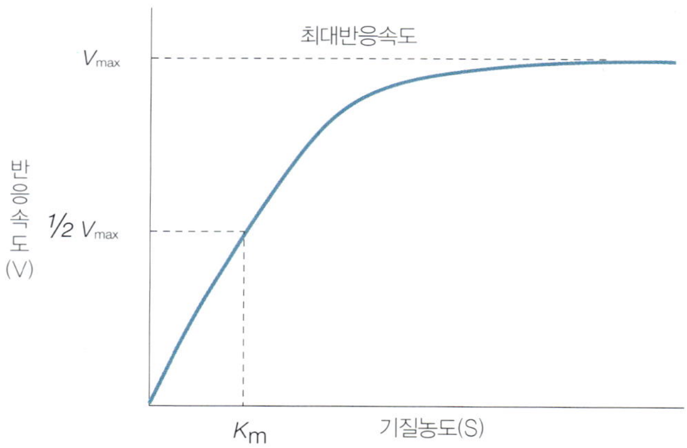

그림 7-5 기질농도와 반응속도

TIP 기질의 농도와 반응속도

기질의 농도가 낮을 때는 반응속도는 기질의 농도에 정비례하지만, 기질의 농도가 높아지면 정비례하지 않으며, 기질농도가 일정치를 넘으면 반응속도는 일정하게 된다. 이때의 반응속도를 최대속도라고 하며 V_{max}로 표시한다. 따라서 최대효소반응속도를 유지하기 위해서는 효소농도와 기질의 농도를 조절하여 주는 것이 매우 중요하다.

4) 억제제(inhibitor)

효소의 촉매활성을 감소 또는 제거하는 물질을 억제제라고 하며, 이 현상을 저해작용이라 한다. 기질과 유사한 화합물이 경쟁하여 효소작용이 저해되는 경우가 있는데 이러한 물질을 경쟁적 억제제(competitive inhibitor)라 한다. 예를 들면 주석산 탈수소효소(succinic dehydrogenase)는 그 기질인 주석산(succinic acid, $HOOCCH_2CH_2COOH$)보다 탄소수가 1개 적은 말산(malonic acid, $HOOCCH_2COOH$)에 의해 저해된다.

경쟁적 저해는 기질의 농도를 높여주면 효소의 활성이 가역적으로 회복된다.

효소의 활성중심이 아닌 효소활성에 중요한 다른 부위에 결합하여 효소활성을 저해하는 물질을 비경제적 저해제(non-competitive inhibitor)라고 하는데 Ag^+, Hg^+, Pb^{2+} 등의 중금속, 타닌(tannin, cyanide), 트라이클로로아세트산(trichloroacetic acid), 사이아니드(cyanide), 에틸렌디아민테트라아세트산(EDTA), 황화합물 등이 있다. 비경쟁적 저해는 기질의 농도를 증가시켜도 효소의 활성이 회복되지 않는다.

식품 중에 존재하는 저해제 중에서 대표적인 것으로는 콩에 존재하는 트립신 저해제(trypsin inhibitor)가 있다. 이 물질은 단백질 소화효소인 트립신을 저해하여 단백질의 소화를 억제하므로 날콩을 식용하였을 때 문제가 된다. 그러나 가열하면 대부분 파괴되므로 큰 문제가 되지 않는다. 난백에는 트립신 저해활성이 있는 오보뮤코이드(ovomucoid)와 오보인히비터(ovoinhibitor)가 있다. 정제된 달걀의 오보큐모이드는 pH 3~7에서 80°C로 30분간 가열해도 90% 이상 활성을 유지하는 것으로 알려져 있다. 그러나 오보뮤코이드는 돼지, 양, 소 등의 트립신에는 저해작용을 가지지만 인간의 트립신에는 저해작용을 하지 않는다.

5) 활성제(activator)

효소작용이 어떤 물질의 첨가로 촉진되는 현상을 효소의 활성화(activation)라 하고 그와 같은 작용을 하는 물질을 활성제(activator)라고 한다. 예를 들면 활성중심 부위에 −SH기를 가지는 효소인 파파인(papain)에 대해 −SH기의 보호작용이 있는 시스테인(cysteine), 글루타치온(glutathione), 2−머캅토에탄올(2−mercaptoethanol) 등은 활성제로 작용하며, Ca, Mg, Cu, Mn, Zn 등의 금속이온들, 카복실레이스(carboxylase), 폴리페놀옥시데이스는 Cu^{2+}, 헥소카이네이스(hexokinase)는 Mg^{2+} 이온에 의해 활성화된다.

또한 효소의 활성중심에 직접 작용하지는 않으나 효소의 다른 부위에 활성제가 결합함으로써 효소의 입체적 구조가 변화되어 기질과 작용하기 쉽게 되어 효소의 활성화가 일어나는 경우가 있는데 이것을 다른자리 입체성 효과(allosteric effect)라고 한다.

예를 들면 겨자나 고추에 함유되어 있는 미로시네이스(myrosinase)에 대한 아스코브산(ascorbic acid)의 활성화는 이 종류의 기구로 알려져 있다.

6) 수분활성

식품의 수분활성을 감소시키면 미생물에 의한 변패를 방지할 수 있으나 효소활성 때문에 바람직하지 않은 변화가 일어날 수도 있다.

일반적으로 효소작용은 수분활성이 단분자층 영역보다 높을 때 나타나기 시작하며, 수분이 단분자층으로 존재하는 범위에서는 거의 정지된다. 그러나 라이페이스(lipase)는 수분활성이 0.1~0.3에서도 활성을 갖는다.

7) 금속이온

효소 중에는 활성화되기 위하여 보조인자로 금속이온을 필요로 하는 것이 있는가 하면 이온에 의하여 영향을 받지 않는 것도 있다. 수은, 납, 은 등의 중금속이온은 대개 효소를 불활성화시킨다. 한편 Na^{+}, K^{+}, Ma^{2+}, Ca^{2+}, Zn^{2+}, Cu^{2+}, Fe^{2+}, Co^{2+}, Ni^{2+} 등 다수의 양이온들은 효소를 활성화시키는 것으로 알려져 있다. 이온들이 효소를 활성화시키는 기전은 다양하다. 금속이온은 효소의 활성영역(active site)의 구성요소가 되거나, 효소와 기질을 연결하는 결합을 형성하기도 하고 효소반응의 평형상수를 변화시키는 것도 있다. 금속이온은 또한 효소단백질의 표면저하를 변화시키기도 하고, 반응저해요인을 제거하기도 한다.

8) 반응생성물

효소작용은 반응생성물이 축적됨에 따라 속도가 감소되어 어떤 평형에 달하게 된다. 이것은 효소반응으로 생긴 생성물이 효소와의 친화력에 기인되기 때문이다.

예를 들면 최종산물저해(end product inhibition)가 있는데 이는 일련의 효소반응에 있어서 그 경로의 초기단계의 효소가 최종산물에 의해 저해를 받는 현상을 말하며 음의 되먹임저해(negative feedback inhibition)라고도 한다. 생체는 이 방법으로 과잉의 대사산물이 축적되지 않도록 대사를 조절한다. 일반적으로 되먹임저해를 받는 효소는 자신의 기질과 구조가 다른 화합물에 의해 저해받는 다른 자리 입체성 조절효소

(allosteric enzyme)인 경우가 많다. 한편, 지금까지 언급한 것 외에 효소반응에 영향을 미치는 인자로는 광선, 압력, 방사선, 금속이온 등이 있다.

3. 효소저해제

식품 중에는 효소반응을 저해하는 저해제(inhibitor)가 들어 있다. 그 중 대두의 트립신 저해제(trypsin inhibitor)는 일찍부터 잘 알려져 있으며 키모트립신(chymotrypsin)에도 저해작용을 한다. 트립신 저해제는 대두 외에도 모든 콩류와 밀 · 쌀 · 옥수수 같은 곡류, 감자, 사탕무 등에도 들어 있다.

대두에서 분리한 트립신 저해제로는 8종이 있으며 그 중 쿠니츠 저해제(Kunits inhibitor)와 보우만-버크 저해제(Bowman-Birk inhibitor)가 잘 알려져 있다. 효소 저해제는 습열에서는 쉽게 불활성화되지만 건열에서는 내열성이 크다. 특히 보우만-버크 저해제는 내열성이 더 커서 105°C에서 건열처리하거나 용액 상태로 100°C에서 10분간 가열해도 활성이 유지된다.

난백에는 트립신 저해활성이 있는 오보뮤코이드(ovomucoid)와 오보히비터(ovoinhibitor)가 있다. 정제된 달걀의 오보뮤코이드는 pH 3~7에서 80°C로 30분간 가열해도 90% 이상 활성을 유지하는 것으로 알려져 있다. 그러나 오보뮤코이드는 돼지, 양, 소 등의 트립신에는 저해작용을 가지지만 인간의 트립신에는 저해작용을 하지 않는다.

1) 비가역적 저해

비가역적 저해는 저해제가 효소의 활성과 관련이 있는 특정한 원자단이나 효소의 활성중심 근처의 아미노산 잔기에 비가역적으로 공유결합함으로써 효소와 기질이 결합할 수 없게 하여 효소의 작용을 저해하는 경우이다.

2) 가역적 저해

가역적 저해는 효소의 어떤 결합부위에 저해제가 가역적으로 결합하여 효소의 작용을 저해하는 것을 말하며, 경쟁적 저해(competitive inhivition)와 비경쟁적 저해(non-competitive inhivition)는 나눌 수 있다.

경쟁적 저해는 기질과 저해제의 화학구조가 비슷하여 효소단백질의 활성중심의 결합부위에 대하여 저해제가 기질과 경쟁적으로 비공유결합하여 효소의 작용을 저해하는 것을 말하는데 이때 기질의 농도를 높여주면 효소의 활성이 회복된다.

예를 들면 호박산 탈수소효소(succinate dehydrogenase)에 대하여 말로닉산(malonic acid)이 경쟁적 저해제로 작용하며, 호박산(succinic acid)에 대하여 대량의 말로닉산을 가할 때 저해가 일어난다. 그러나 다시 호박산을 가하면 저해는 자연적으로 해제된다. 저해의 정도는 기질과 저해제의 농도 및 양자의 효소에 대한 친화의 강약에 좌우된다. 한편, 비경쟁적 저해는 저해제가 효소의 활성중심의 결합부위가 아닌 다른 부위에 결합하여 효소의 작용을 저해하는 것을 말하며, 저해제는 유리형의 효소나 효소-기질 복합체 모두에 가역적으로 결합한다. 이 경우의 저해 정도는 저해제의 농도에 좌우되며, 기질의 농도를 증가시켜도 효소의 활성은 회복되지 않는다. 이러한 저해제로는 은(Ag^{+}), 수은(Hg^{2+}), 납(Pb^{3+})과 같은 중금속이온이나 화합물, 사이안화물, 계면활성제 및 금속이온을 요구하는 효소에 대한 킬레이트(chelate) 시약 등이 있다.

4. 효소의 명명법과 분류

많은 수의 효소가 발견되면서 복잡한 효소의 명칭과 분류체계를 통일시키기 위하여 국제생화학연합회(International Union of Biochemistry)의 효소명명 및 분류위원회(Commission on Nomenclature andClassification of Enzyme)에서 제안한 명명법과 분류법이 현재 사용되고 있다. 국제생화학연맹(IUB)에서 촉매하는 반응에 따라 효소를 크게 산화환원효소(oxidoreductases), 전이효소(transferases), 가수분해효소(hydrolases), 제거효소(lyases), 이성화효소(isomerases), 합성효소(ligases)의 6종류로 분류하여 각 효소들의 활성반응을 촉매하는 능력에 따라 4자리로 된 효소위원회 코드번호(EC번호)를 부여하고 있다. 기질명과 반응명의 끝에 -ase를 붙여 효소명을 부른다. 이 중 식품의 가공에 이용되는 대부분의 효소는 산화환원효소와 가수분해효소가 있다.

1) 산화환원효소

호흡효소라고도 하고, 전자의 이동 및 생체 내에서 일어나는 여러 가지 산화환원반응에 관여하는 효소이다. 탈수소효소, 환원효소, 산화효소로 나눌 수 있고, 카탈레이스(catalase), 피옥시데이스(peroxidase), 폴리페놀 산화효소(polyphenol oxidase), 아스코브산 산화효소(ascorbic acid oxidase), 리폭시데이스(lipoxidase) 등이 여기에 속한다.

2) 전이효소

한 화합물에서 다른 화합물로 전달하는 반응을 촉매한다. $-NH_2$, $-COOH$, $-CH_3$, $RCOO-$, H_2PO_3- 등과 같은 원자단의 전이반응이 있다.

3) 가수분해효소

물분자를 가하여 기질의 공유결합을 가수분해하는 효소로서 영양소의 소화 및 식품의 조리, 가공, 저장과 밀접한 관계를 가지고 있다.

아마이드 결합, 펩타이드 결합, 글루코사이드 결합, 에스터 결합 등의 가수분해반응이 있다. 탄수화물을 가수분해하는 탄수화물 분해효소(carbohydrase), 지방을 분해하는 지방 분해효소(lipase), 단백질을 분해하는 단백질 분해효소(protease)로 분류된다.

$$R{-}R' + H_2O \leftrightarrow ROH + R'H$$

4) 제거효소

가수분해에 의하지 않고, 기질에서 카복실기, 알데하이드기, NH_3, H_2O 등의 원자단을 분리하여 기질에 이중결합을 만들거나, 반대로 이중결합에 이 원자단을 부가시키는 반응을 촉매한다. 탈수반응, 탈암모니아 반응, 탈알데하이드 반응 등이 있다.

아미노산에서 카복실기가 제거되어 아민이 생성되는 반응

5) 이성화효소

이 효소는 분자 내에서의 기질분자의 분자식은 변화시키지 않고 단지 분자구조를 바꾸는 데에 관여하는 효소이다. 이성화반응, 시스-트랜스 전환반응 등이 있다.

6) 합성효소

ATP 또는 이와 유사한 물질을 이용하여 어떤 두 분자를 결합시키는 반응을 촉매하는 효소이다.

표 7-2 ▸ 관용적 및 계통적 방법에 의한 효소의 명명법

명명법	효소명	효소의 특징
관용적 명칭	다이아스테이스(diastase) 프티알린(ptyalin) 펩신(pepsin)	▸ 전분을 가수분해하는 효소 ▸ 침 속의 전분분해효소 ▸ 단백질을 가수분해하는 효소
기질명의 어미에 -ase를 붙임	말테이스(maltase) 셀룰레이스(cellulase)	▸ 맥아당(maltose)을 가수분해하여 포도당을 생성시키는 효소 ▸ 섬유소(cellulose)를 가수분해하여 셀로바이오스(cellobiose)를 생성시키는 효소
효소가 촉매하는 반응의 어미에 -ase를 붙임	가수분해효소(hydrolase) 탈수소효소(dehydrogenase) 산화요소(oxidase)	▸ 가수분해(hydrolysis) 반응을 촉진하는 효소 ▸ 탈수소(dehydrogenation) 반응을 촉진하는 효소 ▸ 산화(oxidation) 반응을 촉진하는 효소
기질명과 반응을 결부시킨 어미에 -ase를 붙임	아스코브산 산화효소 (ascorbic acid oxidase) 탄수화물 가수분해효소 (carbohydrase)	▸ 산소의 존재하에 아스코브산(ascorbic acid)의 산화반응을 일으키는 효소 ▸ 탄수화물(carbohydrates)의 가수분해반응을 촉진하는 효소

5. 효소반응의 특이성

효소는 화학반응의 촉매와 같은 역할을 하지만 일반적인 화학반응에 작용하는 무기 촉매와는 그 특이성에서 큰 차이가 있다. 즉 무기촉매는 한 종류가 여러 가지 화학반응에 관여하지만, 효소는 제한된 종류의 화학반응 또는 어느 특정한 한 가지 반응에만 관여하는 특이성을 가지고 있다. 그러나 어떤 효소들은 분해하고자 하는 결합의 종류에 대해서만 높은 특이성을 나타내고 기질에 대하여는 낮은 특이성을 보이기도 한다. 또한 특정 원자단에 인접한 특정 결합에 대하여 특이성을 나타내는 원자단 특이성(group specificity)을 갖는 것도 있다.

예를 들어 트립신은 단백질 사슬 중의 아르지닌과 리신의 카복시기 사이의 펩타이드 결합을 가수분해한다.

1) 절대적 특이성(absolute specificity)

어떤 한 종류의 기질 또는 한 종류의 반응에만 작용하는 절대적 특이성을 가지고

있다. 말테이스(maltase)는 말토스(maltose)에만 작용하고 그 외의 기질에는 작용하지 않는 것이 절대적 특이성의 한 예라고 할 수 있다. 그리고 유레이스(urease)는 요소(urea)만을, 펩신(pepsin)은 단백질만을, 다이펩티데이스(dipeptidase)는 다이펩타이드(dipeptide) 결합만을 가수분해하는 경우이다.

2) 상대적 특이성(relative specificity)

유사한 형태의 기능기를 갖는 기질에 대해 작용하는 상대적 특이성을 가지고 있어서 특이성이 약간 적다. 예를 들면 트립신(trypsin)은 펩타이드(peptide) 결합을 가수분해할 뿐만 아니라 에스터 결합까지도 가수분해한다. 췌장의 라이페이스(lipase)는 지방을 우선적으로 가수분해하고 지방이 아닌 저급의 에스터(ester)는 서서히 분해한다.

3) 입체화학적 특이성

생물체 중에 존재하는 당류, 아미노산 등의 많은 화합물들은 두 종류의 입체이성질체가 가능하지만 자연계에선 흔히 한 가지만 발견되고 있다. 대부분의 아미노산은 L형이고 단당류는 D형이다. 효소는 두 가지의 이성질체 중 한 가지에만 작용한다는 특이성을 가지고 있어서 광학적 구조에 따라 달리 작용한다.

4) 광학적 특이성

효소가 기질의 광학적 구조의 차이에 따라 특이성을 나타내는 경우를 광학적 특이성(optical specificity)이라고 한다. 페니실리움(penicillium)속의 포도당 산화효소(glucose oxidase)는 베타-D-포도당(β-D-glucose) 이외의 당은 산화시키지 못하며 같은 D-포도당(D-glucose)일지라도 베타-D-포도당(β-D-glucose)의 광학적 이성체인 알파-D-포도당(α-D-glucose)에는 작용하지 않는다. D 및 L형에 각각 특이적으로 작용하는 아미노산 산화효소도 여기에 속한다.

6. 식품에 관계되는 효소

식품의 저장 · 가공에 관계가 깊은 효소는 식품의 품질 및 성분 변화에 영향을 미치는 중요한 요인으로서 산화환원효소와 가수분해효소가 대표적이다.

1) 산화환원효소

(1) 카탈레이스(catalase)

과산화수소를 분해하여 물과 산소를 만드는 반응을 촉매작용을 하는 효소이고, 동물, 식물 및 미생물에도 존재한다.

$$2H_2O_2 \rightarrow 2H_2O + O_2$$

카탈레이스는 4개의 subunit으로 구성되어 있으며, 이들 각각은 protohemin group을 가지고 있어 4개의 독립적인 활성 중심의 일부를 형성하고 있으며 분자량은 240,000이다.

식품에서 미량의 포도당을 첨가해서 산소를 제거하는데, 글루코스에서 글루콘산을 만드는 등의 식품가공에서 glucose oxidase와 카탈레이스를 조합해서 많이 사용되고 있고, 이 효소는 지방산패나 갈변억제를 위해 활용된다.

(2) 과산화효소(peroxidase)

과산화수소를 이용해 페놀성 물질이나 아스코브산을 산화시키는 반응을 촉매한다. 이 효소의 활성도를 측정하면 곡물의 신선도를 알 수 있다. 일반적으로 이 효소 활성이 감소할수록 곡물은 오래된 것이다.

$$H_2O_2 + \underset{\text{(아스코브산, 페놀류 등)}}{\text{환원형 유기물}} \rightarrow H_2O + \text{산화형 유기물}$$

카탈레이스와 달리 분자상의 산소가 생성되지 않는다. 과산화효소는 철을 함유한 것과 flavoprotein을 가진 것으로 분류한다. 과산화효소는 식물조직 중에 널리 존재하며 식물조직의 발육과 성숙에 중요한 역할을 한다.

완전한 활성을 가지지 않는 결합형의 과산화효소가 다량의 석질세포를 가지는 과실에 많이 함유되어 있다. 또한 peroxidase 시험은 과실, 채소류의 데치기(deganching) 정도를 판단하는 데 이용된다.

(3) 폴리페놀옥시데이스(polyphenol oxidase)

polyphenolase 또는 phenolase라고도 부르며, 효소갈변반응에 관여한다. 이들은 페놀성 물질을 o-퀴논으로 산화하는 능력을 가진 효소들을 포함하며 o-다이하이드록시기페놀을 o-퀴논으로 전환하는 것이 대표적이다. 폴리페놀레이스의 작용은 식물조직의 손상 시 갈변을 유도하는 데 결정적인 역할을 한다. 모든 식물체에 존재하지만 특히 사과, 찻잎, 감자, 양송이, 복숭아, 바나나 등에 많다. 폴리페놀 산화효소의 기질은 식물 조직에 들어있는 페놀성 화합물, 주로 플라보노이드류이다. 이들은 카테틴, 안토사이아니딘, 류코안토사이아니딘 및 신남산(cinnamic aicd)의 유도체 등이다.

Polyphenol oxidase:
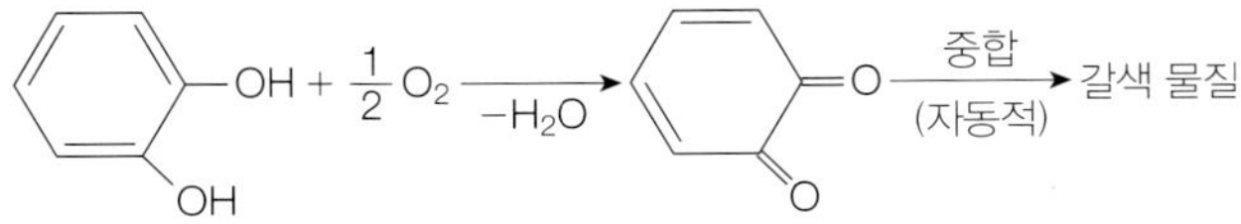

(4) 아스코브산 산화효소(ascorbic acid oxidase)

비타민 C를 산화하는 효소이다.

$$\text{Ascorbate oxidase: ascorbic acid} + \frac{1}{2} O_2 \xrightarrow[-H_2O]{} \text{dehydroascorbic acid}$$

아스코브산 산화효소는 채소류에 많이 함유되어 있어서 이들 식품과 혼합한 조리에는 비타민 C가 많이 파괴된다.

이 효소는 스쿼시, 호박, 종실, 곡류 및 일부 과일에 존재한다. 아스코브산의 효소적 산화는 감귤류 가공에서 중요하다. 생감귤류에는 옥시데이스와 리덕테이스(reductase)가 균형을 이루고 있어서 아스코브산의 함량이 조절되지만, 착즙하면 리덕테이스가 손상되고 옥시데이스만 남아 있어 아스코브산이 파괴된다. 따라서 과일주스를 제조할 때는 될 수 있는 한 낮은 온도에서 빨리 착즙한 후 마지막으로 살균처리(pasteurization)하여 효소를 불활성화시킴으로써 AAO의 작용을 억제해야 한다. 마멀레이드를 만들 때도 과피를 끓이기 위해 가열하는 도중 이 효소의 작용으로 아스코브산이 손실된다.

(5) 리폭시제네이스(lipoxygenase)

식물계에 존재하고 불포화지방의 산화를 촉매한다. 대표적인 급원은 대두와 그 외의 콩류이고 땅콩, 감자, 밀 등에도 소량씩 존재한다. 리폭시제네이스에 의한 과산화물 형성은 지방의 항산화제에 의해 저해된다.

식품에서 리폭시제네이스에 대해 밝혀진 것들은 대부분 바람직하지 못하다. 그러나 제빵을 할 때는 바람직한 변화를 일으킨다. 콩가루를 밀가루 반죽에 첨가하면 표백 효과가 있는데, 이것은 잔토필(xanthophyll) 색소의 산화 때문이다.

이외에도 밀가루 반죽의 리올로지 특성과 굽기 특성에 영향을 미친다. 리폭시제네이스는 글루텐 단백질의 황화수소기의 산화에 간접적으로 작용하여 이황화 결합을 만든다.

TIP ▸ 리폭시제네이스

두유를 만들기 위해 생 대두를 물에 넣어 갈면 페인트 같은 날 냄새 또는 콩 비린내라고 불리는 불쾌한 향미가 생긴다. 그러나 끓는 물에서 갈게 되면 효소를 불활성화시켜 어떠한 불쾌 향미도 생기지 않는다. 완두와 콩을 데치는 것은 lipoxygease에 의해 촉매화된 불쾌한 향미의 생성을 방지시켜 준다. 그리고 이 효소는 비타민 A, 카로틴, 빅신, 클로로필의 다른 색소의 파괴에도 관여한다.

(6) 탈수소효소(dehydrogenase)

산소 이외의 것을 수소 수용체로 하여서 탈수소반응에 의해 산화시키는 효소이다.

쉽게 해리되는 보조효소로서 FMN나 FAD를 가지는 플라빈(flavin)효소와 NAD나 NADP를 가지는 피리딘(pyridine)효소가 이 효소에 속한다. 모두 생체 내의 산화환원 반응에서 중요한 역할을 하는 내적 효소이다.

(7) 잔틴옥시데이스(xanthine oxidase)

잔틴옥시데이스는 우유에서 락토퍼옥시데이스와 함께 작용하여 강한 산화제를 생성한다. 이 효소는 우유에 많이 들어 있는데 대부분 지방구막에 결합되어 있고 락토퍼옥시데이스는 물층에 존재한다. 이 효소는 광범위한 기질 특이성을 가지고 있어 구조가 다른 알데하이드들을 기질로 이용한다. 산소는 전자를 받아 초과산화물(superoxide)이 되고 다시 하이드로퍼록사이드가 되어 산화 촉진제로 작용한다.

TIP ▸ 가수분해

물분자를 첨가하여 고분자 화합물의 큰 분자를 가수분해하여 저분자량 화합물로 만든다.

2) 가수분해효소(hydrolase)

가수분해효소의 본체는 단순단백질로서 효소작용은 단백질분자가 가지는 활성기에 의하여 나타난다. 영양소의 소화 및 식품공정과 관련이 많다.

(1) 탄수화물 분해효소(carbohydrase)

소당류나 배당체를 분리하는 올리고사카레이스(oligosaccharase), 다당류를 분리하는 폴리사카레이스(polysaccharase)와 글리코시데이스(glycosidase)로 나눌 수 있다.

① 폴리사카레이스(polysaccharase)

전분이나 글리코젠을 가수분해하는 효소를 아밀레이스(amylase)라 하며, α-아밀레이스, β-아밀레이스, 글루코아밀레이스, 아이소아밀레이스 등이 있다. 이 외에도 셀룰레이스, 펙티네이스, 헤스페리디네이스 등이 있다.

가. α-아밀레이스(α-amylase)

전분 입자 중에 아밀로스나 아밀로펙틴분자 내부에 있는 α-1,4 결합을 불규칙하게 절단하여 다량의 α-한계덱스트린과 소량의 맥아당을 생성하는 내부요소이고, 췌장, 침, 곰팡이에 많이 함유되어 있다. 전분을 액화하는 힘은 강하지만 당화력은 약하다. 최적 pH는 4.7~6.9이며 칼슘에 의해 열에 대한 변성을 보호받는다. 이 효소는 활성을 나타내기 위하여 Ca을 필요로 하며 또한 Ca은 효소의 안정성을 강화한다.

나. β-아밀레이스(β-amylase)

전분분자의 비환원성 말단에서부터 말토스 단위로 절단한다. 물엿, 고구마, 콩 등이 존재한다. 다량의 맥아당과 소량의 β-한계덱스테린을 생성하고, 액화력은 약하고 당화력은 강한 당화효소이다. 최적 pH는 4.0~6.0이다.

다. 글루코아밀레이스(glucoamylase)

전분분자의 비환원성 말단에서 포도당 분자 하나씩을 절단하여 전분을 가수분해시키는 효소이다. α-1,4 결합 이외에 분지점의 α-1,6 결합도 서서히 분해한다. 따라서 전분을 분해하여 전부 글루코스로 만든다. 세균과 곰팡이가 생산하며, 옥수수시럽과 포도당 제조에 공업적으로 이용된다. 최적 pH는 4~5내외이다.

라. 다이아스테이스(diastase)

무에서 추출하여 얻을 수 있으며 α-아밀레이스, β-아밀레이스를 모두 가지고 있다.

마. 셀룰레이스(cellulase)

섬유소의 β-결합을 가수분해하여 셀룰로스와 글루코스를 생성하는 아이소아밀레이스 효소이다. 병원균, 곰팡이, 세균 등에서 분비된다. 사과주스의 섬유소 혼탁제거 등에 이용한다.

바. 헤미셀룰레이스(hemicellulase)

커피의 검(gum)질을 분해하여 제거할 때 이용한다. 셀룰레이스와 헤미셀룰레이스는 섬유질을 가수분해하므로 조섬유의 분해에 필요한 효소들이다.

② 올리고사카레이스(oligosaccharase)

올리고사카레이스는 여러 종류의 소당류를 가수분해하는 효소이다. 말테이스, 수크레이스, 전화효소, 락테이스 등이 있다.

가. 말테이스(maltase)

엿당을 포도당으로 분해하는 효소이다. 밀가루와 엿기름의 당화작용에 아밀레이스와 함께 영향을 미친다.

나. 전화효소(invertase)

설탕을 과당과 포도당으로 가수분해하는 효소이다. 효모, 곰팡이 등에서 분리된다. 대표적인 전화효소 작용에 의한 생성된 식품은 꿀이다.

다. 락테이스(lactase)

유당을 가수분해하여 포도당과 갈락토스를 생성시켜서 유당의 결정을 방지하고 단맛을 증가시키는 역할을 한다. 버터나 치즈의 제조에 사용된다.

③ 글리코시데이스(glucosidase)

배당체(glucoside)를 가수분해하여 당과 아글리콘을 형성하는 반응을 촉매하는 효소로, 헤스페리디네이스, 미로시네이스, 나린지네이스 등이 있다. 식품의 맛과 관련 있는 효소들이다.

(2) 지방질 분해효소

에스터레이스는 여러 가지 형태의 에스터 결합의 가수분해에 관여하고, 형성되는 생성물은 산과 알코올이다. 트라이아실글리세롤을 가수분해하며 몇 가지 라이페이스와 관련된다. 인지질은 포스포라이페이스에 의해, 콜레스테롤은 콜레스테롤 에스터레이스에 의해 가수분해되고, 카복실에스터레이스는 트라이뷰티린(tributyrin) 같은 트라이아실글리세롤을 가수분해하는 효소이다. 대부분의 지방 가수분해효소는 산이나 알코올 부분에 기질특이성이 있다. 다가 알코올의 에스터인 경우에도 기질특이성이 있다. 카복실에스테레이스는 트라이뷰티린과 같은 중성지질을 가수분해하는 효소들이다. 이들은 라이페이스류와는 달리 수용성 기질을 가수분해한다. 반면에 라이레이스류는 에멀전(emulsion)의 물-지방질 계면에서만 작용한다. 따라서 물-지방질 간의 계면을 증가시키면 효소의 작용도 증가한다. 예로 균질화한 우유가 그렇지 않은 것보다 라이페이스 활성이 강한 것은 이와 같은 이유 때문이다.

라이페이스류는 세균, 곰팡이 등의 미생물이나 식물체에 의해서 생성되며 췌장, 우유 등 동물성 식품에도 존재한다. 라이페이스류는 산패를 일으키는 유리지방산을 생성하므로 식품의 변질을 가져오지만 어떤 경우에는 라이페이스의 작용이 바람직하게 작용하기 때문에 일부러 생산하기도 한다.

① 라이페이스(lipase)

에스터레이스로서 트라이아실글리세롤을 가수분해하는 효소이다. 트라이아실글리세롤에서 지방산을 한 분자씩 가수분해하여 다이아실글리세롤, 모노아실글리세롤을 거쳐서 글리세롤까지 분해한다.

효소로서 중요한 역할도 하고, 유지식품에서는 산패의 원인이 된다. 치즈나 초콜릿 제조 시 라이페이스는 오히려 향미 생성을 증진시키는 작용을 한다.

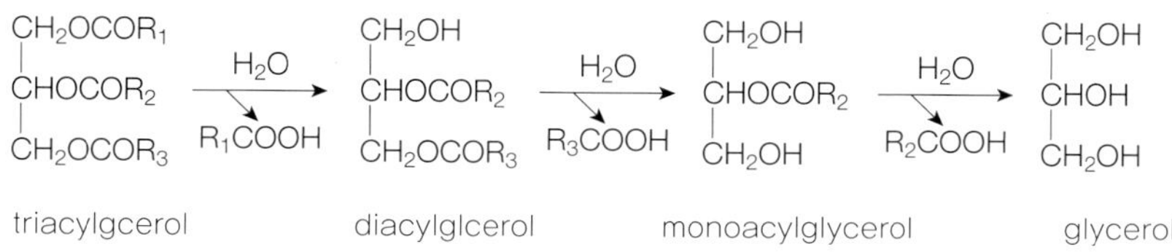

② 리폭시제네이스(lipoxygenase)

곡류, 두류 등에 존재한다. 지방이나 지방산을 산패시켜 하이드로퍼옥사이드를 생성하는 효소이다.

비타민, 카로틴, 안토사이아닌 등의 색소를 파괴해 향미를 손상하므로 과일이나 채소를 저장할 때에는 데치기하여 효소를 불활성화해야 한다.

(3) 단백질 분해효소

펩타이드 결합을 가수분해하는 효소이다. 단백질 분자의 내부결합을 불규칙적으로 절단하는 엠도펩티데이스와 펩타이드 사슬의 끝에서부터 아미노산을 한 분자씩 유리시키는 엑소펩티데이스로 나눌 수 있다.

레닌은 우유주의 카세인을 파라카세인으로 분해시켜 응고시키므로 치즈의 제조에 이용된다. 파파인과 브로멜린은 연육제로 이용한다. 단백질 분해효소는 식품의 가공, 저장, 발효, 부패 시 활발히 작용하여 단백질을 저분자량의 펩타이드와 아미노산으로 만든다.

① 아미데이스(amidase)

산아마이드 결합을 가수분해하는 효소이다. 식품의 부패와 관련이 있고 육류나 생선을 장시간 방치하면 암모니아 냄새가 나는 이유는 세균이 분비하는 아미데이스의 작용 때문이다.

표 7-3 ▸ 식품가공에 관계하는 효소

효소	목적 및 작용
아밀레이스(amylase)	전분의 가수분해
셀룰레이스(cellulase)	셀룰로스의 가수분해
인버테이스(invertase)	수크로스의 가수분해
락데이스(lactase)	락토스의 가수분해
글루코스 옥시데이스 (glucose oxidase)	제품 중의 산소 또는 글루코스를 제거하여 산화 또는 갈변반응을 방지한다. 맥주, 육류, 분유, 과실주 등에 이용
프로테이스(protease)	단백질 및 펩타이드의 가수분해, 간장·된장 등의 주조공업과 육류의 경화에 이용
펙티네이스(Pectinase)	펙틴질의 가수분해, 과실주스의 청징제로 이용
탄네이스(tannase)	양조식품에서 폴리페놀화합물을 제거할 때 이용
나린지네이스(naringinase)	나린진(naringin)의 가수분해로 쓴맛을 제거할 때 이용
라이페이스(lipase)	지방의 가수분해, 치즈의 숙성에 이용
포스파테이스(phosphatase)	우유의 살균검사의 지표로 이용
퍼록시데이스(peroxidase)	과실, 채소의 데치기(blanching) 효과를 검사할 때 지표로 이용
폴리페놀 옥시데이스 (polyphenol oxidase)	폴리페놀의 산화로 과실, 채소의 갈변에 관여
리폭시데이스(lipoxidase)	지방, 비타민 A의 산화이취 생성에 관여
아스코브산 옥시데이스 (ascorbic oxidase)	비타민 C의 산화
티아미네이스(thiaminase)	티아민의 파괴, 분해

7. 효소의 고정화

효소를 어떤 일정한 공간에 물리적으로 갇히게 한 상태이거나 촉매활동을 유지하므로 반복해서 사용할 수 있을 뿐만 아니라, 반응 후에는 회수하여 재이용할 수 있게 하는 과정이다. 효소의 고정화 방법에는 흡착, 공유결합, 가교, 포괄법 등이 있다.

1) 고정화방법

(1) 흡착

효소를 담체의 표면에 물리적으로 흡착시키는 것이다. 이는 생체에서 세포막에 결합된효소와 유사하다. 이 방법에 쓰이는 담체로는 활성탄, 다공성 유리, 산성백토, 카올리

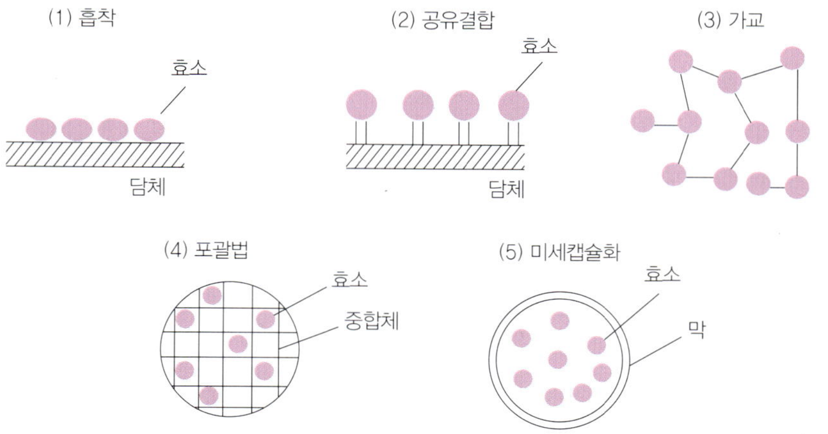

그림 7-6 효소의 고정화 방법

나이트 등 무기물 외에 전분, 키틴, 글루텐과 같은 천연 고분자나 소수성기를 가진 아가로스 유도체 등이 있다. 흡착은 가역적 반응이므로 pH, 이온세기 등에 의해 탈리될 수 있다는 장점이 있다. 하지만 이 방법은 조작이 간단하고 효소 단백질의 활성중심의 파괴 또는 고차구조의 변화가 최소화된다는 장점도 있다.

(2) 공유결합

수용성 효소를 불용성 담체에 공유결합시키는 것은 효소의 고정화 방법에서 가장 많이 쓰이는 방법이다. 효소는 단백질이어서 아미노산 측쇄는 결합반응에 적합한 여러 개의 작용그룹을 가지고 있다.

일반적으로 효소 고정화는 두 단계가 있다. 첫 번째는 담체를 시약으로 처리하여 작용그룹을 활성화시키고, 두 번째는 활성화된 담체를 효소와 혼합함으로써 결합이 이루어지는 것이다. 글루테르알데하이드가 식품산업체에서 흔히 사용되는 것이다. 공유결합은 효소결합 과정 중 효소활성의 일부가 손실될 수 있지만, 담체에서 효소가 떨어져 나올 가능성이 적기 때문에 효소가 가장 안전하다는 장점이 있다.

TIP 효소의 고정화

흡착은 효소를 담체의 표면에 물리적으로 흡착시키는 것이고, 공유결합은 수용성 효소를 불용성 담체에 공유결합시키는 것으로 효소의 고정화 방법에서 가장 많이 쓰이는 방법이다. 포괄법은 기질이나 생성물이 고분자인 경우에는 이 방법을 사용할 수 없다.

(3) 가교

효소를 가교시키면 커다란 응집체가 형성되어 물에 녹지 않는다. 이렇게 함으로써 효소는 촉매와 동시에 지지물체가 된다. 글루테르알데히드가 가장 흔히 사용되는 가교 시약이다. 흔히 가교는 물리적 흡착으로 효소를 고정화시킨 후에 효소를 안정화시킨다.

(4) 포괄법

젤의 미세한 격자 안에 효소를 집어넣는 격자형과 반투막성의 폴리머 피막으로 효소를 피복하는 미세캡슐형으로 나눈다. 폴리 아크릴아마이드 젤이 효소 고정화에 가장 많이 사용된다. 트립신, 파파인 등이 이 방법에 의해 최초로 고정화되었다. 포괄법은 흡착이나 공유결합과 달리 효소 단백질 자체와는 결합반응을 일으키지 않으므로 더 많은 효소의 고정화에 사용될 수 있다. 기질이나 생성물이 고분자인 경우에는 이 방법을 사용할수 없다.

8. 효소의 공업적 생산

1) 효소의 급원

상업적으로 중요한 효소의 대부분은 제한된 범위의 미생물로부터 생산되고 있다. 몇몇 효소의 예를 들면 pancreatic lipase, trypsin 등을 전통적으로 동물 급원에서 얻고 있는데, 이들도 미생물에서 유래한 비슷한 효소로 대체될 것으로 예상된다. 그러나 미생물 대체 효소는 활성은 높으나 공정에 유래한 비슷한 효소로 대체될 것으로 예상된다. 그러나 미생물 대체 효소는 활성은 높으나 공정에 응용할 때 중요한 성질에서 미묘한 차이를 보일 수 있다. 따라서 동물 유전자를 적절한 박테리아나 효모에 클로닝하여 재래적인 발효공학을 사용하여 동물 효소를 생산하는 유전자 재조합 기술이 사용되고 있다.

식물은 전통적으로 제한된 숫자의 효소 급원으로 사용되어 왔다. 특히 파파야, 무화과, 파인애플 등의 라텍스로부터 시스테인 단백질 분해효소가 분리되고 있다. 이들 라텍스는 많은 양의 효소를 함유하고 있으므로 보통 태양 아래에서 건조하여 조효소로 직접 사용할 수 있디. 식물에서 유래한 효소 중 다른 중요한 급원은 맥아로, 양조산업에는 전통적으로 맥아를 여러 가지 단백질 분해효소 및 당 가수분해효소의 급원으로 사용하여 왔다. 효소는 무게나 부피가 아닌 효소활성 단위로 판매되며 항상 염, 보존제, 안정제, 중량제, 비효소적 유기물 등을 함유하고 있다.

2) 유전자 재조합 기술

급속히 발전한 유전자 재조합 기술은 상업적 효소 생산에 많은 이점을 제공하고 있다. 동물 또는 식물 유전자를 미생물에 넣어 전통적인 발효기술을 사용하면 종래 생산하기 어려웠던 효소를 생산할 수 있다. 외래 DNA를 미생물에 클로닝하는 데에는 여러 가지 전략이 있다. 기본적인 유전자 클로닝 전략은 원하는 DNA 분자를 얻고, DNA 절편을 클로닝 운반체에 연결시키고, 재조합 DNA를 숙주에 집어넣고, 원하는 클론을 확인하는 것이다. 가장 간단한 전략은 shot-gun 클로닝에 의해 한 종의 박테리아 유전자를 다른 박테리아에 집어넣는 것이다.

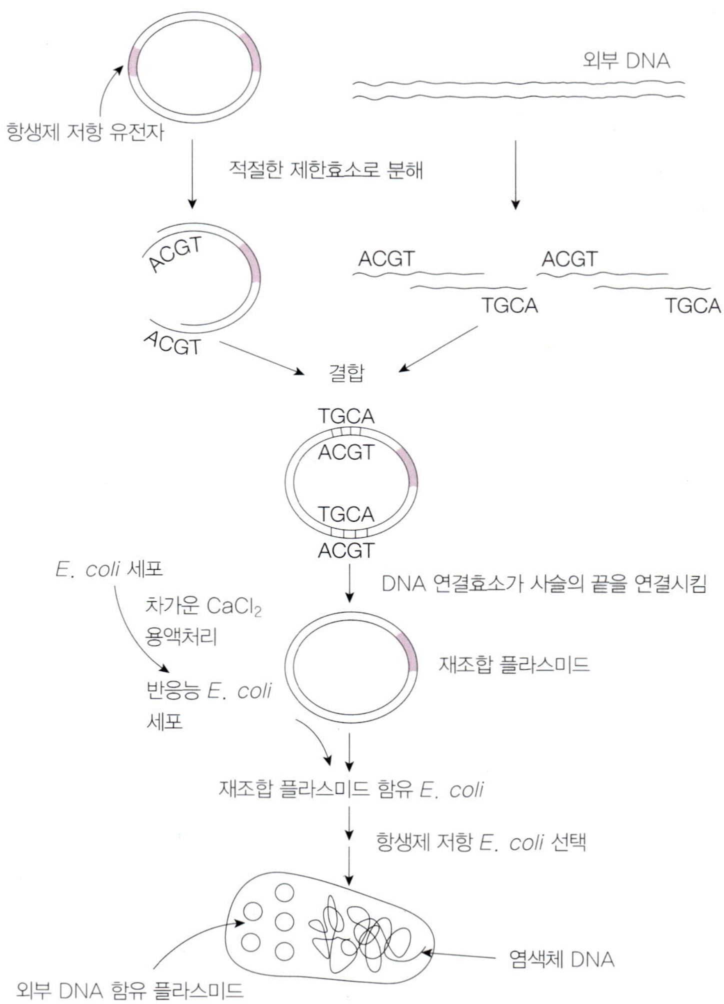

그림 7-7 플라스미드 운반체에 DNA의 shot-gun 클리닝

(1) 원하는 DNA 절편 확보

DNA 절편을 얻기 위하여 DNA를 제한효소로 분해하거나 기계적 절단, 두 가닥 cDNA 합성 및 직접 기계적 합성방법이 있다. 제공 생물체의 DNA를 분리하여 적절한 효소 특이성을 가진 Ⅱ형 제한효소로 부분적으로 분해한다. 제한효소는 DNA 분자 내의 특정 뉴클레오타이드 배열순서를 인식하여 DNA 두 가닥을 부착성 또는 뭉툭한 말단으로 절단한다. 동일한 효소로 플라스미드와 같은 적절한 운반체를 절단한다.

진핵생물 유전자는 번역되지 않는 인트론을 함유하고 있어서 직접 박테리아에 클로닝하였을 때 발현되지 않는다. 진핵생물의 mRNA를 분리한 후 역전사 효소를 이용해서 DNA의 상보적 사슬인 cDNA를 만들어야 한다.

(2) DNA절편을 클로닝 운반체에 연결

절단된 운반체와 공여 DNA의 많은 절편을 담금질시키면 부착성 말단이 염기쌍을 이루어서 분자를 무작위로 결합하게 한 후 DNA연결효소로 결합시킨다. 이 중 어떤 운반체는 관심이 있는 유전자와 결합한 것이 있다. 운반체가 가져야 할 중요한 특징은 숙주에서 자율적으로 복제될 수 있어야 한다는 것이다.

(3) 숙주세포 안으로의 침입

재조합 분자가 숙주 박테리아 안으로 삽입되는 것은 운반체 종류에 달려 있다. 가장 간단한 것은 플라스미드이다. 플라스미드는 어떤 박테리아의 염색체 밖에서 독립적으로 존재하며, 복제할 수 있는 이중가닥으로 된 환상의 DNA이다. 플라스미드는 한 개 또는 여러 개의 항생제 저항 유전자를 가지고 있으므로 이것이 클로닝 운반체의 기본이 되는 것이다. 박테리아를 차가운 염화칼슘 용액으로 처리한 후, 42℃에서 2분간 짧은 열 충격을 주면 외부에서 첨가한 플라스미드 또는 재조합 플라스미드가 숙주 내에 들어간다.

(4) 선택

원하는 클론을 신속하게 선별하는 것이 중요하며 클론의 선택은 2단계로 나누어진다. 첫 번째로, 운반체로 사용되는 벡터는 전술한 바와 같이 2개 또는 그 이상의 항생제 저항 유전자를 가지고 있다. 두 번째는 스크리닝 단계는 효소가 새로운 박테리아에서 발현되는가 확인하는 단계이다.

식품산업체에서 효소 생산을 향상시키기 위한 대부분의 노력은 경제적으로 감당할 수 있는 낮은 비용으로 효소를 대량생산하는 것에 초점을 두고 있다. 유전자 재조합 효소는 효소의 구조나 기능을 변화시키지 않기 때문에 천연효소를 대체하고 있다.

용어정리

- **효소**: 효소는 생물체에서 일어나는 화학반응을 촉매시켜 주는 생촉매로 기질과 반응하여 생성물을 생산한다.
- **아포효소**: 비타민류 등의 보효소를 함유하는 복합 효소 가운데 단백질부분이다. 아포엔자임 또는 주효소라고 한다.
- **지모겐**: 단백질분해효소에 의한 펩타이드 사슬의 부분분해(한정분해)를 받아 비로소 효소활성을 갖게 되는 효소의 전구체이다.
- **홀로효소**: 효소활성에 필요한 보결분자족이 금속이온 등과 단단히 결합하고 있는 상태의 효소이다.
- **활성제**: 효소작용이 어떤 물질의 첨가로 촉진되는 현상을 효소의 활성화라하고 그와 같은 작용을 하는 물질이다.
- **가수분해효소**: 물분자를 가하여 기질의 공유결합을 가수분해하는 효소이다.
- **유전자 재조합기술**: 생물체에서 추출한 DNA분자의 단편이나 인공적으로 합성한 DNA를 시험관 내에서 효소 등을 사용하여 플라스미드나 바이러스 등의 자기 증식성 DNA에 인위적으로 결합시켜 세포 내에 도입하여 증식시키는 실험 및 그와 같이 해서 얻어진 재조합 DNA분자를 사용한 실험

핵심요약

1. 효소의 본체는 단백질이기 때문에 일반적으로 단백질의 변성요인의 영향을 받는다.
2. 효소는 단순 또는 복합단백질로서 단백질분해효소에 의해 분해되고 열과 pH에 의해 변성되어 그 활성을 잃게 된다.
3. 충돌하는 분자들이 활성화 에너지를 가지고 있을 때 화학반응은 일어난다.
4. 가역적 저해는 효소의 어떤 결합부위에 저해제가 가역적으로 결합하여 효소의 작용을 저해하는 것을 말하며, 경쟁적 저해(competitive inhivition)와 비경쟁적 저해(non-competitive inhivition)는 나눌 수 있다.
5. 유전자 재조합 기술은 동물 또는 식물 유전자를 미생물에 넣어 전통적인 발효기술을 사용하면 종래 생산하기 어려웠던 효소를 생산할 수 있다.

연습문제

1. 완전한 촉매작용을 가지고 있는 효소는?

① 아포효소(apoenzyme) ② 보조인자(cofactor)

③ 조효소(coenzyme) ④ 홀로효소(holoenzyme)

2. 효소성질에 대한 설명으로 옳은 것은?

① 한 개의 효소는 몇 가지 기질에 작용한다.

② 효소는 단백질에 비단백질 부분이 결합되어야만 작용한다.

③ 효소반응은 일반적으로 화학반응보다 활성화 에너지가 크다.

④ 효소는 생체 내 반응속도를 감소시킨다.

3. 활성화 에너지는 무엇인가?

① 전이상태의 에너지

② 기저상태와 전이상태의 에너지 차이

③ 기저상태의 에너지

④ 반응 전과 후의 에너지 차이

4. 효소반응에 대한 설명으로 가장 옳은 것은?

① 경쟁적 저해 시에는 K_m값이 감소한다.

② 기질 농도가 K_m값보다 높아질수록 효소반응속도는 직선적으로 증가시킨다.

③ 반응생성물이 많아질수록 반응속도가 빨라진다.

④ K_m은 $1/2V_{max}$에 도달하기 위해 필요한 기질의 농도이다.

5. 효소성질에 대한 설명으로 옳은 것은?

① 효소는 단백질에 비단백질 부분이 결합되어야만 작용한다.

② 효소반응은 일반적인 화학반응보다 활성화 에너지가 낮다.

③ 한 개의 효소는 몇 가지 기질에 작용한다.

④ 효소의 활성은 대부분 알칼리성에서 가장 크다.

6. 효소의 지모겐(불활성형 전구체)과 활성화 물질의 연결로 옳은 것은?

① trypsinogen – gastrin

② chymotrypsinogen – rennin

③ phosphorylase b – phosphorylase a

④ pepsinogen – HCl

7. 효소반응의 경쟁적 저해반응의 특징은?

① K_m 증가, V_{max} 감소

② K_m 감소, V_{max} 감소

③ K_m 증가, V_{max} 일정

④ K_m 감소, V_{max} 일정

8. 효소의 촉매반응에 영향을 주는 것으로 옳은 것은?

㉠ 온도 ㉡ pH ㉢ 삼투압 ㉣ 압력

① ㉠,㉡ ② ㉠,㉡,㉢ ③ ㉠,㉡,㉢,㉣ ④ ㉢,㉣

9. 효소반응의 초기속도(V_o)가 최대 반응속도(V_{max})의 1/2일 때, K_m은 무엇인가?

① 1/2[S] ② 1/[S] ③ [S] ④ 2[S]

10. 효소에 대한 설명으로 옳은 것은?

① 효소는 보조인자(cofactor)로서 접합단이 있어야 한다.

② 아포효소(apoenzyme)에 보조효소(coenzyme)가 결합한 것을 완전효소(holo-enzyme)라 한다.

③ 조절효소(regulartory enzyme)의 효과인자는 반응속도에 영향을 주지 않는다.

④ 동위효소(isozyme)는 같은 효소작용을 하고 분자구조가 같은 효소를 말한다.

11. 효소를 어떤 일정한 공간에 물리적으로 갇히게 한 상태이거나 촉매활동을 유지하므로 반복해서 사용할 수 있을 뿐만 아니라, 반응 후에는 회수하여 재이용할 수 있게 하는 과정은 무엇인가?

12. 재조합 분자가 숙주 박테리아 안으로 삽입되는 것은 운반체 종류에 달려 있고 가장 간단한 것은 이것이다. 이것은 어떤 박테리아의 염색체 밖에서 독립적으로 존재하며, 복제할 수 있는 이중가닥으로 된 환상의 DNA이다. 이것은 무엇인가?

정답

1. ④

아포효소 + 보조인자(조효소 또는 무기이온) = 홀로효소

2. ③

효소는 단백질로 이루어져 있고, 단순단백질로 된 효소와 비단백질 부분과 결합된 효소가 있다. 효소는 기질특이성이 있으며, 대부분 중성에서 활성이 크다.

3. ②
   활성화 에너지는 기질이 기저상태(안정되고 에너지가 낮은 형태의 분자)에서 전이상태(반응의 정점)까지 올리는 데 필요한 에너지이다. 충돌하는 분자들이 활성화 에너지를 가지고 있을 때 화학반응은 일어난다.
4. ④
   경쟁적 저해 시에는 K_m값이 증가하고 반응생성물이 많아질수록 반응속도는 느려진다.
5. ②
   효소는 아미노산이 펩타이드 결합으로 구성되어 있는 단백질이고, 효소는 제한된 종류의 화학반응 또는 어느 특정한 한 가지 반응에만 관여하는 특이성을 가지고 있다.
6. ④
   trypsinogen−enterokinase, chymotrypsinogen−trypsin, phosphorylase−b−phosphorylase b kinase, fibrinogen−thrombin
7. ③
   경쟁적 저해물질은, 기질과 구조가 매우 유사하여 효소의 활성자리에 가역적으로 결합한다. 따라서 효소−저해제 복합체가 존재하면 효소의 활성은 감소한다. 이러한 경쟁적 저해제의 효과는 기질의 농도를 증가시켜 극복할 수 있다. 이때 K_m은 증가시켜, V_{max}는 변하지 않는다.
8. ①
   효소의 구조와 활성은 온도와 pH에 의해 변화한다. 적당한 온도 증가는 효소와 기질 사이의 충돌수를 증가시키므로 대부분 화학반응속도는 온도가 높아질수록 증가한다. 그러나 효소는 단백질이므로 높은 온도에서는 변성된다. 효소가 최고의 촉매활성을 나타내는 온도를 최적 온도라고 한다. 최적 온도보다 더 높으면 효소의 활성은 현저하게 감소한다. 효소의 촉매활성은 활성자리의 이온화 상에 따라 변한다. 대부분 효소는 좁은 pH범위 내에서 촉매활성을 나타낸다. 최고의 촉매활성을 나타내는 pH를 최적 pH라고 한다. 최적 pH는 효소의 종류에 따라 달라서 펩신은 pH 2이고, 키모트립신의 최적 pH는 8이다.
9. ③
   $V = V_{max}[S]/([S] + K_m)$ $V = 1/2\ V_{max}$를 대입하면, $1/2V_{max} = V_{max}[S]/([S] = K_m) \rightarrow 2[S] = [S] + K_m$ 따라서 $K_m = [S]$
10. ②
   보조인자 − 금속이온, 조절효소는 저해제에 의해 효소활성이 저해된다. 동위효소는 같은 효소작용을 하지만 분자구조가 다른 효소를 말한다.
11. 효소의 고정화
12. 플라스미드

CHAPTER 8

식품의 색과 갈변

1. 식품의 색
2. 식품의 갈변반응(browning reaction)

1. 식품의 색

식품의 색은 풍미나 물성 등과 함께 식품의 2차 기능에 해당하며 식품의 품질을 결정하는 중요한 요소가 된다. 색은 사람의 망막(retina)을 통해 인식되는 시각의 일부 감각이며 식물, 동물, 미생물의 각종 천연색소는 각각 특정 색소물질에 의해 색을 나타내게 되며 색소원(chromogen)의 발색단(chromophore)에 의해 여러 가지 색을 보이게 된다.

색소원설에 따르면 색은 발색단(chromophore)과 조색단(auxochrome)으로 구성되어 있으며 발색단(chromophore)은 발색의 기본이 되는 원자단으로 azo기(−N=N−), carbonyl기(=C=O), ethylene기(−C=C−), nitro기($-NO_2$), nitroso기(−NO), thiocarbonyl기(=C=S) 등이 있으며, 조색단(auxochrome)으로는 수산기(−OH), 아미노기($-NH_2$) 등의 원자단이 있다.

1) 식품 색소의 분류

식품 속의 색소는 출처에 따라 식물성 색소와 동물성 색소로 나누어지며 용해도에 따라 지용성 색소와 수용성 색소로 나눌 수 있다. 지용성 색소는 주로 식물체의 원형질(protoplasts), 색소체(plastids)에 존재하며 클로로필과 카로티노이드가 있고, 수용성 색소는 주로 세포액(vacuole)에 녹아 있으며 플라보노이드, 안토사이아닌, 베타레인, 타닌 등이 있다. 또한 동물성 색소는 동물의 혈액에 존재하는 헤모글로빈과 근육조직에 존재하는 미오글로빈 그리고 동물의 조직이나 우유, 달걀 등에 카로티노이드 색소가 있다.

2) 식물성 식품의 색소

(1) 클로로필(chlorophyll)

클로로필은 지용성 색소로서 식물의 광합성 작용에 중요한 역할을 하며, 식물의 잎이나 줄기의 세포 속에 있는 엽록체(chloroplast)에 단백질 또는 리포프로테인(lipoprotein) 등이 결합하는 구조를 갖는다.

① **클로로필의 구조**

클로로필은 포피린(porphyrin)계 색소이며 포피린은 피롤(pyrrole) 환 4개가 메틴(methyne, −CH=) 가교에 의해 결합되어 있는 포핀(porphin)의 유도체를 말한다. 포피린 환은 금속이온과의 리간드를 형성할 수 있으며 식품의 포피린 색소 중 식물성 색

TIP 엽록소가 녹색으로 보이는 이유

사람 눈이 느낄 수 있는 가시광선의 파장은 400 nm(보라)~700 nm(빨강)이다. 엽록소가 흡수하는 빛도 이 가시광선의 파장과 거의 같은데, 그 중에서도 일부 파장의 빛은 특히 잘 흡수한다. 엽록소는 청색으로부터는 청자색(파장400~500 nm)의 빛과 적색으로부터는 황적색(파장 620~700 nm)의 빛을 잘 흡수하며, 한편 대부분의 녹색(파장 500~600 nm) 빛은 잘 흡수하지 않는다. 엽록소가 녹색으로 보이는 것은 바로 이와 같은 이유 때문이다.

소인 클로로필은 Mg-포피린으로, 동물성 색소인 미오글로빈(myoglobin) 및 헤모글로빈(hemoglobin)은 Fe-포피린으로 존재한다.

클로로필은 고등식물과 해조류 등에 a, b, c, d의 4가지 형태로 존재하는데, 고등식물에는 클로로필 a와 b가 약 3 : 1의 비율로 존재하며 클로로필 a는 청록색, b는 황록색을 나타낸다.

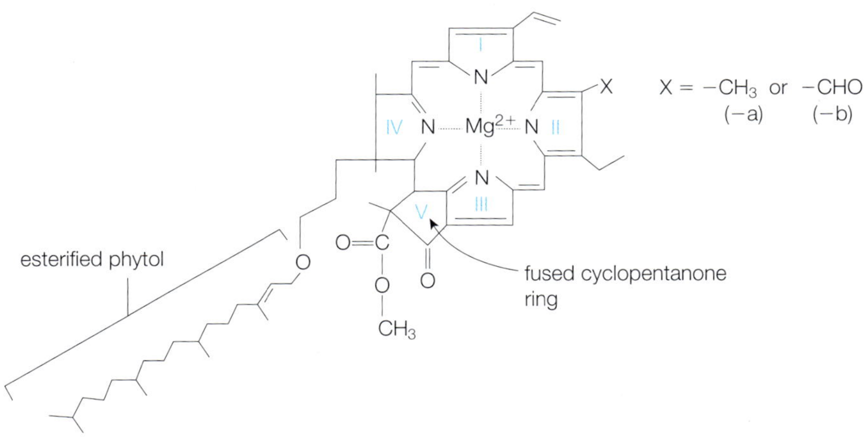

그림 8-1 chlorophyll a와 b의 화학구조

② **화학적 성질**

클로로필 색소는 불안정하여 산, 알칼리, 금속 등 여러 가지 조건에 의하여 변화할 수 있기 때문에 채소 등의 녹색 식품을 가공하거나 조리할 때 클로로필 색소의 변화를 알기 위해서는 화학적 성질을 이해할 필요가 있다.

가. 산에 의한 변화

클로로필은 산과 반응하면 클로로필의 포피린 환에 결합되어 있는 마그네슘(Mg^{2+})

이 수소이온(H^+)과 치환되어 갈색의 페오피틴(pheophytin)이 생성된다. 클로로필 a는 b보다 페오피틴으로 변하는 속도가 빠르며 마그네슘이 결합하면 클로로필로 되돌아가나 식물체 중에서는 되돌아가지 않는다. 산의 작용이 지속되면 클로로필에 존재하는 피틸 에스터(phytyl ester group)의 가수분해로 인해 갈색의 페오포르바이드(pheophorbide)가 형성된다. 강산으로 처리하면 마그네슘과 피톨(phytol)이 동시에 떨어져 나와서 페오포르바이드를 형성한다.

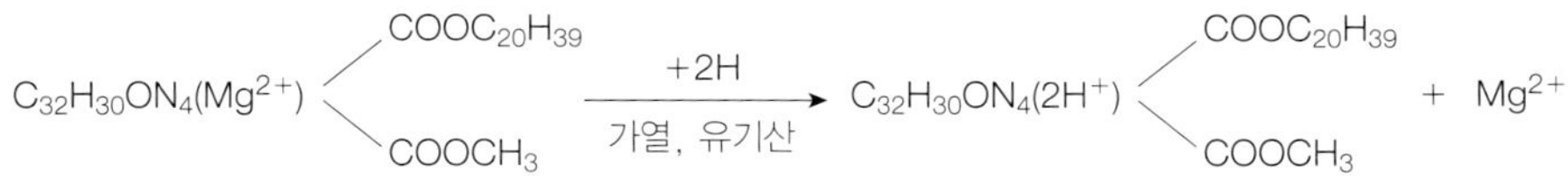

chlorphyll a: 녹색　　　　pheopytin: 갈색

나. 알칼리에 의한 변화

클로로필 분자 중의 마그네슘은 알칼리에 의해서 해리가 억제되어 매우 안정하나 알칼리용액에서 가열하면 피틸 에스터가 가수분해되어 짙은 초록색의 클로로필라이드(chlorophyllide)가 형성되고 그 후 메틸 에스터(methyl ester group)가 가수분해되어 짙은 초록색의 수용성인 클로로필린(chlorophylline)이 형성된다. 이때 녹엽 속의 카로티노이드(carotenoid)는 분해 및 퇴색이 일어난다.

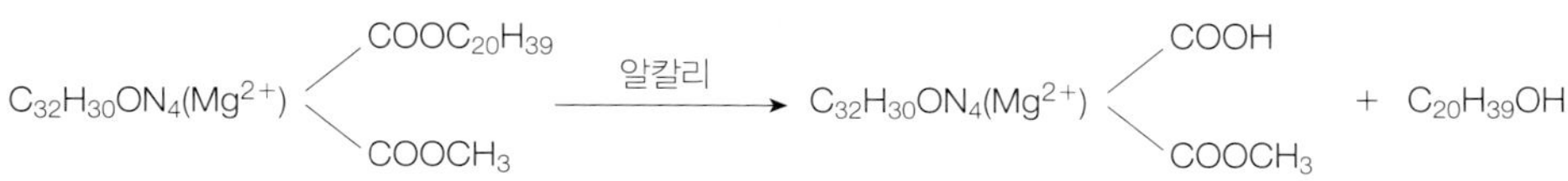

chlorophyllide, 청록색　　　　phytol

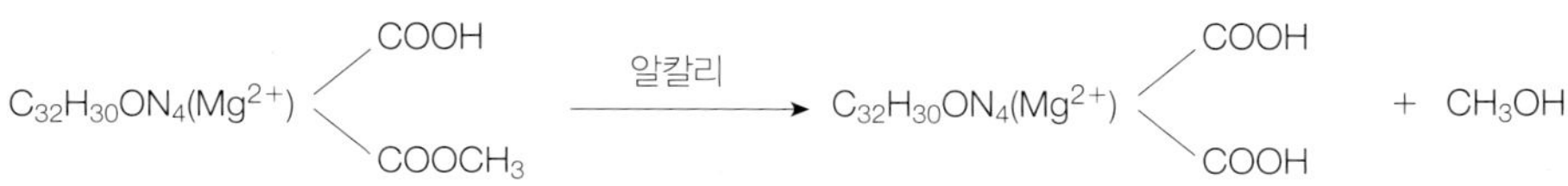

chlorophyllide　　　　chlorophylline, 청록색

알칼리에 의해 형성된 짙은 초록색의 클로로필라이드는 산성 조건에서 마그네슘이 떨어져 나가고 갈색의 페오포르바이드가 형성되며, 알칼리의 농도가 높으면 클로로필린은 염을 형성하는데 짙은 청록색의 수용성의 성질로 인해 가용성 클로로필(soluble chlorophyll)이라고 한다.

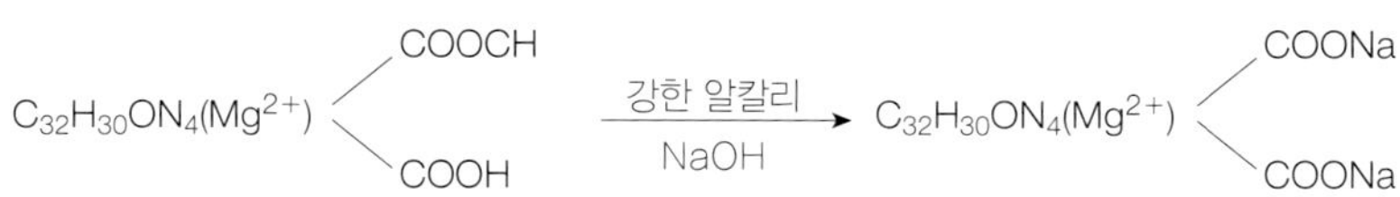

chlorophylline　　　　chlorophylline의 Na염, 청록색

다. 클로로필레이스(chlorophyllase)에 의한 변화

클로로필레이스는 녹엽 속에 존재하며 조직이 손상되면 유리되어 활성화 된다. 클로로필레이스는 클로로필에 작용하여 피톨을 분리하여 짙은 초록색의 클로로필라이드를 생성한다. 이때 알칼리 용액에서는 클로로필라이드는 다시 짙은 초록색의 수용성인 클로로필린을 형성한다. 클로로필레이스는 지용성인 클로로필을 수용성인 클로로필라이드로 전환시켜 채소 등의 조직 내에 있는 클로로필의 함량 감소를 일으킨다.

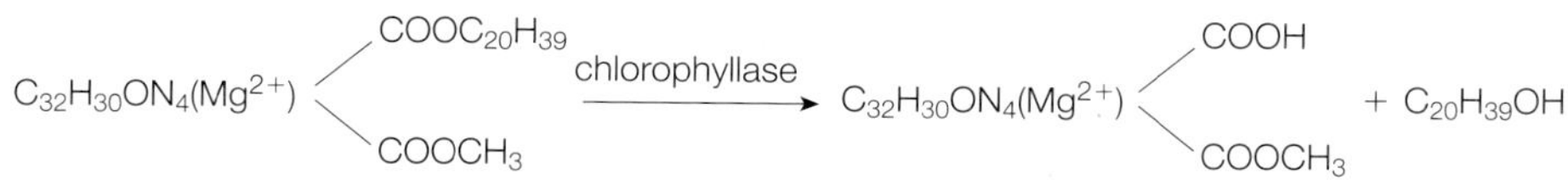

chlorophyll　　chlorophyllide　　phytol

라. 금속이온에 의한 변화

클로로필은 구리, 철 등의 금속이온과 함께 가열하면 클로로필 속의 마그네슘이온은 구리, 철 등 금속이온과 치환되어 Cu-클로로필, Fe-클로로필 등이 생성된다. Cu-클로로필은 선명한 청록색을 띠고, Fe-클로로필은 선명한 갈색을 띠며 색은 매우 안정하다.

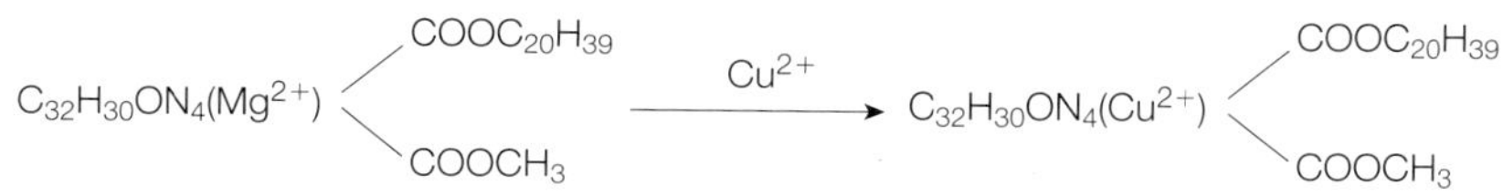

chlorophyll　　Cu-chlorophyll, 녹색

채소류의 조리 중 산에 의하여 갈색의 페오피틴으로 변화한 경우에도 구리염을 첨가하면 페오피틴의 수소는 구리와 치환되어 Cu-클로로필의 밝고 짙은 청록색을 유지할 수 있다. 예를 들면 완두 등의 통조림에서는 조리과정에서의 퇴색을 억제하기 위해 $CuSO_4$를 첨가하여 녹색을 유지한다. 또한 클로로필의 마그네슘이온을 구리이온이나 철이온으로 치환한 것을 강한 알칼리(NaOH)로 가수분해하여 생성된 나트륨염인 sodium copper chlorophylline 및 sodium iron chlorophylline은 식품첨가물의 착색료로 사용된다.

Cu-chlorophyll
(불수용성)

Cu-chlorophylline의 Na염
(수용성)

③ 조리 · 가공 중의 변화

가. 삶을 때의 변화

녹색 채소를 삶으면 단백질이나 지단백과 약하게 결합하고 있는 클로로필이 유리되어 진한 녹색이 된다. 그러나 오랜 시간 동안 삶게 되면, 채소 조직의 부분적인 파괴로 인해 유리된 클로로필은 세포 내 존재하던 휘발성 또는 비휘발성 유기산에 의해 페오피틴으로 변화한다. 그러므로 채소를 삶을 때 뚜껑을 열어 유기산을 휘발시키면 페오피틴의 형성을 억제할 수 있다. 또한 클로로필의 페오피틴으로의 변화는 60~80°C에서 가장 촉진되고 채소류를 급격히 고온으로 가열하는 경우가 동일 온도로 서서히 가열하는 경우보다 클로로필의 분해가 적다. 따라서 채소를 100°C에서 짧은 시간 가열하는 것이 클로로필의 색소를 유지하는 데 효과적이다.

나. 김치류에서의 변화

김치류의 녹엽이나 오이김치의 색이 퇴색하는 것은 발효에 의해서 생긴 초산, 유산 등이 클로로필에 작용하여 페오피틴이나 페오포르바이드가 형성되기 때문이다. 오이지를 담글 때 놋그릇을 닦은 수세미를 넣으면 오이가 녹색을 유지하는 것은 구리에 의해 클로로필이 안정화되기 때문이다.

다. 과일류의 성숙 · 저장 중의 변화

대부분의 과일류는 성숙함에 따라 녹색이 감퇴하여 과일 특유의 색을 나타내며 저온에서 저장할 경우 클로로필의 소실이 억제된다. 또한 CO_2를 처리하면 농도에 따라 다르나 대체로 녹색을 유지할 수 있다. 과일류의 저장 중 생성되는 에틸렌(ethylene)은 클로로필을 분해하거나 감소시키나 카로티노이드 색소를 그대로 남기는 성질이 있다.

(2) 카로티노이드(carotenoids)

카로티노이드란 황색, 오렌지색, 황적색의 색깔을 가지며 물에 녹지 않으나 지방 또는 유기용매에 잘 녹고 구조가 비슷한 지용성 색소군을 총칭하며, 당근(carrot)에서 얻어진 색소라 하여 carotenes 또는 carotenoids라 명명하게 되었다.

① 카로티노이드의 구조

카로티노이드는 식물체에서 녹엽의 엽록체(chloroplast) 속의 클로로필과 함께 존재하기도 하며 색소체(plastid) 속에 존재하기도 한다. 또한 동물조직의 원형질 속에 결정으로 존재하는 경우도 있다. 카로티노이드의 분자구조는 isoprene($CH_2=C(CH_3)-CH=CH_2$)골격으로 이루어져 있으며 분자 내에 많은 공액이중결합을 가지고 있어

polyene색소라고도 한다. 카로티노이드와 같은 불포화 탄화수소는 매우 많은 *cis−trans*의 기하이성질체가 존재하나 천연에 존재하는 카로티노이드는 대부분 *trans*형이다.

② 카로티노이드의 분류

카로티노이드는 산소를 함유하지 않는 카로틴(carotene)류와 산소를 함유하는 잔토필(xanthophyll)류로 구분된다. 카로틴류는 α−, β−, γ−카로틴(carotene) 및 라이코펜(lycopene)이 있으며 잔토필류는 루테인(lutein), 제아잔틴(zeaxanthin), 크립토잔틴(cryptoxanthin), 캡산틴(capsanthin), 아스타잔틴(astaxanthin), 푸코잔틴(fucoxanthin) 등이 있다. 이들 색소의 구조와 함유식품은 표 8−1과 같다.

가. 카로틴(carotenes)

카로틴류는 물에 녹지 않고 석유 에테르에는 녹으나 에탄올에는 소량 녹는다. 카로틴류는 분자의 구조에 따라 α−, β−, γ−카로틴 및 라이코펜 등으로 분류된다. α−, β−, γ−카로틴의 구조는 8개의 isoprene 단위로 구성된 테트라테펜(tetraterpene)이며 양단

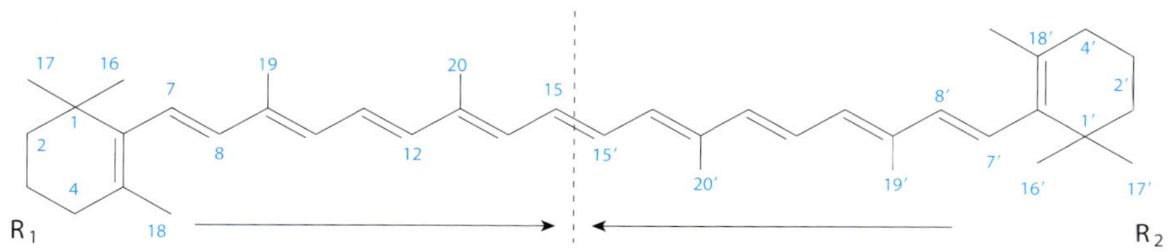

β−carotene

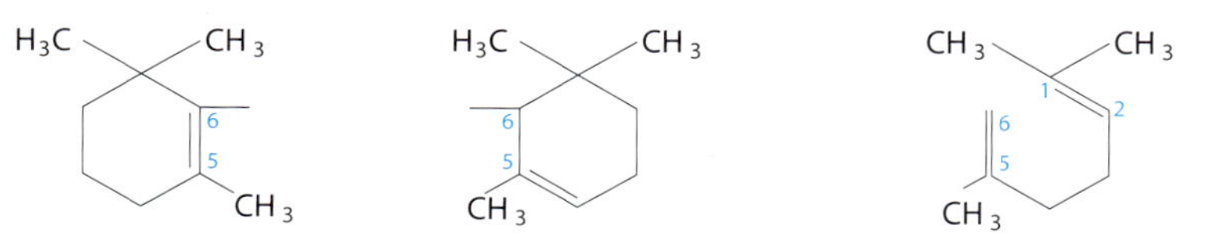

β−ionone 핵 α−ionone 핵 Pseudo−ionone 핵

	R_1	R_2
α−carotene	β−ionone	α−ionone
β−carotene	β−ionone	β−ionone
γ−carotene	β−ionone	Pseudo−ionone
δ−carotene	Pseudo−ionone	α−ionone
lycopene	Pseudo−ionone	Pseudo−ionone

그림 8−2 carotene 색소의 구조

표 8-1 ▶ 주요 carotenoid 색소의 구조, 색상 분포

색소	구조	색상	분포
1. carotene			
α-carotene	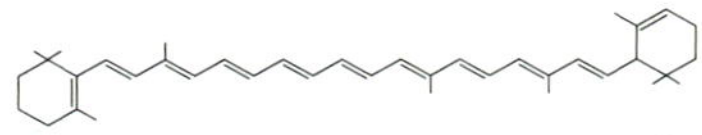	노랑	당근, 감귤, 팜유
β-carotene	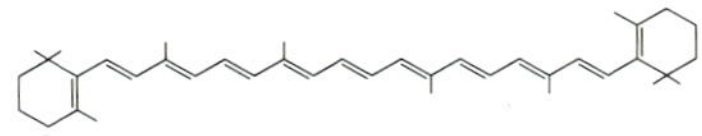	노랑	당근, 호박, 감귤, 난황, 해조류
γ-carotene	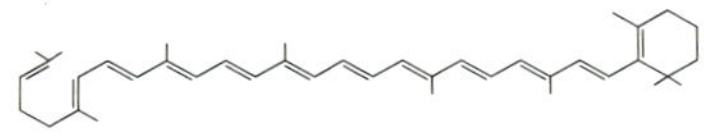	노랑	살구, 고구마
δ-carotene	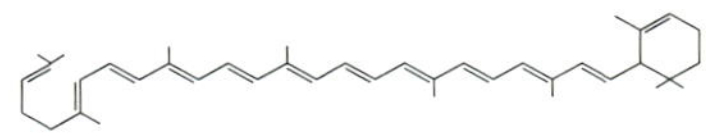	주황	당근, 토마토
lycopene	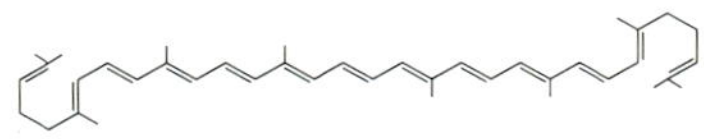	빨강	토마토, 수박, 감
2. xanthophyll			
lutein	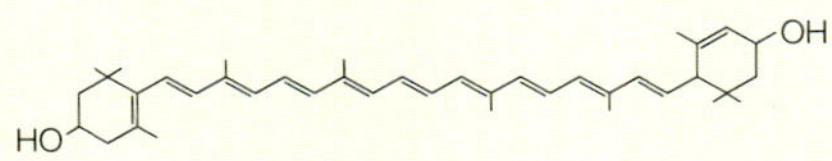	노랑	난황, 감귤, 호박, 옥수수, 해조류
cryptoxanthin	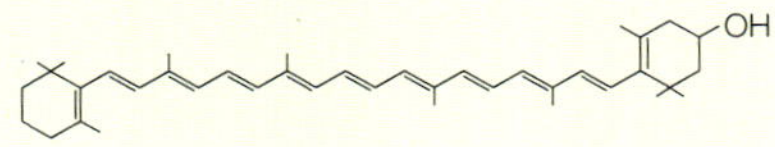	노랑	감, 옥수수, 감귤, 난황, 앵두
violaxanthin	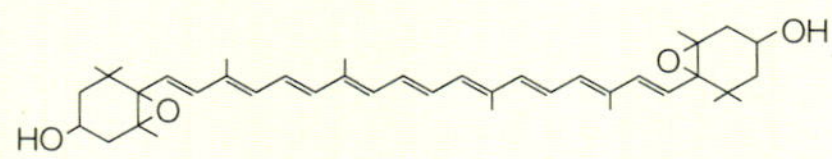	주황	자두, 복숭아, 고추
zeaxanthin	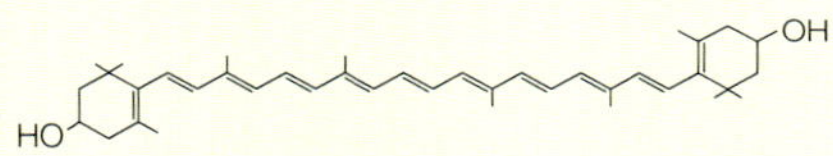	노랑	옥수수, 감귤, 호박, 난황
capsanthin	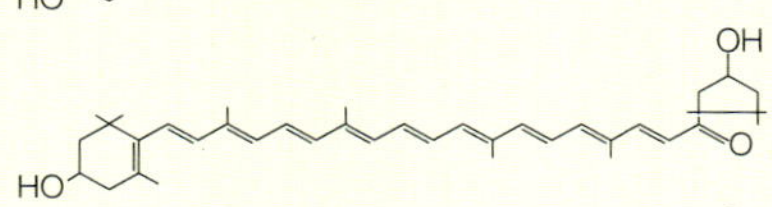	빨강	고추, 피망
astaxanthin	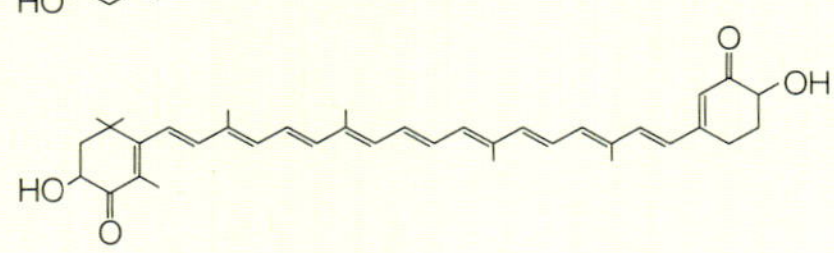	빨강	게, 새우, 연어, 가재
crocetin		노랑	치자, saffron
bixin	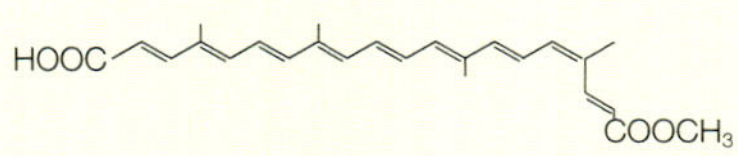	노랑	Annatto
canthaxanthin	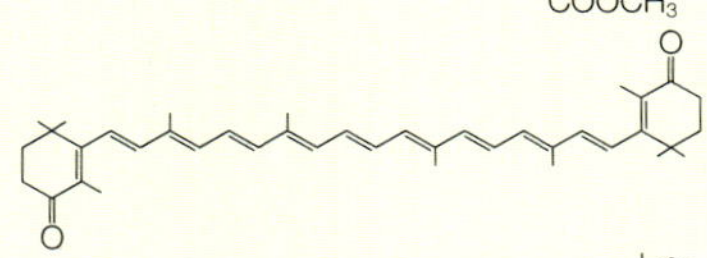	빨강	버섯, 송어, 새우, 해조류
torularhodin	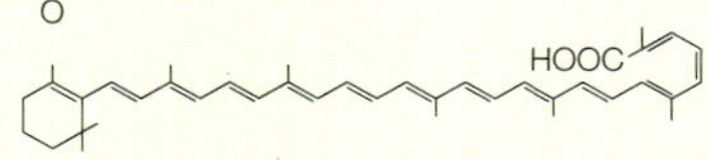	빨강	Torula 효모
fucoxanthin	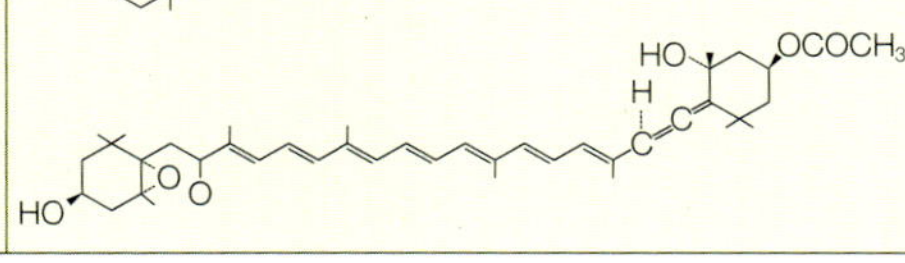	빨강	갈조류

의 9개의 탄소원자가 β−이오논(ionone) 환을 이루고 있다. 이들 α−, β−, γ−카로틴은 체내에서 산화분해되어 비타민 A로 전환될 수 있으므로 프로비타민 A이다. 특히 β−카로틴은 1분자에서 2분자의 비타민 A를 만들어 낼 수 있는 효율이 좋은 프로비타민 A이다. 그러나 라이코펜은 두 개의 슈도 이오논핵만을 가지고 있기 때문에 비타민 A의 효력이 없다.

나. 잔토필(xanthophylls)

잔토필은 알코올에 녹고 석유 에테르에는 녹지 않으며, C, H 이외에 O를 갖고 있는 것이 특징이다. 잔토필류 색소의 대표적인 것은 옥수수, 오렌지껍질의 크립토잔틴, 난황 · 녹엽의 루테인, 송이버섯의 칸타잔틴(canthaxanthin), 고추의 캡산틴, 갈조류의 푸코잔틴 등이 있다. 크립토잔틴은 분자 내에 β−이오논 환을 가지고 있기 때문에 체내에서 산화분해되어 비타민 A로 전환될 수 있으나 나머지 잔토필은 비타민 A로 전환될 수 없다.

③ 화학적 성질

잔토필은 카로티노이드에 속하는 색소로 다수의 공액이중결합을 가지고 있어 산화에 약하다. 이 산화과정은 각종 광선 조사에 의해서 촉진되나 산소가 없는 조건에서는 광선에 의한 영향을 받지 않는다. 또한 잔토필 색소가 함유되어 있는 식품을 산소가 있는 조건에서 가열하게 되면 그 특유한 색을 잃게 된다.

(3) 플라보노이드계(flavonoid, anthoxanthin)

식품에 널리 분포하는 황색계통의 색소인 플라보노이드(flavonoid)는 비타민 P 또는 비타민 C2라고 부르기도 하며 고등식물의 잎, 꽃 등에 들어 있다. 넓은 의미의 플라보노이드는 안토잔틴류(anthoxanthins)와 안토사이아닌류(anthocyanins), 카테킨류(catechins)를 포함하지만 좁은 의미에서의 플라보노이드는 안토잔틴류만을 의미한다. 플라보노이드의 색소의 구조들은 모두 $C_6-C_3-C_6$의 골격상의 특징을 갖고 있으며 이상의 플라보노이드 색소들은 여러 당류와 에테르(ether)의 결합을 통해서 결합하여 배당체(glycosides)의 형태로 존재하는 경우가 많다. 일반적으로 자외선 쪽의 흡수파장을 지니기 때문에 무색으로 나타나지만, 플라본(flavone)과 플라보놀(flavonol)은 2, 3위치에 이중결합을 지니기 때문에 황색으로 나타난다.

- flavonoid 색소
  - anthoxanthin (common flavone: 화황소)
  - anthocyanin (화청소)
  - tannin

플라보노이드 색소는 식물세포의 액포(vacuole) 중에 유리 상태나 배당체로 존재하며 일부는 아름다운 색채를 부여하고 있다.

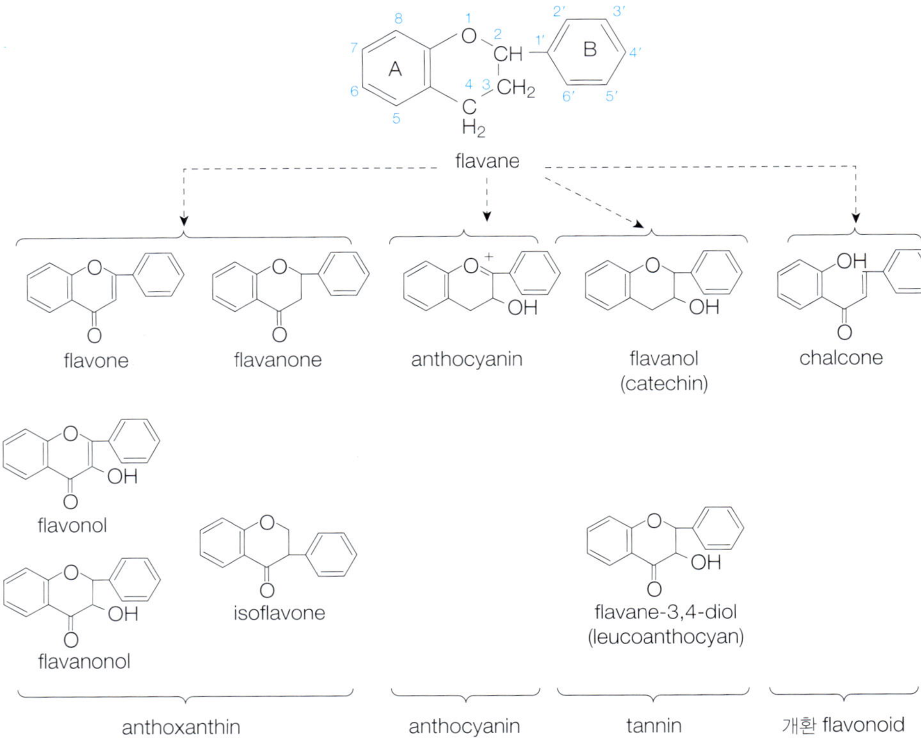

① **안토잔틴의 구조**

안토잔틴은 플라본이라고도 부르며 녹엽, 과실의 껍질(특히 밀감류의 껍질), 꽃 등에 널리 분포되어 담황색 또는 황색의 색소이다.

안토잔틴은 아이소플라본(isoflavone)을 제외하고는 모두 벤조피론(benzopyrone)의 2번 탄소위치에 페닐(phenyl)기를 가진 2-phenyl benzopyrone(flavone)이다. 플라본의 기본구조에 3번 탄소위치에 OH로 치환된 플라바놀(flavanol), 이중결합이 포화된 플라바논(flavanone)에 탄소위치에 OH기가 치환된 플라바논올(flavanonol), 그리고 플라본의 3번 탄소위치에 페닐기가 치환된 아이플라본 등으로 세분되며 그 구조를 살펴보면 다음과 같다.

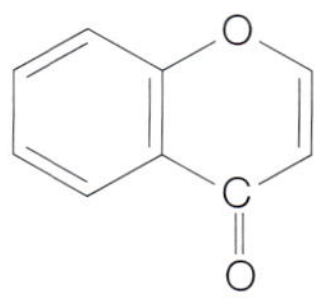

benzopyrone

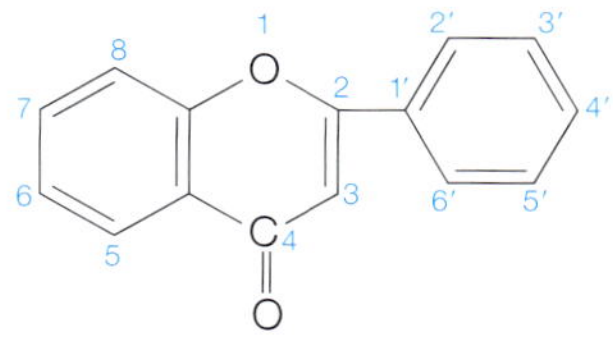

2-phenylbenzopyrone(flavone)

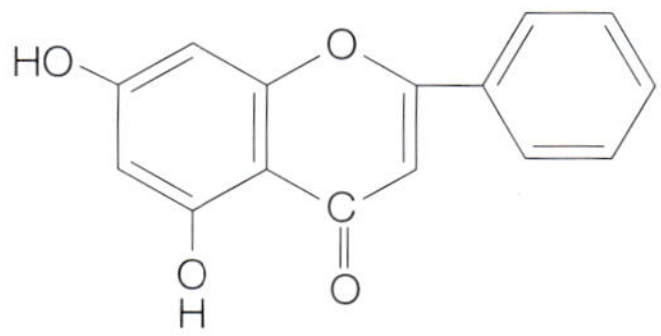

flavone

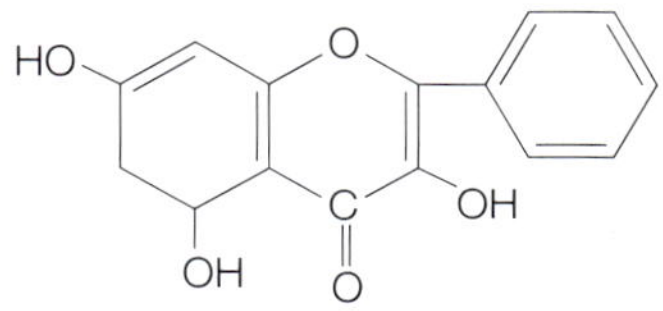

flavonol(3-oxy-flavone, 무색)

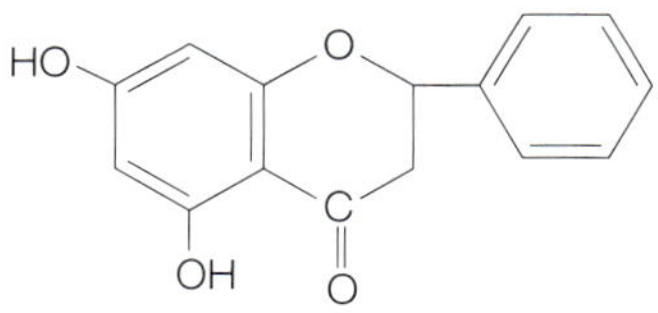

flavanone
(2,3-dihydroflavone, 무색)

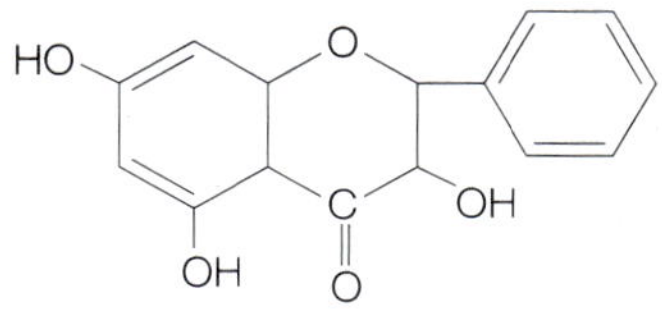

flavanonol
(2,3-dihydroflavonol, 무색)

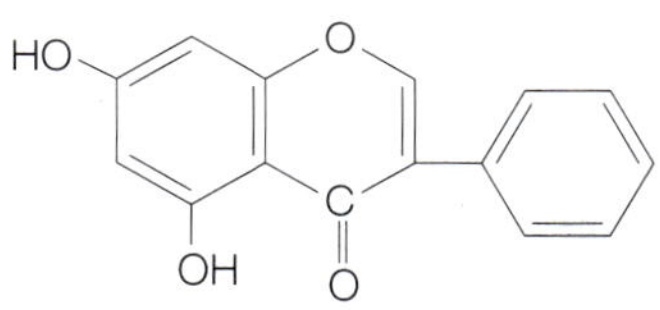

isoflavone
(3-phenylbenzopyrone)

안토잔틴은 식물체 중에서 유리 상태로 존재하기도 하나, 대부분의 경우 당류와 결합하여 배당체의 형태로 존재한다. 결합되는 당류는 D-글루코스(D-glucose), D-람노스(D-rhamnose), D-갈락토스(D-galactose), L-아라비노스(L-arabinose), 루티노스(rutinose) 등이며 그 결합위치는 일반적으로 7번 탄소위치의 OH기와 글리코사이드(glycoside) 결합을 하고 있지만 플라바논올 등과 같이 3번 탄소위치에 글리코사이드 결합을 하고 있는 것도 있다.

② 화학적 성질

가. 산, 알칼리와의 반응

안토잔틴은 일반적으로 산에 대해서는 안정하나 알칼리에는 불안정하기 때문에 pH 11~12에서 아글리콘(aglycone)의 고리구조가 개열되어 해당되어서 칼콘(chalcone)이

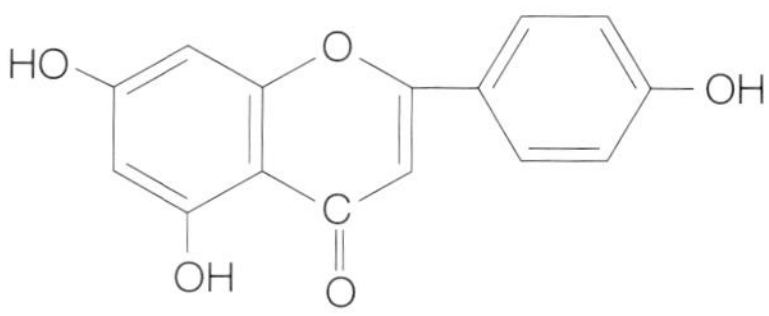

apigenin
(5,7,4′- trihydroxy flavone)
Flavone계이며 옥수수의 황색 성분

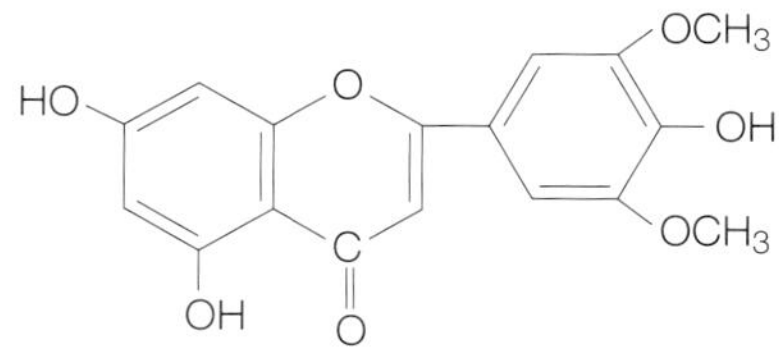

tritin
(5,7,4′-trihydroxy-3′,5′-dimethoxy-flavone) 밀, 아스카라거스에 함유

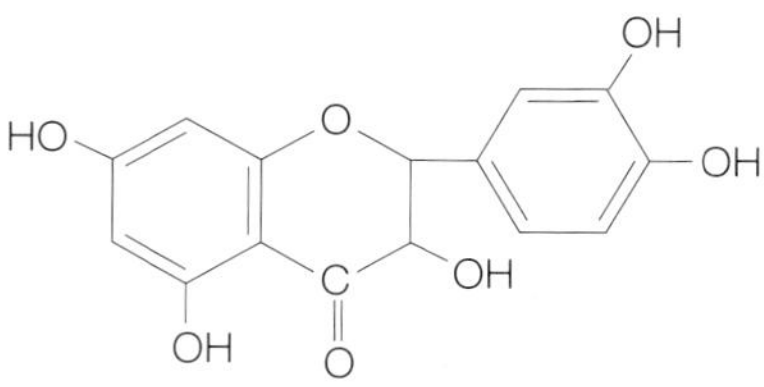

quercetin
(5,7,3′, 4′-tetrahydroxy-flavonal)
양파 껍질에 함유

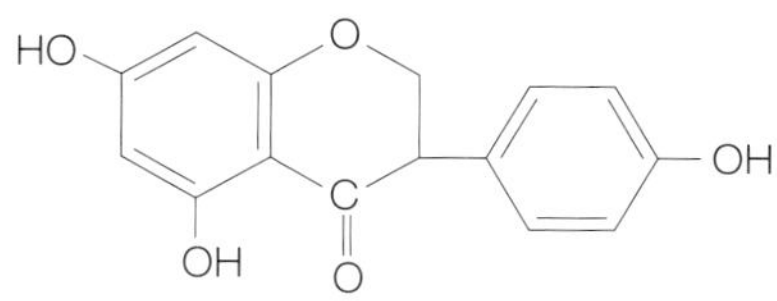

daidzein
(7,4′-dihydroxy-isoflavone)
콩에 함유

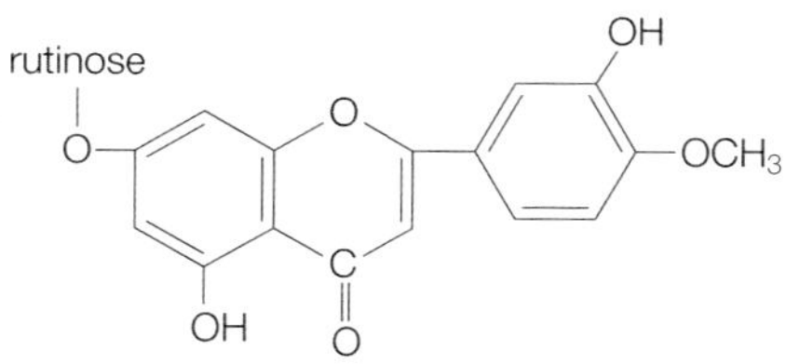

hesperidin
(hesperitin-7-rhamnoglucoside)
감귤류의 껍질, 무색(염기성에서 황색)
vitamin P의 작용

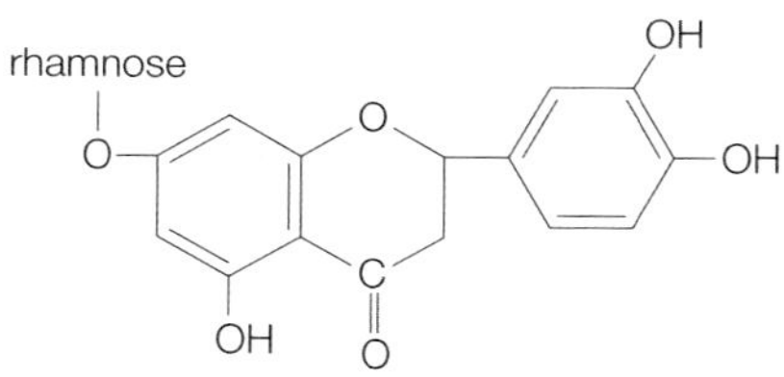

eriodictin
(eriodictyol-7-rhamnoside)
vitamin P의 작용

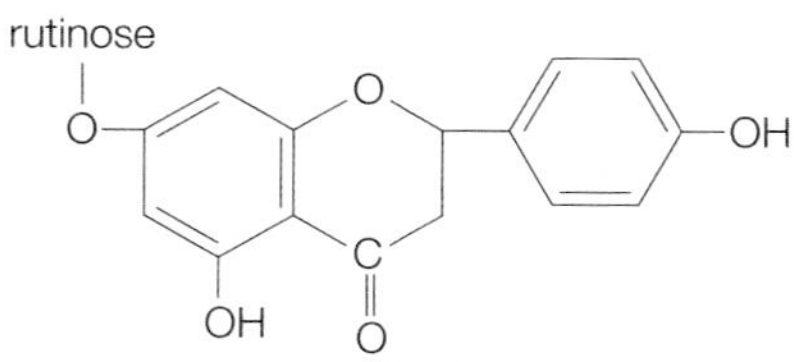

naringin
(naringenin-7-rhamnoglucoside
감귤류, grape fruit에 함유
무색(염기성에서 황색)

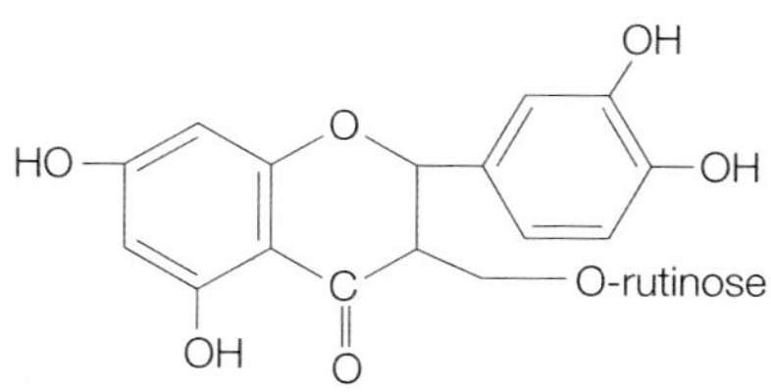

rutin
(quercetin-3-rutinoiside)
메밀, 토마토에 함유,
무색(염기성에서 황색)

되며 황색 또는 짙은 갈색으로 된다. 그 예로서 밀가루에 $NaHCO_3$를 섞어 만든 빵이 황색으로 변한다든지 삶은 감자나 경수(hard water)에 조리한 쌀, 삶은 양파나 양배추 등이 황변하는 것은 이 때문이다. 그러나 pH가 다시 산성으로 기울어지면 개환된 칼콘의 일부는 다시 고리를 형성하여 본래의 형으로 되돌아간다.

나. 조리과정에서의 변화

일반적으로 안토잔틴을 함유한 식품을 가열 조리하면 가수분해되어 당류와 아글리콘으로 분리되는데, 이때 분리된 아글리콘은 황색을 지니며 가수분해가 많이 일어날수록 식품의 노란 색깔이 더 짙어진다. 또한 가열 조리할 때 사용되는 물이 알칼리염의 함량이 큰 경수인 경우에 식품의 색깔은 더욱 선명한 노란색을 갖게 된다. 예로 삶은 쌀, 감자, 양파, 양배추 등을 경수로 가열 조리할 때 노란색으로 착색되거나 그 색이 더욱 선명해진다.

다. 금속과의 반응

안토잔틴은 많은 페놀(phenol)성 OH기를 갖고 있으므로 금속과 반응하여 불용성 착화합물을 만든다. 예를 들면 퀘세틴(quercetin)의 Al염은 황색, Cr염은 적갈색, Fe염은 흑록색이다. 안토잔틴계 색소는 다른 폴리페놀(polyphenol) 화합물들과 마찬가지로 매우 쉽게 산화되어 갈색화되고 그 산화과정도 폴리페놀 화합물과 유사하다. 특히 철이온(Fe^{2+})과 반응하면 분자 중의 수산기(−OH)의 수와 위치에 따라 녹색, 청갈색, 암청색의 복합체를 형성한다. 예로 감자 등을 철제로 된 칼로 썰었을 때 칼에 닿은 면이 청록색 또는 흑갈색으로 변화하는 경우이다.

라. 생리적 작용

헤스페리딘(hesperidin), 에리오딕틴(eriodictin), 루틴(rutin), 퀘세틴 등의 혼합물들을 보통 비타민 P라고 하며 유지나 비타민 C의 항산화제로 작용하고 비타민 C의 효과를 높이며 모세혈관의 증강작용을 갖고 있다.

(4) 안토사이아닌(anthocyanin)

안토사이아닌은 플라보노이드의 일종으로 꽃, 과실, 채소류에 존재하는 빨간색, 자색 또는 청색의 수용성 색소들로서 일명 화청소라고 부른다.

① 안토사이아닌의 구조

안토사이아닌은 배당체로 존재하며 이것은 산, 알칼리, 효소 등에 의하여 가수분해되어 아글로콘인 안토사이아니딘(anthocyanidin)과 당류로 분리되는데 결합당은 글루코스(glucose), 갈락토스(galactose), 람노스(rhamnose) 등이다.

$$\text{anthocyanin} \xrightarrow{\text{산, 알칼리, 효소}} \text{anthocyanidin(aglycone)} + \text{sugars}$$

안토사이아닌의 종류는 페닐(phenyl) 환이 결합되는 치환기의 종류와 수, 그리고 3, 5번 탄소위치에 결합되는 당의 종류와 수 등에 따라 여러 종류가 있는데 자연계에는 보통 여섯 종류의 안토사이아닌이 분포되어 있다. 페닐 환의 c-4′에 하나의 OH기

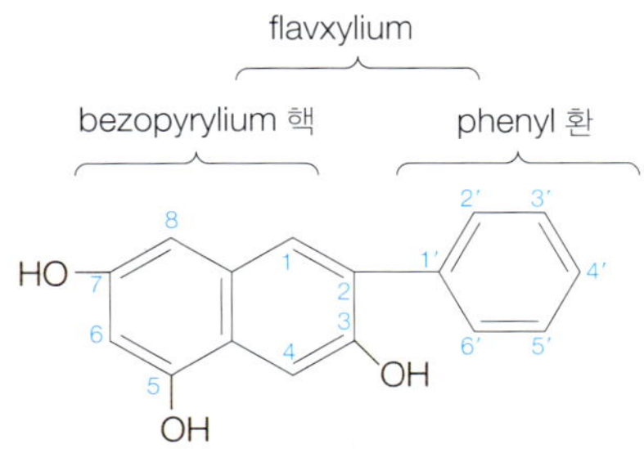

그림 8-3 anthocyanin의 기본구조

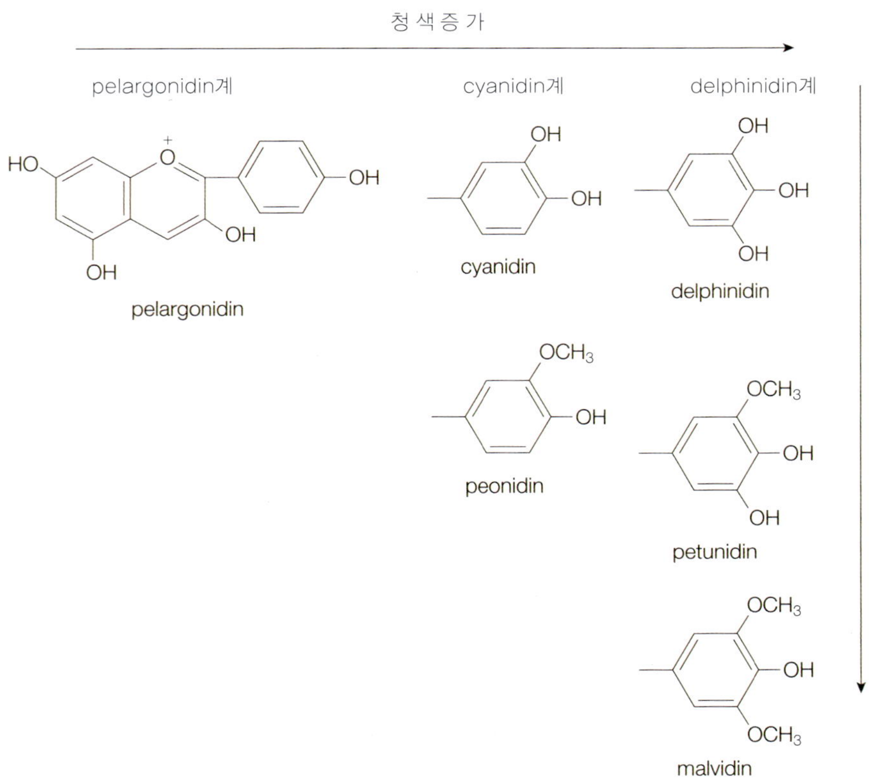

그림 8-4 anthocyanin의 변화

가 결합된 것을 펠라르고니딘(pelargonidin), c−3′와 c−5′ 두 자리에 각각 OH기가 결합된 것을 사이아니딘(cyanidin), 그리고 여기에 c−5′에 OH기가 더 결합된 것을 델피니딘(delphinidin)의 OH기들 중 하나 또는 두 개의 OH기가 메톡실화된 페오니딘(peonidin), 페튜니딘(petunidin), 말비딘(malvidin) 등이다.

일반적으로 페닐기 중의 hydroxyl(OH)기가 증가하면 청색이 짙어지고, methoxy (CH_3)기가 증가하면 빨간색이 점차로 짙어진다.

② 화학적 성질

가. pH에 의한 색의 변화

안토사이아닌은 pH 3 이하에서 적색의 플라빌리움(flavylium)염의 형태로 존재하며, pH 4~5에 이르면 무색의 슈도(pseudo)염을 거쳐서 pH 8.5 이르면 자색으로 변하고 더욱 알칼리를 가하면 청색이 된다. 이 변화는 가역적 반응으로 산을 넣으면 다시 되돌아가서 적색을 띤다. 안토사이아닌 색소를 함유하는 과실이나 채소를 가공 조리할 때도 색의 변화가 나타날 경우 pH를 낮추면 원래의 색을 유지할 수 있다.

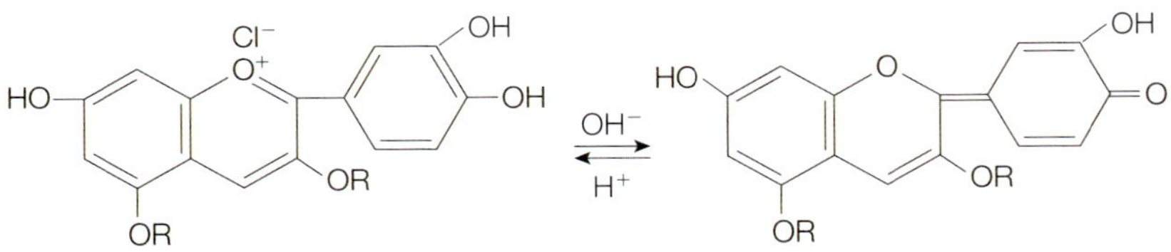

flavylium염 (양이온)
pH 3 또는 그 이하 (적색)

pH 8.5 (자색)

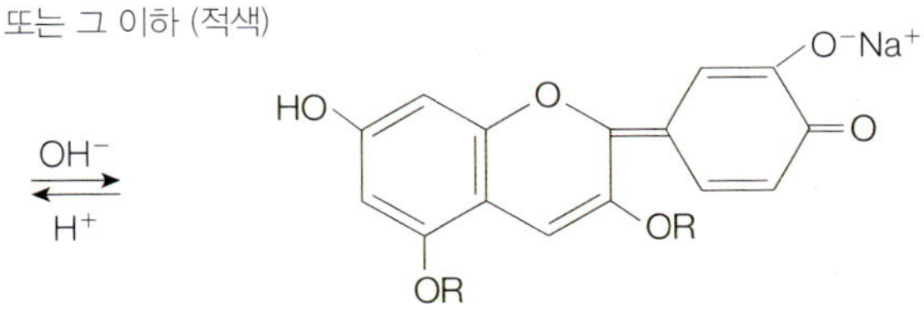

pH 11(청색)

TIP ▸ 천연 지시약인 안토사이아닌

처음 등장한 지시약은 자연 지시약과 같이 식물로부터 즙을 내어 만든 용액이었다. 16세기의 화학자 보일이 최초로 산과 염기를 정의하면서 지시약도 같이 발견하였다. 이때 주로 사용한 지시약은 제비꽃과 리트머스 이끼이다. 리트머스 이끼로부터 추출한 보라색 즙에 소량의 염화수소 또는 암모니아를 조금 넣은 뒤 건조시키면 리트머스 시험지가 된다. 이외에도 천연물질을 이용하여 만든 지시약으로는 카레가루, 가지, 포도껍질, 당근이 있다. 이와 같이 식물이 지시약으로 널리 사용하는 이유는 안토사이아닌이라는 색소 때문이다.

나. 산, 알칼리와의 반응

안토사이아닌은 물이나 알코올에 잘 녹고 에테르, 벤젠에는 녹지 않는다. 그리고 산성 용액에는 안정하지만 알칼리 용액에서는 불안정하다. 이와 같은 성질을 이용해서 안토시아니딘을 불활성가스 중에서 10% $Ba(OH)_2$로 처리하면 플로로글루시놀(phloroglucinol)과 페놀 유도체를 생성하는데 이 원리를 통해 펠라고니딘(pelargonidin), 사이아니딘(cyanidin), 델피니딘(delphinidin)의 페놀 유도체의 종류를 확인할 수 있다.

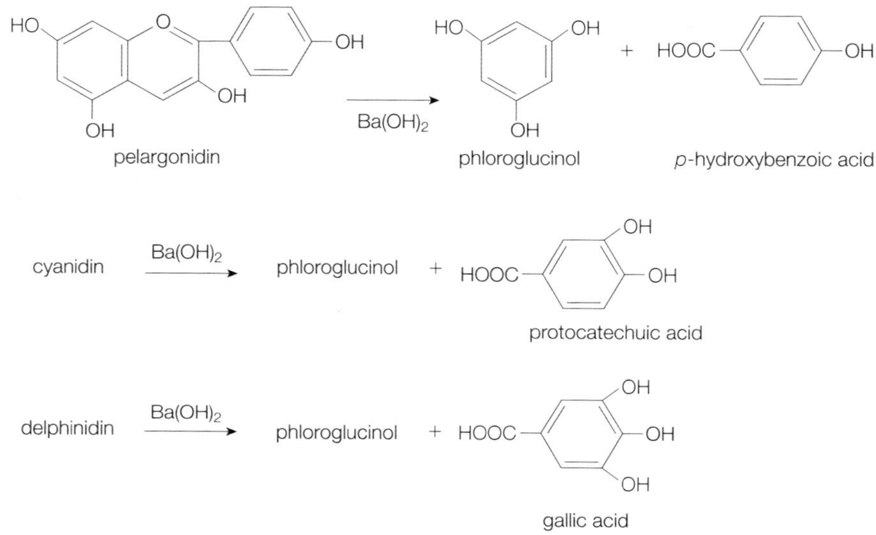

다. 금속과의 반응

안토사이아닌색소는 각종 금속과 반응하여 금속착화합물을 만든다. 펠라고니딘은 금속착화합물을 형성하지 않고 사이아니딘이나 델피니딘 등과 같이 페닐 환에 이웃하는 두 개 이상의 OH기를 갖는 것들만이 금속착화합물을 만드며, 그 색은 대개 청색이나 청록색이다. 과일이나 채소를 통조림했을 때 깡통의 주석에 의하여 회색을 나타내므로 에나멜을 칠한 깡통을 사용해야 한다.

(5) 타닌(tannin)

타닌은 어떤 일정한 구조를 갖지 않는 폴리페놀성 화합물을 말한다. 타닌은 식물의 줄기, 잎사귀, 뿌리 등에 널리 분포하고 있으며, 특히 덜 익은 과실과 식물의 종자에도 상당량 함유되어 있다. 타닌은 흰색에 가까운 연노란색에서 엷은 갈색을 띠며, 그 산화물은 홍갈색, 홍색, 흑색을 나타낸다.

기능적인 면에서 타닌은 알칼로이드, 젤라틴, 그리고 단백질을 침전시킬 수 있는 분자량이 500~3000인 수용성 폴리페놀 화합물을 말하며 단백질을 침전시킬 수 있는 능력으로 인해 청징제로써 유용하게 사용되고 있다.

① 타닌의 구조

타닌은 두 가지 형태가 존재한다. 프로안토사이아니딘(proanthocyanidins)은 축합된 타닌의 형태로 산가수분해에 의해 사이아니딘과 에피카테킨(epicatechin)을 생성시킨다. pantagalloyl glucose는 가수분해될 수 있는 타닌으로 포도당이 페놀분자와 결합되어 있는데 가장 흔한 형태는 포도당이 갈산(gallic acid), 그리고 그 이중체인 엘라그산(ellagic acid)과 결합되어 있다.

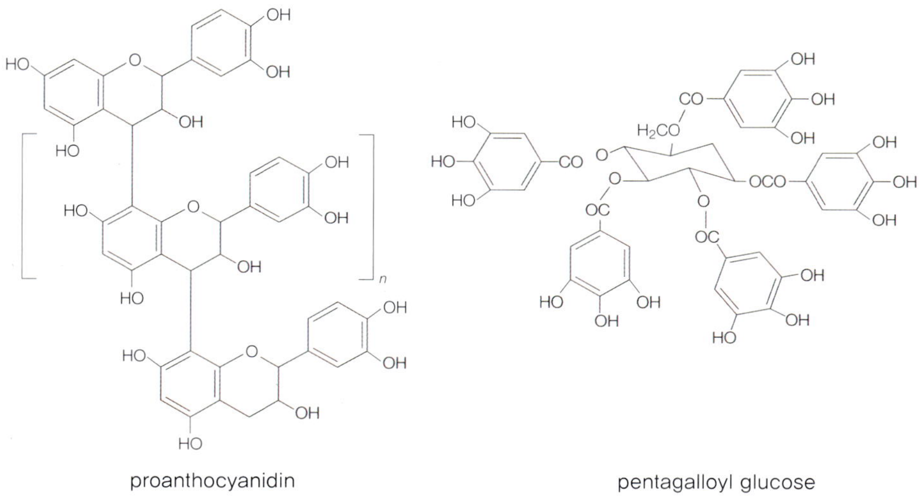

그림 8-5 tannin의 구조

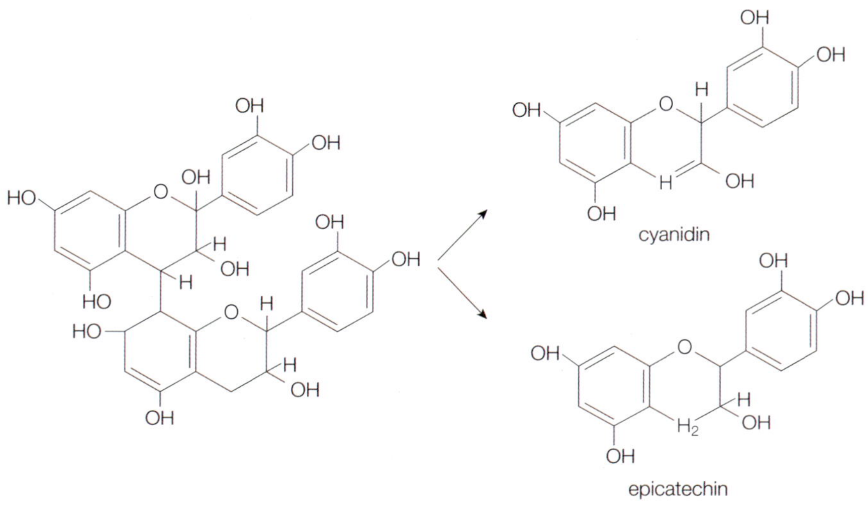

그림 8-6 산성에서 proanthocyanidin의 가수분해

② 화학적 성질

가. 이성질체의 형태

카테킨(catechin)의 2번과 3번 탄소는 비대칭이므로 결합되어 있는 수소의 위치가 *trans*형이면 카테킨이고, *cis*형이면 에피카테킨이다. 카테킨과 루코안토사이아닌(leucoanthocyanin)은 차(tea)에 많이 존재하며, 사과, 배, 포도, 살구, 감 등에도 함유되어 있다. 차에는 많은 종류의 카테킨과 갈산(gallic acid)과 에스터화된 에피카테킨 갈레이트(epicatechin gallate)로 존재한다.

하이드록시(hydroxy)산 중에서는 클로로겐산(chlorogenic acid) 이외에 카페익산(caffeic acid), 페닐 카페이트(phenyl caffeate) 등이 있으며, 그 중에서 카페익산이 가장 일반적인 페놀성 화합물이며 나뭇잎에 많다. 하이드록시산은 과실이나 채소류 · 감자류 · 콩류 등의 색깔, 맛, 그리고 이 식품들의 갈색화 반응 등에서 중요한 역할을 한다.

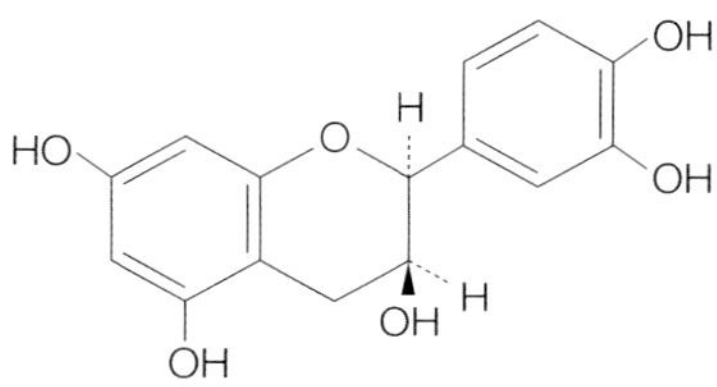

(−)-catechin

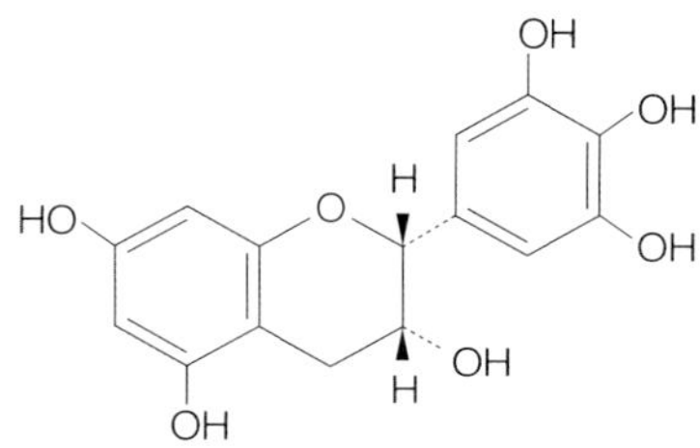

(−)-epigallocatechin

나. 금속과의 반응

타닌은 여러 금속과 복합염을 형성하며 그 복합염은 대체로 회색, 갈색, 흑청색, 청록색 등을 갖는다. 그 예로서 차나 커피를 경수로 끓였을 때 액체 표면에 갈색, 적갈색의 침전을 형성한다. 타닌은 그 함량이 많은 과실이나 채소 통조림에서 녹아 나오는 제1철(Fe^{2+})이온과 반응하여 회색의 복합염을 형성하고, 이 복합염은 통조림 내부의 산소 존재 시 제2철(Fe^{3+})이온과 복합염을 형성하여 흑청색, 청록색으로 변화한다. 감을 칼로 자를 때 흑변하는 것도 타닌과 제2철염과의 반응결과이기 때문이다.

다. 산화반응

타닌은 과실이 성숙하여짐에 따라 산화되어 안토사이아닌 또는 안토잔틴으로 전환되고 또 중합되어 불용성 물질로 변해서 타닌의 쓴맛이나 떫은맛이 소실된다.

3) 동물성 식품의 색소

(1) 미오글로빈(myoglobin)

미오글로빈은 헤모글로빈과 마찬가지로 보통 헴(heme)으로 알려진 철을 함유하고 있는 포피린 유도체(iron-containing porphyrin)와 단백질이 결합되어 형성된 색소이며, 헤모글로빈이 빨간색을 갖고 있는 데 비해서 미오글로빈은 적자색(purple red)을 갖고 있다.

① 미오글로빈의 구조

미오글로빈은 하나의 복합단백질이며 글로빈(globin)으로 알려진 단백질 부분과 헴으로 알려진 비단백질 부분으로 구성되고 있다. 이 글로빈으로 알려진 부분의 분자량은 사람의 경우를 비롯한 포유동물의 경우에는 대체로 17,000으로 추산되고 있으며 생체의 종류에 따라 다르나 대체로 150여 개의 아미노산들이 펩타이드 결합을 통해서 α-나선형을 유지하면서 입체구조를 형성하고 있다.

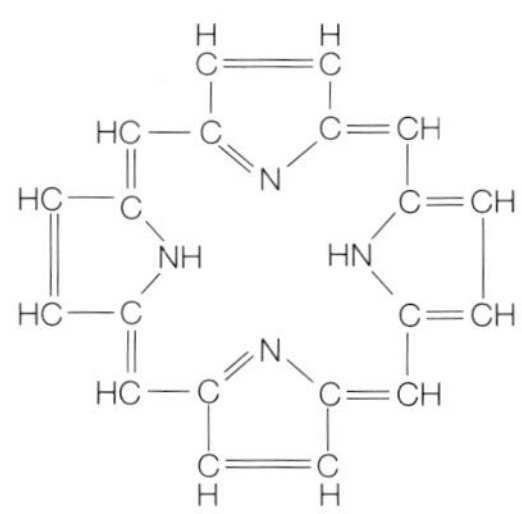

porphyrin($C_{20}H_{14}N_4$)

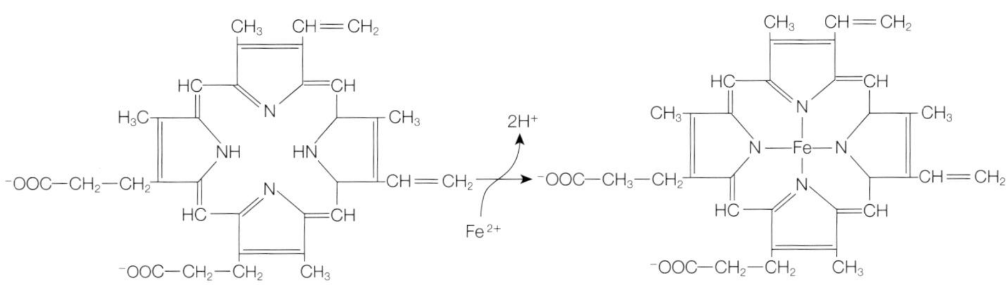

protoporphyrin Ⅸ　　　　ferroprotoporphyrin (heme)

포피린 자체는 파이롤(pyrrole) 네 개가 메틴기(methine group)를 통해서 결합하여 형성된 구조를 갖고 있다. 이 포피린의 파이롤 부분의 외곽에는 다른 기능기와 치환할 수 있는 각각 한 개의 수소원자를 가진 8개의 −CH=기가 있어서 치환기의 종류와 그 위치에 따라 포피린류는 다시 다섯 가지 종류로 분류된다.

한편, 포피린 환의 중심부를 향해서 위치하고 있는 질소원자들과 결합하는 금속이온의 종류에 따라 분류될 수도 있다. 보통 철, 구리, 마그네슘 이온들이 이상의 질소원자들과 공유결합과 배위결합을 통해서 결합하며, 이 경우 각각 철 포피린류, 구리 또는 동 포피린류, 마그네슘 포피린류 등으로 불려진다. 미오글로빈의 헴부분, 산화효소 사이토크롬 a의 비단백질 부분, 클로로필류는 이상의 금속 포피린류의 각각의 대표적인 예가 된다.

② 화학적 성질

가. 산화에 의한 변화

미오글로빈은 분자상의 산소(molecular oxygen)와 매우 결합하기 쉬우며, 따라서 육류조직 내에 존재하는 미오글로빈은 공기 중에 노출되어 있으면 30분 내에 분자상의 산소와 결합하여 선명한 빨간색을 가진 옥시미오글로빈(oxymyoglobin, MbO_2)으로 된다. 이 옥시미오글로빈은 그 자체로서는 비교적 안정된 색소이나, 계속 천천히 산화되어 궁극적으로는 갈색을 가진 메트미오글로빈(metmyoglobin)이 된다.

실제로 신선한 육류 속에서는 갈색을 가진 메트미오글로빈이 계속 축적되는데, 이 메트미오글로빈은 육류 속의 미오글로빈, 옥시미오글로빈(MbO_2)들이 자동산화(autoxidation)되어 나타난 결과이다.

이 미오글로빈이나 옥시미오글로빈의 자동산화의 본질은 프로토포피린 환의 중심에 있는 철이온이 제1철이온(ferrous ion)에서 제2철이온(ferric ion)으로 산화되는 데 있으며, 이때 형성되는 메트미오글로빈의 색깔은 갈색이다.

나. 가열 조리 중의 변화

일반적으로 육류에 존재하는 색소들은 주로 빨간색을 가진 육류색소(red meat pigment)인 옥시미오글로빈과 미오글로빈(Mb)의 페로프로토포피린(ferroproto porphyrin, Fe^{2+})이 페리프로토포피린(ferriprotoporphyrin, Fe^{3+})으로 산화된 갈색의 메트미오글로빈(metmyoglobin)으로 알려져 있다.

따라서, 육류를 가열하면 일부 산화되지 않은 미오글로빈은 옥시미오글로빈을 거쳐서 메트미오글로빈(Met.Mb)으로, 옥시미오글로빈은 직접 메트미오글로빈으로 된다.

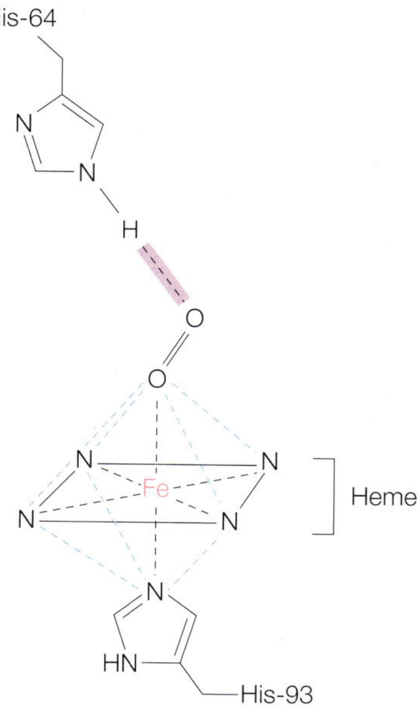

oxymyoglobin

가열이 계속됨에 따라 이 메트미오글로빈의 글로빈 부분은 변성(denaturation)을 일으켜 분리되며, 한편 갈색 내지는 회색의 헴부분(heme part), 즉 페리프로토포피린이 유리된다.

이 페리프로토포피린은 페로프로토포피린과는 달리 포피린 환의 중심에서 배위결합을 하고 있는 철이온이 제1철이온(Fe^{2+})이 아니라 제2철이온(Fe^{3+})이므로 페리프로토포피린 전체가 1가의 양이온(univalent cation)의 형태를 갖고 있어서 보통 수산이온(OH^-)과 염의 형태, 즉 [ferriprotoporphyrin]+OH^-의 형태로 존재한다. 이 염(salt)의 형태, 즉 수산화 페리프로토포피린은 일반적으로 헤마틴(hematin)으로도 알려져 있으며, 그 분자식은 $C_{34}H_{32}FeN_4O_4^+OH^-$로 표시될 수 있다. 한편 페리프로토포피린은 NaCl이 존재하는 경우에는 염소이온(Cl^-)과 결합하여 염화물(chloride)의 형태로 존재할 수도 있다. 이렇게 형성된 염화 페리프로토포피린은 일반적으로 헤민으로 알려져 있으며, 그 분자식은 $C_{34}H_{32}FeN_4O_4^+Cl^-$로 표시될 수 있다. 한편, 헤마틴의 수산이온은 쉽게 염소이온과 대체될 수 있으며, 따라서 헤마틴에서 쉽게 헤민이 형성될 수 있다.

이 헤마틴이나 헤민은 계속 산화되어 각종의 갈색, 회색, 또는 무색의 산화된 포피린 유도체들(oxidized porphyrins)로 된다.

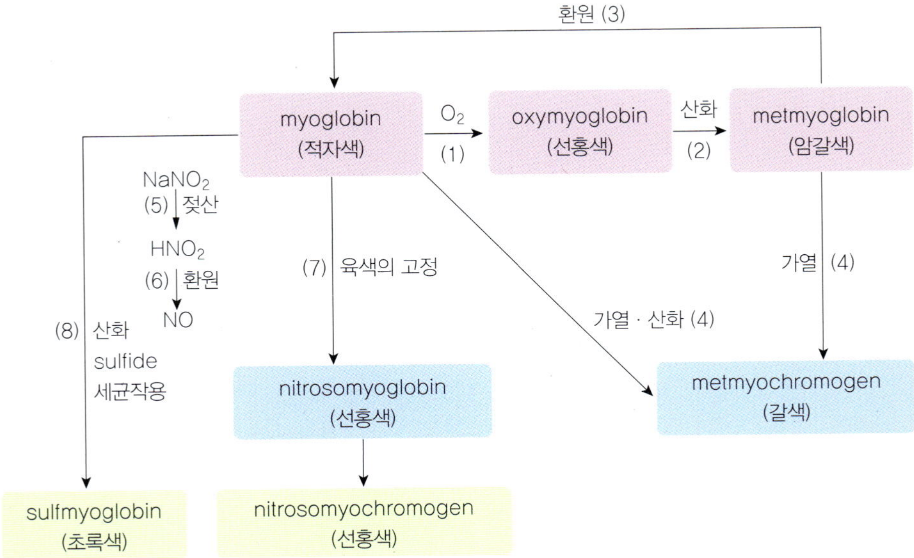

$$Mb(Fe^{2+}) + O_2 \longrightarrow Mb(Fe^{2+}) \cdot O_2 \longrightarrow Mb(Fe^{3+}) \xrightarrow{\text{가열}} \text{hematin} + \text{globin}$$

myoglobin (적자색) → oxymyoglobin (적색) → metmyoglobin (갈색) → (갈~회색)

그림 8-7 myoglobin의 변화

다. 가공과정 중의 변화

햄, 베이컨, 소세지 등의 절임육류 가공품에 있어서는 육류를 절임하는 데 사용되는 염류용액에 오래 침지되고 있는 동안에 염류용액에 형성된 아질산에 의해서 미오글로빈은 선명한 빨간색의 산화질소-미오글로빈이 형성된다. 이 산화질소-미오글로빈은 선명한 색깔을 갖고 있을 뿐만 아니라, 열에 대해서도 매우 안정하다.

한편, 옥시미오글로빈을 거쳐서 메트미오글로빈으로 산화된 색소들의 일부도 절임용액에서 형성된 아질산에 의해서 일단 미오글로빈으로 환원되었다가 다시 빨간색의 산화질소-미오글로빈이 된다. 절임된 육류, 또는 그 가공품에 있어서 주요 색소가 되는 산화질소-미오글로빈은 육류 또는 그 가공품이 가열될 때에는 먼저 글로빈 부분이 변성되어 떨어져 나간 후, 헴은 부분적 분홍색을 가진, 열에 대해서 매우 안정된 산화질소-헤모크로모젠이 된다. 그러나 조리과정 중 계속 심하게 가열될 때는 이 산화질소-헤모크로모젠도 점차 산화, 분해되어 무색, 갈색, 회색 등의 각종의 산화된 포피린류로 된다. 절임에 사용되는 질산염에서 생기는 질산이온이 절임육류 속에 존재하는 비병원성 세균에 의해서 환원되어 아질산이온을 거쳐서 아질산이 되었다가 절임육류에 존재하는 여러 환원성 물질들에 의해서 이렇게 형성된 아질산이 다시 환원되어 형성된다.

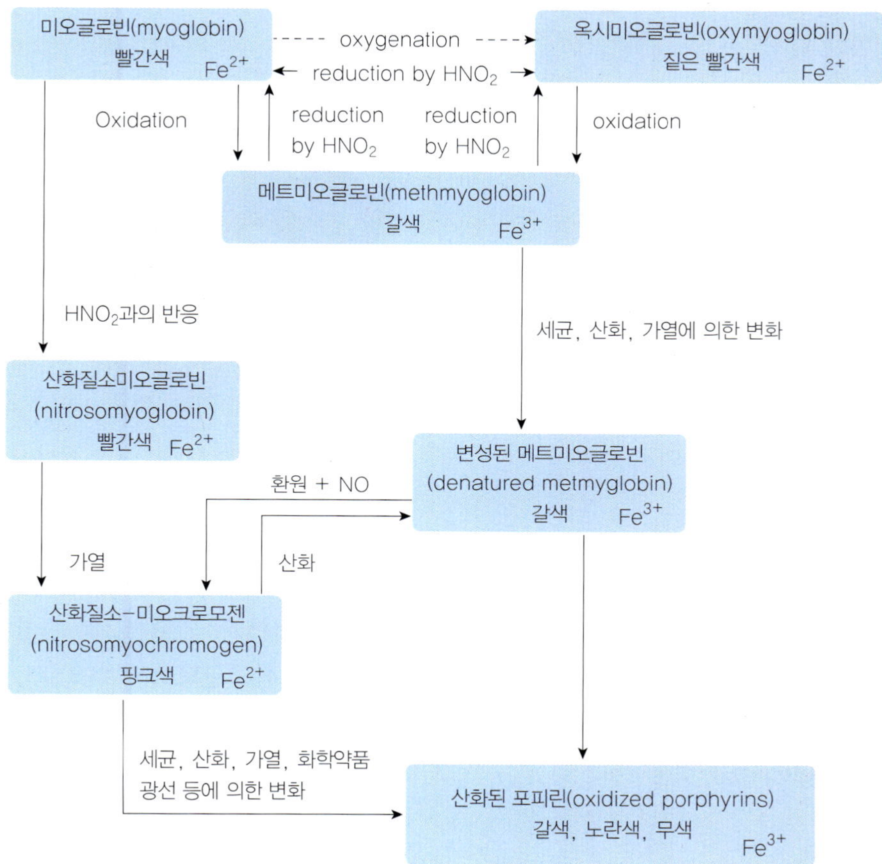

그림 8-8 미오글로빈의 가공 중 변화

(2) 헤모글로빈(hemoglobin)

헤모글로빈 한 분자는 4분자의 헴과 1분자의 글로빈이 결합된 것으로 미오글로빈 분자와 거의 같은 크기와 구조를 가진 소단위(subunit) 4개가 모여서 두 개씩 쌍을 형성하고 이 두 개의 쌍이 서로 결합하여 4차 구조(quaternary structure)의 입체구조를 이루고 있다.

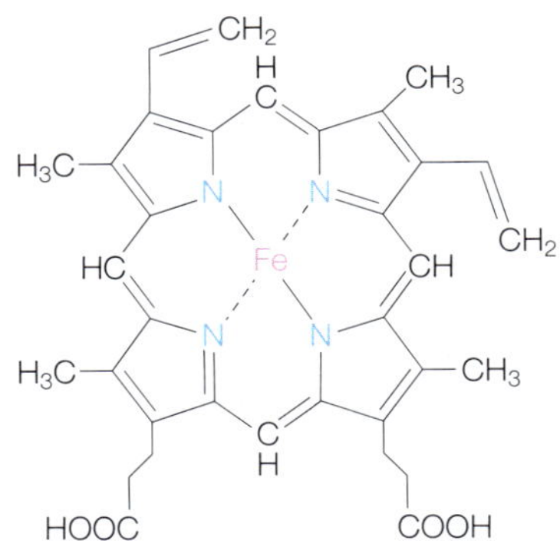

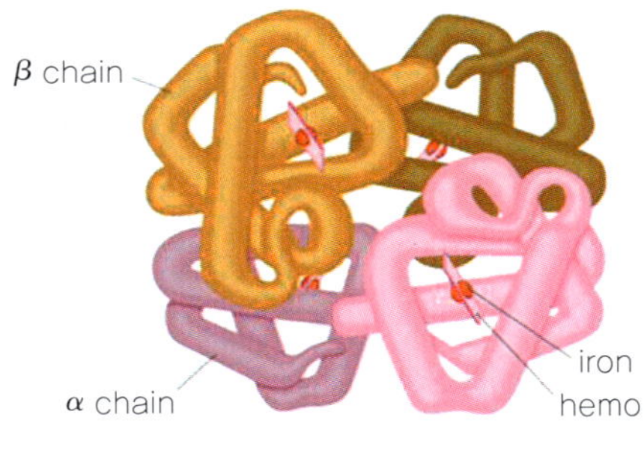

hemoglobin

① 화학적 성질

헤모글로빈은 혈액 내에서 산소의 운반체로 작용하며 산소와 가역적으로 결합하여 옥시헤모글로빈(oxyhemoglobin)을 형성한다. 육류 중의 헤모글로빈도 미오글로빈의 경우와 같이 저장 또는 가열 조리 중에 옥시헤모글로빈을 거쳐 갈색의 메트헤모글로빈(methemoglobin)을 형성한다.

						가열	
$Hb(Fe^{2+}) + O_2$	⟶	$Hb(Fe^{2+}) \cdot O_2$	⟶	$Hb(Fe^{3+})$		⟶	hematin + globin
hemoglobin		oxyhemoglobin		methemoglobin			
(적자색)		(적색)		(갈색)			(갈~회색)

메트헤모글로빈을 가열할 때는 미오글로빈의 경우와 같이 단백질인 글로빈이 변성되어 분리되고 무색, 갈색, 회색 또는 백색의 산화된 포피린이 된다.

(3) 카로티노이드(carotenoid)

카로티노이드는 식물성 식품만이 아니라 동물성 식품에도 함유되어 있다. 유지방 중에는 카로티노이드가 존재하고, 이것이 버터나 치즈의 색에 관여한다. 우유의 카로티노이드계 색소로는 α-, β-, γ-카로틴 등이 존재하며, 이 가운데 약 65%가 β-카로틴이다.

닭과 조류의 난황이 황색인 것은 전부 사료에서 유래된 카로틴에 의한 것이다. 대부분이 루테인(lutein)이고, 그 외 제아잔틴(zeaxanthin), 크립토잔틴(cryptoxanthin)이 관여하고 있다. 도미의 표피나 연어의 적색육은 아스타잔틴(astaxanthin)이 주체이고, 가열하였을 때 적색으로 변화되는 것은 단백질이 유리되면서 아스타신(astacin)으로 변하기 때문이다.

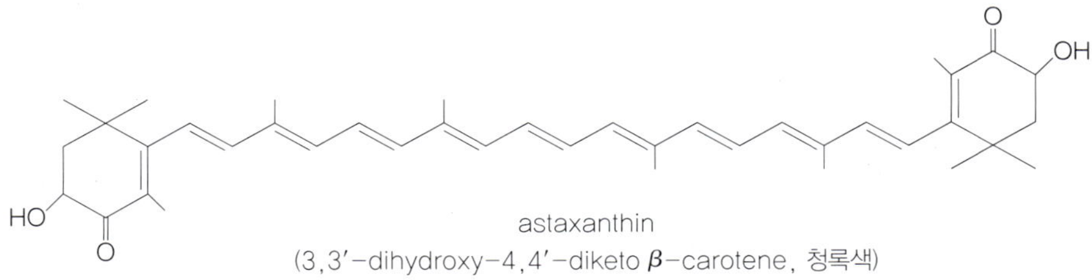

astaxanthin
(3,3′-dihydroxy-4,4′-diketo β-carotene, 청록색)

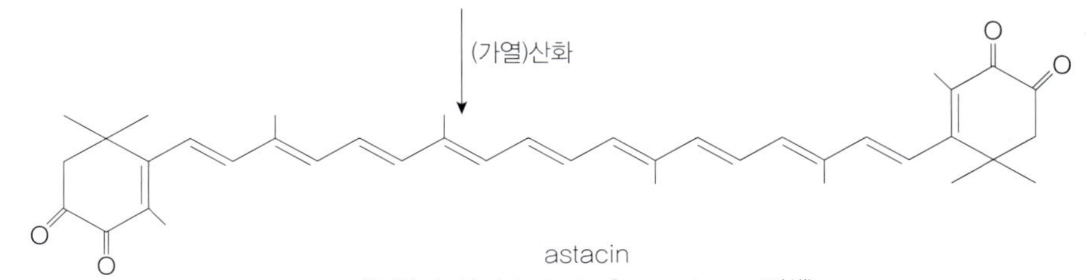

astacin
(3,3′,4,4′-tetraketo β-carotene, 적색)

(4) 기타 물질

피조개 근육의 적색부에는 카로틴, 루테인 등이 함유되어 있다. 우유의 미황색, 난백의 미황녹색, 물고기 눈의 미황색 형광은 리보플라빈(비타민 B_2)에 의한 것이며, 생선의 표면이 반짝이는 빛깔을 내는 것은 피하에 침착되어 있는 구아닌(guanine)에 의한 것이다. 또한 송어, 연어의 살에서 볼 수 있는 엷은 녹색의 형광은 살멘산(salmenic acid)의 존재에 의한 것이며, 생선 겉 표면의 검은색이나 오징어, 문어 등의 먹물은 멜라닌(melanin) 색소에 의한 것이다.

2. 식품의 갈변반응_*browning reaction*

식품의 색깔이 가공, 저장 중에 갈색 또는 흑갈색으로 변화하는 과정을 갈변(browning)이라고 부르며, 갈변을 가져오는 반응을 갈변반응(browning reaction)이라고 한다.

갈변반응은 식품의 가공 또는 저장 중 단순히 색깔을 갈색으로 변화시킬 뿐만 아니라 갈변반응에서 형성된 성분들은 그 가공식품의 냄새와 맛에도 큰 영향을 준다. 특히 가공식품 중의 당류와 아미노산류, 그 중에서도 필수 아미노산인 라이신(lysine) 등의 급격한 손실로 인하여 전체적으로 영양가의 감소를 가져오는 등 식품의 품질에 큰 영향을 미친다. 이러한 식품의 갈변은 사과, 청주, 분유, 식초, 식용유, 수산 건제품 등의 갈변의 예에서와 같이 이미, 이취의 발생이나 비타민의 손실로 품질이 저하되는 경우가 대부분이나 반대로 홍차, 커피, 간장, 된장, 맥주의 색이나 빵, 비스킷, 땅콩 등을 구울 때의 갈변반응의 예에서와 같이 색깔뿐만 아니라 풍미에도 영향을 주어 식품의 품질을 향상시키는 경우가 있다.

식품의 갈변반응에는 여러 가지 종류가 있으나 일반적으로 효소가 직접 관여하는 효소적 갈변반응(enzymatic browning reaction)과 효소의 관여 없이 일어나는 비효소적 갈변반응(non-enzymatic browning reaction)으로 분류된다.

1) 효소적 갈변반응(enzymatic browning reaction)

사과, 살구, 바나나, 가지, 감자, 고구마 등은 갈변이 잘 일어나는 식품의 대표적인 예이다. 폴리페놀류를 함유하고 있는 식품조직 중에는 보통 이것을 산화시키는 효소가 함께 들어 있기 때문에 신선한 식물체에 상처를 내면 효소반응이 진행되어 갈변이 일어나게 된다.

폴리페놀류를 산화하는 효소를 일반적으로 폴리페놀 산화효소(polyphenol oxidase)라고 한다. 폴리페놀 산화효소에도 몇 가지 종류가 있으므로 식품에 따라서 갈변의 정도가 다르다. 또 이와 같은 갈변의 정도는 효소뿐만 아니라 기질의 종류에 따라서도 차이가 있다. 기질로서는 catechol, pyrogallol, *o*−dihydroxyphenol, hydroquinone, resorcinol, tyrosin, 3,4−dihydroxyphenylalanine, chlorogenic acid, gallic acid, caffeic acid 등이 알려져 있다.

이 효소에 의한 갈변반응은 크게 폴리페놀옥시데이스에 의한 갈변과 이와 본질적으로 같은 작용을 하는 타이로시네이스에 의한 갈변으로 구분한다.

(1) 폴리페놀옥시데이스(polyphenoloxidase)에 의한 갈변반응

① 갈변반응의 메커니즘

주로 사과, 배, 가지, 고구마 등과 같은 식품에 들어 있는 폴리페놀성 물질이 산화하는 반응이다. 폴리페놀옥시데이스(catecholase, polyphenolase, diphenoloxidase)는 주로 *o*−다이페놀(*o*−diphenol)인 카테콜(catechol) 또는 그 유도체 등이 공기 중의 산소 존재 하에 퀴논(quinone) 또는 그 유도체로 산화하는 반응을 촉매하여 준다. 여기서 생성된 퀴논 또는 그 유도체들은 반응성이 매우 강하기 때문에 비효소적으로 계속 산화 중합 또는 축합되어 흑갈색의 멜라닌 색소를 형성한다.

사과나 배를 깎아서 공기 중에 방치할 때 갈색으로 변하는 것은 카테콜 유도체인 클로로겐산(chlorogenic acid)과 피로카테킨(pyrocatechin) 등이 폴리페놀옥시데이스에 의하여 퀴논 유도체로 산화되고 이것이 중합하여 갈색 물질을 만들기 때문이다.

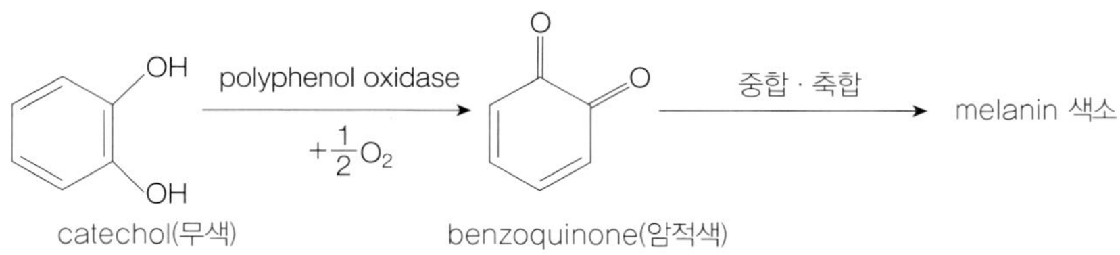

② **효소의 특성**

소금에 의하여 불활성되고 Cu, Fe는 활성화시키며 고구마 가공 시 변색방지법으로는 아황산처리, 열탕처리, 식염수, 구연산 용액에 침지 등이 있다. 폴리페놀옥시데이스는 구리(Cu)를 함유하고 있는 산화 효소이다. 이 효소는 식물의 종류에 따라서 그 성질이 다소 다르며 또한 이 효소가 작용하는 기질의 종류도 효소의 출처에 따라 다소 다르다. 일반적으로 과실에서 추출된 폴리페놀옥시데이스는 pH 5.0~7.0에서 최고의 활성을 가지며, pH가 낮은 과실은 산성 측에, 산이 적은 과실은 중성 가까이에 최적 pH가 있다.

이 효소는 구리이온(Cu^{2+})에 의해서 활성화되며 염소이온(Cl^-)에 의해서 억제된다. 한편 폴리페놀옥시데이스는 dihydroxyphenylalanine, pyrogallol, catechol, p-hydroxy benzene 등에 특히 잘 작용한다고 한다. 또한 대부분의 폴리페놀옥시데이스는 두 개의 수산기(−OH) 중에서 하나의 수산기에 대하여 ortho 또는 para 위치에 수산기가 아미노기($-NH_2$)로 치환된 화합물에 대해서도 작용하나, 오렌지에서 추출한 폴리페놀옥시데이스는 하나의 수산기가 아미노기로 치환된 화합물에는 작용하지 않았으나 하나의 수산기가 메톡실기(methoxyl group, $-OCH_3$)로 치환된 화합물에 대해서는 작용하는 특이성을 갖고 있다.

(2) 타이로시네이스(tyrosinase)에 의한 갈변반응

공기 중에서 감자를 절단한 것이 타이로시네이스에 의해 흑갈색의 멜라닌 색소를 생성한다. 타이로시네이스는 분자 내에 구리(Cu)를 함유하고 있는 산화 효소로서 여러 가지 폴리페놀 화합물에 작용하므로 본질적으로 폴리페놀옥시데이스와 같은 것으로 생각되고 있으나 유일하게 다른 점은 모노폴리페놀(monophenol) 화합물인 타이로신(tyrosine)이 카테콜 유도체인 dihydroxyphenylalanine(DOPA)으로 산화되는 과정에 대해서도 촉매작용을 한다는 점이다. 따라서 폴리페놀옥시데이스와 구별하여 monophenoloxidase라고도 한다.

아미노산 중의 하나인 타이로신은 타이로시네이스의 존재 하에 급속하게 산화되어 DOPA를 거쳐 DOPA quinone이 되고 이것은 Dopa-chrome으로 알려진 적색의 5,6-Quinone-indole-2-carboxylic acid를 형성한다. 이 중간 생성체는 다시 갈색의 indole-5,6-quinone을 거쳐 계속 축합, 중합반응을 통하여 최종적으로 흑갈색의 멜라닌 색소를 형성한다.

채소나 과실류 특히 감자의 갈변에 있어서 이 효소에 의한 작용이 매우 현저하다. 타이로시네이스는 폴리페놀옥시데이스와 마찬가지로 구리를 함유하고 있는 효소이므로 구리이온(Cu^{2+})에 의해서는 더욱 활성화되나 반대로 염소이온(Cl^{-})에 의해서는 억제된다.

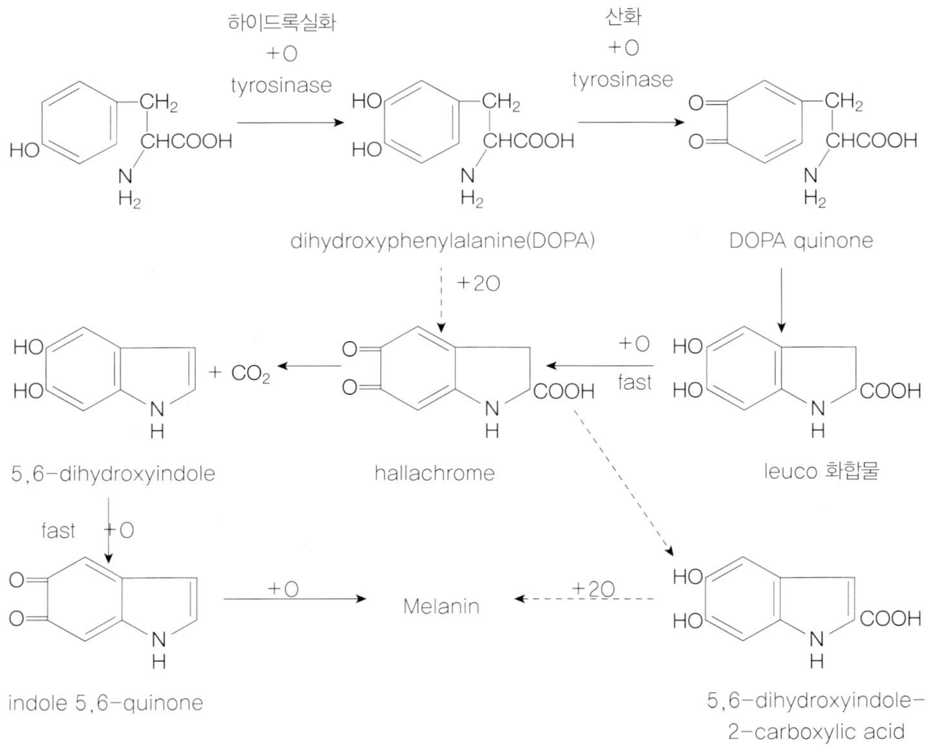

예를 들면 사과나 감자를 철로 된 칼이나 구리로 된 용기로 처리하면 갈변이 쉽게 일어나는 반면에 이들의 절편을 묽은 소금물에 담가두면 갈변이 방지된다. 또한 감자에

함유되어 있는 타이로시네이스는 수용성이므로 감자를 깎아서 물에 담가 두면 갈변이 잘 일어나지 않는다. 한편, 타이로시네이스는 pH 7~8, 온도 0~30℃ 범위에서 비교적 안정하다.

(3) 홍차 제조과정에서의 갈변반응

효소에 의한 갈변반응이 실제로 응용되고 있는 가장 좋은 예의 하나로 신선한 찻잎(fresh tea leaves)에서 홍차(black tea)를 제조하는 과정을 들 수 있다.

홍차 제조과정에서 효소에 의한 갈변반응이 가장 활발하게 일어나는 발효 단계에서 카테킨(catechin) 또는 갈로카테킨(gallocatechin) 등의 폴리페놀 화합물이 산화 중합되어 테아플라빈(theaflavin)류 등과 같은 홍차 특유의 갈색 색소가 형성된다.

2) 효소적 갈변반응의 억제

갈색화 반응은 식품의 가공 및 저장 중에 식품의 품질을 저하시키는 요인이 되므로 그 억제는 매우 중요한 문제이다. 효소에 의한 갈색화 반응을 억제하는 방법은 효소를 불활성화시키는 방법과 효소의 최적조건을 변동시키는 방법이 원칙적으로 이용된다.

(1) 효소작용의 억제

① 효소의 불활성화

효소에 의한 갈변반응을 억제하는 가장 효과적인 방법은 폴리페놀옥시데이스를 불활성화시키는 것이다. 즉 효소의 본체는 단백질이므로 가열에 의하여 쉽게 불활성화된다. 대부분의 채소류나 과실류를 가공할 때 실시되는 데치기(blanching)는 그 본래의 목적이 통조림 또는 병조림할 채소류나 과실류 내부의 호흡가스를 제거하는 데 있으나 동시에 가열에 의한 효소들의 불활성화에 대해서도 효과적인 과정이 된다. 그러나 과실 및 채소류의 열처리 시 이취(off flavor)의 발생, 바람직하지 않는 물성의 변화 또는 연화(softening) 등을 가져오므로 효소를 불활성화시키기 위해서는 고온에서 가열 시간을 주의 깊게 조절하는 것이 필요하다.

② 최적 조건의 변동

모든 효소들은 각각 효율적으로 작용할 수 있는 최적의 pH, 온도 및 기타의 조건들이 있다. 폴리페놀옥시데이스의 경우 최적 pH는 일반적으로 5.8~6.8이다. 따라서 식품의 pH를 citric acid, malic acid, 염산, 인산 등을 가하여 산성으로 변동시키면 효소작용을 억제할 수 있다. 폴리페놀옥시데이스는 pH 3.0 이하에서는 그 활성이 완전히 상실된다. 또한 식품 자체를 저온에 둠으로써 효소작용을 억제할 수 있으나 저온에 둘 경우 효소작용은 −10°C까지 계속되므로 식품의 온도를 −10°C 이하로 유지하여야 한다.

한편, 폴리페놀옥시데이스의 작용은 소금, thiourea 등에 의해서도 상당히 억제되나 실제로 사용되는 소금의 농도는 1% 내외이므로 그 억제작용은 완전하지 못하다.

(2) 산소의 제거

갈변반응이 효소에 의한 것이거나 효소에 의하지 않은 것이거나 산소가 존재하지 않으면 갈변 또는 갈변반응의 중요과정인 산화반응은 원칙적으로 일어나지 않는다. 따라서 잘 밀폐된 용기에 식품을 넣어 공기를 제거하거나 공기 대신에 탄산가스 또는 질소 등으로 대체시키면 갈변반응을 효과적으로 억제할 수 있다.

그러나 동물 식물조직 중의 산소를 제거하게 되면 혐기적인 상태가 되고 또한 이 상태가 오래 지속되면 이상 대사물질(abnormal metabolite)이 형성되는 동시에 세포의 파괴현상이 일어난다.

(3) 기질의 제거

고구마는 껍질에 기질이 존재하므로 가공할 때 박피 후 물에 담그면 폴리페놀 화합물에 의한 갈변을 막을 수 있다.

(4) 아스코브산의 첨가

과실조직 내부에 존재하는 아스코브산(ascorbic acid)은 자신이 dehydroascorbic acid(DHA)로 전환될 때까지는 갈변반응을 억제하는 작용을 한다. 폴리페놀옥시데이스에 의해서 형성된 퀴논류는 아스코브산의 환원작용을 받아 본래의 다이페놀(diphenol)로 전환되고 아스코브산은 dehydroascorbic acid로 산화되어 갈변이 억제된다.

(5) 환원성 물질의 첨가

① 아황산가스(SO_2) 또는 아황산염 용액의 이용

아황산가스와 아황산염들은 갈변반응 특히 효소에 의한 갈변반응을 효과적으로 억제한다. 즉 아황산염은 퀴논과 부가화합물을 형성하여 산화가 더 이상 진행되는 것을 억제한다. 실제로 감자, 사과, 복숭아 등의 가공에 있어서 갈변반응을 억제하기 위하여 아황산가스처리법(sulfuring)과 아황산염 용액 침지법이 이용된다.

이 방법은 비용이 적게 드나 건조식품에 흡수되는 아황산가스의 농도를 조절할 수 없고 부식성이 큰 아황산가스를 폐기가스로 처리하여야 하는 큰 단점이 있다. 한편, 아황산소다, 산성 아황산소다의 일정한 농도의 용액에 이들 식품의 절편들을 침지한 후 건조 또는 냉동하는 아황산염 용액 침지법은 식품 속에 흡수된 아황산가스의 농도를 일정하게 조절할 수 있고 또한 부식성의 아황산가스가 발생하지 않는 등의 장점이 있으나 비용이 많이 든다.

이와 같은 아황산가스나 아황산염 용액의 처리는 미생물의 성장에도 강한 억제작용을 갖고 있어서 부패 방지에도 도움이 되며 비타민 C를 보존하는 효과도 가지고 있으나 반면에 비타민 B_1과 B_2를 파괴시키는 결점이 있다.

② **SH 화합물**

시스테인(cystenine), 글루타티온(glutathione) 등의 일부 SH 화합물은 효소에 의한 갈변반응을 억제하여 준다. SH 화합물의 갈변 억제작용은 일반적으로 클로로젠산(chlorogenic acid), 타이로신(tyrosine) 또는 3,4-dihydroxyphenylalanine 등이 산화되어 형성하는 퀴논류와 부가화합물을 형성하여 산화가 더 이상 진행되는 것을 억제하는 데 있다. 실제로 시스테인은 산화된 클로로젠산과 결합하여 엷은 황색의 착색 물질을 형성한다.

③ **주석이온**

주석이온은 강한 환원력을 가지고 있으며 갈변을 억제하나 이와 같은 목적으로 주석산염을 식품에 첨가하는 일은 없다. 다만 내부에 특별한 칠을 하지 않은 통조림 관을 사용한 복숭아, 사과 등의 통조림에서는 그 과즙 중의 유기산에 의해서 주석이온이 상당량 용출되어 나오므로 이들 내용물에서 일어날 수 있는 갈변반응을 억제하여 준다.

(6) 소금의 첨가

폴리페놀옥시데이스와 타이로시네이스는 염소이온(Cl^-)에 의해 활성이 억제되므로 묽은 소금물에 담그면 갈변이 억제된다.

(7) 금속이온의 제거

폴리페놀옥시데이스와 타이로시네이스는 구리(Cu)를 함유하고 있는 산화 효소로 금속이온에 의해 활성화된다. 따라서 Fe, Cu 등 금속이온을 제거하고 이들 금속이온이 존재하는 용기나 기구를 사용하지 않는 것이 갈변을 막을 수 있다.

(8) 붕산 및 붕산염

폴리페놀옥시데이스는 기질의 *o*-dihydroxy기에 작용하므로 붕산 및 붕산염과 같이 *o*-dihydroxy기와 에스터 결합을 형성하는 물질들은 이 두 개의 수산기를 효소들이 이용할 수 없게 하여 줌으로써 효소작용을 억제한다.

그러나 붕산이나 붕산염이 갈변을 억제하는 데 효과가 있으나 독성을 가지고 있기 때문에 실제로 식품에 사용되고 있지는 않다.

3) 비효소적 갈변반응(non-enzymatic browning reaction)

비효소적 갈변반응은 효소의 관여 없이 식품 중의 어떤 성분이나 또는 성분 상호간의 화학적인 반응에 의하여 갈색 물질이 형성하는 것이다. 비효소적 갈변반응은 보통 그 반응의 메커니즘에 따라 마이야르 반응(Maillard reaction), 캐러멜화 반응(caramelization), 아스코브산 산화반응(ascorbic acid oxidation)에 의한 갈변의 3가지로 구분한다. 그러나 식품은 복잡한 여러 가지 성분으로 이루어져 있기 때문에 식품에서의 비효소적 갈변반응은 이상의 3가지 반응이 단독으로 일어나기보다는 대부분이 혼합되어 일어난다.

(1) Amino-carbonyl 반응(Millard 반응)

식품의 비효소적 갈변의 대표적인 것으로 당류의 카보닐기와 단백질의 아미노기가 가열에 의해 갈색 물질(melanoidins)을 생성하는 반응이며, 일반적으로 대부분의 식품들은 양의 차이는 있겠으나 그 성분으로써 당류 등의 카보닐 화합물과 단백질 등의 아미노기를 가진 질소화합물을 다소라도 함유하고 있으므로 마이야르 반응은 거의 모든 식품에서 일어날 수 있는 갈변반응이며 실제로도 식품가공이나 저장 중에 있어서 가장 중요한 비효소적 갈변반응이다.

이 반응은 프랑스 화학자 마이야르(Maillard, 1912)에 의해서 클루코스(glucose)와 글리신(glycine)의 용액을 가열하였을 때 갈색 색소인 멜라노이딘(melanoidins)을 생성한다고 처음으로 공식 논의되었기 때문에 마이야르 반응이라고 부르게 되었다. 이 반응은 활성을 가진 유리 알데하이드(aldehyde)기나 케톤(ketone)기와 같은 카보닐기를 가진 환원당 또는 가수분해되어 환원당을 만들 수 있는 당류가 아미노산, 펩타이드, 단백질과 같은 유리 아미노기나 아미노기를 가진 질소화합물과 상호 반응하여 갈색 물질을 생성하는 것이므로 그 반응의 본질을 따서 아미노-카보닐 반응이라고도 한다. 또한 생성되는 최종 갈색 물질의 이름을 따서 멜라노이딘 반응이라고도 한다.

아미노-카보닐 반응은 캐러멜화 반응과 달리 외부로부터 에너지의 공급이 적거나, 경우에 따라서는 없는 상태에서도 반응이 일어난다. 따라서 이 갈변반응은 식품가공 과정에서는 물론 저장 시에도 계속 일어날 수 있으며 또한 억제하기도 어려운 매우 중요한 반응이다.

① **Maillard 반응의 메커니즘**

마이야르 반응은 초기 단계(primary step), 중간 단계(intermediate step), 최종 단계(final step)의 3가지 단계로 구분한다.

가. 초기 단계

① 당류와 아미노 화합물의 축합반응(condensation reaction) : 마이야르 반응의 진행되기 위해서는 먼저 환원당과 아미노 화합물이 축합반응을 일으켜 질소배당체인 글리코실아민(glycosylamine)을 형성하여야 한다. 예를 들면 환원당인 글루코스와 아미노기를 가진 글리신이 축합하여 질소배당체인 글리코실아민이 형성된다.

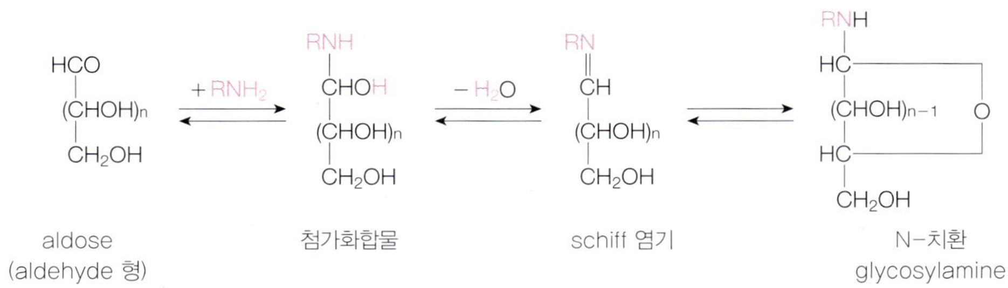

그림 8-9 glycosylamine의 형성

② 아마도리 전위(Amadori rearrangement): 당류와 아미노 화합물의 축합에 의하여 형성된 글리코실아민은 대응하는 프럭토실아민(fructosylamine)으로 전위를 일으킨다. 이 과정은 아마도리 전위라고 알려진 마이야르 반응에 있어서 가장 중요한 반응 중의 하나이다. 아마도리 전위로 형성된 프럭토실아민은 글리코실아민과는 달리 keto형과 enol형을 가질 수 있으며 enol형은 그 반응성이 매우 크다.

한편 프럭토스(fructose)와 같은 케토스(ketose)는 유사한 반응을 거쳐 상응하는 2-amino-2-deoxyaldose를 형성하는데 이를 Heyns 전위라고 한다.

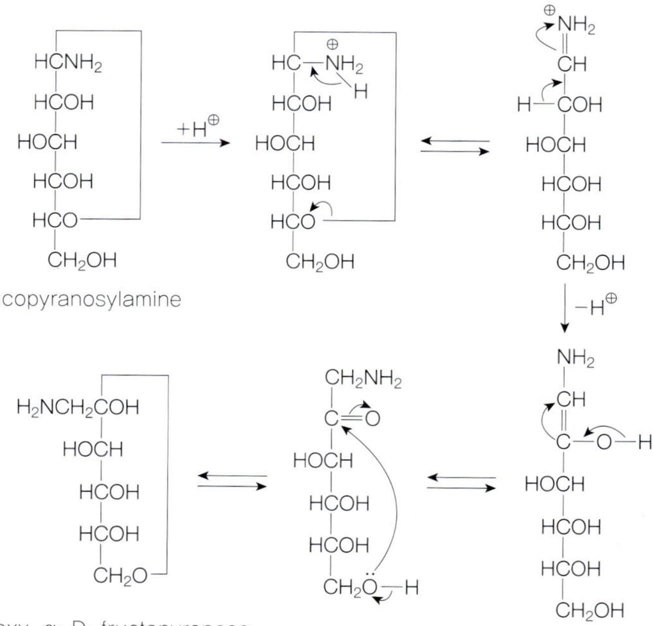

α-D-glucopyranosylamine

1-amino-1-deoxy-α-D-fructopyranose

그림 8-10 Amadori 전위

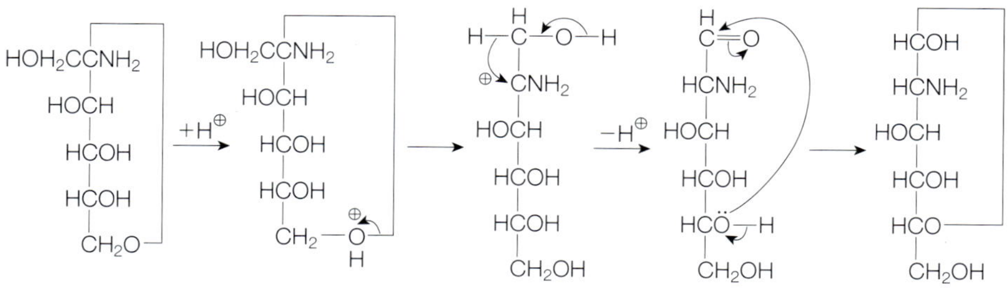

α-D-fructopyranosylamine

2-amino-2-deoxy-α-D-glucopyranose

그림 8-11 Heyns 전위

나. 중간 단계

① 3-deoxyosone의 형성: 아마도리 전위에 의하여 형성된 프럭토실아민은 계속 분해 산화되어 3-deoxyosone을 형성한다. 즉 프럭토실아민의 enol형은 C_3의 OH가 이탈되어 3-dexyosone을 형성한다. 이때 당이 6탄당이면 3-dexy-hexosone, 5탄당이면 3-dexy-pentosone이 형성된다. 실제로 3-dexy-D-glucosone이 간장, 된장, 청주, 쥬스 등에서 분리된다.

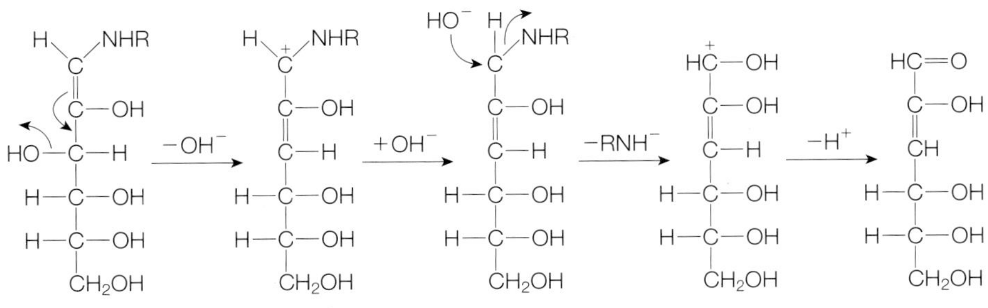

ketoseamine (enol 형)

3-dexyosone

② 불포화 3,4-dideoxyosone의 형성: 위의 3-dexyosone은 계속 산화되어 불포화 3,4-dideoxyosone을 형성한다. 이 불포화 3,4-dideoxyosone의 enol형은 그 자체가 리덕톤(reductone)류에 속하는 당의 산화 생성물로서 그 반응성은 대단히 크다.

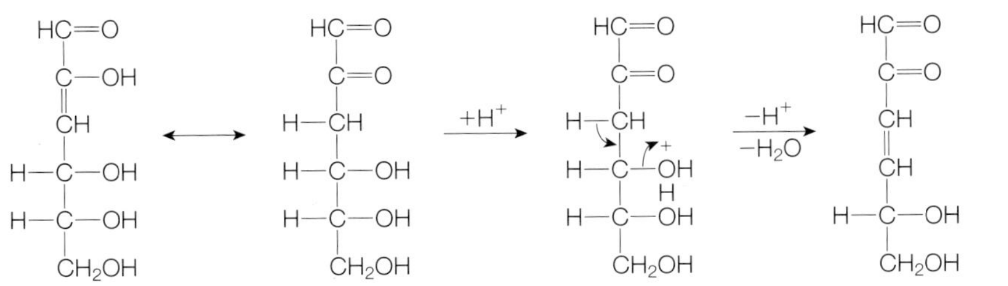

3-deoxyosone (enol 형)

3-deoxyosone (keto 형)

unsaturated-3,4-dideoxyosone

③ Reductone의 형성: 리덕톤은 일반적으로 ene-diol 또는 thiol-enol, ene-aminol ene-diamine 등의 구조를 분자 내 가지고 있으며 indophenol 화합물을 환원할 수 있는 성질을 가진 물질을 말한다. 식품 중에 함유되어 있는 가장 잘 알려진 리덕톤으로서는 L-ascorbic acid가 있으며 이들 리덕톤류는 그 환원성과 함께 반응성이 매우 큰 것이 특징이다.

마이야르 반응의 중간 단계에서는 그 자체를 리덕톤이라 볼 수 있는 3,4-dideoxyosone을 비롯하여 각종의 반응성이 큰 리덕톤류가 형성된다. 예를 들면 글루코스와 같은 헥소스(hexose)에서는 dihydroxymuconic acid와 같은 리덕톤이 형성되며 또한 5-hydroxymethyl furfural(HMF)가 분해되어 형성된 levulinic acid도 리덕톤의 하나로 볼 수 있다. 갈변이 진행됨에 따라 환원력이 증가되는 것은 이와 같은 리덕톤류의 형성에 기인된다.

enediol　　enaminol　　endiamine　　thiol-enol

④ Hydroxymethyl furfural(HMF) 등의 환상 물질의 형성: 위에서 형성된 불포화 3,4-dideoxyosone과 기타의 리덕톤류는 반응성이 강하여 5-hydroxymethyl furfural로 대표되는 각종의 환상 화합물(cyclic compounds)을 형성한다. 일반적으로 알도헥소스(aldohexose)가 아미노 화합물과 반응하면 HMF를, 알도펜토스(aldopentose)는 퍼퓨랄(furfural)을 형성한다.

퍼퓨랄류는 과거에는 마이야르 반응에 의한 갈변의 강력한 중간체로 생각되었으나 현재는 그렇게 생각되고 있지 않다. 그 생성량은 3-deoxyosone류에 비하여 매우 적다. 그러나 과즙이나 기타 산성이 강한 식품에서는 HMF가 다량으로 생성되므로 중요한 중간체로 생각되고 있다.

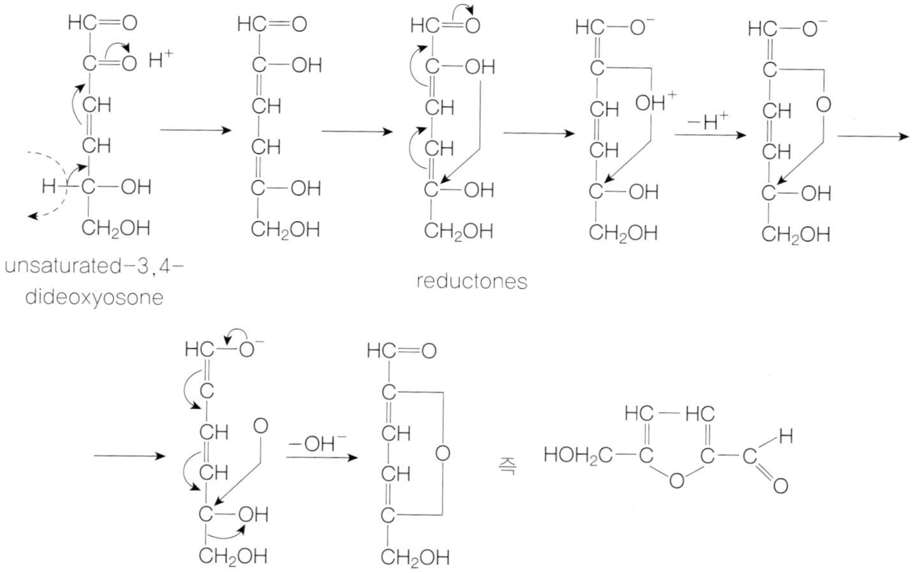

unsaturated-3,4-dideoxyosone　　reductones　　5-hydroxymethyl-2-furfural(5-HMF)

⑤ 산화 생성물의 분해 : 중간 단계에서 형성된 산화 생성물들 특히 각종 리덕톤류와 일부 환상 화합물들은 계속 산화에 의해서 탄소사슬이 분열되어 탄소수가 2개나 3개 또는 4개의 극히 휘발성이 강한 산화분해 생성물들을 형성한다. 즉 glyoxal, methyl glyoxal, diacetyl, acetoin, acetol, dihydroxyacetone, acetaldehyde, glycoladehyde 등의 카보닐 화합물들을 형성한다.

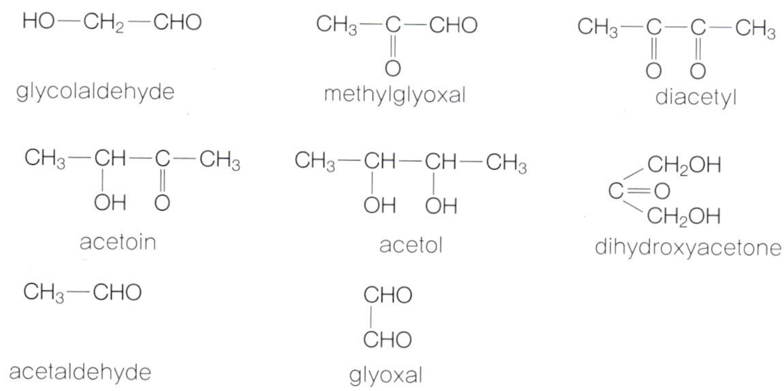

그림 8-12 당의 분열에 의해 형성되는 화합물

환상 화합물들은 그 식품의 풍미에 크게 영향을 미친다. 한편, 이들 분해 생성물의 일부는 마이야르 반응에 의한 갈변의 최종 단계의 여러 반응에 참여한다.

이상과 같이 마이야르 반응의 중간 단계에서는 아마도리 전위에서 형성된 생성물의 산화 및 분해가 일어나서 오존(osone)류를 비롯한 각종 환상 화합물, 리덕톤류, 퍼퓨랄류가 형성되고 또한 산화된 당류의 분해가 일어나 각종 휘발성 물질들이 형성된다. 중간 단계의 생성물은 무색 내지 담황색의 색깔을 띤다.

다. 최종 단계

최종 단계에 이르러서는 중간 단계에서 형성된 각종 리덕톤류, 퍼퓨랄유도체들, 분해 생성물 등이 서로 축합 또는 중합반응을 일으켜 갈색으로 착색된 멜라노이딘을 형성한다.

최종 단계에서 일어나는 중요한 반응은 알돌(aldol)형 축합반응과 스트레커(Strecker)형 반응이다.

① Aldol형 축합반응(aldol type condensation) : 중간 단계에서 리덕톤류의 분해 의하여 형성된 각종 활성이 강한 카보닐화합물 중에 α-위치에 수소를 가진 화합물들은 알돌형의 축합반응을 일으켜 점차로 분자량이 큰 불포화 화합물을 형성한다. 이들 축합 화합물은 다시 아미노화합물과 계속 축합반응을 일으켜 그 분자량은 계속 증가한다.

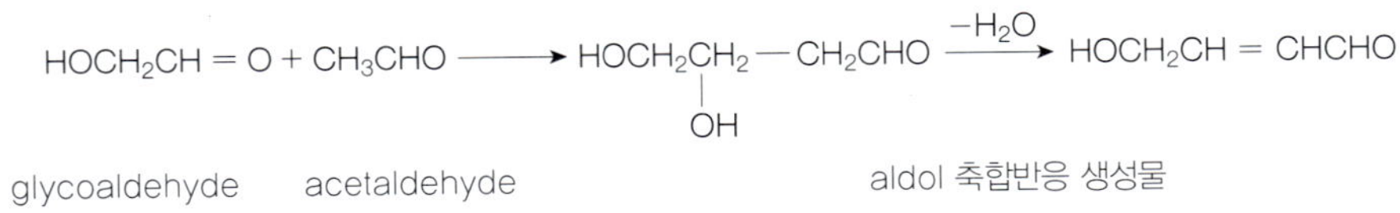

그림 8-13 알돌 축합반응

② Strecker형 반응: 마이야르 반응의 최종 단계에서 상당량의 탄산가스(CO_2)의 발생과 알데하이드류의 형성이 나타난다.

스트레커 반응은 일반적으로 α-dicarbonyl 화합물과 α-amino acid와의 산화적 분해 반응이다. 이때 아미노산은 탈탄산(decarboxylation) 및 탈아미노(deamination)반응이 일어나 본래의 아미노산보다 탄산수가 하나 적은 알데하이드와 탄산가스가 생성된다. 실제로 마이야르 반응의 최종 단계에서는 여러 활성 카보닐 화합물들 중 불포화 3,4-dideoxyosone은 아미노산 또는 아미노 화합물과 스트레커 반응에 의해서 축합된 후 탈탄산되어 역시 활성이 큰 엔아미놀(enaminol)과 알데하이드를 생성한다. 여기서 생성된 엔아미놀은 그 자체가 일종의 리덕톤으로 계속하여 여러 가지 반응에 관여한다.

한편, 스트레커 반응에 의하여 생성된 알데하이드류는 그 식품의 향기에 중요한 영향을 미치며 식품을 고온으로 처리하였을 경우 발생하는 향기나 간장의 향기는 주로 이 반응에 의하여 생성된 알데하이드류에 의한 것이다.

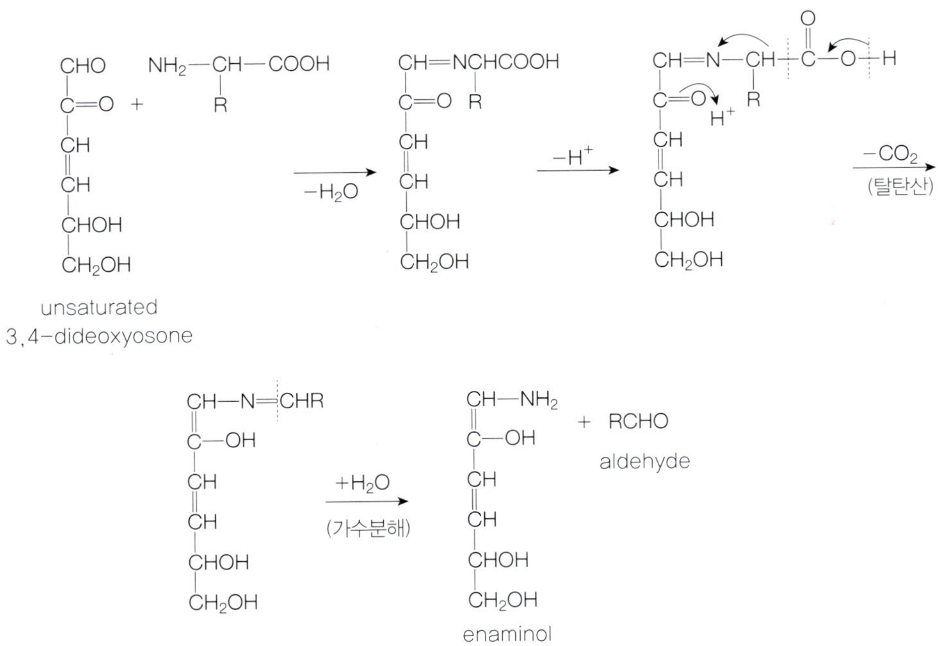

그림 8-14 Strecker 분해반응

③ Melanoidins 색소의 형성: 마이야르 반응의 중간 단계에서 형성된 각종 리덕톤류, 5-HMF 등의 퍼퓨랄 유도체, 알돌형 축합 생성물, 스트레커형 반응 생성물 등은 모두 활성이 큰 물질들이므로 쉽게 상호 반응을 일으켜 중합체들을 형성한다.

이들 중합체가 그 분자 내에 질소를 함유하고 있고, 불포화도가 크며 형광성을 띤 갈색의 멜라노이딘 색소이다. 그러나 아직 그 자세한 화학 구조에 대해서는 확실히 알려져 있지 않다.

TIP Maillard 반응 중의 아크릴아마이드의 형성

마이야르 반응과 관련된 가장 충격적인 연구결과는 지난 2002년 나왔는데 발암물질인 아크릴아마이드가 (유해 환경에 노출돼 있지 않은) 보통 사람들의 몸에도 꽤 축적돼 있는 걸 이상하게 여긴 스웨덴의 과학자들이 추적 조사를 한 결과 아크릴아마이드가 식품에서 온 것이라는 사실을 밝혀냈다. 즉 식품에서 일어난 마이야르 반응의 생성물이 추가 반응을 통해 아크릴아마이드로 바뀌었다는 것. 음식을 통해 하루 섭취하는 아크릴아마이드의 양이 100 μg까지 될 수 있다고 한다.

① Maillard 반응에 영향을 미치는 요인

가. 온도

마이야르 반응은 다른 여러 화학 반응에 비하여 온도의 영향을 크게 받는다. 즉 온도가 높아질수록 반응 속도는 급속도로 증가한다. 글루코스-글리신(glucose-glycine) 반응계에서 100°C에서 2시간 가열한 결과 나타난 갈변 정도는 56.5°C에서 250시간 가열한 후에 도달되는 갈변 정도와 거의 같았다.

나. pH

모형 식품 계에서 pH가 낮은(4~7) 경우에는 아마도리 전위 반응 생성물로부터 주로 퍼퓨랄이 형성되며, 중성이나 알칼리성일 때에는 리덕톤류나 분열 생성물들이 형성된다. 그러나 실제 식품 계에서는 pH의 영향이 뚜렷이 구분되지는 않고 이 반응들이 모두 일어나며 pH에 따라 반응 생성물의 비율이 달라진다. 이때 퍼퓨랄을 형성하는 경로의 갈변 정도는 리덕톤류를 형성하는 경로보다 낮으므로, pH를 낮추면 멜라노이딘 색소의 형성 속도를 줄일 수 있다.

다. 수분

D-자일로스(D-xylose)와 글리신을 1:5의 몰 비율로 혼합하여 질소가스 하에서 반응시킨 경우, 무수 상태에서는 갈변이 일어나지 않았으나 수분이 약 30%일 때에 최

대가 되었으며, 90% 정도에서는 상당히 일어나기 어렵게 되었다. 또 글루코스와 글리신의 건조 혼합물을 50℃에 보존할 경우에도 역시 갈변이 일어나지 않는다. α-N-acetyl-L-lysine과 글루코스를 1:1.5의 몰 비율로 반응시킨 경우는 수분이 18%에서 치대의 갈변을 나타내었다. 이상의 결과로 보아 갈변의 최적 수분함량은 반응 조건에 따라 다르다.

라. 산소

마이야르 반응에 있어서 산소는 영향을 크게 미치지 않는 경우가 많으나, 경우에 따라서는 산소가 반응을 촉진하기도 하고 또는 억제하기도 하기 때문에 분명하지 않다.

일반적으로 갈변 반응의 과정에서 생성하는 리덕톤류는 공기 중의 산소에 의해 산화되므로 엄밀히 말해서 산소가 갈변에 관여하지 않을 리가 없지만 촉진하는가 억제하는가는 조건에 따라 다르며 또한 그 영향력도 온도, pH 등에 비하여 적다.

마. 광선

광선은 경우에 따라서는 갈변을 촉진하지만 산소의 존재 하에서 갈색 색소에 광선을 조사하면 퇴색하기도 한다.

일반적으로 가시광선보다는 자외선 쪽이 영향력이 큰 것으로 생각된다. γ-선과 같은 방사선의 경우는 더욱 영향이 커 갈변 반응을 촉진한다. 물론 이와 같은 경우에는 라디칼(radical) 반응이 일어나기 때문에 보통의 갈변반응 메커니즘과는 약간 다른 형의 메커니즘도 생각할 수 있다.

바. 당의 종류

마이야르 반응에 있어서 당의 성질에 따라 반응성이 다르다. 당의 반응성은 그의 구조적 안정성이나 용액 중에 존재하는 개환된 사슬구조(open-chain structure)의 양과 관계가 있다. 펜토스(pentose)는 헥소스보다, 헥소스는 환원성 2당류보다 각각 반응성이 크다. 펜토스는 일반적으로 개환된 사슬구조의 존재 비율이 높기 때문에 반응성이 크며, 비환원성 2당류는 가수분해가 일어난 후에 반응한다. 알도헥소스류의 반응성이 순서는 마노스(mannose), 갈락토스, 글루코스 순이다.

사. 아미노산의 종류

마이야르 반응의 속도에 미치는 아미노산의 종류의 영향은 아직 확실하지 않으나 α-아미노산 계열에서는 글리신이 가장 반응성이 크며, 사슬이 길고 복잡한 치환기를 가질수록 갈변속도가 감소한다고 하다. ω-아미노산 계열에서는 사슬의 길이가 증가함에 따라 갈변속도가 증가한다고 한다. 오니틴(ornithine)의 갈변속도는 라이신(lysine)보다 훨씬 빠르다.

반응 물질이 단백질일 때는 분자 내의 특정 부위가 다른 부위보다 빠르게 반응하기도 한다. 단백질 분자에는 특히 라이신의 ε-아미노기가 알도스나 케토스와 반응하기 쉽다. 일반적으로 아미노산의 아미노기가 카복실기보다 멀리 떨어져 있을수록 당류의 카복실기와 반응하기 쉽다. 또한 아미노산들보다는 카복실기가 없는 아미노 화합물의 반응성이 더 크다고 한다.

아. 반응 물질의 농도

마이야르 반응에 의하여 형성되는 갈색 색소의 양은 온도가 일정할 때 다음 식으로 표시될 수 있다.

$$Y = K \times [S][A]^2[T]^2$$

단, K: 속도항수

[S]: 환원당과 농도

[A]: 유리 아미노기를 가진 질소화합물의 농도

T: 경과 시간

즉 갈색 색소의 양 Y는 환원당의 농도 [S]에 비례하고 유리 아미노기를 가진 질소화합물의 농도 [A]와 경과 시간 [T]의 제곱에 각각 비례한다고 한다.

자. 화학적 저해 물질

마이야르 반응에 의한 갈변을 억제하는 저해 물질에는 아황산염 및 황산염, 싸이올(thiol), 칼슘염 등이 있다.

실제로 마이야르 반응에 의한 갈변은 아황산염에 의하여 정지 또는 저해되므로 갈변 방지제로 많이 사용된다. 아황산염에 의하여 갈변이 저해되는 것은 마이야르 반응의 초기 단계에서 카보닐 화합물, 아미노 화합물과 결합하는 것을 아황산염이 방해하기 때문이다. 즉 당의 알데하이드는 상온에서 SO_2와 반응하여 하이드로설폰산(hydrosulfonic acid)을 쉽게 형성하여 반응성이 강한 카보닐기를 보호하게 되며 아미노기와의 축합물 형성을 억제한다. 프럭토스는 아미노산 또는 아황산염과 축합이 일어나지 않는다. 그것은 변선광되는 동안에 프럭토스가 정상적인 형태를 유지하고 있지 않기 때문이다.

또한 글루코스-글리신 혼합 용액에 2-mercaptoethanol 혹은 meraptoacetic acid를 첨가하면 갈변이 저해된다. 그러나 싸이올 화합물은 식품에 여러 가지 좋지 않은 성질을 부여하므로 식품에의 사용을 제한하고 있다.

한편, 염화칼슘($CaCl_2$)은 갈변의 저해 물질로 알려져 있다. 그것은 칼슘이 아미노산과 흡착(chelation)에 의해 결합하기 때문인 것으로 생각된다.

4) 캐러멜화 반응(caramelization)

캐러멜화 반응은 아미노화합물이나 유기산이 존재하지 않는 경우에 주로 당류만을 고온(180~200°C)으로 가열시켰을 때 산화 및 탈수분해산물의 중합, 축합으로 갈색물질을 생성하는 반응이다.

당류를 높은 온도로 가열하면, 탈수되어 하이드록시메틸퍼퓨랄(hydroxymethyl furfural) 및 이와 유사한 퍼퓨랄 유도체가 만들어지고, 이들이 다시 중합하여 흑색 또는 흑갈색의 캐러멜을 형성하게 된다. 당류 중에서도 프럭토스가 캐러멜화되기 쉽고, 글루코스는 프럭토스보다 탈수되기 어려우며 착색이 늦다. 슈크로스(sucrose)는 탈수중합으로 휴민(humin)질이 형성되어 짙은 갈색이 된다.

캐러멜은 장유, 청량 음료수, 양주, 약식, 합성 청주, 과자류 등의 착색에 착색료로 이용되며 식품가공 및 조제 시에 일어나는 캐러멜화는 식품의 색조나 풍미에 중요한 영향을 준다. 설탕이나 물엿을 주원료로 하는 과자, 빵, 비스킷 등의 갈색화는 주로 캐러멜화에 기인하며 간장이나 된장의 착색에도 어느 정도 기여하고 있다. 캐러멜화 반응의 최적 pH는 6.5~8.2이며, 산성 조건과 알칼리성 조건에서의 반응형식이 다르다.

(1) 산성에서의 반응

첫 단계에서는 당분자가 에놀화되어 1,2-endiol을 형성한다. 이 1,2-endiol은 탈수반응을 포함하는 여러 가지 경로를 거쳐 하이드록시메틸퍼퓨랄 및 이와 유사한 퍼퓨랄 유도체가 만들어진다. 만일 산성분해에서 당이 5탄당일 경우에는 2-furaldehyde가 생성되고 육탄당인 경우에는 5-hydroxymethyl-2-furaldehyde가 생성된다.

(2) 알칼리성에서의 반응

산성 때와 마찬가지로 1, 2-endiol이 형성되고 이어서 탄소수가 적은 각종 알데하이드 및 케톤의 중간체로 분해된다. 이들은 서로 축합 및 중합반응을 일으켜 흑갈색의 휴민물질을 형성한다.

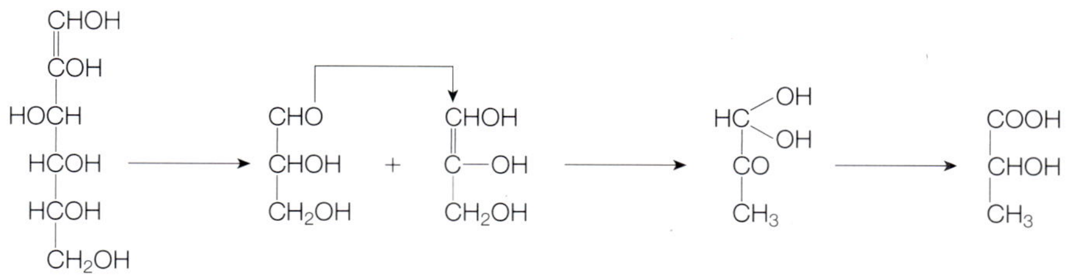

1,2-enol glyceraldehyde trioseendiol pyruvaldehyde hydrate DL-lactic acid

5) 아스코브산 산화반응(ascorbic acid oxidation)

아스코브산의 산화에 의한 갈변은 아미노산이 들어 있지 않은 감귤류 등의 과즙과 그 농축·건조 제품의 품질에 큰 영향을 준다. 산소가 존재하는 조건에서 아스코브산은 산화되어 주로 데하이드로아스코브산(dehydroascorbic acid)로 되고, 이어서 2,3-diketogulonic acid로 전환된다. 이 diketogulonic acid는 탈카복시화 과정을 거쳐 xylosone으로 되거나, 또는 C-4에서의 β- 제거에 이은 탈카복시화 반응에 의해 3-deoxypentosone으로 된다. Xylosone은 더 분해되어 여러 가지 리덕톤과 ethyl glyoxal을 형성하며, 3-deoxypentosone은 퍼퓨랄과 2-furancarboxylic acid로 분해된다. 이 중간 산화 생성물들은 아미노 화합물들과 함께 마이야르 갈변반응을 일으키거나, 그 자체로서 중합이나 축합반응을 일으켜 갈색 색소들을 형성한다. 이 아스코브산 산화반응은 산소의 분압, pH, 온도와 Cu^{2+}, Fe^{3+} 등 중금속 이온의 영향을 많이 받는다.

(1) 산소의 존재 하에서 반응기작

아스코브산이 자동 산화되어 데하이드로아스코브산이 되며, 이 반응은 가역적이다. 다시 2,3-diketogulonic acid을 거쳐 L-xylosone으로 된 다음 furan 유도체인 5-methyl-3,4-dihydroxytetron의 형태로 자체 중합 및 축합반응을 일으키거나 마이야르 반응에 관계하여 갈색 물질로 형성한다.

(2) 산소가 없는 경우

데하이드로아스코브산을 거치지 않고 자동으로 분해하여 오존을 거쳐 퍼퓨랄을 생성한다. 퍼퓨랄은 중합되어 갈색 물질을 형성한다.

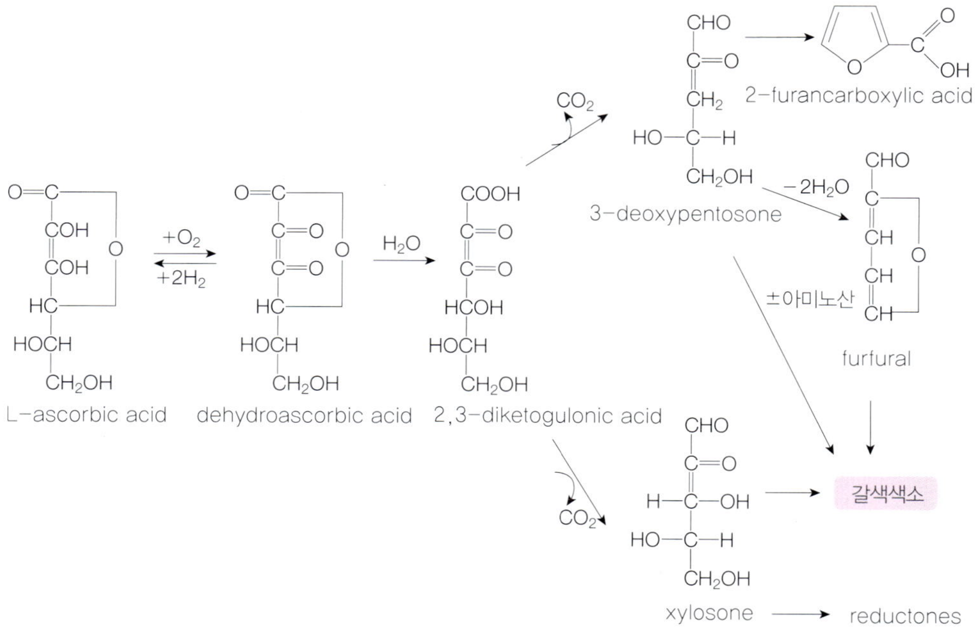

그림 8-15 아스코브산의 산화에 의한 갈변반응

용어정리

- **유도체**: 어떤 유기 화합물을 모체로 하여 생각하였을 때 작용기의 도입, 산화, 환원, 원자의 치환 등등 모체의 구조와 성질을 대폭 변하지 않는 한도에서 변한 화합물을 말한다.
- **리간드**: 착화합물에서 중심 금속원자에 배위결합하는 원자나 원자단
- **치환**: 어떤 화합물 속의 원자나 원자단(原子團) 따위를 다른 원자나 원자단으로 바꾸어 놓음. 또는 그로 인해 일어나는 반응
- **유리**: 화합물 중에서 결합이 끊어져 원자나 원자단이 분리되는 현상
- **공액이중결합**: 단일결합 한 개를 사이에 두고 서로 이어지는 이중결합. 짝지은 이중결합을 다르게 부르는 말이다.
- **개열**: 고리구조의 형태를 취하고 있는 화합물에서 고리구조가 풀어지며 그 형태를 잃어버리는 것
- **개환**: 고리 모양의 화합물이 시약(試藥)이나 열, 그 밖의 반응조건에 의하여 결합이 끊어져 사슬 모양의 화합물로 변하는 일
- **가역적**: 물질의 상태가 한 번 바뀐 다음에 다시 본디의 상태로 돌아갈 수 있는 것
- **착화합물**: 원소의 결합으로 이루어진 일차 화합물의 분자가 다시 다른 분자와 결합하여 생긴 화합물
- **소실**: 본래 가지고 있던 특성을 잃어버림
- **치환기**: 유기 화합물에서 수소원자와 바꾸어 놓은 원자나 원자단
- **공유결합**: 두 개 이상의 원자가 서로 전자를 제공하여 형성된 전자쌍을 공유함으로써 형성되는 화학결합
- **배위결합**: 두 개의 원자 중 한쪽의 원자에서 제공된 전자쌍을 두 개의 원자가 공유하는 화학결합
- **자동산화**: 여러 가지 유기 화합물이나 무기 화합물이 공기 중의 산소분자와 작용하여 보통의 온도에서 산화하는 반응
- **중합** : 구성 단위가 되는 분자가 두 개 이상 결합하여 분자량이 큰 화합물로 되는 일
- **특이성** : 특정 분자에 대해서만 결합하고, 그 분자의 반응을 돕는 성질
- **축합**: 유기 화합물 두 분자 또는 그 이상의 분자가 반응하여 간단한 분자가 제거되면서 새로운 화합물을 만드는 반응
- **불활성화**: 본래 가지고 있는 기능을 없애는 작용
- **환원성**: 어떤 물질이 산소의 일부 또는 전부를 잃거나 외부에서 수소와 결합하는 화학 변화
- **메커니즘**: 어떤 대상의 작동 원리나 구조

핵심요약

1. 색소원설에 따르면 색은 발색단(chromophore)과 조색단(auxochrome)으로 구성되어 있으며

발색단은 발색의 기본이 되는 원자단으로 azo기(−N=N−), carbonyl기(=C=O), ethylene기(−C=C−), nitro기($-NO_2$), nitroso기(−NO), thiocarbonyl기(=C=S) 등이 있으며, 조색단으로는 수산기(−OH), 아미노기($-NH_2$) 등의 원자단이 있다.

2. 클로로필을 산으로 처리하면 클로로필의 포피린(porphin) 환에 결합되어 있는 마그네슘(Mg^{2+})이 수소이온(H^+)과 치환되어 갈색의 페오피틴(pheophytin)이 생성된다. 알칼리용액에서 가열하면 피틸 에스터기(phytyl ester group)가 가수분해되어 짙은 초록색의 클로로필라이드(chlorophyllide)가 형성되고 그 후 메틸 에스터기(methyl ester group)가 가수분해되어 짙은 초록색의 수용성인 클로로필린(chlorophylline)이 형성된다. 클로로필레이스는 클로로필에 작용하여 클로로필 분자 중의 마그네슘은 분리하지 않고 피톨을 분리하여 짙은 초록색의 클로로필라이드(chlorophyllide)를 생성한다.

3. 카로틴(carotenes)류는 물에 녹지 않고 석유 에테르(ether)에는 녹으나 에탄올(ethanol)에는 소량 녹는다. 카로틴류는 분자의 구조에 따라 α−, β−, γ−카로틴 및 라이코펜(lycopene) 등으로 분류되며 α−, β−, γ−카로틴의 구조는 8개의 isoprene 단위로 구성된 테트라테펜(tetraterpene)이며 양단의 9개의 탄소원자가 β−이오논(ionone) 환을 이루고 있다. 이들 α−, β−, γ−카로틴은 체내에서 산화분해되어 비타민 A로 전환될 수 있으므로 프로비타민 A이다. 특히 β−카로틴은 1분자에서 2분자의 비타민 A를 만들어 낼 수 있는 효율이 좋은 프로비타민 A이다. 그러나 라이코펜은 두 개의 슈도 이오논핵만을 가지고 있기 때문에 비타민 A의 효력이 없다.

4. 크립토잔틴은 분자 내에 β−이오논 환을 가지고 있기 때문에 체내에서 산화분해되어 비타민 A로 전환될 수 있으나 나머지 잔토필은 비타민 A로 전환될 수 없다.

5. 안토잔틴은 일반적으로 산에 대해서는 안정하나 알칼리에는 불안정하기 때문에 pH 11~12에서 아글리콘(aglycone)의 고리구조가 개열되어 해당되어서 칼콘(chalcone)이 되며 황색 또는 짙은 갈색으로 된다.

6. 안토사이아닌은 pH에 의하여 그 색의 영향을 받는다. pH 3 또는 그 이하에서 적색의 플라빌리움(flavylium)염의 형태로 존재하며, pH 4~5에 이르면 무색의 슈도(pseudo)염을 거쳐서 pH 8.5 이르면 자색을 변하고 더욱 알칼리를 가하면 청색이 된다. 이 변화는 가역적으로 산을 넣으면 다시 되돌아가서 적색을 띤다.

7. 타닌은 여러 금속과 복합염을 형성하며 그 복합염은 대체로 회색, 갈색, 흑청색, 청록색 등을 갖는다. 그 예로서 차나 커피를 경수로 끓였을 때 액체 표면에 갈색, 적갈색의 침전을 형성한다.

8. 미오글로빈은 분자상의 산소(molecular oxygen)와 매우 결합하기 쉬우며, 따라서 육류조직 내에 존재하는 미오글로빈은 공기 중에 노출되어 있으면 30분 내에 분자상의 산소와 결합하여 선명한 빨간색을 가진 옥시미오글로빈(oxymyoglobin, MbO_2)으로 된다. 이 옥시미오글로빈은 그 자체로서는 비교적 안정된 색소이나, 계속 천천히 산화되어 궁극적으로는 갈색을 가진 메트미오글로빈(metmyoglobin)이 된다.

9. 헤모글로빈은 혈액 내에서 산소의 운반체로 작용하며 산소와 가역적으로 결합하여 옥시헤모글로빈(oxyhemoglobin)을 형성한다. 육류 중의 헤모글로빈도 미오글로빈의 경우와 같이 저장 또는 가열조리 중에 옥시헤모글로빈을 거쳐 갈색의 메트헤모글로빈(methemoglobin)을 형성한다.

10. 식품의 갈변반응에는 여러 가지 종류가 있으나 일반적으로 효소가 직접 관여하는 효소적

갈변반응(enzymatic browning reaction)과 효소의 관여 없이 일어나는 비효소적 갈변반응(non–enzymatic browning reaction)으로 분류된다.

11. 폴리페놀옥시데이스(catecholase, polyphenolase, diphenoloxidase)는 주로 *o*–diphenol인 카테콜(catechol) 또는 그 유도체 등이 공기 중의 산소 존재 하에 퀴논(quinone) 또는 그 유도체로 산화하는 반응을 촉매하여 준다. 여기서 생성된 퀴논 또는 그 유도체들은 반응성이 매우 강하기 때문에 비효소적으로 계속 산화 중합 또는 축합되어 흑갈색의 멜라닌(melanin) 색소를 형성한다.

12. 아미노산 중의 하나인, 타이로신은 타이로시네이스의 존재 하에 급속하게 산화되어 DOPA를 거쳐 DOPA quinone이 되고 이것은 Dopa–chrome으로 알려진 적색의 5,6–Quinone–indole–2–carboxylic acid를 형성한다. 이 중간 생성체는 다시 갈색의 indole–5,6–quinone을 거쳐 계속 축합, 중합반응을 통하여 최종적으로 흑갈색의 멜라닌 색소를 형성한다.

13. 효소적 갈변반응의 억제방법에는 가열, 최적 조건의 변동, 산소의 제거, 기질의 제거, 아스코브산의 첨가, 환원성 물질의 첨가, SH 화합물 첨가, 소금의 첨가, 금속이온의 제거, 붕산 및 붕산염 첨가 등이 있다.

14. 비효소적 갈변반응은 보통 그 반응의 메커니즘에 따라 마이야르 반응(Maillard reaction), 캐러멜화 반응(caramelization), 아스코브산 산화반응(ascorbic acid oxidation)에 의한 갈변의 3가지로 구분한다.

15. 마이야르 반응에 의한 갈변의 진행 메커니즘에 대해서는 비교적 잘 알려져 있으며, 그 반응은 대체로 초기 단계(primary step), 중간 단계(intermediate step), 최종 단계(final step)의 3가지 단계로 구분한다.

16. 마이야르 반응의 초기 단계에서는 당류와 아미노 화합물의 축합반응(condensation reaction), 아마도리 전위(Amadori rearrangement)가 나타난다.

17. 마이야르 반응의 중간 단계에서는 3–deoxyosone의 형성, 불포화 3,4–dideoxyosone의 형성, 리덕톤(reductone)의 형성, hydroxymethyl furfural(HMF) 등의 환상 물질의 형성, 산화 생성물의 분 등이 나타난다.

18. 마이야르 반응의 최종 단계에서는 알돌형 축합반응(aldol type condensation), 스트레커(Strecker)형 반응, 멜라노이딘(melanoidins) 색소의 형성 등이 나타난다.

19. 마이야르 반응에 영향을 미치는 요인에는 온도, pH, 수분, 산소, 광선, 당의 종류, 아미노산의 종류, 반응 물질의 농도 등이 있다.

20. 캐러멜화 반응은 아미노 화합물이나 유기산이 존재하지 않는 경우에 주로 당류만을 고온(180~200°C)으로 가열시켰을 때 산화 및 탈수분해산물의 중합, 축합으로 갈색 물질을 생성하는 반응이며, 자연발생적으로는 일어나지 않는다.

연습문제

1. 발색단(chromophore)과 조색단(auxochrome)에 대하여 설명하시오.

2. 클로로필(chlorophyll)의 산에 의한 변화에 대하여 설명하시오.

3. 클로로필(chlorophyll)의 클로로필레이스(chlorophyllase)에 의한 변화에 대하여 설명하시오.

4. 카로틴(carotenes)의 구조와 특성에 대하여 설명하시오.

5. 안토잔틴류(anthoxanthins)의 산, 알칼리와의 반응에 대하여 설명하시오.

6. 안토사이아닌(anthocyanin)의 pH에 의한 색의 변화에 대하여 설명하시오.

7. 미오글로빈(myoglobin)의 가열조리 중의 변화에 대하여 설명하시오.

8. 폴리페놀옥시데이스(polyphenoloxidase)에 의한 갈변반응에 대하여 설명하시오.

9. 타이로시네이스(tyrosinase)에 의한 갈변반응에 대하여 설명하시오.

10. Maillard 반응의 초기 단계(primary step)에 대하여 설명하시오.

11. Maillard 반응에 영향을 미치는 요인에 대하여 설명하시오.

12. 산성조건에서의 캐러멜화 반응(caramelization)에 대하여 설명하시오.

정답

1.

발색단(chromophore)은 발색의 기본이 되는 원자단으로 azo기(−N=N−), carbonyl기(=C=O), ethylene기(−C=C−), nitro기($-NO_2$), nitroso기(−NO), thiocarbonyl기(=C=S) 등이 있으며, 조색단(auxochrome)으로는 수산기(−OH), 아미노기($-NH_2$) 등의 원자단이 있다.

2.
클로로필을 산으로 처리하면 클로로필의 포르피린(porphin) 환에 결합되어 있는 마그네슘(Mg^{2+})이 수소이온(H^+)과 치환되어 갈색의 페오피틴(pheophytin)이 생성된다. 이 과정에서 클로로필 a는 b보다 페오피틴으로 변하는 속도가 빠르며 마그네슘이 결합하면 클로로필로 되돌아가나 식물체 중에서는 되돌아가지 않는다. 산의 작용이 계속될 때에는 클로로필에 존재하는 피틸에스터(phytyl ester group)의 가수분해로 인해 갈색의 페오포바이드(pheophorbide)가 형성된다. 강산으로 처리하면 마그네슘과 피톨(phytol)이 동시에 떨어져 나와서 페오포바이드를 형성한다.

3.
클로로필레이스는 클로로필에 작용하여 클로로필 분자 중의 마그네슘은 분리하지 않고 피톨을 분리하여 짙은 초록색의 클로로필라이드(chlorophyllide)를 생성한다. 이때 알칼리 용액에서는 클로로필라이드는 다시 짙은 초록색의 수용성인 클로로필린(chlorophylline)을 형성한다. 클로로필레이스는 지용성인 클로로필을 수용성인 클로로필라이드로 전환시킨다.

4.
카로틴류는 물에 녹지 않고 석유 에테르에는 녹으나 에탄올에는 소량 녹는다. 카로틴류는 분자의 구조에 따라 α-, β-, γ-카로틴(carotene) 및 라이코펜(lycopene) 등으로 분류되며 α-, β-, γ-카로틴의 구조는 8개의 isoprene 단위로 구성된 테트라테펜(tetraterpene)이며 양단의 9개의 탄소원자가 β-이오논(ionone) 환을 이루고 있다. 이들 α-, β-, γ-카로틴은 체내에서 산화분해되어 비타민 A로 전환될 수 있으므로 프로비타민 A이다. 특히 β-카로틴은 1분자에서 2분자의 비타민 A를 만들어 낼 수 있는 효율이 좋은 프로비타민 A이다. 그러나 라이코펜은 두 개의 슈도 이오논핵만을 가지고 있기 때문에 비타민 A의 효력이 없다.

5.
안토잔틴은 일반적으로 산에 대해서는 안정하나 알칼리에는 불안정하기 때문에 pH 11~12에서 아글리콘(aglycone)의 고리구조가 개열되어 해당되어서 칼콘(chalcone)이 되며 황색 또는 짙은 갈색으로 된다. 그러나 pH가 다시 산성으로 기울어지면 개환된 칼콘의 일부는 다시 고리를 형성하여 본래의 형으로 되돌아간다.

6.
안토사이아닌은 pH에 의하여 그 색의 영향을 받는다. pH 3 또는 그 이하에서 적색의 플라빌리움(flavylium)염의 형태로 존재하며, pH 4~5에 이르면 무색의 슈도(pseudo)염을 거쳐서 pH 8.5 이르면 자색을 변하고 더욱 알칼리를 가하면 청색이 된다. 이 변화는 가역적으로 산을 넣으면 다시 되돌아가서 적색을 띤다.

7.
육류를 가열하면 일부 산회되지 않고 있던 미오글로빈은 옥시미오글로빈(MbO_2)을 거쳐서 메트미오글로빈(Met.Mb)으로, 옥시미오글로빈은 직접 메트미오글로빈으로 된다.
가열이 계속됨에 따라 이 메트미오글로빈의 글로빈 부분은 변성(denaturation)을 일으켜 분리되며, 한편 갈색 내지는 회색의 헴부분(heme part), 즉 페리프로토오피린(ferriprotor phytin)이 유리된다.

8.
폴리페놀옥시데이스(catecholase, polyphenolase, diphenoloxidase)는 주로 *o*-diphenol인 카테콜(catechol) 또는 그 유도체 등이 공기 중의 산소 존재 하에 퀴논(quinone) 또는 그 유도체로 산화하는 반응을 촉매하여 준다. 여기서 생성된 퀴논 또는 그 유도체들은 반응성이 매우 강하기 때문에 비효소적으로 계속 산화 중합 또는 축합되어 흑갈색의 멜라닌(melanin) 색소를 형성한다.

9.
타이로시네이스는 분자 내에 구리(Cu)를 함유하고 있는 산화 효소로서 여러 가지 폴리페놀(polyphenol) 화합물에 작용하므로 본질적으로 폴리페놀옥시데이스와 같은 것으로 생각되고 있으나 유일하게 다른 점은 모노페놀(monophenol) 화합물인 타이로신(tyrosine)이 catechol 유도체인 dihydroxyphenylalanine(DOPA)으로 산화되는 과정에 대해서도 촉매작용을 한다는 점이다. 타이로신은 타이로시네이스의 존재 하에 급속하게 산화되어 DOPA를 거쳐 DOPA quinone이 되고 이것은 Dopa-chrome으로 알려진 적색의 5,6-quinone-indole-2-carboxylic acid를 형성한다. 이 중간 생성체는 다시 갈색의 indole-5,6-quinone을 거쳐 계속 축합, 중합반응을 통하여 최종적으로 흑갈색의 멜라닌 색소를 형성한다.

10.
초기 단계에서는 Maillard 반응의 진행되기 위해서는 먼저 환원당과 아미노 화합물이 축합반응을 일으켜 질소배당체인 글리코실아민(glycosylamine)을 형성한다. 당류와 아미노 화합물의 축합에 의하여 형성된 글리코실아민은 대응하는 프럭토실아민(fructosylamine)으로 전위를 일으킨다. Amadori 전위로 형성된 프럭토실아민은 글리코실아민과는 달리 keto형과 enol형을 가질 수 있으며 enol형은 그 반응성이 매우 크다.

11.
온도와 pH가 높아질수록 반응속도는 급속도로 증가하며 산소는 영향을 크게 미치지 않는 경우가 많으나, 경우에 따라서는 산소가 반응을 촉진하기도 하고 또는 억제하기도 하기 때문에 분명하지 않다. 또한 광선은 경우에 따라서는 갈변을 촉진하지만 산소의 존재 하에서 갈색색소에 광선을 조사하면 퇴색하기도 한다. 일반적으로 가시광선보다는 자외선 쪽이 영향력이 큰 것으로 생각된다. 당의 성질에 따라 반응성이 다르다. 펜토스(pentose)는 헥소스(hexose)보다, 헥소스는 환원성 2당류보다 각각 반응성이 크다. α-amino acid 계열에서는 글리신(glycine)이 가장 반응성이 크며, 사슬이 길고 복잡한 치환기를 가질수록 갈변속도가 감소한다고 하다. ω-amino acid 계열에서는 사슬의 길이가 증가함에 따라 갈변속도가 증가한다고 한다. 게다가 갈색 색소의 양은 환원당의 농도에 비례하고 유리 amino기를 가지 질소화합물의 농도와 경과 시간의 제곱에 각각 비례한다. Maillard 반응에 의한 갈변을 억제하는 저해 물질에는 아황산염 및 황산염, 싸이올(thiol), 칼슘염 등이 있다.

12.
첫 단계에서는 당분자가 에놀화되어 1, 2-endiol을 형성한다. 이 1, 2-endiol은 탈수반응을 포함하는 여러 가지 경로를 거쳐 하이드록시메틸퍼퓨랄(hydroxymethyl furfural) 및 이와 유사한 퍼퓨랄(furfural) 유도체가 만들어진다. 만일 산성분해에서 당이 5탄당일 경우에는 2-furaldehyde가 생성되고 육탄당인 경우에는 5-hydroxymethyl-2-furaldehyde가 생성된다.

CHAPTER 9

식품의 맛과 냄새

1. 식품의 맛

식품은 각각 고유의 맛을 갖고 있는데 이러한 맛을 내는 성분들은 기호성을 결정하는 가장 중요한 요소가 되고 있다. 맛을 내는 성분은 수용성이며 대부분 비휘발성이고, 냄새성분보다 높은 농도로 식품에 존재한다. 맛 감각은 혀의 미각 수용체와 화학물질의 상호작용에 의해 감지되는 화학적 감각을 말한다. 또한, 맛을 인식할 수 있는 최저 농도를 그 물질의 미각역치라고 하는데, 맛을 내는 물질 중에는 그 농도에 따라 맛이 여러 가지로 달라지는 경우가 있다. 예를 들면, 벤조산나트륨은 0.03% 이하의 농도에서는 쓴맛이 가장 강하나 0.03% 이상의 농도에서는 단맛이 가장 강하며 동시에 짠맛, 쓴맛, 신맛의 순으로 함께 느낄 수 있다고 한다.

맛의 종류는 4원미, 즉 단맛, 짠맛, 신맛, 쓴맛 등을 기본적인 네 가지 맛이 있으며, 그 이외에 구수한 맛, 떫은 맛, 매운 맛 등이 있다. 맛은 혀의 부위에 따라 감수성이 제각기 다르며, 단맛은 혀의 앞부분에, 짠맛은 혀의 옆부분에, 신맛은 혀의 중간부위 둘레에, 쓴맛은 혀의 끝부분에서 각각 느껴지며, 혀의 중앙부는 미각을 별로 느끼지 않는다.

혀에는 미각기관으로서 유두가 존재하며, 유두 밑에는 여러 개의 미뢰가 있고 미뢰는 약 40개의 미각세포와 지지세포로 구성되어 있다. 미각세포의 위쪽 끝에는 미세융모가 있어 그 내부에 분포되어 있는 미각신경을 통하여 대뇌의 미각중추에 전달됨으로써 맛을 느끼게 된다.

TIP ▸ 맛의 생리현상

① 맛의 대비현상: 서로 다른 맛성분 몇 가지가 혼합되었을 경우 주된 맛성분의 맛이 강해지는 것으로서 강화현상이라고 한다. 예를 들면 설탕용액에 소금을 소량 첨가하면 더욱 단맛을 느낄 수 있다.
② 맛의 상쇄현상: 두 가지 맛성분을 혼합하면 각각 고유한 맛을 나타내지 못하고 약해지거나 없어지는 것으로서 커피에 설탕을 첨가하면 쓴맛과 단맛이 상쇄되어 조화된 맛을 이룬다.
③ 맛의 변조현상 : 한 가지 맛을 느낀 직후에 다른 맛을 정상적으로 느끼지 못하는 것으로서 쓴 약을 먹은 직후 물을 마시면 달게 느껴진다.

TIP ▸ 미맹

대부분 사람들은 PTC(phenyl thiocarbamide)에 의해서는 쓴맛을 느끼지만 일부 사람들에게는 그 맛을 전혀 느끼지 못하게 한다. 이것을 미맹이라고 한다.

1) 맛의 종류

(1) 단맛

단맛은 우리의 식생활과 가장 밀접한 관계가 있으며 일반적으로 당류, 당알코올, 아미노산 및 펩타이드 등이 단맛을 갖고 있다.

① 당류

일반적으로 당류는 단맛을 갖고 있으며 설탕은 단맛을 내는 대표적인 물질로 자연식품 등에 널리 분포되어 있다. 비교적 순수한 상태로 얻을 수 있기 때문에 감미료로서 우리의 식생활에 중요한 역할을 한다. 당류는 같은 당이라도 온도에 따라 단맛이 변하는데, 이것은 당의 α-형과 β-형의 입체구조 차이에 기인한다. 설탕은 다른 당류처럼 α-, β-형의 광학적 이성체가 존재하지 않아 수용액 중에서 이성화가 일어나지 않고 동일 농도와 온도에서는 항상 일정한 단맛을 갖고 있기 때문에 단맛을 갖는 물질들의 상대적 감미도를 측정하는 표준물질이 되고 있다. 설탕 용액을 기준으로 한 각종 단맛을 내는 물질의 상대적 감미도는 표 9-1과 같다.

과당은 꿀, 전화당의 주성분으로 특히 상쾌한 단맛을 가지고 있다. 과당의 단맛은 온도 · 입체이성체에 따라 차이가 생기는데 β-형이 α-형보다 3배 정도 더 달다. β-형은 불안정하며, 그 수용액을 가열하거나 방치하면 α-형으로 변화하여 평형을 유지하나 단

표 9-1 ▸ 식품의 단맛 성분과 감미도

종류	감미도	종류	감미도
당류		frythitol	45
sucrose	100	xylitol	75
glucose	50~70	glycerol	48
전화당	80~90	인공감미료	
galactose	60	saccharin	20,000~70,000
fructose	110~150	dulcin	7,000~35,000
maltose	50	Na-cyclamate	3,000~8,000
xylose	40	기타	
lactose	27	glycyrrhizin	10,000
당알코올		phyllodulcin	40,000~50,000
sorbitol	50	peryllartin	20,000
mannitol	45	propylmercaptan	5,000~7,000
inositol	45		

TIP 과일을 냉장고 보관하면 더 단 이유

과일에 많이 함유되어 있는 과당은 α-형과 β-형으로 존재하며, β-형이 α-형보다 더 달다. 고온에서는 α-형, 저온에서는 β-형이 많아지므로 과일을 냉장고에 보관하면 과일 내 과당은 β-형으로 존재하게 되어 더 달다.

맛은 감소된다. 따라서 고온에서는 α-형, 저온에서는 β-형이 많아지므로 과일을 차게 해서 먹는 것이 더 달다.

맥아당은 보통 β-형으로 자연식품에 존재하고 물엿이나 식혜의 단맛을 이루며, α-형으로 변환 시 더 강한 단맛을 낸다. 유당은 천연의 당류 중에서 단맛이 가장 약하고, 포유동물의 유즙에 존재하며 β-형이 조금 더 달다.

② 당알코올류

당알코올류은 포도당이나 과당의 환원생성물로, 일반적으로 설탕의 절반 정도의 단맛을 갖고 있으며, 하이드록시기가 증가함에 따라 단맛이 강해진다. 소비톨은 포도당에 수소첨가를 함으로써 공업적으로 제조할 수 있다. 소비톨은 단맛이 설탕의 약 50%이며 물에 잘 녹고 주위의 수분을 강하게 흡수하는 흡습성과 수분의 보유량을 일정하게 유지하는 성질이 있어 습윤제로서 많이 이용된다. 또한 소비톨은 포도당처럼 쉽게 흡수되어 혈당으로 전환되지 않기 때문에 당뇨병 환자들을 위한 감미료로서 이용된다. 자일리톨은 자일로스를 환원하여 만든 당알코올로 감미도는 설탕과 거의 같으나 칼로리가 낮아 당뇨환자에게 이용 가능하다. 또한 충치 유발균이 이용하지 못하기 때문에 충치 예방에 매우 효과적이다.

③ 아미노산

아미노산에는 카복실기가 수소이온 공여체로 작용하고 아미노기가 수소이온 수용체로 작용하기 때문에 단맛을 나타낼 수 있다. 아미노산 중에서 글리신(glycine), 알라닌(alanine), 프롤린(proline), 세린(serin) 등이 단맛을 갖고 있다.

④ 인공감미료

인공감미료는 천연당의 대용품으로 발달하였으나, 현재는 저칼로리식이나 설탕의 섭취가 금지된 환자식으로 사용되고 있다. 가장 많이 사용되는 인공감미료로 사카린(saccharin)은 설탕의 500~700배 정도의 단맛을 갖고 있으나 특유의 쓴맛이 있어서 일반적으로 0.02~0.03% 이내에서 사용된다. 산성식품과 함께 가열하면 서서히 분해되어 단맛이 약해지고 쓴맛이 생기므로 조리할 때는 마지막에 첨가하는 것이 효과적이다. 사카린은 체내에서 분해되지 않고 그대로 배설되기 때문에 영양가가 없으며 1일 3 g 이상 섭취 시 소화효소의 작용을 억제할 뿐만 아니라 신장 장애를 가져오므로 사용이 제한되어 있다.

또한 최근 아스파트산(aspartic acid)를 이용하여 아스파탐(aspartam)이라는 인공감미료를 생산하고 있는데 이는 쓴맛도 없고 설탕과 유사하므로 감미료로 널리 시판되고 있다. 아스파탐은 설탕의 150~200배의 단맛을 갖고 있으며, 그 맛이 상쾌하고 독성도 적어서 최근 우리나라에서도 사용이 점차 증가되고 있다. 아스파탐은 열에 불안정하여 가열에 의해서 분해되므로 오븐에 구워 만드는 각종 제품이나 각 음료 등에 사용할 때는 아스파탐에 대하여 고려하여야 한다.

(2) 쓴맛

쓴맛은 여러 맛 가운데 가장 예민하고 낮은 농도에서 감지되므로 식품 중에 미량이라도 쓴맛이 존재하면 전체 식품의 맛에 크게 영향을 미친다. 일반적으로 식품의 쓴맛은 불쾌하게 여기나, 커피(caffein), 맥주(hop)와 같은 일부의 식품에는 오히려 쓴맛이 기호성을 높이기도 한다.

쓴맛의 가장 대표적인 물질은 알칼로이드, 배당체, 펩타이드, 케톤 등으로 구분된다. 알칼로이드(alkaloid)는 식물체에 들어 있는 질소를 가진 함질소염기성 물질을 총칭하며, 특수한 약리작용을 하면서 쓴맛을 나타낸다. 알칼로이드 중 퀴닌(quinin)은 쓴맛 실험에서 표준물질로 사용되며 음료의 첨가제로 사용된다. 커피에 들어 있는 대표적인 쓴맛 성분인 카페인(caffein), 코코아에 많이 존재하는 티오브로민(theobromine) 등이 있다.

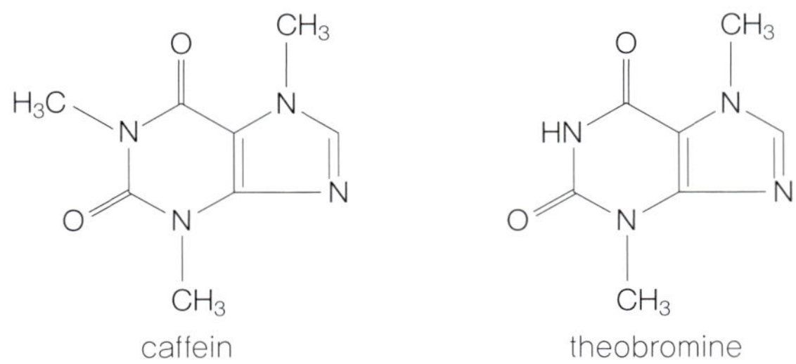

그림 9-1 카페인과 티오브로민 구조

① 배당체

배당체는 채소, 과일 등의 식물계에 널리 존재하며 쓴맛의 배당체로 잘 알려진 것은 오렌지나 자몽 등의 감귤류에 존재하는 리모닌(limonin)과 나린진(naringin), 오이의 큐커비타신(cucurbitacin), 양파껍질의 퀘르세틴(quercetin) 등이 있다. 감귤류의 리모닌은 신선할 때 먹으면 쓴맛이 없으나 저장하거나 주스 제조 등을 하는 동안에 조직을 압착하면 쓴맛이 생기게 된다. 또한 나린진은 효소 나린지네이스(naringinase)에 의해 가수분해되어 쓴맛이 없는 나린제닌(naringenin)이 형성된다. 오이의 큐커비타신은 외부 침입으로부터 오이를 보호하는 작용을 하고 있다.

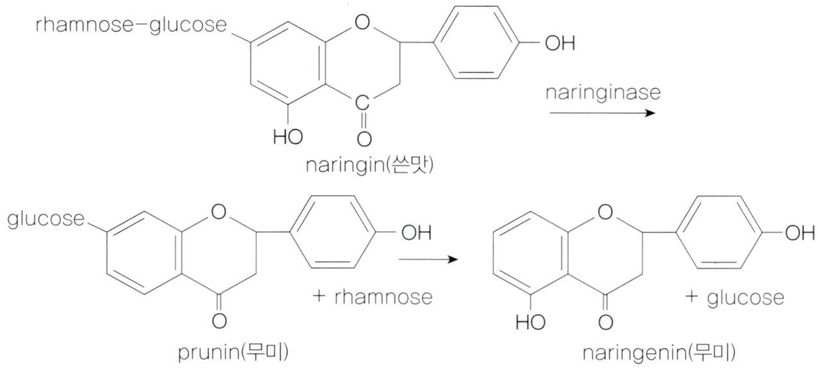

그림 9-2 쓴맛 성분

② **케톤류**

케톤(ketone)류로는 호프(hop) 암꽃의 쓴맛 성분으로 휴물론(humulon), 휴폴론(huplone) 등이 있다. 이들 성분은 맥주의 독특한 쓴맛을 주는 성분이며, 강한 항균력을 가지고 있어 맥주양조 시에 변패방지의 역할을 하고 인체 내에서 장내세균의 증식을 억제한다. 한편 고구마를 저장할 때 곰팡이의 기생으로 검은 반점이 형성되어 쓴맛을 가지는 경우가 있는데, 이것은 이포메아마론(ipomeamarone)이며 독성을 가지고 있다.

그 밖에 쓴맛 성분으로는 무기금속이온으로 Mg^{2+}, Ca^{2+}, NH^{4+} 등이 있으며, 무기염류인 $MgCl_2$, $CaCl_2$는 쓴맛을 갖는 간수로 두부제조로서 단백질 응고제로 사용된다.

TIP 구연산

구연산은 레몬이나 덜 익은 감귤 등 감귤류의 과일에 특히 많이 함유되어 있다. 용도로는 과즙 · 청량음료에 첨가하거나 의약품, 이뇨성 음료에 신맛을 내는 외에 분석 시약으로도 사용된다. 체내의 칼슘흡수를 촉진시키는 작용이 있으며, 혈액 응고에도 관여한다.

(3) 신맛

신맛은 식욕을 증진시키는 맛이며, 유기산, 무기산, 산성염과 같은 물질이 제공하는 수소이온(H^+)에 의해 신맛을 내게 된다. 즉 신맛은 해리한 수소이온의 맛이다. 신맛의 강도는 pH에 정비례하는 것은 아니고, 식품 전체의 산도에 영향을 받는다. 같은 pH에서 유기산은 염산과 같은 무기산에 비해 더 강한 신맛을 나타내며, 동일한 농도에서는 무기산의 신맛이 강하다. 무기산은 식품의 신맛을 주기 위한 목적으로는 거의 사용하지 않는다. 예외적으로 탄산은 자극성을 띠는 약한 신맛을 나타내어 상쾌감을 주기 때문에 청량음료 제조에 사용되고 있다. 같은 농도에서 HCl를 100으로 할 때 신맛의 강도는 $HCl > HNO_3 > H_2SO_4 >$ formic acid > citric acid > malic acid > lactic acid > acetic acid > butric aicd 순이다. 유기산은 과일과 채소에서 신맛을 나타내며, 식품에

표 9-2 ▸ 신맛 성분

종류	구조식	소재
carbonic acid(탄산)	H_2CO_3	무기산인 약산이 청량한 맛을 주므로 탄산음료(청량음료), 맥주
acetic acid(초산)	CH_3COOH	식초, 김치류, 토마토
oxalic acid(수산)	COOH | COOH	시금치, 우엉, 죽순, 상추, 양배추, 토란
lactic acid(우유, 젖산)	$CH_3CHOHCOOH$	김치, 발효유제품, 청주, 간장
butyric acid(낙산)	$CH_3CH_2CH_2COOH$	김치, 유제품 산패식품
succinic acid(호박산)	CH_2COOH | CH_2COOH	포도, 딸기, 사과, 청주, 조개류
malic acid(사과산)	CH_2COOH | CHOHCOOH	사과 및 기타 과실(복숭아, 포도 등)
tartaric acid(주석산)	CHOHCOOH | CHOHCOOH	포도, 파인애플, 죽순
citric acid(구연산)	CH_2COOH | HO—C—COOH | CH_2COOH	감귤류, 포도 및 기타 과실
gluconic acid(글루코산)	$HOOC(COOH)_4CH_2OH$	곶감, 양조식품
ascorbic acid(vitamin C)	┌——O——┐ CO—C=C—$CHCHOHCH_2OH$ | | HO OH	감귤류, 채소류, 기타 과실류 (산화방지력 있음)

서 중요한 유기산은 표 9-2와 같다. 입안에서 느끼는 신맛의 강도는 산기의 특성, pH, 적정산도, 완충능에 따라 달라진다.

(4) 짠맛

짠맛은 식품을 조리하는 데 단맛, 신맛 등과 조화되어 음식의 맛에 크게 영향을 주는 맛으로, 가장 대표적인 짠맛 성분은 식염(NaCl)이다. 식염은 그 자체의 맛은 좋지 않지만 맛의 증진 또는 강화 목적으로 사용된다. 이와 같은 짠맛은 염에 결합된 음이온과 양이온에 의하여 영향을 받는다. 짠맛은 주로 음이온에 결정되며, 양이온은 짠맛을 강하게 하거나 오히려 쓴맛을 나타내는 경우도 있다. 가장 순수한 짠맛 성분으로 식염의 염소이온(Cl^-)이 강한 짠맛을 갖고 있는 반면 나트륨이온(Na^+)은 극히 적은 쓴맛을 갖고 있다. 식염(NaCl) 이외에 KCl, $CaCl_2$, NH_4Cl_2 등도 갖고 있으나 이들은 짠맛과 함께 쓴맛 등이 혼합된 맛으로 식염과는 다른 맛을 나타낸다.

무기염이 해리되어 생긴 음이온의 경우 짠맛의 강도는 황산이온(SO_4^{2-})>염소이온(Cl^-) > 브롬이온(Br^-) > 요오드이온(I^-) > 탄산이온(HCO^{3-}) > 질산이온(NO^{3-})의 순이다.

(5) 감칠맛

식품 중에는 네 가지 기본 맛 이외에도 감칠맛이 있으며, 구수한 맛, 맛난 맛 등으로도 표현한다. 서양에선 맛증진제(flavor enhancer)란 말을 사용하고 있다. 감칠맛 성분은 고기국물, 조개류, 젓갈류 등의 단백질 성분에 많이 들어 있으며 동양에서 오랫동안 사용하여 온 간장, 된장 등에 있다. 화학구조에 따라 아미노산, 펩타이드, 산아마이드, 콜린 및 그 유도체, 유기염기, 뉴클레오타이드(nucleotide), 유기산 등으로 나눌 수 있다.

① 아미노산

감칠맛으로 알려져 있는 간장이나 된장은 대두 단백질이 발효 중에 가수분해에 의해 생성된 아미노산 성분들이 맛을 나타내며, 이들은 글루탐산(glutamic acid)과 비슷한 감칠맛을 가지고 있다. 새우, 게, 조개류에 글리신이 함유되어 있으며, 글리신의 유도체라 할 수 있는 베타인(betaine), 크레아틴(creatine), 크레아티닌(creatinine)도 어류, 육류의 맛난 맛 성분이 된다. 그 밖의 아미노산들 중 알라닌, 세린, 아스파트산 등도 맛난 맛을 가지고 있다.

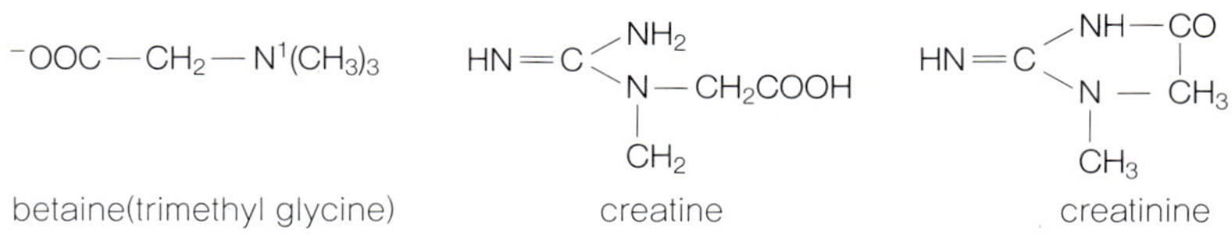

그림 9-3 베타인, 크레아틴, 크레아티닌 구조

글루탐산(glutamic acid) 또는 글루탐산나트륨염(monosodium glutamate, MSG) 등은 감칠맛을 나타내는 성분이다. 글루탐산나트륨염은 다시마의 열수 추출물에서 분리된 맛난 맛 성분으로 조미료로 널리 알려져 있다. 글루탐산나트륨염은 글루탐산 함량이 많은 밀, 옥수수 또는 콩 단백질인 글루텐(gluten)을 가수분해하여 생성하였으나 요즈음에는 글루탐산 발효균에 의한 발효법으로 공업적 생산을 하고 있다.

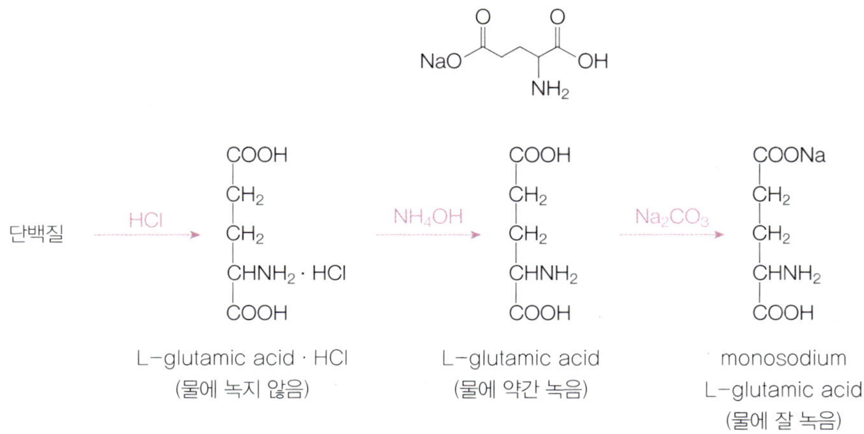

그림 9-4 글루탐산나트륨(MSG)

② 핵산계 물질

뉴클레오타이드는 핵산의 구성성분이며 맛난 맛을 나타내는 것으로 밝혀졌는데, 그 중에서 리보뉴클레오타이드(ribonucleotide) 구조에서 리보스(ribose)의 5번 탄소위치에 인산이 결합한 5′-뉴클레오타이드가 가장 높은 감칠맛을 가지고 있다.

뉴클레오타이드 중 감칠맛을 내는 것은 5′-구아닐산나트륨염(guanosine 5′-monophosphate, 5′-GMP), 5′-이노신산나트륨염(inosone 5′-monophosphate, 5′-IMP), 5′-잔토신나트륨염(xanthosine 5′-monophosphate, 5′-XAP) 등이 있다. 5′-GMP은 표고, 양송이 버섯 등에 함유되어 있으며, 5′-이노신산은 소고기, 닭고기, 어류 등에 함유되어 있다. 감칠맛의 세기는 5′-GMP > 5′-IMP > 5′-XAP의 순이다.

5′-뉴클레오티드와 글루탐산나트륨염(MSG)을 섞어서 사용하면 감칠맛이 상승하므로 현재 시판되고 있는 대부분 조미료에는 MSG 단독으로 사용하는 경우보다 글루탐산나트륨염에 핵산계 물질을 약간 혼합한다.

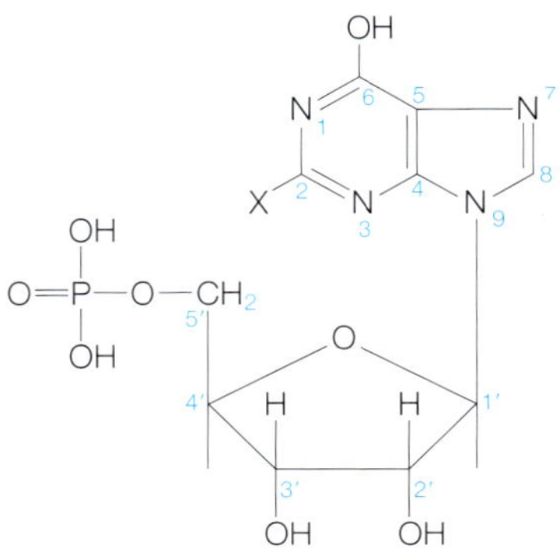

X = NH_2, 5′-GMP(구아노신 5′-모노포스페이트)
= H, 5′-IMP(이노신 5′-모노포스페이트)
= OH, 5′-XMP(잔토신 5′-모노포스페이트)

그림 9-5 뉴클레오타이드

③ 그 밖의 성분

타우린(taurin)은 오징어 · 문어의 감칠맛 성분이고, 호박산나트륨(sodium succinate)은 청주 · 조개류에 들어 있는 감칠맛 성분이다. 트라이메틸아민산화물(trimethylamine oxide)은 생선의 독특한 감칠맛을 낸다.

(6) 떫은맛

떫은맛은 입안의 표피단백질을 변성 · 응고시킴으로써 미각신경의 마비 또는 수축에 의해 일어나는 수렴성(astringency) 불쾌한 맛이다. 떫은 식품을 먹은 직후에 잠시 동안 다른 맛을 감지하지 못하는데, 이것은 일시적인 신경마비 때문에 일어나는 현상이다.

식품 속에서 폴리페놀(polyphenol)성 물질인 타닌(tannin)은 떫은맛을 가지는데 차잎에 함유되어 있는 주요 떫은 성분은 주로 카테킨(catechin), 에피카테킨 갈레이트(epicatechin gallate), 갈로카테킨 갈레이트(gallocatechin gallate) 등의 타닌이 있다.

커피의 수렴성은 카페산(caffeic acid)과 퀸산(quinic acid)이 축합한 클로로젠산(chlorogenic acid)에 의하며, 밤의 떫은맛은 두 분자의 갈산(gallic acid)이 축합한 엘라그산(ellagic acid)에 기인한다. 감의 떫은맛 성분은 시부올(shibuol) 등의 타닌에 기인되는데 이들은 물에 녹으면 떫은맛을 나타낸다.

미숙한 복숭아, 사과, 감, 포도 등의 떫은맛 성분은 카테킨이나 류코안토사이아닌(leucoanthocyanin)의 중합체인 축합 타닌이다. 떫은 감각은 입안의 표피단백질이 타닌과 가교결합을 형성하여 표피의 원활한 운동을 방해하기 때문이다. 과일이 숙성되면서 떫은 성질이 없어지는 것은 수용성 타닌 수용체가 과실 내에 생긴 알코올이나 알데하이드(aldehyde)의 작용에 의해 중합되어 분자량이 더 큰 불용성 타닌 수용체로 변하게 되어 떫은맛을 느낄 수 없게 된다. 떫은 감각은 일반적으로 불쾌하게 느껴지지만 포도주, 차 등에서 적당한 떫은 감각은 바람직하게 작용한다.

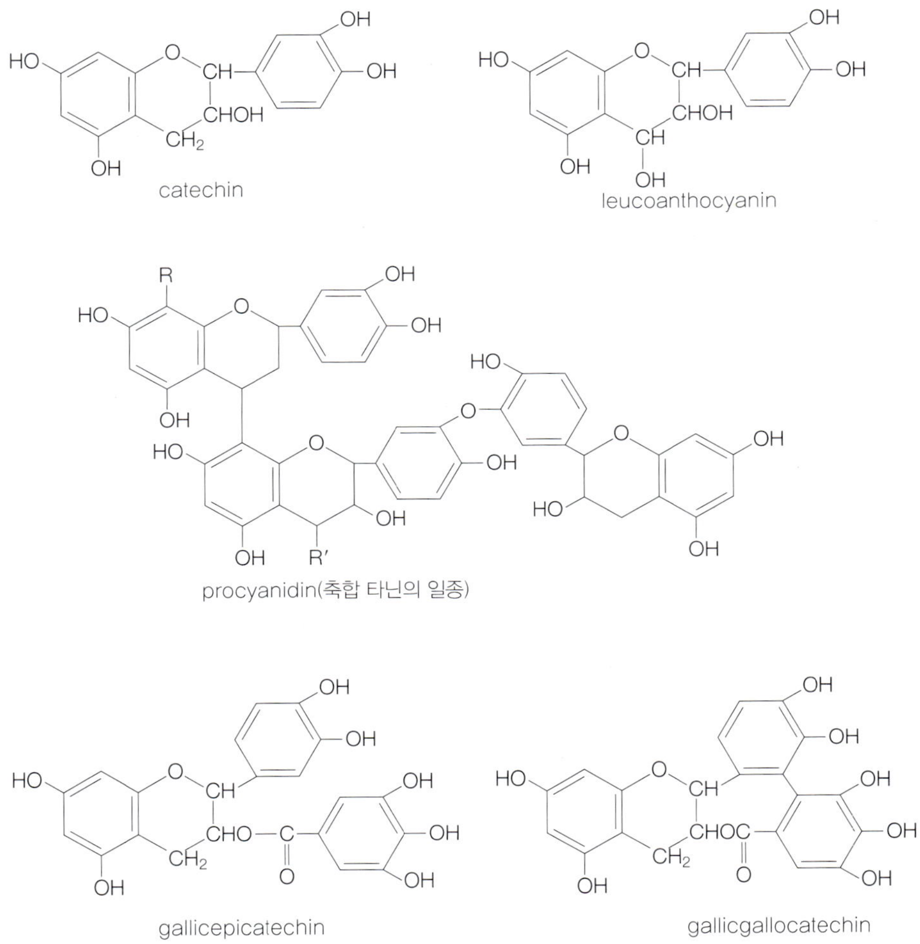

그림 9-6 떫은맛 성분

(7) 매운맛

매운맛은 식품의 풍미를 향상시켜 식욕을 증진시키는 맛으로써 미각신경을 강하게 자극함으로써 느껴지는 통각이다. 매운맛 성분은 그 화학구조에 따라 유황화합물, 산아민류, 방향족 알데하이드 및 케톤류, 아민류 등으로 나눌 수 있다.

① 유황화합물

휘발성의 유황화합물은 일반적으로 특유한 매운맛을 갖고 있다. 겨자유의 매운맛 성분은 원래 배당체로 매운맛을 나타내지 않으나 효소작용에 의해 매운맛 성분이 생성된다. 겨자, 무, 양배추, 고추냉이 등의 무미의 시니그린(sinigrin)에 물을 넣고 마쇄하면 효소 미로시네이스(myrosinase)의 작용을 받아 매운맛 성분인 알릴아이소싸이오사이아네이트(allylisothiocyanate)가 생성된다.

마늘의 자극성 매운맛은 마늘에 함유되어 있는 무미, 무취의 알리인(alliin)이 조직 중에 존재하는 알리네이스(allinase)라는 효소에 의하여 분해되어 자극성의 알리신(allicin)이 생성되기 때문이다. 이와 비슷한 양파, 파, 부추 등의 매운맛도 유황화합물 등에 기인한다.

② 구아이아콜(guaiacol) 유도체

생강의 매운맛 성분으로는 진저론(zingerone), 쇼가올(shogaol), 진저올(gingerol) 등이며 이와 같은 자극물질은 구아이아콜의 유도체이다. 진저올은 진저론과 쇼가올의 전구물질이며 바닐린(vanillin)은 구아이아콜 유도체로 방향족 알데하이드에 속하는 매운맛 성분이다. 커큐민(curcumin)은 율금(curry powder)의 매운맛 성분이다. 계피 · 육계에 들어 있는 계피알데하이드(cinnamic aldehyde)도 매운맛을 갖고 있다.

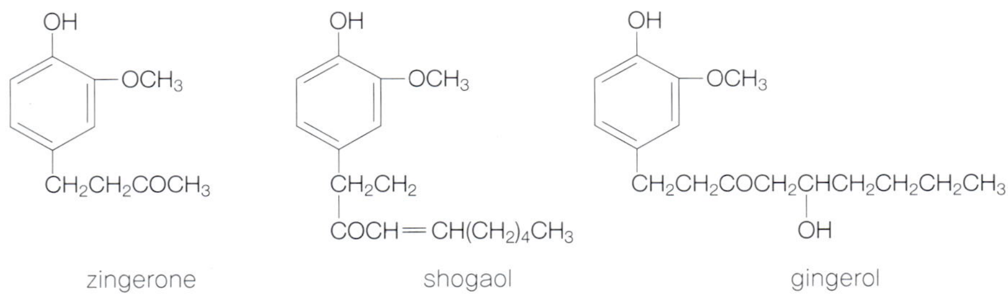

그림 9-7 구아이아콜 유도체

③ 산 아민류

고추의 매운맛 성분은 캡사이신(capsaicine)으로 알려져 있다. 후추의 매운맛 성분은 차비신(chavicine)으로 후추에 0.8% 정도 함유되어 있다. 산초에는 산쇼올(sanshool)이 들어 있어 매운맛을 낸다.

그 밖에 부패한 생선이나 변패된 간장에서 볼 수 있는 히스타민(hisatamine), 아민류의 불쾌한 냄새가 있는 타이라민(thyramine) 등이 있다. 이들은 아미노산이 미생물의 작용에 의해 탈탄산되어 생긴 아민(amine)류로써 약간의 불쾌한 맛을 가지며 대체로 유독하다.

2. 식품의 냄새

식품의 냄새는 식품에 대한 기호를 결정하여 주는 식품성분으로서 미량으로 함유된 휘발성 성분에 의해 기인된다. 일반적으로 식품은 특유한 냄새를 가지고 있으며 호감을 주는 좋은 냄새와 바람직하지 않은 불쾌한 냄새로 구분한다. 또한 식품의 냄새는 가열조리, 가공처리, 저장 또는 부패되는 과정에서 현저하게 변화되므로 식품의 품질을 결정하는 데에 매우 중요한 요소가 된다.

보통 향수, 화장품 등의 냄새를 퍼퓸(perfume)이라 하고, 코로 맡는 식품의 냄새를 아로마(aroma), 미각을 통해서 입으로 느끼는 냄새를 플레이버(flavor)로 구별하기도 한다. 된장과 같은 식품 냄새를 처음 맡을 경우 불쾌한 냄새를 느끼게 되지만 습관화가 되면 좋은 냄새로 느끼게 되는 것처럼 냄새는 식습관과 성분의 농도에 따라 바뀌기도 한다.

1) 식물성 식품의 냄새성분

식물성 식품의 냄새성분으로는 알코올(alcohol)류, 에스터(ester)류, 알데하이드

표 9-3 ▸ 식물성 식품의 냄새

분류	이름 및 구조식	식품
alcohol류	ethyl alcohol　CH_3CH_2OH	주류
	pentanol　$CH_3CH_2CH_2CH_2CH_2OH$	감자
	matsutake alcohol(1-octene-ol) $CH_2(CH_2)_4CHOHCH = CH_2$	송이버섯
	kyuric alcohol(2,6-nonadienol) $CH_3CH_2CH = CH(CH_2)_2CH = CHCH_2OH$	오이
	furfural alcohol 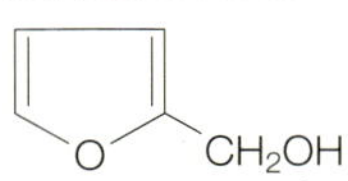	커피
	aoba alcohol(청엽 알코올) $CH_3CH_2CH = CHCH_2CH_2OH$	푸른 채소잎, 찻잎

분류	이름 및 구조식	식품
aldehyde류	aoba aldehyde(2-hexenal) $CH_3CH_2CH_2 = CHCHO$	푸른 채소잎, 찻잎
	benzaldehyde C_6H_5CHO	아몬드향
	cinnamic aldehyde $C_6H_5CH = CHCHO$	육계향(肉桂香)
	vanillin 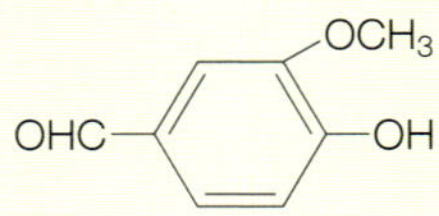 	바닐라향
ester류	amyl formate $HCOOHC_2(CH_2)_3$	사과, 봉숭아
	isomyl formate $HCOOCH_2CH_2CH(CH_3)_2$	배
	ethyl acetate $CH_3COOCH_2CH_2$	파인애플
	isoamyl acetate $CH_3COOCH_2CH_2CH(CH_3)_2$	배, 사과
	methyl butyrate $CH_3CH_2CH_2COOCH_3$	사과
	methyl valerate $CH_3(CH_2)_3COOCH_3$	청주
	isoamyl isovalerate $(CH_3)_2CHCH_2COOCH_2CH_2CH(CH_3)_2$	바나나
	methyl cinnamate 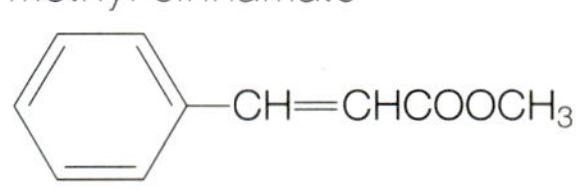 	송이버섯
	sedanolide 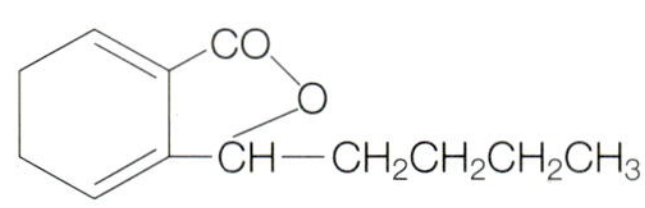 	샐러리
	apiol 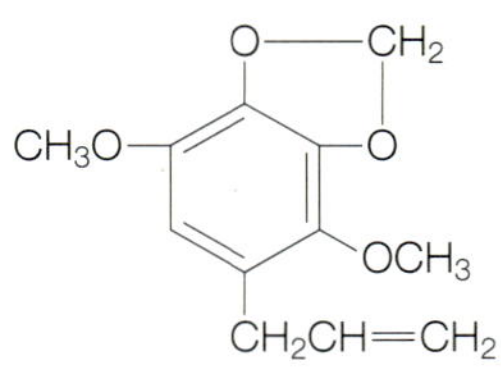 	파슬리

분류	이름 및 구조식	식품
정유류 (terpene류)	linonene($C_{10}H_{16}$) (monoterpene) 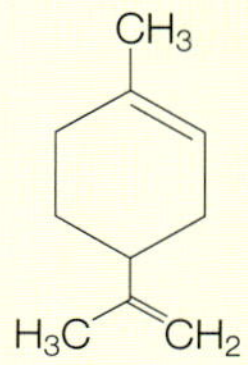	오렌지, 레몬, 박하
	α-piene($C_{10}H_{16}$) (monoterpene) 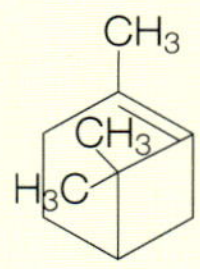	감귤류
	camphene($C_{10}H_{16}$) (monoterpene) 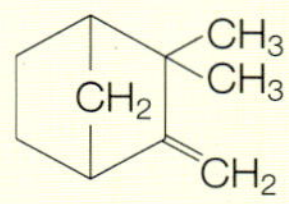	레몬
	geraniol($C_{10}H_{20}O$) (terpene계 alcohol) 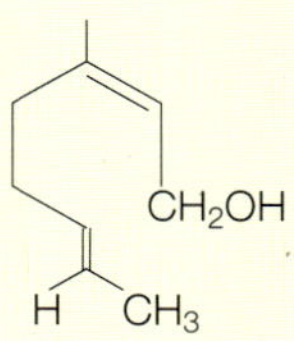	오렌지, 레몬
	α-mentol($C_{10}H_{20}O$) (terpene계 alcohol) 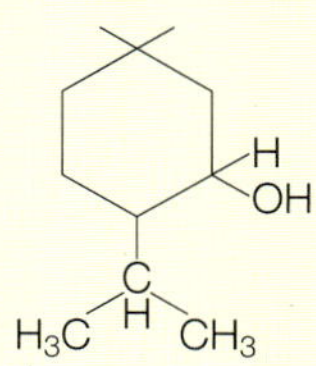	박하
	citral($C_{10}H_{20}O$) (terpene계 aldehyde) 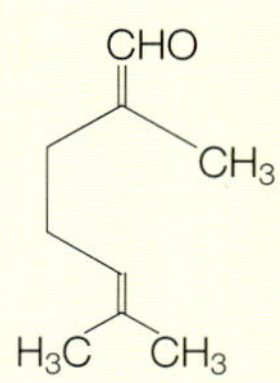	오렌지,레몬

분류	이름 및 구조식	식품
정유류 (terpene류)	thujone(terpene계 ketone) 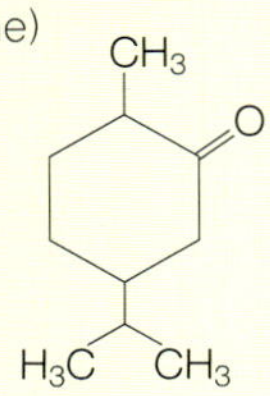	쑥
	zingiberene($C_{15}H_{24}$) (sesquiterpene) 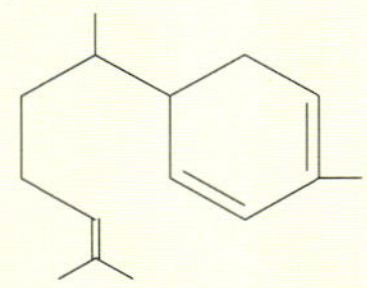	생강
	humulene($C_{15}H_{24}$) (sesquiterpene) 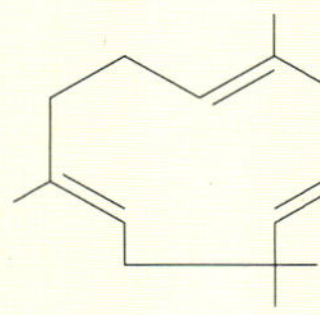	hop
유황화합물	methylmercaptane CH_3SH	무
	propylmercaptaane $CH_3CH_2CH_2SH$	양파
	dimethylmercaptal $CH_3CH\begin{matrix} SCH_3 \\ SCH_3 \end{matrix}$	단무지
	S-methylcysteine sulfoxide $\underset{\underset{O}{\Vert}}{CH_3S}CH_2\underset{\underset{NH_2}{\vert}}{CH}COOH$	양배추, 순무
	methyl β-methylmercaptopropionate $CH_3SCH_2CH_2COOCH_3$	파인애플
	β-methylmercaptopropyl alcohol $CH_3SCH_2CH_2CH_2OH$	간장
	furfural mercaptane 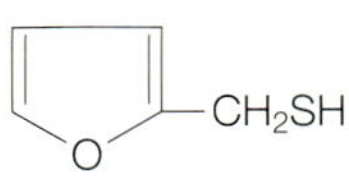	커피
	alkylisothiocyanate $CH_2{=}CH{-}CH_2{-}N{=}C{=}S$	겨자, 무, 고추냉이, 파, 마늘, 양파

(aldehyde)류, 케톤류, 정유류, 유황화합물이 주로 관계하고 있다. 알코올류는 채소, 송이버섯, 커피, 찻잎, 주류 등의 향기성분으로 송이버섯의 향으로 옥테놀, 오이의 풋내 성분인 큐리알코올(kyri alcohol)이 해당한다. 유기산과 이들의 에스터류와 정유는 과실류의 향기성분의 주요 구성성분이다. 정유(essential oil)는 꽃, 잎 등 식물체를 수증기 증류에 의하여 얻어지는 특유한 냄새를 가지는 휘발성의 유상물질로, 주성분은 모노테르펜(monoterpene), 세스퀴테르펜(sesquiterpene), 디터펜(diterpene) 또는 이들의 산화환원 유도체들이다.

(1) 과일류의 향기성분

과일은 미량의 향기성분을 함유하고 있으며 다른 식품보다 전체적인 식품의 가치에 있어 매우 큰 비중을 차지하고 있다.

① 사과의 향기성분

사과의 향기성분으로는 약 40종을 가지고 있으며 그 중 뷰틸알코올(*n*-butyl alcohol), 프로필알코올(*n*-prophy alcohol), 헥실알코올(*n*-hexyl alcohol), 그 밖에 이들의 아세테이트(acetate)가 중요한 향기성분이다.

② 감귤류의 향기성분

오렌지, 자몽, 레몬 등 감귤류의 향기성분으로는 에스터류와 터페노이드(terpenoid) 화합물이 주요한 성분이다. 에스터류에는 알데하이드 등의 저분자 카보닐화합물, 알코올, 에틸아세테이트(ethyl acetate), 에틸뷰티레이트(ethyl butyrate) 등의 에스터 화합물이 해당한다. 터페노이드 화합물은 코페인(α-, β-copaene), 큐베벤(α-, β-cubebene), *d*-리모넨(*d*-limonene) 등이 있다.

③ 바나나의 향기성분

신선한 바나나의 휘발성 성분은 메탄올(methanol), 에탄올(ethanol), 아이소아밀알코올(isoamyl alcohol), 아세트산(acetic acid), 아이소아밀아세테이트(isoamyl acetate), 헥산(2-hexanal) 등이 있다. 또한 바나나의 독특한 향기성분은 아밀아세테이트(amyl acetate), 아밀아이소발레이트(amyl isovalerate) 등의 에스터화합물이다.

(2) 채소류의 향기성분

채소류 향기성분은 과일류처럼 향기성분은 많지 않으나 에스터류(ester), 알데하이드류, 케톤류, 산류 등의 휘발성 성분으로 이루어져 있다. 양배추, 배추, 무, 겨자 등의 채소들의 향기성분은 휘발성 유황화합물(volatile sulfur compounds), 또는 유황화합물의 분해생성물들에 기인한다.

① **양배추의 향기성분**

양배추는 신선한 상태에서는 냄새가 별로 없으나 가열조리를 할 때 냄새가 강해지게 된다. 이는 양배추 중에 함유되어 있는 각종 유황화합물, 즉 아이소싸이오사이아네이트(isothiocyanate)류가 분해되어 휘발성 유황화합물들을 형성하기 때문이다. 양배추 중의 아이소싸이오사이아네이트류에는 알릴아이소싸이오사이아네이트(allylisothiocyanate), 3-메틸싸이오프로필아이소싸이오사이아네이트(methyl thiopropyl isothiocyanate), 3-뷰틸아이소싸이오사이아네이트(butyl isothiocyanate), 3-메틸설피닐프롤필아이소싸이오사이아네이트(methyl sulfinyl propyl isothiocyanate) 등이 있다.

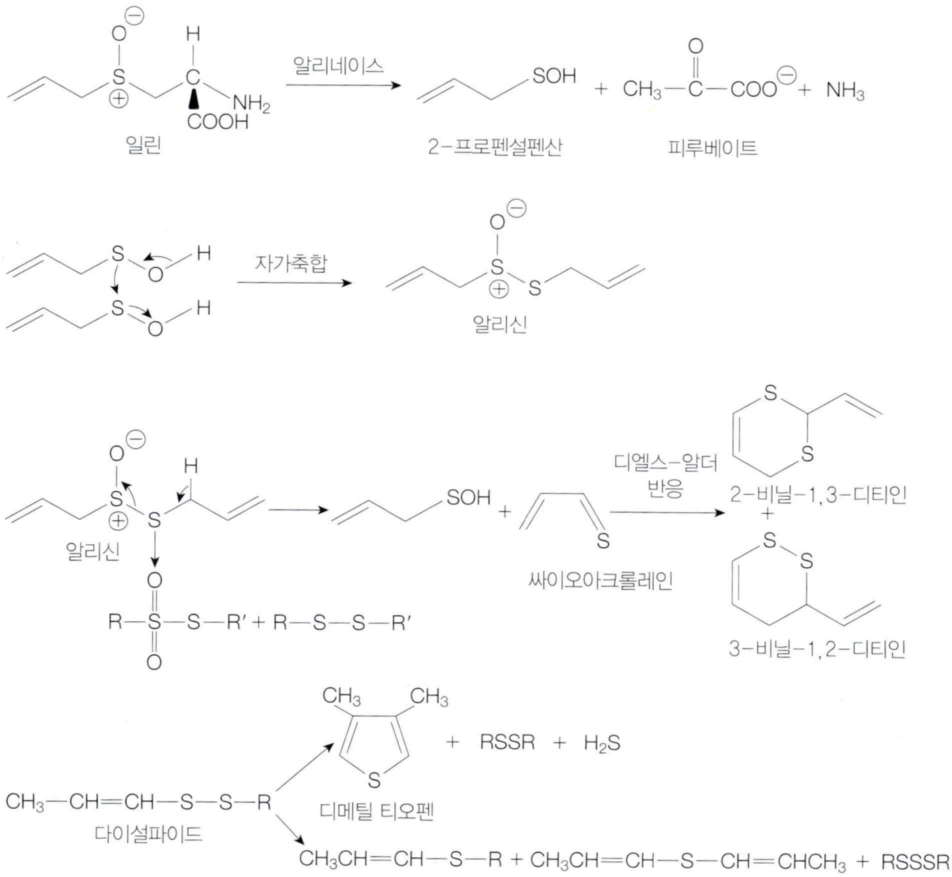

그림 9-8 마늘의 향미성분 생성 기작

② **마늘, 양파, 파의 향기성분**

마늘, 양파, 파, 부추는 알륨속(genus *Allium*)에 속하는 채소로서 싸이오설파이드(thiosulfatide), 싸이오설포네이트(thiosulfonate) 등의 휘발성 유황화합물에 의해 특이한 냄새를 낸다. 양파와 마늘을 자르거나 으깨면 알리인은 효소 알리네이스에 의해서 알리신이 생성되는데 이것이 마늘이나 양파와 중요한 향기성분이 된다. 알리신은 또한 휘발성 황화합물인 다이설파이드(disulfatide) 및 싸이오설포네이트로 전환되며, 다이설파이드는 더 분해되어 양파와 마늘의 특이한 냄새에 기여하는 싸이오펜(thiophene) 등 다양한 저분자 황화합물이 된다. 이와 유사한 기작으로 냄새를 발생하는 채소로는 마늘 및 양파와 같이 알륨속에 속하는 파, 부추 등이 있다.

③ **배추, 무, 겨자의 향기성분**

배추, 무, 겨자 등은 글루코시놀레이트(glucosinolate) 또는 싸이오글루코사이드로 알려진 유황화합물들을 함유한다. 이 화합물들이 이들 채소의 주요 향미물질의 전구체이다. 글루코시놀레이트는 원래 냄새가 없으나, 이것을 마쇄할 때 그 채소 조직 내에 존

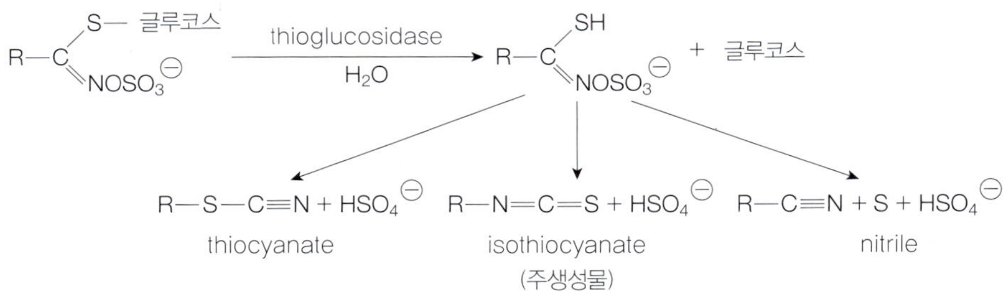

그림 9-9 글루코시놀레이트의 향미성분 생성 기작

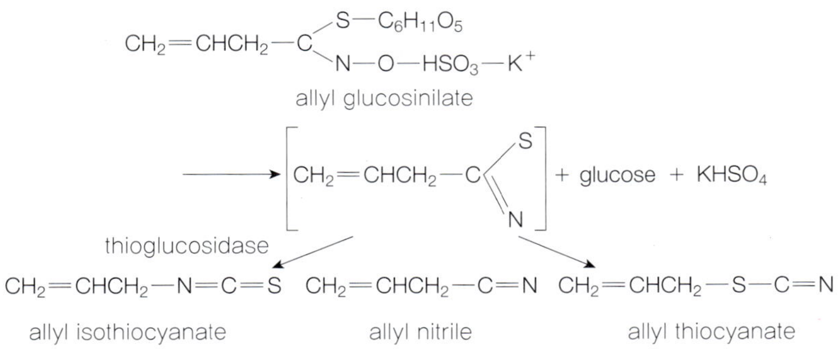

그림 9-10 겨자의 향기성분

재하는 가수분해효소인 싸이오클루코시데이스(thioglucosidase)에 의해서 분해되어 자극성을 가진 냄새성분인 아이소싸이오사이아네이트(isothiocyanate), 나이트릴(nitrile), 싸이오사이아네이트(thiocyanate) 등의 구조를 갖는 물질을 생성하여 특이한 냄새에 기여한다.

겨자씨에 존재하는 주요 글루코시놀레이트인 시니그린(sinigrin)이라는 알릴 글루코시놀레이트(allyl glucosinolate)를 자르거나 으깨면 조직 내에 존재하는 효소 미로시네이스(myrosinase)라는 싸이오글루코시데이스(thioglucosidase)에 의해 가수분해되어 톡 쏘는 자극성을 가진 향미물질인 알릴아이소싸이오사이아네이트 및 여러 유도체를 형성한다.

④ 표고버섯의 향기성분

표고버섯의 주요 향기성분은 렌티오닌(lenthioine)이며, 그 분자식은 $C_2H_4S_5$이다. 이 물질은 결정체로서 수개월간 아무 변화 없이 보존된다. 물에는 녹지 않으며, 식물유에는 비교적 잘 녹는다. 수용액에서는 pH 5 이상에서 급속히 파괴되며 0.27~0.53 ppm의 농도에서 독특한 향기를 나타낸다. 이 밖에 유사한 구조의 함황화합물들이 표고버섯의 향기성분으로 검출되었다.

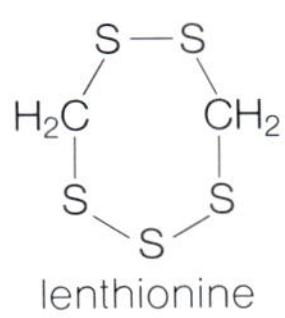

그림 9-11 렌티오닌

(2) 동물성 식품의 냄새성분

동물성 식품 중에서 육류와 어류에는 아민류가, 우유 및 유제품에는 지방산 및 카보닐 화합물이 냄새성분의 주체를 이루며 식물성 식품에서와 같이 일부의 알코올류와 알데하이드가 관여하고 있다.

① 어류의 냄새성분

어류의 독특한 냄새성분은 어류에 함유된 프로피온산(propionic acid), 뷰티르산(butric acid), 아이소발레르산(isovaleric acid) 등의 유기산과 어류에 존재하는 지질 산화에 의해 형성된 알데하이드, 케톤 등의 화합물 등으로부터 연유된다.

어류의 신선도가 떨어질수록 특유의 비린내가 강해지며 해수어와 민물고기에 따라 다르다. 신선한 해수어는 특유의 비린내가 나지 않으나 신선도가 저하됨에 따라 비린내가 난다. 해수어의 자극 있는 비린내는 트라이메틸아민(trimethylamine, TMA)에 의한다. 이는 저장 중에 신선도가 저하됨에 따라 어류 체액 중의 트라이메틸아민 옥사이드(trimethylamine oxide, TMAO)가 세균에 의한 환원작용에 의해 트라이메틸아민이 생성되어 비린내가 나게 된다. 신선도가 떨어짐에 따라 TMA는 증가하므로 어류의 신선도를 측정하여 어류의 신선도를 판정할 수 있다.

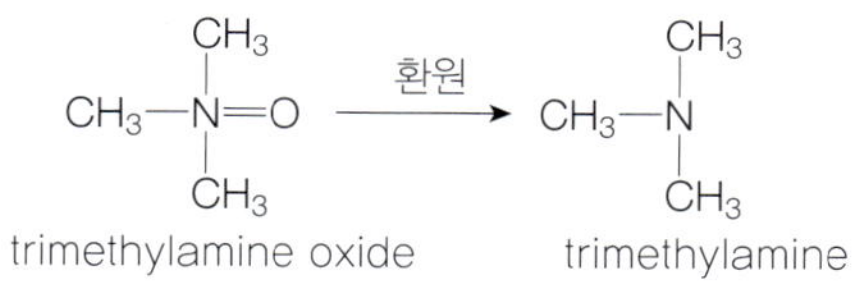

그림 9-12 트라이메틸아민 생성과정

상어나 홍어와 같은 자극취 원인은 암모니아(ammonia)에 의한다. 이는 체액에 함유된 요소(urea)가 세균의 작용으로 분해되어 암모니아를 생성하기 때문이며 신선도가 상당히 떨어졌을 때 생성된다.

민물고기는 해수어와 달리 트라이메틸아민 옥사이드는 매우 적으나 신선도가 떨어질수록 생성되는 비린내는 어체 표면의 라이신(lysine)이 세균에 의해 분해되어 생성된 피페리딘(piperidine) 또는 라이신으로부터 생성된 아르지닌(arginine)으로부터 의한 것이다.

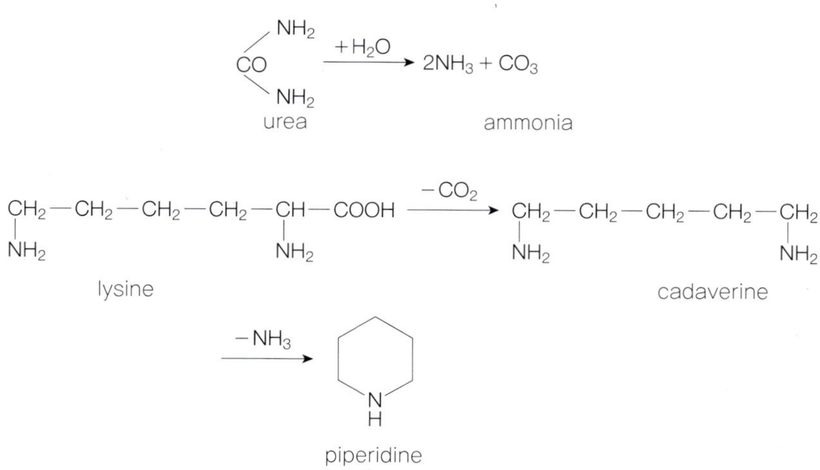

그림 9-13 암모니아와 피페리딘 생성과정

그 밖에 아미노산이 세균에 의해 분해되어 생성된 황화수소(H_2S), 인돌(indol), 메틸머캅탄(methylmercaptan) 등에 의하여 어류의 냄새에 관여한다. 이것은 산으로 처리하면 냄새는 없앨 수 있으므로 어취를 제거하기 위해 생선에 식초를 사용하게 된다.

② 육류의 냄새

신선한 육류 냄새는 매우 미약하며, 주로 아세트알데하이드(acetaldehyde)에 의한다. 특히 신선도가 저하된 육류의 불쾌한 냄새는 육류 중의 단백질, 아미노산, 기타 질소화합물들이 미생물의 작용에 의하여 휘발성 아민(amine)류, 황화수소(H_2S), 머캅탄(mercaptan)류 등으로부터 연유된다.

육류의 냄새는 고기를 가열함으로써 생기며, 상당히 강한 수많은 냄새물질을 생성한다. 주요 반응은 육류에 들어 있는 아미노산과 당에 의해 휘발성 물질이 생성되는 마이야르 반응(Millard reaction)에 의한 것이다. 또 단백질을 구성하는 함황아미노산에서 황화수소, 메틸캅탄 등의 황화합물이 생성되며 특히 황화수소는 단백질식품을 가열할 때 반드시 발생한다. 이 황화수소는 다른 휘발성 물질과 섞여 있으면 식욕을 돋우는 좋은 향이 된다.

소, 돼지, 양의 살코기와 같은 육류는 아미노산과 당의 구성 물질이 유사하기 때문에 가열할 때 생성되는 기본적인 냄새는 서로 비슷하나 각 동물에 따라 특유한 냄새가 다르게 나는 것은 육류에 함유된 구성지방의 차이에서 오기 때문이다.

③ 우유 및 유제품의 냄새성분

신선한 우유의 냄새성분은 카보닐 화합물인 폼알데하이드(formaldehyde), 펜탄알(pentanal), 헥산알(hexanal), 헵탄알(heptanal), 노난알(nonanal), 아세톤(aceton), 아세트알데하이드(acetaldehyde)이며, 저급지방산인 뷰티르산(butyric acid), 프로피오닌산(propionic acid) 및 함황화합물질인(methyldisulfide, 메틸설파이드)에 의한다. 우유에 메틸설파이드의 양이 매우 미약할 때는 생우유의 향이 나타나지만, 그 양이 고농도에서는 소의 호흡 시의 냄새로 변화한다. 신선한 우유를 장시간 방치하거나 가열살균 시 유지방 산화반응으로 인해 휘발성 카보닐 화합물의 생성량이 증가한다.

버터의 주요 냄새성분은 젖당으로부터 생성된 다이아세틸(diacetyl)과 아세토인(acetoin)에 의한다. 다이아세틸, 아세토인은 평형 상태를 유지하고 있다가 어떤 요인들에 의해 다이아세틸 양이 증가하게 되면 불쾌한 냄새를 내게 된다. 버터제조 시 첨가하는 starter 중에 존재하는 *Streptococcus citrovorus, Streptococcus diacetilactis* 등의 유산균에 의해서 다이아세틸은 생성된다. 그 밖의 버터의 향기성분으로는 휘발성 유기산, 알데하이드, 케톤류 등이 있다.

④ **가공에 의한 향미물질**

가공식품의 향미물질은 대부분 당류와 아미노산 또는 단백질의 갈변반응 마이야르 반응에 의해 생성된다. 마이야르 반응에 의해 생성되는 최종 향미물질은 퓨란(furan), 피론(pyrone), 카보닐, 산(acid), 피롤(pyrrole), 피라진(pyrazine), 옥사졸(oxazole), 티아졸(thiazole), 황화합물 등 다양하다. 빵을 구울 때 갈색의 껍질이 생기는 것은 빵의 향기와 밀접한 관계가 있다. 이는 빵을 구울 때 마이야르 반응의 최종 단계에서 스트렉커(Strecker) 분해에 의하여 아미노산들로부터 알데하이드류가 생성되어 빵의 향기에 기여한다. 포도당(glucose), 루신(leucine), 히스티딘(histidine), 아르지닌 등을 반응시키면 신선한 빵의 향기를 생성시킬 수 있다.

커피의 특유한 향기성분은 커피콩 중의 당류와 아미노산 또는 단백질의 마이야르 반응에 의한 생성물에 의한다. 커피의 향기성분은 지금까지 158여 종이 발견되었고, 그 중에서 주로 푸르푸랄(furfural) 유도체들, 피라진(pyrazine) 유도체들, 말톨(maltol) 등이 있다. 초콜릿의 휘발성 향기성분들은 코코아콩을 볶는 과정에서 상당량의 아미노산과 환원당의 상호작용에 의한 마이야르 반응에 의해 생성된다.

또한 주로 당류를 가열할 때 일어나는 갈변반응인 캐러멜 반응(caramelization)에 의해서도 여러 종류의 향미물질이 생성된다.

용어정리

- **전화당**: 설탕은 효소 또는 산으로 가수분해하면 포도당과 과당이 동량의 혼합물을 생성하는데 이 혼합물을 전화당이라고 한다. 전화당은 설탕보다 단맛이 더 강하여 식품산업에서 여러 가지 용도로 사용하고 있다.
- **당알코올**: 당의 알데하이드(aldehyde)기 혹은 케톤(ketone)기를 환원하여 각각 제1, 제2알코올기로 한 다가알코올의 총칭을 말한다. 일반적으로 당알코올은 환원기가 없기 때문에 아미노산과의 갈변반응이 일어나지 않고 내열성이 높다. 에리스리톨(erythritol)은 버섯과 지의류에, 자일리톨(xylitol)은 딸기와 채소에, 소비톨(sorbitol)은 장미과식물에 많이 존재한다.
- **배당체**: 단당류가 고리 모양의 헤미아세탈 구조를 취하고 그 하이드록실기가 다른 알코올 혹은 페놀성 화합물의 하이드록실기 사이에서 물을 상실하고 축합하여 생긴 화합물을 말한다. 일반적으로 당과 하이드록실기를 갖는 천연물이 글리코사이드 결합을 이루어 배당체 형태로 존재한다.
- **폴리페놀성 물질**: 벤젠고리(C_6H_6)의 수소 중 하나가 하이드록시기(−OH)로 치환된 물질을 페놀이라고 하는데, 하이드록시기를 2개 이상 갖고 있는 물질을 폴리페놀이라고 한다. 녹차에 카테킨류, 커피에 클로로젠산, 딸기나 가지에 안토사이아닌계 색소 등이 해당된다. 폴리페놀류는 체내에서 항산화제로 작용함으로써 건강유지와 질병예방 등에 도움이 된다.
- **가교결합**: 분자와 분자 간에 공유결합이나 이온결합처럼 완전한 화학결합이 형성된 것을 말한다.
- **에스터류**: 유기산과 알코올이 서로 반응하여 탈수된 생성물이며 일반적으로 방향성을 가지고 있다. 지방족의 에스터가 방향족 에스터보다 향기가 더 좋으며 천연에는 아세트산에스터, 개미산, 낙산 에스터가 있다. 방향족 에스터에는 안식향산, 계피산 등의 에스터가 있다.
- **마이야르 반응(Millard reaction)**: 아미노산, 펩타이드, 단백질의 아미노기와 케톤, 알데하이드, 특히 환원당이 반응하여 갈색색소인 멜라노이딘 색소를 생성하는 반응이다. 갈색화 반응이라고 한다.
- **캐러멜 반응(caramelization)**: 당 또는 당의 진한 용액을 100~200°C로 가열하면 당이 분해하여 갈색의 캐러멜 색소를 생성한다. 이 변화를 캐러멜 반응이라고 하며, 갈색계의 착색뿐만 아니라 조미, 착향에도 사용된다.

핵심요약

1. 모든 식품의 맛은 고유하며, 식품의 품질과 기호성을 결정하는 데 있어서 중요하다. 맛을 내는 성분은 수용성이며 대부분 비휘발성이고 향기성분보다 높은 농도로 식품에 존재한다. 맛 감각은 혀의 미각 수용체와 맛 성분인 화학물질의 상호작용에 의하여 감지되는 화학적 감각이다.
2. 맛의 종류는 4원미 즉, 단맛, 짠맛, 신맛, 쓴맛 등을 기본적인 네 가지 맛이 있으며, 그 이외에 구수한 맛, 떫은맛, 매운맛 등이 있다. 맛은 혀의 부위에 따라 감수성이 제각기 다르며, 맛을 인식할 수 있는 최저 농도를 미각역치라고 한다. 식품 내 맛 성분들에 의하여 고유의 맛이 결

정된다.

3. 식품의 냄새는 식품에 대한 기호를 결정하여 주는 식품성분으로서 미량으로 함유된 휘발성 성분에 의해 기인된다. 일반적으로 식품은 특유한 냄새를 가지고 있으며 호감을 주는 좋은 냄새와 바람직하지 않은 불쾌한 냄새로 구분한다. 또한 식품의 냄새는 가열조리, 가공처리, 저장 또는 부패되는 과정에서 현저하게 변화되므로 식품의 품질을 결정하는 데에 매우 중요한 요소가 된다.

4. 냄새는 수천 종류로 이루어져 있어 맛보다 더 복잡한 특성을 가진다. 모든 식품은 고유의 냄새를 가지고 있고 향미성분은 열에 의하여 쉽게 변한다. 향미성분은 일반적으로 분자구조에서의 특이성을 가지는 여러 성분이 복합적으로 합해져서 특정 냄새를 나타낸다.

연습문제

1. 단맛의 세기를 순서대로 나열하시오

2. 같은 pH에서 (   )은 염산과 같은 무기산에 비해 더 강한 신맛을 나타내며, 동일한 농도에서는 (   )의 신맛이 강하다.

3. 조개류에 (   ), 감귤류에 (   ), 김치에 (   ), 포도에(   )과 같은 유기산이 함유되어 있다.

4. 호프의 정유성분으로 쓴맛을 나타내는 케톤류는 (   )이다.

5. 핵산계 감칠맛 성분의 세기를 순서로 나열하시오

6. 감칠맛을 내는 성분들 중에서 글루탐산 나트륨은 (   ), 호박산은 (   ), 이노신산은 (   ), 구아닐산은 (   )에 함유되어 있다.

7. (   )는 염기성 함질소 화합물로 식물체에 존재하며 약리작용을 하는 쓴맛 성분이다.

8. 맛의 대비현상에 대해 설명하시오.

9. 식물성 식품의 냄새성분은 (   ), 알코올류, (   ), 황화합물 등이 있으며, 과일류에 주된 향기성분은 (   )이다.

10. 맛의 생리현상에 대하여 설명하시오.

정답

1. 과당 > 전화당 > 자당 > 포도당 > 맥아당
2. 유기산, 무기산
3. 호박산, 구연산, 젖산, 주석산
4. 휴뮬론(humulone)
5. 5-GMP > 5-IMP > 5-XAP
6. 다시마, 조미료 / 조개, 청주 / 육류, 어류 / 표고, 송이버섯
7. 알칼로이드
8. 한 맛에 다른 물질을 섞어 그 맛이 높아지는 현상으로 설탕액에 소금액을 첨가하면 단맛이 증가한다.
9. 에스터류, 테르펜류, 에스터류
10. 맛의 생리현상으로는 크게 3가지가 있다.
    ① 맛의 대비현상: 서로 다른 맛 성분 몇 가지가 혼합되었을 경우 주된 맛 성분의 맛이 강해지는 것으로서 강화현상이라고 한다. 예를 들면 설탕용액에 소금을 소량 첨가하면 더욱 단맛을 느낄 수 있다.
    ② 맛의 상쇄현상: 두 가지 맛 성분을 혼합하면 각각 고유한 맛을 나타내지 못하고 약해지거나 없어지는 것으로서 커피에 설탕을 첨가하면 쓴맛과 단맛이 상쇄되어 조화된 맛을 이룬다.
    ③ 맛의 변조현상: 한 가지 맛을 직후에 다른 맛을 정상적으로 느끼지 못하는 것으로서 쓴 약을 먹은 직후 물을 마시면 달게 느껴진다.

CHAPTER 10 식품의 물성

물성(物性)이란 물체(物)의 성질(性)이다. 식품이 물성을 나타내는 이유는 물에 녹거나, 녹지 않거나 이온화되어 있거나, 극성이나 비극성을 띤다든가, 혹은 수소결합, 이온결합 등의 화학적인 이유에서 형성되는 미세한 분자들의 배열이 다시 거대한 구조를 이루면서 이들이 가공 혹은 조리를 통하여 화학적인 변화, 물리적인 변화 등을 통하여 새로운 성질을 갖게 된다. 이들은 입속에 들어가면서 독특한 식감을 느끼게 된다. 식품에서의 물성은 매우 복잡하면서도 다양한데, 이런 식품의 물성을 한 단원으로 모두 이해하기는 어렵다.

그러나 식품의 물성은 사람의 생리적 감각에 작용의 측면에서 중요하기도 하지만, 식품산업에서도 매우 중요하다. 가령 주스 농축액이 파이프 도관을 흘러서 다음 희석탱크로 옮겨진다고 가정할 때 주스 농축액이 점도가 높아서 잘 흐르지가 않는다면 도관의 높이를 낮게 하던가, 도관 내의 마찰력을 줄이던가, 펌프의 용량을 크게 해야 할 것이다. 이는 식품공장을 설계하는 데 매우 중요하고 식품업체에게는 비용의 측면에서도 수익과 직결될 수 있다.

1. 물성의 이해

물성의 범위는 흐르는 성질(flow property: 점성, 점조성)과 기계적 및 기하학적 변형성(deformation property: 견고성, 응집성, 탄력성, 점착성 등)을 포함하는 광범위한 관능적 요소로 분류하는데, 이런 물성을 식품에서는 조직감, 텍스처(texture)라고도 부른다. 텍스처란 물건의 감촉을 의미하나 식품에서는 입에 넣었을 때 입속에서 느껴지는 물체의 자극에 대한 감각의 반응이라고 할 수 있다. 보통 관능검사(sensory test)에서는 식품의 맛, 향기, 색 그리고 기호도를 보기도 하나, 조직감이라고 하여 식품의 물성을 관능검사의 항목으로도 넣을 수 있으며, 조직감은 표 10-1과 같이 다양하게 표현되기도 한다.

식품 물성학적으로 물질의 성질을 물리학적으로 나타내는 중요한 요소로는 식품에 가해지는 힘(stress), 이 힘에 의하여 일어나는 식품의 변형(strain), 식품에 가해지는 힘과 변형이 일어나는 시간의 세 가지 요소(parameter)로 나타낸다. 이 세 가지 요소로 각 식품군들에 중요한 물성의 어휘들이 탄생하였는데 액체 식품의 물성을 설명하는 데는 점성(viscosity), 점조성(consistency), 고체 및 반고체 식품에서는 견고성(hardness), 탄성(springiness), 점착성(adhesiveness), 응집성(cohesiveness, brittleness, chewiness gumminess)이 있다.

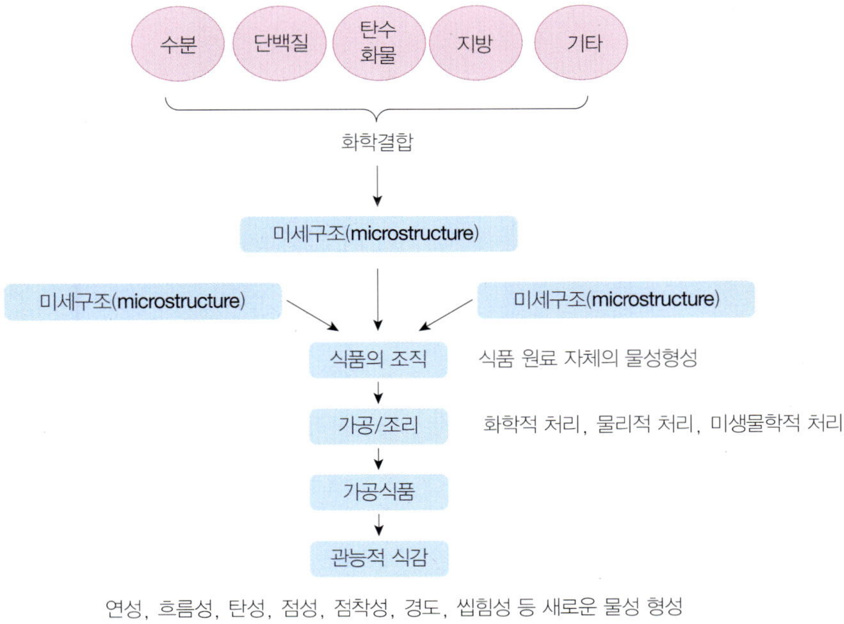

그림 10-1 식품가공을 통한 물성의 형성

표 10-1 ▸ 식품의 조직감의 정의 및 관능적인 표현

조직감 요소	정의 및 관능적 표현
견고성, 경도(hardness)	식품의 형태, 모습을 유지하는 힘
	무르다(soft) – 굳다(firm) – 단단하다(hard)
응집성(cohesiveness)	식품을 구성물질이 서로 잡아끄는 힘
부스러짐성(brittleness)	식품이 파쇄될 때까지 드는 힘
	부스러진다(crumbly) – 깨어진다(brittle)
씹힘성(chewiness)	식품을 삼키기 전까지 씹는 데 필요한 힘
	연하다(tender) – 졸깃졸깃하다(chewy) –질기다(tough)
검성(gumminess)	반고체의 물질을 파쇄하기 위하여 씹는 데 드는 힘
	파삭파삭하다(short)–거칠다(mealy)–풀 같다(pasty)–고무질이다(gummy)
점성(viscosity)	힘에 의하여 유체가 이동하는 정도
	묽다(thin)–진하다(thick)–끈적하다(viscous)
탄성(elasticity)	외부에서 가해진 힘에 의해 물체가 변형된 후 다시 본래의 상태로 돌아가는 성질
	소성적인(plastic)–탄력이 있는(elastic)
점착성(adhesiveness)	힘을 가하는 물체를 잡아당기는 힘
	끈끈한(sticky)–진득한(tacky)–달라붙는(gooey)

2. 액체의 물성

수분은 식품의 조직감에 지대한 영향을 미친다. 이미 수분에서 언급한 바와 같이 수분은 주위의 환경(온도, 습도, 압력)에 따라 식품내부와 식품외부로 출입이 가능하기 때문에 수분의 양에 따라 식품의 조직감은 매우 크게 달라진다. 식빵의 경우를 생각해보면 주위의 상대습도가 높을수록 식품내부의 수증기 압력보다 외부의 수증기 압력이 높으므로 수분은 식품내부로 들어오게 되며, 결국에는 부드러운 식감의 식빵이 아닌 눅눅하고 축축한 식빵이 될 것이다. 이와는 반대로 건조한 곳에 방치된 식빵은 내부에 있는 수증기 압력이 외부의 수증기 압력보다 높아 수분이 식빵 외부로 증발되어 매우 딱딱한 식빵으로 될 것이다. 물(수분)이란 어느 물질이라도 녹이려 하거나 반응하려 하는 매우 중요한 성질이 있고 이 성질이 식감에 매우 중요한 역할을 담당하는데 용해되는 식품을 크게 분류하면 물에 녹는 물질의 크기에 따라 진용액, 콜로이드 용액, 현탁액으로 구분한다(그림 10−2).

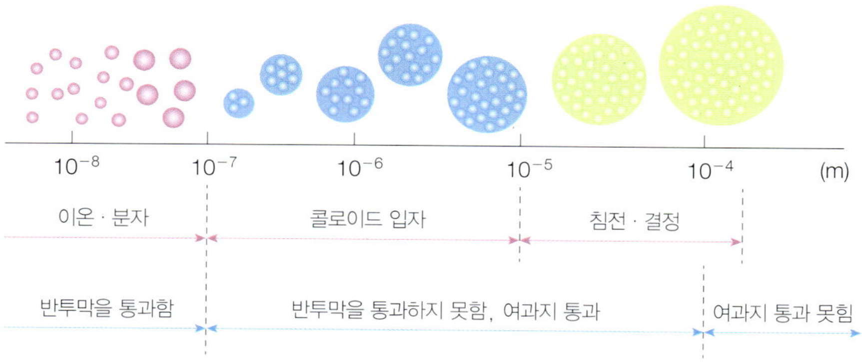

그림 10−2 콜로이드 입자의 크기와 모식도

진용액은 1 nm(10^{-9} m) 이하의 작은 용질이 용매에 녹아 균질하게 되는 상태로서 녹기 전의 모습이 녹은 후에는 육안으로 확인하기 힘든 형태이다. 이는 반투막을 통과한다. 콜로이드 용액은 현탁액과 진용액의 사이로서 콜로이드(colloid) 혹은 교질 용액이라고도 하고 입자의 크기는 1~100 nm의 크기를 가지고 있으며 녹는다는 것보다는 물속에 잘 배치가 되어 있어 분산되어 있다고 이해하면 될 것이다. 이들은 반투막을 통과하지 못하나 여과지는 통과한다. 교질용액은 분산매, 분산질이란 용어가 자주 등장하는데, 이는 용매, 용질의 개념과 비슷한 것으로 물속 단백질이 녹아 있는 교질용액이라면 분산매는 물이고 분산질은 단백질이라고 할 수 있을 것이다. 분산매는 그러나 물만 있는 것은 아니고 고체일 수도 있다. 빵 같은 경우는 빵 속에 효모가 발효를 일으켜 가스가 발생하고, 가스가 전분질 사이에 골고루 퍼져 있는데 이 경우 분산매는 고체이고, 분산질은 기체이다. 현탁액은 100 nm 이상의 물질이 물속에 있는 형태로서 시간에 따라 가라앉는 것으로 녹거나 분산되지 않는 물질들이다. 미소 된장국을 오래 놔두면 서로 모이면서 가라앉는 것을 생각하면 된다.

물에 녹아있는 앞에서 설명한 세 가지 형태의 액체유형은 농도에 큰 영향을 받는다. 흔히 말하는 끈적거림은 식품물성에서는 점성(viscosity)이란 용어로 표현한다. 점성은 액체의 흐르는 속도를 나타내는 것이다. 점성에 관여하는 것은 액체를 이루고 있는 분자들이 서로 화학적으로 당기고 있는 힘과 관계가 있기 때문에 농도가 높아질수록 점성이 높아지게 된다. 현탁액의 경우는 시간이 지날수록 서로 응집되어 가라앉게 된다. 또한 온도에 의하여도 물성이 달라지는데, 온도가 높을수록 용해가 용이하고 점성이 떨어지나, 다시 온도가 낮게 되면 서로 응집되거나 흐르는 성질을 감소되어 점성이 높아지게 된다.

표 10-2 ▸ 식품에서의 분산계와 그 예

분산질	분산매	교질상태	식품의 예
기체	액체	거품	맥주, 샴페인, 콜라, 난백의 거품
액체	액체	유화액	우유, 마요네즈, 버터, 마아가린
고체	액체	sol	전분액, 풀, 젤리, 난백
액체	고체	gel	양갱, 젤리, 밥, 두부, 치즈
고체	고체	고체 sol	사탕과자, 과자
기체	고체	고체포말	빵, 케이크

TIP ▸ 반투막

반투막은 용액, 기체의 혼합물에 대하여 어떤 성분은 통과하고 다른 성분은 통과시키지 않는 막이다. 대표적인 반투막은 셀로판이라고 할 수 있다. 육안으로는 셀로판의 작은 구멍을 확인할 수 없으나, 실제로는 무수한 작은 구멍이 뚫려 있고 어떤 성분이 반투막을 통과하기 위해서는 반투막의 구멍 크기보다 작아야 할 것이다. 이 반투막을 써서 단백질 등 고분자에서 염과 같은 작은 물질을 분리시키는 것을 투석이라고 한다.

TIP ▸ 교질용액의 중요한 key words

교질용액의 성질을 나타내는 중요한 특성은 ① 교질입자가 커서 반투막을 통과 못하는 반투성, ② 분산매와 혹은 분산질끼리의 충돌에 의한 입자들의 불규칙한 직선운동인 브라운 운동, ③ 교질입자는 다른 물질을 잘 흡착하는 성질을 가지는 흡착성, ④ 진용액에서는 빛이 용액을 직선으로 투과하나, 교질용액에서는 빛을 직선으로 투과하지 못하는 틴달현상이 있다.

처음에 언급한대로 물성의 중요한 3가지 요소는 식품에 가해지는 힘(stress), 식품의 변형(strain) 그리고 시간으로 나타난다고 하였다. 이런 세 가지 요소만으로도 액체의 물성을 나타내기도 하는데 대표적이고 가장 일반적인 것이 뉴턴(Newton) 액체와 비뉴턴(non-Newton) 액체라고 할 수 있다.

뉴턴 액체는 액체에 힘을 가했을 때 힘이 증가할수록 액체의 움직이는 속도이고 비례적으로 증가하는 유체이다. 다른 말로 표현하자면 액체를 빨리 움직이게 하기 위해서는 액체에 힘을 그만큼 더 가하면 되는 액체들이다. 이런 액체들은 분자가 구형의 저분자 물질로, 균일하게 액체를 이루고 있는 묽은 용액들이다. 주로 물, 청량음료, 식용유이다. 비뉴턴 액체는 전분, 펙틴들 같이 거대한 분자들이 용액 안에 존재할 때 힘을 가하여도 비례적으로 흐르지 않는 물질들로서 대부분의 식품의 용액들이 이에 해당한다. 이에는 초반에 액체를 움직이기 위하여 어느 정도의 힘 이상으로 가해야 움직이는 유사가소성(pseudo-plastic) 액체, 액체를 움직이면 움직일수록 힘이 더 들어가는 다일레이턴트(dilatant) 액체, 처음에는 전혀 움직이지 않다가 어느 힘 이상 되어야만 움직이는 빙햄가소성(Bingham plastic) 액체가 있다. 이때 흐름을 일으킬 수 있는 일정 규모의 힘을 항복력이라고 한다.

표 10-3 ▸ 식품의 액체의 유동 특성 및 그 예

유동 특성	대표적인 유체	식품의 보기
뉴턴(Newton)	묽은 용액	청징 주스, 기름, 술, 설탕물
유사가소성(Pseudo-plastic)	진한 에멀전, 현탁액	채소수프
빙햄가소성(Bingham-plastic)	진한 용액, 진한 콜로이드	토마토케첩, 프렌치드레싱
혼합형	불규칙한 입자현탁액	젤리, 마멀레이드
다일레이턴트(dilatant)	포화, 과포화된 현탁액	소시지 슬러지, 땅콩버터

TIP 식품에서 비뉴턴 액체의 예

쿠키에 초콜릿을 입힐 때에 식품공장에서는 쿠키를 어떻게 입힐까? 초콜릿 액체에 쿠키를 담그게 되면 초콜릿이 쿠키의 내부로 들어가 쿠키가 연하게 되어 제품이 완성되지 못할 것이다. 단시간에 쿠키를 초콜릿 용액에 담가 올리게 되면 초콜릿 액체는 쿠키의 표면에 흐르게 되고, 흐르고 남는 것들은 쿠키의 표면에 남게 될 것이다. 쿠키의 표면에 남아서 흐르지 못하는 초콜릿이 바로 빙햄가소성이라고 할 것이다. 즉 어느 정도의 더 큰 힘으로 밀어내야 쿠키 위에 묻은 초콜릿이 떨어질 것이다.

3. 반고체의 물성

졸(sol)이란 교질용액 중에서 액체 내에 고정입자가 분산되어 있는 것을 의미하는데 고정입자는 분산질로서 고체이거나 액체이다. 겔(gel)이란 친수성 졸을 가열하였다가 냉각시키거나 또는 수분이 증발되어 사라지면 반고체 상태로 굳어지게 되는데 이 상태를 겔이라고 한다. 예를 들어 젤라틴과 같은 단백질이 뜨거운 물에 분산되어 있을 때 이를 졸이라고 할 수 있고, 식히면 투명하고 반고체의 말랑말랑한 상태로 되는데 이를 겔이라고 할 수 있다. 또한 녹두가루나 도토리가루를 약 8% 함유하고 잘 분산되도록 열을 가하여 풀 같은 모습이 된 상태를 졸이라고 하면 이를 굳혀서 묵으로 제조하는 것은 겔이라고 할 수 있다.

졸과 겔을 구분하기 위한 가장 편한 방법은 연속적으로 배열된 분자와 비연속적으로 배열된 분자가 무엇인가를 이해하면 편하다. 쉽게 말해 연속적으로 배열된 분자가 물이라면 졸이고, 연속적으로 배열된 분자가 물속에 녹아있는 분산질이면 겔이다. 그림에서 보듯이 분자 간에 서로 연속적인 배열은 선으로 연결하였을 때에 연속적으로 선을 그을 수 있을 것이다.

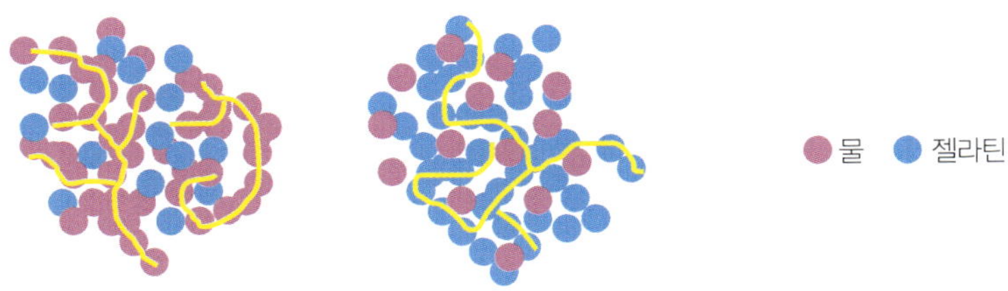

그림 10-3 젤라틴 졸(왼쪽)과 겔(오른쪽)

4. 고체의 물성

아무리 맛, 향기, 색 등 1차적 감각에 의하여 좋은 인상을 주는 식품이라도 입에서 씹으면서 느껴지는 감각이 좋지 않거나, 혹은 그 반대의 경우가 있을 것이다. 입안에서 식품을 느끼는 것은 2차적인 감각이며, 이는 식품을 평가하는 데에 매우 중요한 관문이다. 표 10-1에 액체에 해당하는 점성을 제외하고 그 외 모든 것이 고체식품의 물성의 정의와 관능적 표현이라고 할 수 있을 것이다. 이중 식품에 주로 쓰이는 용어를 살펴보도록 하자.

탄성(elasticity)은 외부에서 힘을 주면 잠시 변형이 일어나도 다시 힘을 제거하면 원상 복귀되는 성질이다. 젤리, 곶감, 밀가루 반죽 덩어리 같은 것이 그 예이다. 소성(plasticity)은 외부의 힘에 의하여 변형된 물체가 그 힘을 제거하여도 원상태로 돌아가지 않는 성질이다. 이들은 흐르지 않는 특성이 있다는 점이 점도와 구별되는 것으로, 대표적인 예가 버터, 마가린인데, 이들은 숟가락으로 누르게 되면 모양이 변하지만, 다시 원상태로 회복하거나, 모양이 지속적으로 변하지 않는다.

점탄성(viscoelasticity)은 외부에서 힘을 줄 때 점성과 탄성이 동시에 나타나는 성질로서 식품에서는 밀가루 반죽이 가장 대표적인 예이다. 밀가루 반죽은 반죽을 치대고 모아놓으면 탄성체처럼 작용하지만, 이들을 밀대로 밀면 잘 늘어나면서 빵을 제조할 때에 성형이 용이하다. 만일 반죽이 탄성력만 가지고 있다면 밀대로 늘어나도 다시 제자리로 회복하여 성형이 불가능할 것이다.

용어정리

- **식품 물성:** 물체의 성질, 식품에서는 식품을 이루고 있는 다양한 성분들이 자체에서 가지는 성질과 가공 중에 새롭게 가지는 성질을 통하여 사람의 생리적 감각에 작용하는 것으로 '흐르다'를 의미하는 그리스어 'rheo'에서 유래된 말로 식품의 물리화학적 특성을 의미한다.
- **식품의 조직감:** 물성의 흐르는 성질, 기계적 기하학적 변형성을 포함한 광범위한 관능적 요소로서 손으로 만지거나 입에서 느껴지는 물질의 자극에 대한 감각의 반응이다.
- **진용액:** 진용액은 1 nm(10^{-9} m) 이하의 작은 용질이 용매에 녹아 균질하게 되는 상태로서 녹기 전의 모습이 녹은 후에는 육안으로 확인하기 힘든 형태이다. 이는 반투막을 통과한다.
- **교질용액:** 입자의 크기는 1~100 nm의 크기를 가지고 있으며 분산매와 분산질이 상호 간 인력의 균형을 통하여 브라운운동을 함으로서 가라앉지 않고 잘 퍼져 있는 용액
- **뉴턴 액체:** 액체를 빨리 움직이게 하기 위해 액체에 힘을 비례하여 가해야 하는 액체. 이런 액체들은 분자가 구형의 저분자 물질로, 균일하게 액체를 이루고 있는 묽은 용액들이다. 주로 물, 청량음료, 식용유이다.
- **비뉴턴 액체:** 전분, 펙틴들 같이 거대한 분자들이 용액 안에 존재할 때 힘을 가하여도 비례적으로 흐르지 않는 물질들로서 대부분의 식품 용액이 이에 해당한다.
- **졸(sol)과 겔(gel):** 졸이란 교질용액 중에서 액체 내에 고정입자가 분산되어 있는 것을 의미하는데 고정입자는 분산질로서 고체이거나 액체이다. 겔이란 친수성 졸을 가열하였다가 냉각시키거나 또는 수분이 증발되어 사라지면 반고체 상태로 굳어지게 되는데 이 상태를 겔이라고 한다.
- **탄성(elasticity):** 외부에서 힘을 주면 잠시 변형이 일어나도 다시 힘을 제거하면 원상 복귀되는 성질
- **소성(plasticity):** 외부의 힘에 의하여 변형된 물체가 그 힘을 제거하여도 원상태로 돌아가지 않는 성질
- **점탄성(viscoelasticity):** 외부에서 힘을 줄 때 점성과 탄성이 동시에 나타나는 성질

핵심요약

1. 물성(物性)이란 물체(物)의 성질(性)이다. 미세한 분자들의 배열이 다시 거대한 구조를 이루면서 이들이 가공 혹은 조리를 통하여 화학적인 변화, 물리적인 변화 등을 통하여 새로운 성질을 갖게 된다. 이들은 입속에 들어가면서 독특한 식감을 느끼게 된다. 식품에서는 조직감, 텍스처(texture)라고도 부른다.
2. 진용액은 1 nm(10^{-9} m) 이하의 작은 용질이 용매에 녹아 균질하게 되는 상태로서 반투막을 통과한다. 콜로이드 용액은 현탁액과 진용액의 사이로서 콜로이드(colloid) 혹은 교질용액이라고도 하고 입자의 크기는 1~100 nm의 크기를 가지고 있으며 이들은 반투막을 통과하지 못하나 여과지는 통과한다. 현탁액은 100 nm 이상의 물질이 물속에 있는 형태로서 시간에 따라 가라앉는 것으로 녹거나 분산되지 않는 물질들이다.
3. 물성의 중요한 3가지 요소는 식품에 가해지는 힘(stress), 식품의 변형(strain) 그리고 시간으

로 나타난다. 이런 세 가지 요소만으로도 액체의 물성을 나타내기도 하는데 대표적이고 가장 일반적인 것이 뉴턴(Newton) 액체와 비뉴턴(non-Newton) 액체라고 할 수 있다. 뉴턴 액체는 분자가 구형의 저분자 물질로, 균일하게 액체를 이루고 있는 묽은 용액들이다. 주로 물, 청량음료, 식용유이다. 비뉴턴 액체는 전분, 펙틴들 같이 거대한 분자들이 용액 안에 존재할 때이에 해당한다.

4. 졸(sol)이란 교질용액 중에서 액체 내에 고정입자가 분산되어 있는 것을 의미하는데 고정입자는 분산질로서 고체이거나 액체이다. 겔(gel)이란 친수성 졸을 가열하였다가 냉각시키거나 또는 수분이 증발되어 사라지면 반고체 상태로 굳어지게 되는데 이 상태를 겔이라고 한다.

5. 탄성(elasticity)은 외부에서 힘을 주면 잠시 변형이 일어나도 다시 힘을 제거하면 원상 복귀되는 성질이다(젤리, 곶감, 밀가루 반죽 덩어리). 소성(plasticity)은 외부의 힘에 의하여 변형된 물체가 그 힘을 제거하여도 원상태로 돌아가지 않는 성질이다(버터, 마가린). 점탄성(viscoelasticity)은 외부에서 힘을 줄 때 점성과 탄성이 동시에 나타나는 성질로서 식품에서는 밀가루 반죽이 가장 대표적인 예이다.

연습문제

1. 교질용액과 관련이 있는 것을 보기에서 고르시오.

① 설탕용액 ② 간장용액 ③ 우유 ④ 브라운 운동 ⑤ 된장국

2. 도토리묵에서 연속성을 가진 물질과 비연속성을 가진 물질은 무엇인가?

3. 두부에서 볼 수 있는 물성적 특성은 무엇인가?

① 점성 ② 탄성 ③ 가소성 ④ 점탄성 ⑤ 뉴턴성

4. 점탄성을 가진 식품의 예를 들어보고 그 식품의 점성과 탄성을 분리하여 설명하시오.

5. 뉴턴 액체와 비뉴턴 액체를 x축을 변형속도, y축을 변형력으로 하여 그래프로 그렸다. 여기서 변형속도란 액체가 흐르는 속도이며, 변형력이란 액체가 흐르는 속도에 해당하는 가해지는 힘이다. 각 그래프의 이름을 적으시오.

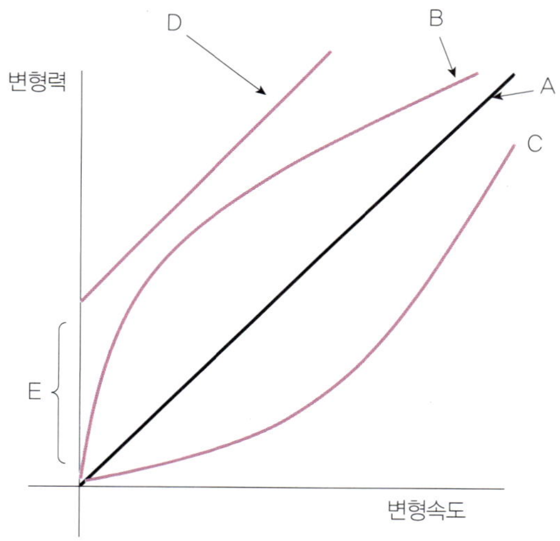

6. 라면에 난백을 풀었더니 라면의 짠맛이 많이 감소하였다. 그 이유는 무엇인가?

정답

1. 간장용액, 우유, 브라운 운동
2. 연속성 물질: 도토리전분,　비연속성 물질: 수분
3. 가소성이 가장 정답에 가깝다.
4. 밀가루의 빵 반죽은 덩어리 상태에서는 탄성을 보이나, 밀대로 반죽을 밀 때는 점성을 보인다. 따라서 점탄성을 가진다고 할 수 있다.
5. A: 뉴턴 액체, B: 유사가소성 액체, C: 다일레이턴트 액체, D: 빙햄가소성 액체, E: 항복력

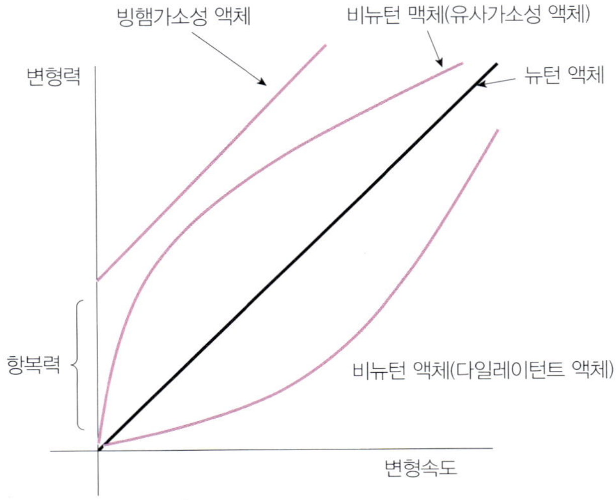

6. 난백은 교질용액으로서 흡착의 기능성을 가지고 있어 염과 결합하여 짠맛을 감소시킨다.

CHAPTER 11 식품의 기능성

1. 기능성 식품

식품을 섭취함으로써 우리가 얻을 수 있는 일차기능은 신체활동과 성장 발달에 필요한 영양소와 에너지 공급이다. 또한, 식품의 이차기능은 식품이 가진 특유의 맛과 향기 등으로 식품을 섭취하는 사람의 기호를 만족시키고, 기쁨을 제공하는 기능을 의미한다. 식품이 가진 삼차기능은 일상적인 식사를 통하여 식품을 섭취함으로써 질병을 예방하고 증상을 완화하여 건강한 생활의 영위를 도와주는 기능이다.

이러한 식품의 기능 중 삼차기능에 부합하는 식품 소재가 본 장에서 소개하는 기능성 식품 소재이다. 즉 기능성 식품 소재는 해당 식품 소재를 함유한 식품을 섭취함으로써 사람의 건강의 유지에 도움을 주고, 특정 생리활성기능을 강화하여 질병을 예방하고, 질병의 증상의 완화에 도움을 주는 식품 소재를 의미한다.

우리나라는 전통적으로 식약동원(食藥同原)이라는 사상을 지니고 있다. 밥이 보약이라는 생각으로 일상적인 식사를 통한 건강한 식사를 함으로써 질병을 예방하고 치료하려는 생각을 가지고 있다. 사실, 기능성 식품과 소재는 최근 갑자기 출현한 것이 아니다. 기능성 식품이라는 용어의 역사는 비록 20~30년 전에 구체화되었지만, 수백 년 전부터 식품에 대하여 가져온 이러한 생각에서 비롯된 식품이 현대에 와서 기능성 식품으로 구체화되고 있는 것이다. 오래전부터 많은 나라에서 전문 의약품이 부재했던 시절, 특별한 음식을 통하여 질병을 고치려는 노력을 해왔다. 특히, 우리나라는 수백 년, 수천 년 전부터 다른 어떤 나라보다도 이러한 특별한 식품 소재, 또는 생약 소재들이 대단히 많이 알려져 왔고, 실제로 사용되어 왔다. 이러한 내용들이 전통 한의서인 동의보감(東醫寶鑑)이나 한약재를 설명해 놓은 본초강목(本草綱目)에 종합적으로 소개되고 있다.

이렇듯 우리가 구체적으로 인지하고 있지는 않았지만 알게 모르게 오랫동안 기능성 식품을 사용하여 오고 있는 것이다. 이러한 와중에 최근 생활수준이 높아지고 식품에 대한 인식들이 변화함에 따라 식품의 삼차기능이 중요하게 되어 건강을 향상시킬 수 있는 식품에 대한 연구와 개발이 많이 이루어지게 되었고, 이러한 식품들이 기능성 식품이라는 카테고리로 규정되어 알려지게 되었다.

현재 기능성 식품을 나타내는 많은 용어들이 있다. 건강기능식품, 기능성 식품, 건강개선식품, functional food, nutraceuticals 등의 용어들이 의미가 약간씩은 차이가 있지만, 모두 기능성 식품이나 식품 소재를 가리키고 있다. 특히, nutraceuticals는 영양소를 의미하는 nutrient와 의약품을 의미하는 pharmaceuticals를 합성한 용어로 식품의 섭취를 통하여 얻을 수 있는 질병을 완화하고 예방하는 영양소라는 의미를 지니고 있다.

TIP ▸ Nutraceuticals

영양소를 의미하는 nutrient와 의약품을 의미하는 pharmaceuticals를 합성한 용어로 질병을 완화하고 예방하는 영양소라는 의미

1) 기능성 식품에 관한 법률

우리나라에서 기능성 식품이 다양해지고 이에 따른 여러 가지 폐해들이 생겨남에 따라 2002년 당시 식품의약품안전청이 건강기능식품의 안정성을 확보하고 품질향상과 건전한 유통 · 판매를 꾀함으로써 국민건강을 증진시키고 소비자보호에 이바지하기 위하여 「건강기능식품에 관한 법률」을 제정하여, 건강기능식품의 제조와 생산, 유통에 관한 전반적인 사항을 관리하기 시작하였다. 법률에 따른 건강기능식품의 정의는 '인체에 유용한 기능성을 가진 원료나 성분을 사용하여 제조한 식품'을 의미하며, 기능성이란 '인체의 구조 및 기능에 대해서 영양소를 조절하거나 생리학적 작용 등과 같은 보건용도에 유용한 효과'를 말한다. 「건강기능식품에 관한 법률」은 건강기능식품 소재의 기능성 인정, 건강기능성 식품의 표시사항, 광고, 영업 등에 관한 내용을 규정하고 있고, 최근에는 건강기능식품 이력추적관리를 통하여 건강기능식품의 품질과 위생관리를 보다 강화하고 있다.

「건강기능식품에 관한 법률」 중 가장 중요한 부분은 실제 식품으로 섭취 시 기능적 활성을 지니는 식품 소재의 기능성 인정에 관한 부분이다. 이를 위하여 생리활성별 기능성 식품의 기능적, 품질적 기준에 관한 많은 연구들이 지속적으로 이루어지고 있다. 하지만 건강기능식품에 대한 기준은 과학기술 및 연구방법의 발달에 따라 변화할 수 있다. 즉 현재의 연구수준으로는 기능성 식품 소재로 인정이 되지 않는 소재도 연구방법과 수준이 발전하고 새로운 건강기능성이 밝혀진다면 건강기능성 소재로 인정이 가능하고, 반대로 현재 기능성 식품으로 인정되고 있는 식품 소재도 연구가 진행됨에 따라 섭취 후 독성 등이 밝혀져 기능성 소재로 인정되는 것이 불가능해질 수도 있다.

우리나라의 기능성 식품 소재의 인정은 기능성 입증 의무 주체에 따라 고시형 기능성 식품 소재, 개별인정형 기능성 식품 소재로 나눌 수 있다.

(1) 고시형 기능성 식품 소재

「건강기능식품공전」에 등재되어 있는 기능성 식품 소재로서, 공전에서 정하고 있는 제조기준, 규격, 최종제품의 요건에 적합할 경우 별도의 인정절차 없이 제조 판매가 가

능한 소재이다. 영양소(비타민, 무기질, 식이섬유 등) 등의 식품 소재가 등록되어 있다.

(2) 개별인정형 기능성 식품 소재

「건강기능식품공전」에 등록되어 있지 않은 원료로, 식품의약품안전처장이 개별적으로 기능성을 인정한 식품 소재이다. 건강기능성이 인증되지 않았기 때문에 식품 소재의 제조판매자 또는 수입업자가 직접 식품 소재의 기능적 효능과 안전성의 입증자료, 기준 및 규격 등의 자료를 제출하여 규정에 따른 평가를 통하여 기능성 식품 소재로서 인증을 받아야 하며, 이렇게 인증된 기능성 식품 소재는 해당 업체만이 동 원료의 제조 및 판매가 가능한 원료를 말한다. 많은 식품업체와 연구자들이 키토산, 프로폴리스 등 새로운 건강기능식품 소재의 개발과 그 과학적 효능을 입증하고 있어 계속적으로 개별인정형 기능성 식품 소재의 종류가 늘어나고 있다.

2. 기능성 식품 소재

기능성 식품 소재를 분류하는 데는 식품을 섭취함으로써 얻을 수 있는 생리활성의 종류, 즉 혈행개선기능 식품 소재, 간기능 조절 식품 소재, 항염증 식품 소재, 항암 식품 소재, 항우울증 식품 소재 등으로 구분할 수 있지만, 식품영양학을 공부하는 학생을 대상으로 하는 교재에서는 각 식품 소재별 기능성 식품, 즉 탄수화물 기능성 식품성분, 지방질 기능성 식품성분, 단백질 기능성 식품성분, 식물유래 기능성 식품성분, 미생물 유래 기능성 식품성분, 기타 기능성 식품성분으로 구분하여 소개하고자 한다.

1) 탄수화물 유래 기능성 성분

(1) 식이섬유(dietary fibers)

식이섬유는 사람의 소화효소 시스템에서 분해되지 않는 식품성분을 의미하며, 일반적으로 소화되지 않거나 소화되기 어려운 식물성 세포벽 성분과 동물성 키틴이나 난소화성 올리고당, 저항성 녹말과 같은 기능성 섬유소도 식이섬유에 포함된다.

TIP 고시형 기능성 식품 소재와 개별인정형 기능성 식품 소재

- 고시형 기능성 식품 소재: 「건강기능 식품공전」에 등재되어 있는 기능성 식품 소재
- 개별인정형 기능성 식품 소재: 「건강기능 식품공전」에 등록되어 있지 않은 원료로, 식품의약품안전처장이 개별적으로 기능성을 인정한 식품 소재

① **불용성 식이섬유**

가. 셀룰로스(cellulose)

셀룰로스는 초식동물의 경우 위나 장에 공생하는 미생물이 분비하는 셀룰레이스(cellulase)에 의해 분해되어 이용되나, 사람의 경우는 장내 미생물에 의해 아주 천천히 분해되거나 분해되지 않아 소화 흡수되지 않고 그대로 배설되는 되는 물질이며, 배설되는 과정에서 장의 연동운동을 도와 변비예방에 관여한다. 또한, 각종 중금속이나 유해물질, 콜레스테롤 등과 결합, 흡착하여 유해물질을 배출하고 체내의 농도를 낮추는 기능을 가진다.

나. 헤미셀룰로스(hemicellulose)

헤미셀룰로스의 화학적 구조는 셀룰로스와는 달리 무정형의 물질로 존재하며, 알칼리 조건에서 쉽게 가수분해된다. 또한 헤미셀룰로스의 효소 분해물인 아라비녹시란

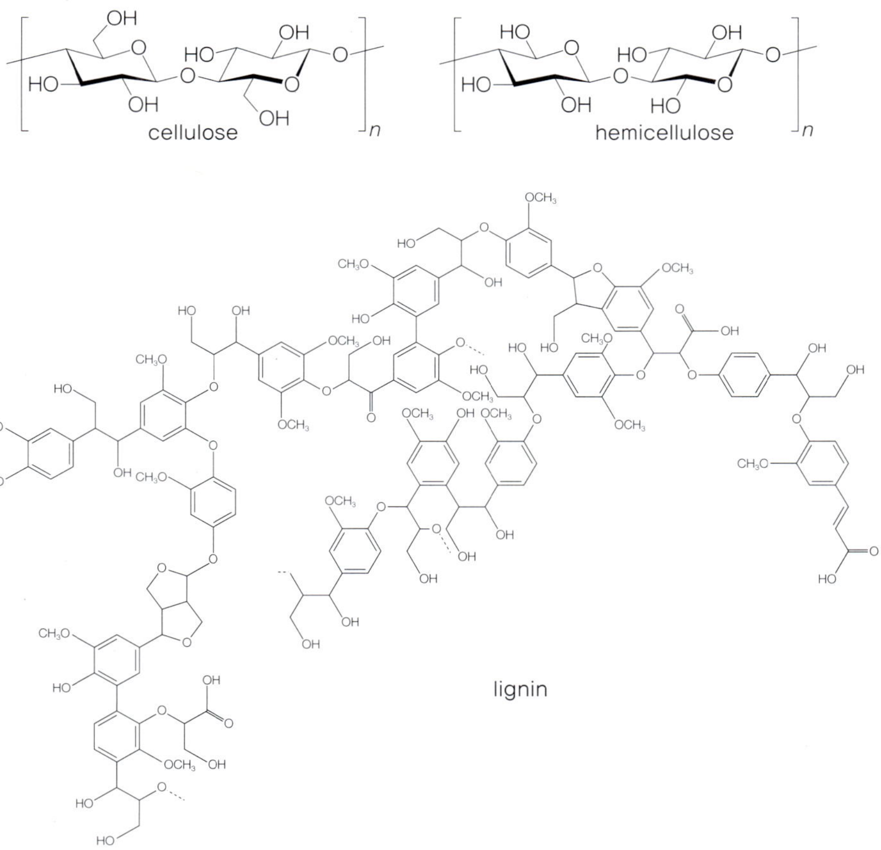

그림 11-1 불용성 식이섬유

(arabinoxylan)은 면역력을 증강시키는 것으로 알려져 있다.

다. 리그닌(lignin)

리그닌의 기본구조는 페닐계 화합물의 중합체로서 모든 식물 세포의 구성물질이며 목질화된 식물세포에 함유되어 있다. 섭취 시 사람의 장내세균이나 효소계에 의해 분해되지 않는 물질로 소화 흡수되지 않아 다이어트용 식이섬유로 이용가능성이 대두되나 현재 공업용으로만 이용되는 물질이다.

② **수용성 식이섬유**

가. 펙틴(pectins)

팩틴은 포도나 사과, 복숭아의 과육에 존재하는 겔 상의 물질이다. 갈락투론산(D-galacturonic acid)이 α-1,4 결합으로 연결된 직선상 다당류인 펙트산(pectic acid)과 펙트산이 부분적으로 메틸에스터화된 펙틴산(pectinic acid)이 있으며, 이것들이 혼합된 펙틴질로 존재한다. 섭취 시 우리 몸의 소화효소계에 의해 분해 흡수되지 않으나, 장내 혐기성 세균에 의해 일부 분해된다. 펙틴은 배변을 원활히 하고, 혈중 콜레스테롤을 저하시키며 혈당상승저하, 인슐린 분비억제, 담즙산 배설증가 등에 관한 생리활성을 가진다.

나. 검질류(gums)

식물조직의 상처부위에서 분비되는 점질물질인 검질류은 아라비노스(L-arabinose), 람노스(L-rhamnose), 갈락토스(D-galactose) 등이 혼합된 복잡한 구조를 지닌 물질로서, 그 종류는 결합된 양이온과 구성당, 유래물질과 변형방법에 따라 그 종류가 매우 다양하다. 검질류는 종류에 따라 다양한 기능적 특성, 즉 보건성, 붕괴성, 피복성, 친수성 등을 가지며, 대부분 소화흡수가 어려운 특성으로 기능성 식품 소재로 이용되고 있다.

다. 난소화성 덱스트린

난소화성 덱스트린은 옥수수나 감자 전분을 열과 효소로 처리하여 제조하며, 이미 오래전부터 식품산업에 이용되어 온 GRAS(Generally Recognized As Safe) 물질로서 안전성이 입증된 물질이다. 최근 난소화성 말토덱스트린이 장내 당흡수를 조절하고 혈당조절 작용이 입증되어 개별인정형 기능성 식품 소재로 인정되었다. 비만 예방 효과와 당, 지질대사 개선에 관한 활성도 보고되고 있다.

라. 폴리덱스트로스(polydextrose)

글루코스를 촉매를 사용하여 무작위적으로 결합시킨 다당류로서, 인체의 소화 효소계에 의해 분해되지 않는 결합을 지니고 있다. 따라서, 식이섬유와 유사한 기능적 활성을 가지며, 장내 유용 미생물의 생육을 돕는 프리바이오틱스(prebiotics)로서의 기능을 하며, 혈당을 조절하는 기능도 가지고 있다.

마. 키토산(chitosan)

갑각류의 껍질을 구성하고 있는 *N*-아세틸글루코사민(*N*-acetyl-D-glucosamine)이 β-1,4 결합으로 연결된 키틴을 알칼리로 처리하면 D-글루코사민(D-glucosamine)으로만 연결된 키토산을 제조할 수 있다. 키토산의 건강개선활성은 지방 응집을 통한 콜레스테롤 제거 기능과 HDL 콜레스테롤(high density lipoprotein cholesterol) 양을 증진하며, 암세포의 증식 억제, 면역기능 향상, 유효세균 증식 및 항균활성, 중금속 · 오염물질 배출 기능성, 배변작용증진 등의 여러 건강기능성이 밝혀지고 있다. 고분자

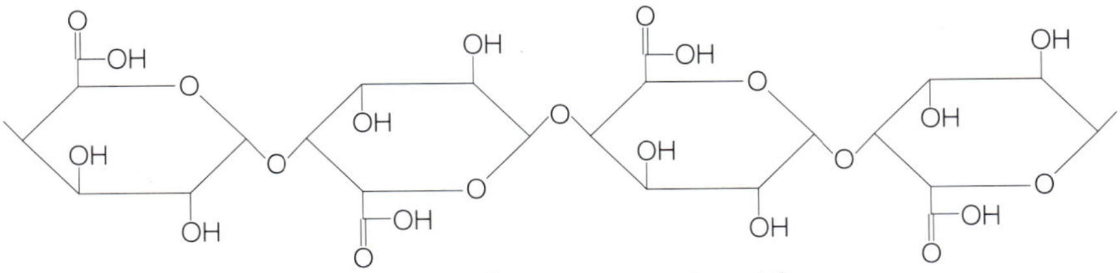

Pectin (polygalacturonic acid)

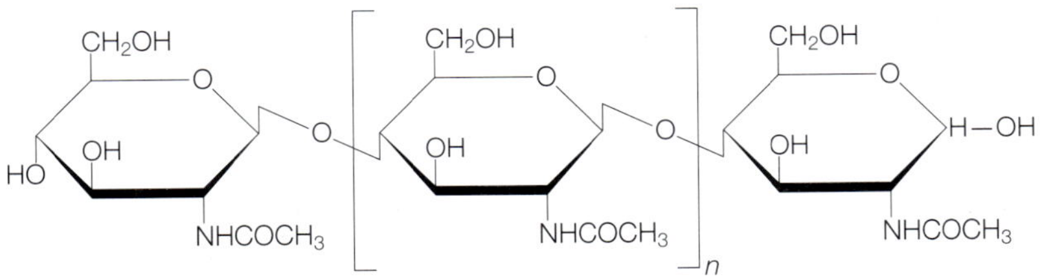

chitosan

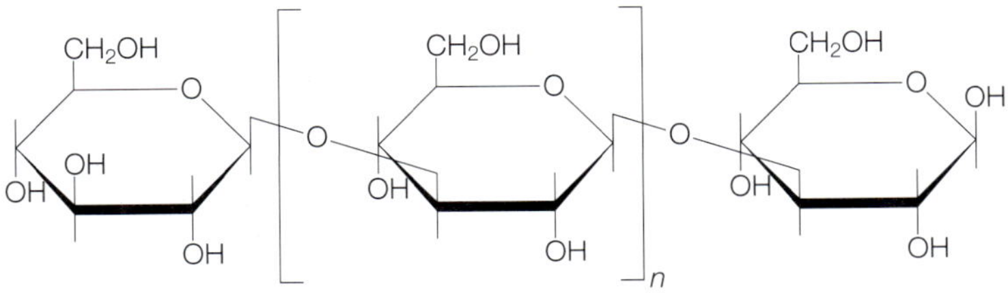

β-glucan

그림 11-2 수용성 식이섬유

의 키토산은 불용성을 띠어 캡슐형 등으로 제조되고 있으며, 기능성 식품으로 이용되고 있다.

바. β-글루칸(β-glucan)

β-글루칸은 곡류의 겨층이나 버섯 등에 존재하며, 글루코스(glucose)가 β-1,3 결합으로 연결된 다당류로서 항암활성과 체내 대식세포의 기능을 강화하여 면역기능을 증강시키고, 피부세포를 강화하며, 활성산소를 제거하는 항산화 활성을 가져, 여러 질환의 예방에 기여한다.

(2) 올리고당(oligosaccharides)

① 프럭토올리고당(fructo-oligosaccharides)

프럭토올리고당은 이당류인 설탕(sucrose) 분자 사이에 과당이 1~3개가 결합되어 있는 당으로서, 양파, 아스파라거스, 우엉 등에 함유되어 있다. 고시형 기능성 소재로서, 장내 비피더스균의 성장을 촉진하는 프리바이오틱스(prebiotics)로 알려져 있고, 장 운동개선 활성을 가지며 당뇨병 환자의 감미료로 사용되고 있다.

② 대두 올리고당

대두 유지, 대두 단백질 제조 후 부산물인 대두 훼이(whey)로부터 분리한 올리고당으로서 스타키오스(stachyose), 라피노스(raffinose), 설탕(sucrose) 등이 혼합된 조성을 가지며, 감미도는 설탕의 약 70%를 보인다. 인체의 소화 효소계에 의해 분해되지 않고, 장내 유용 미생물의 생육을 도와 장내 균총 조절과 배변작용을 원활하게 하는 기능으로 개별인정형 기능성 식품 소재로 인정을 받은 물질이다.

③ 말토올리고당(malto-oligosaccharides), 아이소말토올리고당(isomalto-oligosaccharides)

2~6개의 글루코스가 α-1,4 결합으로 직선상으로 연결된 말토올리고당은 소화 흡수 시 포도당에 비하여 삼투압 증가로 인한 부담이 적어, 스포츠 음료나 환자용 식품에 이용 가능하며, 식품가공 중 전분의 노화방지와 보습성을 부여하는 목적으로도 이용된다. 반면에 아이소말토올리고당은 포도당이 α-1,6 결합으로 형성된 분지결합이 1개 이상 존재하는 올리고당으로서 간장, 된장 등 콩 발효식품에 미량 함유되어 있다. 아이소말토올리고당은 소화 효소에 의해 상당부분 분해되지 않고, 장균총 개선작용과 배변작용을 원활히 하여 개별인정형 기능성 식품 소재로 인정된 물질이다.

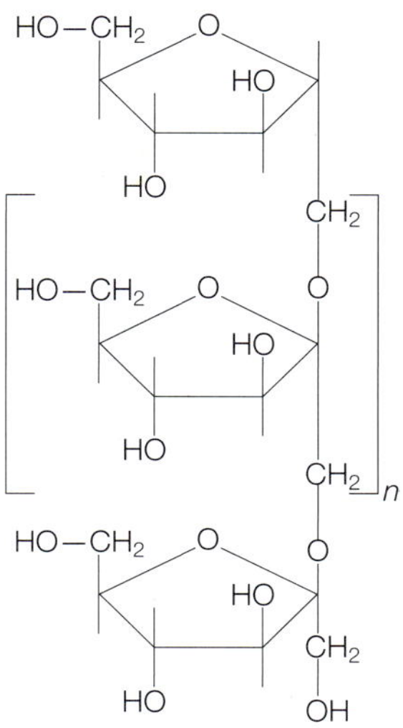

fructo−oligosaccharide

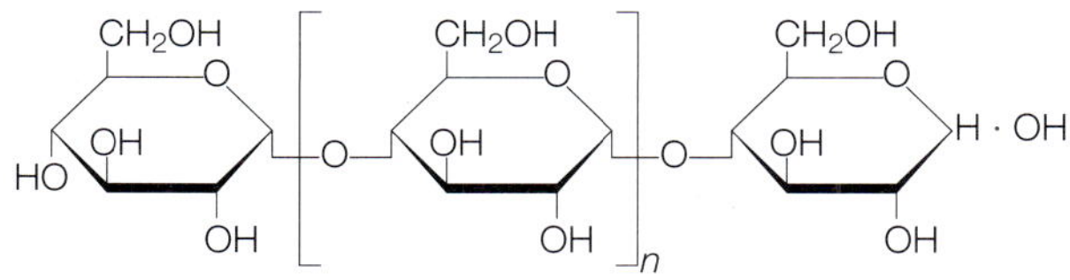

malto−oligosaccharide (n ≦ 8)

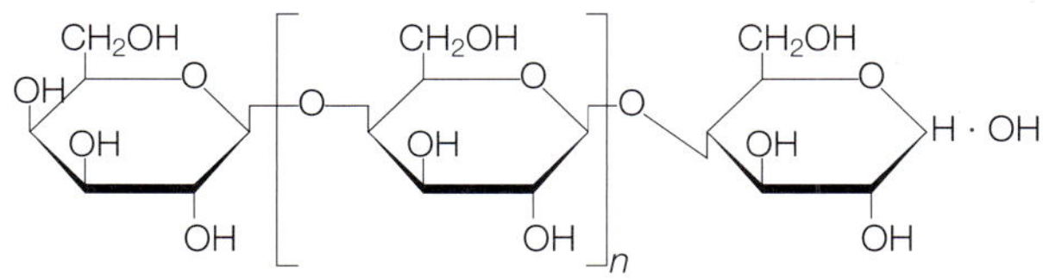

galacto−oligosaccharide (n ≦ 8)

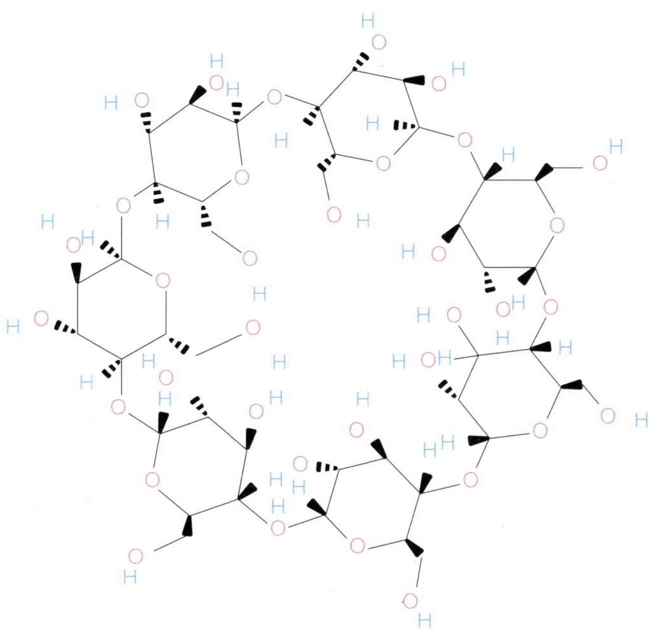

α−cyclodextrin

그림 11-3 올리고당

④ 갈락토올리고당(galacto-oligosaccharides)

락토스에 1~4개의 갈락토스가 결합된 형태의 올리고당으로서 대두와 모유, 초유 등에 함유되어 있다. 효모와 구강세균 등이 이용하지 못하여 식품의 감미료나 구강건강제품에 이용이 가능하고, 장내 비피더스균에 의한 이용이 가능하여 장 활동에 도움을 주는 기능을 한다.

⑤ α-사이클로덱스트린(α-cyclodextrin)

사이클로덱스트린은 6~10개의 D-glucose가 α-1,4 결합으로 연결된 고리구조를 가진 올리고당이다. 특유의 구조로 인하여 소화 효소에 의해 분해가 어려우나, 장내 유용미생물에 의해 이용 가능하여 장내 균총 조절작용, 비만조절과 정장작용을 하는 물질이다.

(3) 당알코올(sugar alcohol)

단당류 일번 탄소의 알데하이드기(−CHO)가 알코올기($-CH_2OH$)로 치환된 물질이다.

① 소비톨(sorbitol)

글루코스(D-glucose)의 당알코올을 소비톨이라 하며, 해조류, 배, 사과 등의 과일에서 발견되고, 산업적으로는 촉매를 사용하여 글루코스의 수산기를 치환하여 제조한다. 소비톨의 기능적 특징은 설탕 절반 정도의 청량한 감미를 가져 음료수 등의 제조에 사용되며, 일반 미생물에 의한 분해가 어려워 미생물의 생육을 조절하는 기능을 가지고 있다.

② 자일리톨(xylitol)

자일로스(xylose)의 당알코올을 자일리톨이라고 부르며, 시금치, 딸기 등의 과일과 채소, 곡류 등에 함유되어 있고, 산업적으로는 자작나무 등 활엽수를 원료로 제조된다. 자이리톨은 청량감과 함께 충치예방 기능을 가져 기능성 식품 소재로 인정되며, 섭취 시 혈당을 상승시키지 않아 당뇨병 환자의 감미료로 사용이 가능하다.

③ 그 외의 당알코올

말티톨(maltitol)은 말토스(maltose)의 당알코올로서 충치예방 효과가 있고, 인슐린 비의존성 대사흡수과정을 가져 당뇨병 환자의 감미료로 사용이 가능하다. 마니톨(mannitol)은 소비톨의 이성질체로서 해조류, 딸기, 버섯 등에 존재하며 소화 흡수가 어려워 다이어트용으로 사용할 수 있다. 에리트리톨(erythritol)은 발효식품 중에 존재하는 당알코올로 유일하게 무칼로리를 가지며, 대사 흡수시 혈당과 인슐린과 무관하여 당뇨병이나 성인병 환자에게 유용한 감미료로 사용된다. 락티톨(lactitol)은 유당의 당알코올로 장내 유산균의 생육증진에 도움을 주는 프리바이오틱스(prebiotics)로 이용이 가능하며, 변비증상 완화 등의 기능을 가지고 있다.

2) 단백질 유래 기능성 성분

식품을 구성하는 3대 영양소인 탄수화물, 지질, 단백질 중 인체 내 생리활성을 증진시키는 성분이 가장 다양하게 존재하는 영양소는 단백질이다. 일반적으로 단백질은 효소나 그 밖의 형태로 생체 내에서 특정 생리활성 작용에 관여하거나, 활성을 증진시키는 역할을 한다. 식품 내의 단백질은 기본구조인 아미노산(amino acids), 펩타이드(peptides), 단백질(proteins)의 형태로 존재한다. 일반적인 단백질의 건강기능 활성은 근육의 형성을 돕고, 피로 회복과 체내 신진대사를 활성화하는 작용을 한다. 따라서 수술 후 회복을 도우며, 여러 의약품의 약효를 증진시키는 기능을 가지고 있다.

(1) 기능성 아미노산

식품 내에는 단백질의 기본 단위인 약 20여 개의 아미노산과 여러 아미노산 유도체들이 존재한다. 이러한 아미노산 중에서 발린(valine), 루신(leucine), 아이소루신(isoleucine)은 주요 아미노산으로서 피로 회복에 도움을 주며, 알라닌(alanine)은 간의 해독작용에 관여하며, 아르지닌(arginine)은 면역증진과 혈액 순환을 돕는 기능성을 가지고 있다. 히스티딘(histidine)은 중금속의 배출에 관여하며, 프롤린(proline)은 콜라젠의 형성에 관여하여 관절건강과 피부건강을 증진시키는 기능성을 가지고 있다. 그 외 아미노산의 인체 내 건강기능적 활성은 표 11-1과 같다.

① Branched chain amino acid(BCAA)

아미노산의 화학구조 내에 가지(branch)를 가지고 있는 발린, 루신, 아이소루신(그림 11-4)을 말한다. 이 아미노산들은 전체 필수아미노산 중 약 35%를 차지하고 있으며, 식품 중 아미노산의 약 40~50%를 차지하고 있다. BCAA의 분해산물들은 골격근육의 에너지원으로 사용되는 기능적 활성을 지니고 있다. 하지만 정상적인 경우 BCAA를 분해하는 효소인 branched chain α-keto acid dehydrogenase (BCKDH) complex가 조직 내의 카이네이스(kinase)에 의해 분해되어 BCAA를 분해하지 않기 때문에 골격 근육의 에너지원으로 이용되지 못한다. 하지만 신체운동에 의해서 카이네이스의 활성이

표 11-1 ▸ 아미노산의 건강기능활성

아미노산	생리 활성
valine, leucine, isoleucine	피로 회복
alanine	간 해독
arginine	면역 증진, 혈행 개선
asparagine	우울증 개선
cyteine, cystine	콜라젠 합성, 피부노화 방지
glutamic acid	암모니아 배출, 당 · 지방대사 활성화
glycine	당뇨증상 개선, 근육 형성
histidine	중금속 배출
lysine	항골다공증, 성장호르몬 구성 물질
methionine	지방대사 촉진, 우울증 개선
phenylalanine	통증 완화, 두뇌 활성화
proline	관절 건강 증진
serine	면역 증진, 피부 보습

억제되면 BCKDH가 활성화되고 BCAA의 분해가 이루어져 BCAA의 분해산물들이 골격근육의 에너지원으로 이용되게 된다(그림 11-5). 또한, BCAA는 체내 구성 단백질의 형성을 돕고, 간의 기능을 강화하고, 중추신경의 피로해소, 지방산화를 촉진하며, 체중 조절에 관여하는 역할을 한다.

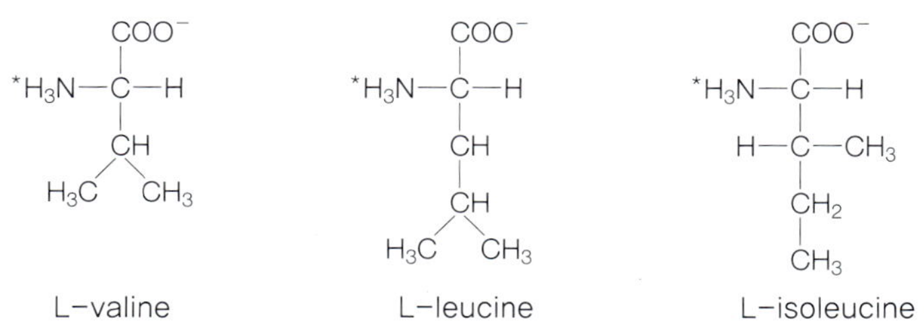

그림 11-4 BCAA

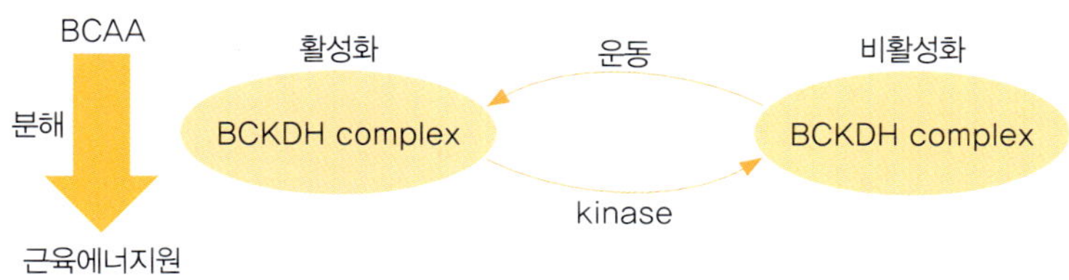

그림 11-5 BCAA의 작용기전

② 테아닌(L-theanine)

테아닌은 녹차의 주성분으로서 녹차에 함유된 아미노산의 약 50%를 차지하고 있다. 테아닌은 천연 신경안정제(tranquilizer)로서의 역할을 한다. 녹차가 항스트레스성 활성을 보이는 것도 이러한 테아닌의 기능에 유래한다. 일반적으로 GABA(gamma-aminobutyric acid)는 신체 리듬상 야간의 신경안정물질(tranquilizer)로 작용하고, 글루타민산(glutamic acid)은 주간의 신경안정물질로의 역할을 한다. 테아닌은 글루타민산과 유사한 구조를 가진 유도체(그림 11-6)로서 체내 신경세포의 글루타민산 수용기(glutamic acid receptor)와 결합하여 글루타민산과 유사한 생리기능을 한다. 테아닌의 체내 기능적 활성은 숙면을 돕고, 신경계를 안정화하며, 두뇌의 활동을 활성화하고 두뇌 신경세포를 보호하여 알츠하이머의 치료와 예방, 기억력을 증진시키는 데 도움이 되며, 의약품이나 기능성식품, 동물사료, 기능성 화장품 등에 사용된다.

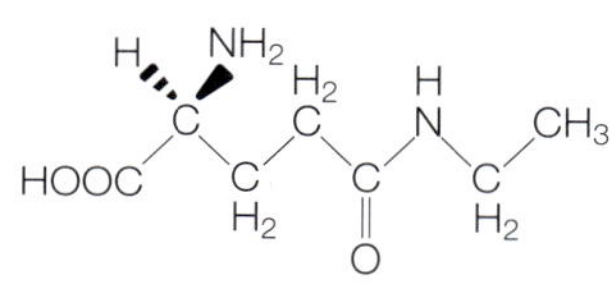

그림 11-6 테아닌

③ 타우린(taurine, 2-aminoethane sulfonic acid)

타우린(그림 11-7)은 아미노산 유도체로서 담즙에 많이 함유되어 있고, 두뇌 개발을 촉진하고 성장발달에 도움을 주며 지방의 흡수를 돕는 기능을 한다. 또한 심장질환의 치료와 시력을 증진시키며, 체내 삼투압조절과 알츠하이머를 예방하고, 태아의 발달에 도움을 주며, 잠재적인 항산화제로서의 역할을 하는 등 다양한 건강 기능적 활성을 지니고 있다. 특히 신생아는 식이 특성상 타우린이 많이 부족하기 때문에 부가적인 섭취가 권장된다. 타우린은 해조류나 두류, 육류, 생선류, 조개류 등에 많이 함유되어 있고, 유아용 식품, 기능성 식품, 스포츠 음료 등에 사용된다.

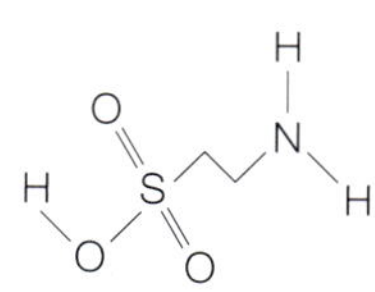

그림 11-7 타우린

④ **카르니틴(L-carnitine)**

아미노산 유도체인 카르니틴(그림 11-8)은 두뇌나 간, 신장, 근육 등에 많이 분포하고 있다. 카르니틴은 체중조절에 관여하며, 신체활동을 증진시키고 지방 산화 촉진, 에너지 발생, 콜레스테롤 수준 감소, 두뇌 활동 강화 등의 활성을 지녀 기능성 식품 소재로 사용된다. 카르니틴은 콜린(choline)과 유사한 구조를 지니며 일부는 체내에서 합성되지만, 부분적으로 외부에서 공급이 필요한 영양소이다.

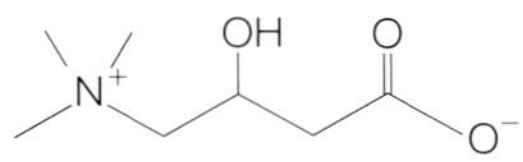

그림 11-8 카르니틴

카르니틴은 지방산화의 속도를 증진시키는 역할을 한다. 미토콘드리아에 긴 지방사슬을 전달하는 물질로 작용하여, 체내에 카르니틴의 농도가 낮으면 혈액 내의 지방의 수준이 증가하는 양상을 보인다. 간의 지방을 감소시키고 당뇨환자의 당수치를 감소시키는 역할을 하며 골격근육에 에너지를 공급하는 역할을 하여, 분유나 다이어트 식품, 이유식, 헬스 보충제 등으로 이용된다.

(2) 기능성 펩타이드

기능성 펩타이드는 단백질의 펩타이드 형태 분해 산물을 이용하여 소화 흡수율과 섭취 시 체내의 기능성을 증진시킨 단백질 식품 소재를 말한다.

① **우유 펩타이드(milk peptide)**

우유 펩타이드는 우유 단백질인 카세인(casein)과 훼이(whey)의 가수분해 산물이다. 높은 수용성과 흡수율, 열 안정성을 지니며 콜레스테롤 함량이 낮다. 섭취 시 칼슘의 흡수를 촉진하는 기능을 가지고 있어, 스포츠 음료의 제조에 사용된다.

② **달걀 펩타이드(egg peptide)**

달걀 펩타이드는 체내 콜레스테롤과 중성지방을 감소시키는 역할을 하며, 또한 HDL 콜레스테롤(high density lipoprotein cholesterol)의 수준을 증가시키는 역할을 한다. 혈액 순환을 돕고 혈소판 응집저해 활성(antithrombotic activity)을 가지고 있으며, 달걀 펩타이드 중 함유된 라이소자임(lysozyme)은 항균 활성을 지닌다.

③ 대두 펩타이드(soybean peptide)

대두 단백질의 가수분해물로서 올리고펩타이드(oilgopeptide) 형태를 띠며, 주로 콩 발효식품, 즉 된장, 간장 등에 함유되어 있다. 대두 펩타이드의 체내 기능은 혈중 콜레스테롤 수준을 감소시키고, 항암 활성, 항고혈압 활성, 항트롬빈 활성 등을 가지고 있다. 대두 단백질보다 항원(allergen)의 함량이 낮고 흡수율도 빠른 것이 장점이다. 피로회복과 체중조절에 관여하며, 수용성이 높은 특징을 가지고 있어 음료나 다이어트 식품, 스포츠 음료, 수분 공급제 등으로 이용되고 있다.

④ 실크 펩타이드(silk peptide)

실크 단백질인 피브로인(fibroin), 섬유상 단백질(fibrous protein)의 가수분해물로서 소화 흡수력이 아주 우수하여 약 90% 이상이 체내에 소화 흡수가 가능하며 빵이나 과자의 제조에 이용된다. 실크 펩타이드는 체내의 콜레스테롤과 결합하여 이를 몸 밖으로 배출하는 기능을 가져 총 콜레스테롤의 수준을 감소시키며, 주요 아미노산으로는 글리신(glycine) 45%, 세린(serine) 12%를 함유하고 있다. 또한 혈당을 감소시켜 당뇨병을 예방하고 알코올을 분해하여 간을 보호하는 기능을 가지며, 항암 활성이 보고되고 있다.

⑤ 콜라겐 펩타이드(collagen peptide)

콜라겐의 가수분해 산물이며, 체내에 비흡수성이고 난소화성 펩타이드이다. 기능성 식품과 다이어트식품, 피부 건강 제품 등에 이용되고 있다.

⑥ 옥수수 펩타이드(corn peptide)

Branched chain amino acid(BCAA)인 발린, 루신, 아이소루신이 다량 함유되어 있고, 알코올 대사를 활성화하며, 혈당을 낮추고 지방대사를 촉진하는 기능을 하여, 음료 등의 원료로 사용되고 있다.

⑦ 글루타민 펩타이드(glutamine peptide)

밀 단백질인 글루텐(gluten)의 가수분해물이다. 면역체계를 증진시키며, 항스트레스 활성을 가지고 있어, 스포츠 음료나 환자식, 아기용 식품 등에 사용되고 있다.

(3) 기능성 단백질 소재

① 대두 단백질(soybean protein)

대두 단백질은 기능성 식품 소재로 인정된 식품 소재이다. 대두를 주원료로 사용하는 된장, 간장 등의 발효식품과 두부, 두유 등에 다량 함유되어 있다. 대두 단백질은 심장질환을 감소시키고, 혈중 콜레스테롤 수준을 낮추며, 간과 혈액 내의 중성지질의 농도를 낮추고, 항암 활성을 가지고 있다. 또한 혈당의 수준을 낮추며, 신장의 기능을 촉진하는 역할을 한다.

② 락토페린(lactoferin)

락토페린은 우유에 존재하는 단백질로서, 철성분과 결합하는 성질을 가지고 있고, 모유와 우유, 혈액, 눈물 등에 함유되어 있다. 락토페린은 활성형과 비활성형으로 존재하며, *Bacillus*, *E.coli*, *Salmolella*, *H. pylori* 등의 병원균에 대하여 항균 활성을 가지고 있다. 하지만, 우리의 몸에 유익한 미생물인 *Lactobacillus*나 *Bifidobaterium* 등에는 항균작용을 나타내지 않는다. HIV(human immunodeficiency virus), HCV (hepatitis C virus)에 대하여 항바이러스 활성을 가지고 있으며, 항진균 활성도 가지고 있다. 또한 우리 몸의 철농도 조절에 관여하고 있으며, 락토페리신(lactof fericin)은 락토페린의 유도체로서 락토페린보다 항균 활성이 더욱 우수하다. 의약품이나 동물사료에 사용되며, 분유의 첨가물로 이용되고 있다.

③ 콜라겐(collagen)

콜라겐은 섬유상 단백질이며, 우리 몸 단백질의 약 25%, 피부 단백질의 약 75%를 차지하고 있다. 뼈와 연골의 밀도와 관련이 있고, 피부건강식품 및 화장품 등에 이용되고 있다.

3) 지질 유래 기능성 성분

(1) 다가불포화 지방산

① ω-3 PUFA(polyunsaturated fatty acid)

지방산의 메틸기 말단부터 3번째 탄소에 최초의 이중결합이 있는 지방산을 오메가 3(ω-3) 지방산이라 하며, DHA(docosahexaenoic acid), EPA(eicosapentaenoic acid), α-리놀렌산(α-linolenic acid)이 있다. DHA(22:6 ω-3)는 사람 체내에서 충분히 합성되지 않으며, 고등어, 삼치 등의 등푸른 생선에 많이 함유되어 있다. DHA는 뇌세포 지방에 함유되어 있는 물질로서 혈액순환을 돕고, 혈전을 억제하는 기능을 가지고 있다. 혈당강하, 암 예방, 동맥경화 예방효과와 눈의 피로개선에 대한 기능성을 가지고 있다. EPA(20:5 ω−3)는 5개의 이중결합을 가진 탄소수 20개의 지방산으로서, 등푸른 생선 등 식품으로부터 섭취해야만 하는 영양물질이다. 콜레스테롤 저하, 뇌기능 촉진, 혈소판 응집저하, 혈전 생성 방지 등의 역활을 한다. α−리놀렌산(18:3 ω−3)은 3개의 이중결합을 가진 탄소수가 18개인 지방산으로서, 체내의 지방분해효소 활성을 증가시켜 체지방 감소와 근육을 증가시키는 다이어트 효과, 항암 및 당뇨병 개선효과를 지니고 있고, 콜레스테롤 저하, 면역증강 등의 기능적 특성을 부여하는 지방산이다.

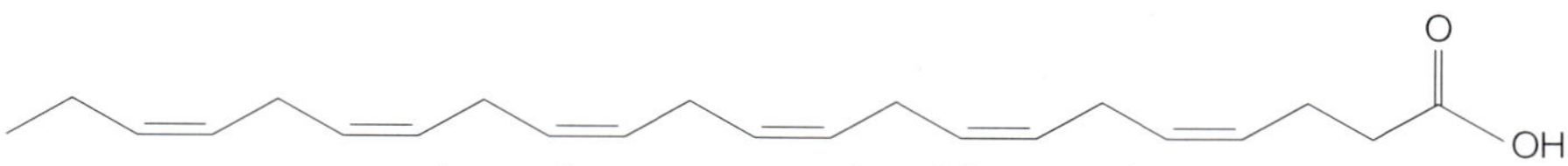

docosahexaenoic acid (DHA) (22:6 n−3)

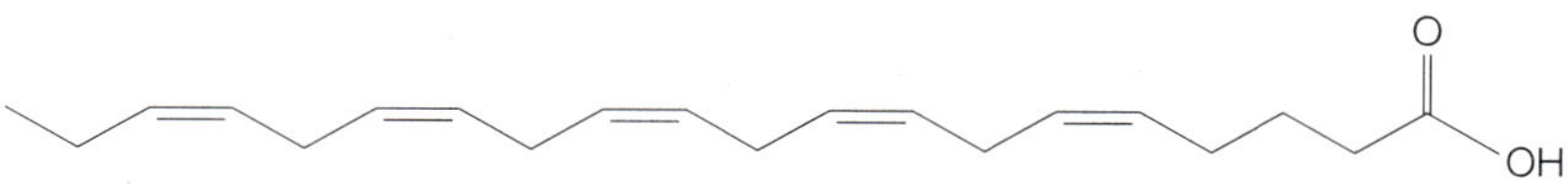

eicocapentaenoic acid (EPA) (20:5 n−3)

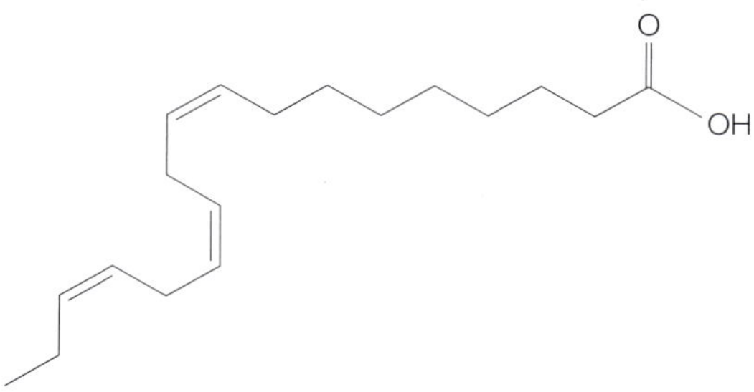

α−linolenic acid

그림 11−9 ω−3 PUFA

② **ω−6 PUFA(polyunsaturated fatty acid)**

지방산의 메틸기(methyl group) 말단부터 6번째 탄소에 최초의 이중결합이 있는 지방산이며, 아라키돈산(arachidonic acid), γ−리놀렌산(γ−linolenic acid, GLA), 리놀레산(linoeic acid)이 있다. 아라키돈산은 4개의 이중결합을 가진 30개의 탄소로 구성된 지방산이다. 동물성 식품과 해조류에 함유되어 있고, 환자나 유아, 노인 등 일부 사람에게 부족하여 반드시 식품으로 섭취하여야 하는 필수지방산이다. γ−리놀렌산(GLA 18:3)은 탄소수 18개, 이중결합이 3개인 지방산으로서 달맞이꽃유에 다량으로 함유되어 있다. 필수지방산으로서 영양원의 공급, 아토피성 피부질환 치료효과, 관절염 개선, 콜레스테롤 저하, 고혈압, 동맥경화 예방, 항염증 활성 등 기능적 효과를 보이는 물질이다. 리놀레산(18:2)은 주로 식물의 종실유에 함유되어 있고, 다른 PUFA의 생합성 전구체로서 사용되는 필수지방산이다.

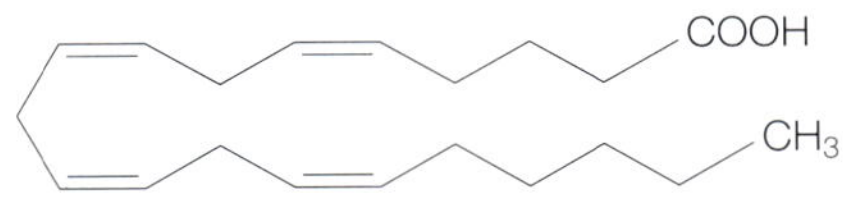

arachidonic acid

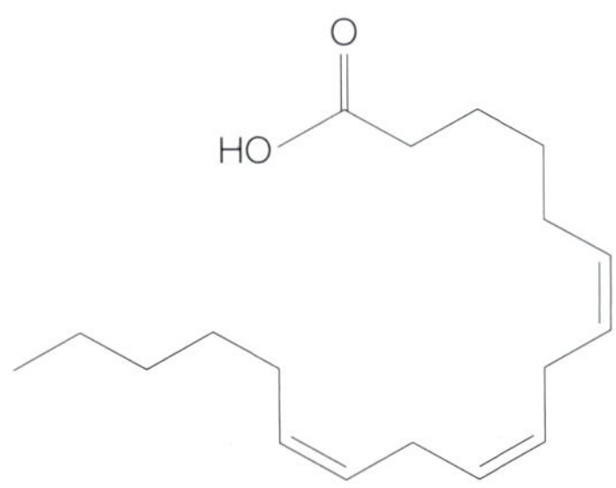

γ-linolenic acid

그림 11-10 ω-6 PUFA

(2) 레시틴(lecithin)

레시틴은 인체 세포를 구성하고 있는 세포막 인지질(phospholipids)의 주성분으로서 포스파티딜콜린(phosphatidyl choline)으로도 불리며, 지방산, 글리세롤, 인산, 콜린과 결합된 물질이다. 식품 중에 레시틴은 대두와 난황에 많이 함유되어 있고, 레시틴 함유 제품의 생산에는 이들 식품 소재를 원료로 하여 제조되고 있다.

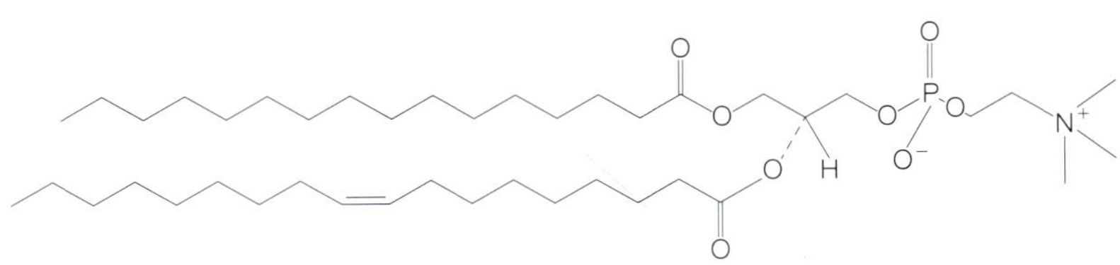

그림 11-11 레시틴

레시틴의 화학구조상 sn(stereospecific numbering)-1 위치에는 포화지방산, sn-2의 위치에는 불포화지방산을 가진다. 콩에서 유래된 레시틴의 경우는 포화지방산으로 19~24%의 팔미트산(palmitic acid)과 스테아르산(stearic acid)을, 올레산(oleic acid)은

9~11%, 리놀레산(linoleic acid)은 56~60%, α-리놀렌산(α-linolenic acid)은 6~9% 정도 함유되어 있으며, 난황에서 유래한 레시틴은 포화지방산이 41~46%, 올레산이 35~38%, 리놀레산은 15~18%, α-리놀렌산은 0~1% 정도 함유되어 레시틴의 유래물질에 따라 그 지방산의 조성비율이 차이가 있다. 레시틴은 화학구조상 소수성의 특징을 나타내는 지방산, 친수성을 가지는 인산 및 콜린 작용기를 가지기 때문에, 지질과 물의 혼합을 가능하게 하는 유화제로서의 기능을 가져 제과 및 기타 식품제조 가공공정에 많이 사용된다.

첫째, 레시틴은 동물의 뇌, 신경조직, 세포막의 주요성분으로서 세포막의 형성에 대단히 중요한 역할을 하여 세포를 활성화하고, 콜린을 공급하며 계면활성제로서의 역할을 한다. 레시틴의 세포막 인지질의 필수 구성물질로서 물질의 세포 내외로의 이동과 관련된 대사작용 전반에 관련되어 있다. 세포막의 주요기능은 물리적으로 세포의 골격을 유지하고, 또한 세포 내외 물질의 선택적 또는 물리적 확산에 관여를 하고 있다. 레시틴이 주성분인 세포막의 기본구조는 이러한 세포막의 기본기능의 수행하는 가장 주요한 작용을 하며, 세포막뿐만 아니라 세포 내의 에너지생성에도 관여하여 호흡 소기관인 미토콘드리아막의 구성물질로 존재하여 미토콘드리아의 기능의 유지와 활성에 도움을 준다.

둘째, 레시틴으로부터 분리된 콜린(choline)은 아세틸콜린(acetyl choline)이라는 신경전달물질의 생성과 관련되어 알츠하이머를 예방하고, 뇌의 기능을 활성화한다. 신경자극 전달물질인 아세틸콜린은 신경조직에 많이 함유되어 있는 물질이며 레시틴 내의 콜린으로부터 합성된다. 레시틴의 부족은 콜린의 부족과 아세틸콜린 합성의 저해로 이어져 신경자극의 전달에 문제가 될 수 있다. 또한 레시틴은 체내 모든 생체막에 존재하지만 특히 뇌세포막에 많이 존재하여, 뇌세포 내 잉여 지방과 콜레스테롤을 분해하고 그 양을 조절함으로써 뇌의 혈액흐름에 관계하여, 이러한 점에서 문제가 되어 발병하는 알츠하이머의 예방과 뇌의 기능을 향상시키는 데 도움을 줄 수 있다.

TIP 레시틴의 기능성

- 레시틴은 인체 세포를 구성하고 있는 세포막 인지질(phospholipids)의 주성분
- 세포를 활성화
- 신경전달물질의 생성과 관련되어 알츠하이머를 예방하고, 뇌기능 활성화
- 혈액내 콜레스테롤을 감소시켜 심혈관질환의 예방에 도움
- 간의 지방 분해대사를 촉진하는 작용으로 비만과 지방간 등의 간건강에 도움
- 계면활성작용으로 지용성 영양물질의 흡수 촉진

셋째, 레시틴은 혈액 내의 콜레스테롤을 감소시켜 심혈관질환 예방에 도움을 준다. 레시틴은 분자구조 내에 친수성기과 소수성기를 모두 가져 계면활성적 효과를 가지는 물질이기 때문에 혈중 콜레스테롤 이용에 관여하여 그 양을 감소시키는 기능을 가지고 있으며, 심근경색과 같은 심혈관질환의 예방효과가 예상되고 있다. 또한, 레시틴의 포스파티딜콜린은 콜레스테롤 지방산 에스터 가수분해 효소인 에스터레이스(esterase)를 활성화하여 동맥경화증을 유발하는 LDL 콜레스테롤(low density lipoprotein cholesterol)을 유리콜레스테롤과 지방산으로 가수분해하여 혈관세포 내 콜레스테롤 축적을 저해하는 효과를 가지고 있다. 또한 포스파티딜 콜린은 잉여 콜레스테롤을 제거하는 역할을 하는 HDL 콜레스테롤의 양을 증가시키는 기능으로 동맥경화를 예방하여 혈관질환 개선에 도움을 주는 기능을 한다.

넷째, 레시틴으로부터 분리된 콜린은 간의 지방분해대사를 촉진하여 비만과 지방간 등에 의한 간 건강에 도움을 줄 수 있다. 레시틴으로부터 유래된 포스파티딜콜린은 강력한 항산화 활성을 가져, 에탄올 섭취에 의해 유래된 간 손상을 경감시키고, 간의 산화적 손상을 억제하는 역할을 하며, 뇌나 간 등의 신체조직 내 손상된 막과 결합하여 회복시키고, 과도한 활성산소종을 제거하여 산화적 스테레스를 억제하는 기능을 가지고 있다.

다섯째, 레시틴은 계면활성작용으로 지용성 비타민이나 필수지방산 등의 지용성 영양물질의 흡수를 돕는다.

(3) 식물성 스테롤(phytosterol)

스테롤(sterol)은 유도지질로서 스테로이드핵을 기본 골격으로 가지는 화합물을 말한다. 스테로이드핵의 3번 위치에 수산기를 가지는 특징이 있으며, 옥수수 배아 중의 시토스테롤(sitosterol), 미강유, 대두유 등에 함유된 스티그마스테롤(stigmasterol) 등이 있다. 식물성 스테롤은 약 250여 종 이상이 발견되고 있으며, 콜레스테롤을 낮추는 등의 기능적 활성을 가진 식품 소재이다. 식물성 스테롤은 인체에서 합성이 되지 않기 때문에 식이를 통하여 외부로부터 섭취하여야 하는 영양소 중의 하나이다. 이러한 식물성 스테롤은 옥수수, 콩 등의 곡류와 달맞이꽃, 깨 등에 많이 함유되어 있고, 독립적으로 존재하거나 당과 결합된 배당체(glucoside)의 형태로 함유되어 있다. 스테롤의 일반적인 기능인 세포 막구조의 안정화에 관여하고 생장에 필요한 물질의 전구체로서 작용을 한다. 하지만, 식물성 스테롤의 영양대사적 특징은 분해 흡수율이 대단히 낮다는 것이다. 동물성 콜레스테롤은 섭취량의 약 40% 정도가 흡수되나 식물성 스테롤은 낮은 용해도로 인하여 식이량의 약 5% 정도 만이 흡수되고 있다.

식물성 스테롤의 인체 내에서의 기능은 콜레스테롤과 유사한 구조로 인하여 혈액 내에서 유해 LDL 콜레스테롤의 수치를 낮추는 기능을 한다. 이러한 기능적 효과는 캄페스테롤(campersterol), 스티그마스테롤, β-시토스테롤 등에서 보여지고 있다. 또한 식물성 스테롤은 대장암 등의 암세포에 대한 항암기능과 항염증, 항박테리아, 항진균 활성을 가지고 있다.

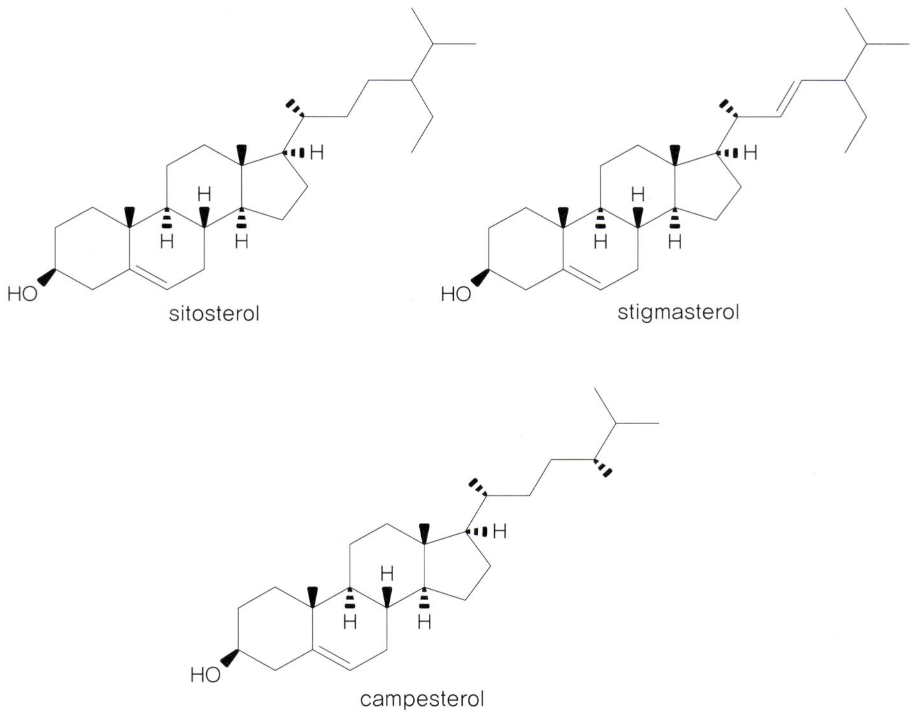

그림 11-12 식물성 스테롤

4) 식물 유래 기능성 성분

(1) 카로티노이드(carotenoid)

카로티노이드는 황색, 주황색, 적색을 띠는 지용성 색소성분으로 당근에서 처음 분리되어 카로티노이드라고 명명되었으며, 화학구조상 아이소프렌(isoprene) 단위가 중합되어 이루어진 색소류의 총칭이다. 카로티노이드는 탄소와 수소만으로 이루어진 카로틴

(carotene)과 카로틴의 수소원자가 다른 작용기로 치환된 잔토필(xanthophyll)로 구분할 수 있다. 카로틴은 구조적 특성에 따라 α-, β-, γ-카로틴과 라이코펜(lycopene) 등이 있으며, α-, β-, γ-카로틴은 체내에서 산화분해되어 비타민 A로의 전환이 가능하다. 카로틴의 여러 이성질체 중 β-카로틴이 가장 비타민 A의 활성이 크다. β-카로틴은 당근에 많이 함유되어 있고, α-, γ-카로틴도 역시 당근에, 라이코펜은 토마토와 같은 붉은색의 과일에 많이 함유되어 있다. 잔토필류에는 옥수수의 노란색 색소인 제아잔틴(zeaxanthin), 고추의 캡산틴(capsanthin), 난황 또는 버터의 루테인(lutein) 등이 있다.

카로티노이드계 색소 중 노란색을 띠는 색소는 잔토필(xanthophyll), 크립토잔틴(cryptoxanthin), 메틸비키신(methyl bixin) 등이 있으며, 붉은색을 가지는 카로티노이드는 라이코펜, 캡산틴, 아스타잔틴(astaxanthin) 등이 있다. 동물은 체내에서 카로티노이드계 색소를 합성하지 못하기 때문에 난황이나 연어 등의 동물 식품에 존재하는 카로티노이드계 색소는 식이 중의 카로티노이드에 기인한 것이다.

카로티노이드의 대표적인 기능성은 비타민 A와 같은 항산화에 관련된 기능성이다. 일반적으로 천연의 카로티노이드가 우수한 항산화 활성을 가지는 것으로 보고되고 있다. β-카로틴의 체내 흡수율과 기능성이 카로티노이드 중 가장 우수하여 각종 성인병의 예방과 노화억제 등의 기능을 보이는 것으로 알려져 있다. 또한, 루테인이나 제아잔틴 등은 폐 기능의 향상에 도움을 준다.

(2) 플라보노이드(flavonoid)

식물계에 널리 분포하는 황색 계통의 색소로서 식물체 내에 각종 건강기능적 활성을 가지는 대표적인 물질류인 폴리페놀 화합물, 즉 페놀 환을 여러 개 가지고 있는 화합물 중 플라본(flavone)이라는 화학구조를 기본적으로 지닌 3개의 페놀 환으로 형성된 색소화합물을 통칭한다. 비타민 P, C2라고도 불리며, 화학구조상의 특징에 따라 플라바놀(flavanol), 플라바논(flavanone), 플라본(flavone), 아이소플라본(isoflavone), 플라보놀(flavonol), 안토사이아니딘(anthocyanidin)으로 구분되며, 각 플라보노이드는 서로 다른 생리활성을 지닌다.

플라바놀은 녹차 및 홍차 등의 차류, 포도주, 포도, 딸기류, 사과 등에 함유되어 있는 플라보노이드로서 카테킨(catechin), 에피카테킨(epicatechin), 갈로카테킨(gallocatechin), 에피갈로카테킨(epigallocatechin) 등이 있다. 플라바놀은 식품 내에서 당과 결합하지 않고, 열에 대체적으로 안정적인 특징을 가지고 있다. 플라바논은 자몽, 레몬, 오렌지 등 감귤류에 함유되어 있는 플라보노이드로서 헤스페레틴(hesperetin), 나린제닌

(naringenin), 에리오딕티올(eriodictyol) 등이 있다. 플라바논은 일반적으로 당과 결합된 배당체(glucoside)의 형태로 식품 중에 존재한다. 플라본은 주로 파슬리나 샐러리와 같은 녹색채소에 함유되어 있는 플라보노이드로 아피제닌(apigenin), 루테오닌(luteonin) 등이 있다. 아이소플라본은 주로 두류에 함유되어 있는 플라보노이드 성분으로 다이드제인(daidzein), 제니스테인(genistein), 글리시테인(glycitein) 등이 있으며, 여성 호르몬인 에스트로젠(estrogen)과 화학구조가 유사하여 이와 비슷한 활성을 지니고 있다. 대두 내의 아이소플라본은 글루코스와 결합된 배당체의 형태로 존재하며, 대두 발효과정에서 글루코스가 제거되어 아글리콘(aglycone)의 형태로 변환된다. 플라

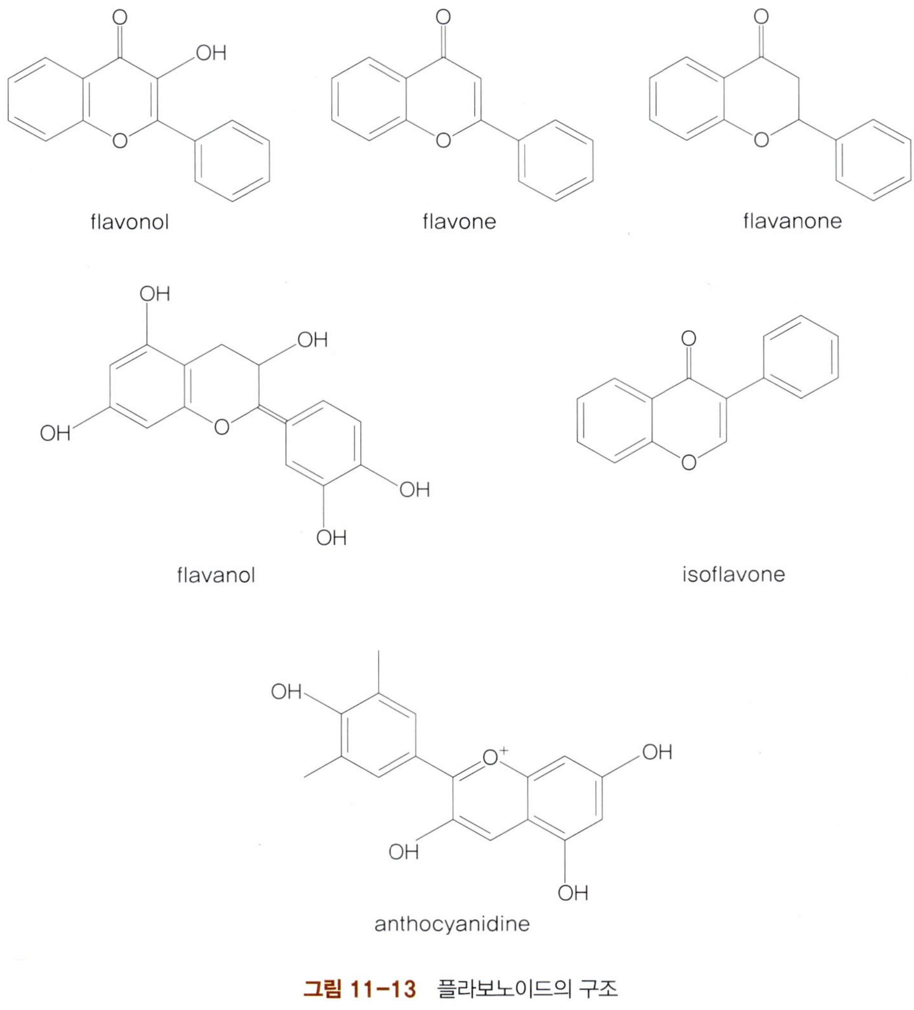

그림 11-13 플라보노이드의 구조

보놀은 양파, 브로콜리, 케일, 메밀, 적포도주 등에 많이 함유된 성분으로서 퀘르세틴(quercetin), 켐페롤(kaempferol), 마이리세틴(myricetin), 아이소람네틴(isorhamnetin) 등으로 구성되어 있다. 또한, 안토사이아니딘은 적포도주, 블루베리, 체리, 가지 등의 검붉은 색 과일 및 식품에 함유되어 있으며, pH 환경에 따라 색이 달라진다. 일반적으로 식품 내에 가장 풍부한 안토사이아닌은 사이아니딘(cyanidin)이며, 과일이 숙성됨에 따라 그 함량이 증가한다.

플라보노이드류 물질이 가지고 있는 대표적인 건강기능성은 항산화활성이다. 인체 내 대사과정 중 세포에 유해한 영향을 미치는 과량의 활성산소종이 발생하여, 정상세포의 암세포로의 전환이나 고혈압과 같은 성인병의 발병, 노화의 원인이 되고 있다. 많은 종류의 플라보노이드 물질들은 생체 내에서 이러한 활성산소종을 소거하는 기능을 가지고 있다. 아피제인(apigenin), 퀘르세틴(quercetin), 켐페롤(kaempferol) 등은 활성산소종에 해당하는 DPPH 라디칼의 소거기능을 가지고 있고, 일부 플라보노이드는 생체 내에서 항산화 활성을 나타내는 효소인 SOD(superoxide dismutase), 카탈레이스(catalase)의 발현을 증진시키는 기능으로 세포 내 항산화 활성을 증진시키는 데 도움을 주고 있다. 항산화 활성은 기본적으로 유해한 활성산소를 없애는 기능을 하는 것과 동시에, 각종 암의 유발, 동맥경화증, 당뇨병, 관절염 등의 발병에 관한 세포 내 신호조절에 관여하기 때문에 대부분의 질병의 예방과 노화의 진행을 억제하는 데 도움이 된다고 할 수 있다.

플라보노이드는 항염증 활성을 가지고 있다. 염증반응에서 중요한 역할을 하는 대식세포(macrophage cells)는 인체 내에 침입한 미생물의 세포벽 구성물질을 인지하여 병원균을 사멸시키기 위한 nitric oxide(NO)를 생성하는데, 과량으로 생성된 NO은 자신의 세포를 공격하여 염증의 원인이 되고 있다. 아피제닌이나 퀘르세틴과 같은 여러 플라보노이드는 NO생성을 억제하여 염증반응을 제어하는 활성을 가지고 있고, 이러한

TIP 플라보노이드의 종류

- 플라바놀(flavanol)
- 플라바논(flavanone)
- 플라본(flavone)
- 아이소플라본(isoflavone)
- 플라보놀(flavonol)
- 안토사이아니딘(anthocyanidin)

TIP ▸ 플라보노이드의 건강기능활성

- 항산화 활성
- 항염증 기능
- 암세포의 생장을 억제하고, 암세포를 사멸 촉진
- 죽상동맥경화증 예방
- 류마티스관절염 예방

NO의 억제활성은 NO를 생성하는 효소인 iNOS(inducible nitric oxide synthase)의 발현을 저해하기 때문이며, 이러한 기전에 있어 플라보노이드 화합물이 염증세포 내의 신호전달을 조절하는 기능을 가진 것으로 보고되고 있다. 많은 플라보노이드 물질들이 항염증 활성을 가지지만, 그 화학적인 구조와의 상관성은 아직 밝혀지지 않고 있다.

플라보노이드류는 암세포의 생장을 억제하고, 암세포 사멸을 유발 또는 촉진한다. 플라보노이드 중 아피제닌, 안토사이아니딘, 플라바논 유도체 등은 유방암, 자궁암, 난소암 등에 대한 생장억제 효과와 아포토시스(apoptosis)를 유도, 촉진하는 기능을 가지고 있다. 이러한 기능에 관하여 단일 플라보노이드 성분에 의한 보고나 특허도 일부 있지만, 대부분은 식품 소재 내 함유된 형태로 연구 또는 특허가 진행되고 있다.

일부 플라보노이드류는 죽상동맥경화증(atherosclerosis) 예방과 관련된 활성을 가지고 있다. 죽상동맥경화증은 혈관벽을 형성하는 혈관내피세포(HUVEC, human umbilical vein endothelial cells)에 상처가 나거나 혹은 자연적으로 혈액 내의 단핵세포(monocyte)나 콜레스테롤 등이 침착, 플라크(plaque)를 형성하여 혈관이 좁아져 발병하는 심혈관질환이다. Epigallocatechin-3-gallate(EGCG)나 아피제닌(apigenin) 등의 플라보노이드는 단핵세포의 침착에 관여하는 혈관내피세포 내의 ICAM-1(intracellular cell adhesion molecule-1), VCAM-1(Vascular cell adhesion molecule-1), E-selectin 등 단백질의 세포 내 발현을 억제하여 단핵세포의 침착을 예방하는 기능으로 죽상동맥경화증이나 이로 인한 혈관질환의 예방에 도움을 줄 수 있다.

일부 플라보노이드류 물질은 류마티스관절염(rheumatoid arthritis) 예방과 관련된 기능을 가지고 있다. 류마티스관절염은 다른 관절염 질환과는 성격이 조금 다른 자가면역질환이다. 즉 자신의 세포를 비이상적으로 비자기로 인식하여 자신의 면역세포가 무릎이나 관절부위를 공격함으로써 진행되는 질환이다. 이 과정에서 면역에 관계되는 세포는 혈액으로부터 혈관내피세포 사이를 통과하여 염증부위로 이동하는데, 면역세포 이동의 초기단계에 혈관내피세포로부터 분비되는 세포부착분자(CAMs, cellular adhesion molecules)인 VCAM-1, ICAM-1, E-selectin 등과의 상호반응으로 면역세포와 혈관내피세포와의 결합이 이루어진다. 아피제닌이나 epigallocatechin-3-gallate(EGCG), 각종 식물성 식품 소재 중의 플라보노이드 성분들은 혈관내피세포의 CAMs의 발현을 억제하여 혈관내피세포와 면역세포의 부착을 막아, 일차적으로 면역세포의 염증부위로의 이동을 억제하는 역할을 한다. 또한, 류마티스관절염은 대식세포에서 분비되는 과량의 NO에 의해 악화되는데, 플라보노이드 물질들이 NO를 생성하는 효소인 iNOS의 발현을 억제하여 NO의 생성을 억제한다. 플라보노이드 물질에 의한 iNOS의 발현억제는 효소의 발현에 관여하는 세포 내 신호를 조절하는 기전에 의해 이루어지고 있다. 또 류마티스 관절염은 많은 통증을 유발하는데, 일부 플라보노이드 화합물은 통증을 일으키는 데 관여하는 프로스타글란딘(prostaglandin)을 생성하는 cyclooxygenase-2 (COX-2)의 발현을 유전자 수준에서 저해하여 류마티스 관절염으로 인한 통증을 감소시킨다.

이밖에도 각종 식물성 식품 소재와 약용식물의 건강개선 기능성의 많은 부분이 플라보노이드 물질에 의한 것이라고 추정되며, 이에 대한 연구가 활발히 진행되고 있다.

용어정리

- **건강기능식품**: 인체에 유용한 기능성을 가진 원료나 성분을 사용하여 제조한 식품
- **식약동원(食藥同原)**: '매일 섭취하는 음식과 질병 치료를 위한 약은 같다'는 뜻으로, 음식의 섭취를 통하여 질병의 예방과 치료가 가능하다는 의미
- **Probiotics**: 섭취 시 인체에 유익한 균을 통칭하는 용어로, 주로 유산균을 의미한다. 즉 식품의 형태로 섭취하여 장내균총을 조절하고, 배변작용 등 건강개선에 도움을 주는 미생물
- **Prebiotics**: 섭취 시 장내에서 probiotics의 생장을 위해 영양성분으로서 사용되는 물질
- **Glycoside**: 어떤 물질에 glucose와 같은 당류가 결합되어 존재하는 형태
- **Aglycone**: glycoside 중의 당류가 분리된 형태
- **항진균기능**: 곰팡이류의 성장을 억제하는 기능
- **GRAS**: 'Generally Recognized As Safe'의 약자로서 오랜기간 동안 전통적으로 섭취, 사용되어 인체에 안전성이 입증된 물질

핵심요약

건강기능성 식품 소재: 해당 식품 소재를 함유한 식품을 섭취함으로써 건강 유지에 도움을 주고, 특정 생리활성기능을 강화하여 질병을 예방하고, 질병의 증상 완화에 도움을 주는 식품 소재

1. 탄수화물 유래 기능성 성분

(1) 식이섬유

1) 불용성 식이섬유: 셀룰로스, 헤미셀룰로스, 리그닌

2) 수용성 식이섬유: 펙틴, 검질류, 난소화성 덱스트린, 폴리덱스트로스, 키토산, β-글루칸

(2) 올리고당

- 프럭토올리고당, 대두 올리고당, 말토올리고당, 아이소말토올리고당, 갈락토올리고당, α-사이클로덱스트린

(3) 당알코올

- 소비톨, 자일리톨, 말티톨, 마니톨, 에리스리톨, 락티톨

2. 단백질 유래 기능성 성분

(1) 기능성 아미노산

- 발린, 루신, 아이소루신: 피로 회복에 도움
- 알라닌: 간의 해독작용
- 아르지닌: 면역증진, 혈액순환 증진
- 히스티딘: 중금속 배출에 관여
- 프롤린: 콜라겐 형성에 관여, 관절건강과 피부건강 증진

1) Branched chain amino acid(BCAA)

- 발린, 루신, 아이소루신: 골격근육의 에너지원, 간기능 강화, 피로해소, 중추신경 피로해소, 지방산화 촉진

2) 테아닌(L-theanine)

- 천연 신경안정제, 두뇌활동 활성화, 알츠하이머의 치료와 예방, 기억력 증진
- 의약품이나 기능성식품, 동물사료, 기능성 화장품 등에 사용

3) 타우린(taurine, 2-aminoethane sulfonic acid)

- 두뇌 개발 촉진, 성장발달도움
- 해조류, 두류, 육류, 조개류 등에 함유, 유아용 식품, 기능성 식품, 스포츠 음료 등에 사용

4) 카르니틴(L-carnitine)

- 체중조절에 관여, 신체활동 증진, 지방 산화 촉진, 콜레스테롤 감소, 두뇌 활동 강화

(2) 기능성 펩타이드: milk peptide, egg peptide, soybean peptide, silk peptide, collagen peptide, corn peptide, glutamine peptide 등

(3) 기능성 단백질 소재

1) 대두 단백질(soybean protein): 기능성 식품 소재로 승인

- 된장, 간장 등의 발효식품과 두부, 두유 등의 식품 내에 대두 단백질 다량 함유
- 심장질환 감소, 혈중 콜레스테롤 수준 감소, 간과 혈액 내의 중성지질 감소, 항암 활성

2) 락토페린(lactoferin): 우유에 존재, 항균활성, 항바이러스, 항진균 활성, 철농도 조절

3. 지질 유래 기능성 성분

(1) 다가불포화 지방산

1) ω-3 PUFA: DHA, EPA, α-리놀렌산

- DHA: 혈액순환을 돕고, 혈전생성 억제, 혈당강하, 암 예방, 동맥경화 예방, 눈 피로개선
- EPA: 콜레스테롤 저하, 뇌기능 촉진, 혈소판 응집저하, 혈전 생성 방지
- α-리놀렌산: 지방분해효소 활성 증가, 체지방 감소와 근육질 증가, 항암 및 당뇨병 개선, 콜레스테롤 저하, 면역증강

2) ω-6 PUFA: 아라키돈산, γ-리롤렌산, 리놀레산

- 아토피성 피부질환 치료효과, 관절염 개선, 콜레스테롤 저하, 고혈압, 동맥경화 예방, 항염증 활성

(2) 레시틴

- 세포막 형성에 중요한 역할, 계면활성제로서의 역할
- 신경전달물질의 생성관련 알츠하이머 예방, 콜레스테롤 감소, 심혈관질환 예방
- 간의 지방분해대사를 촉진하는 작용으로 비만과 지방간 등 간건강에 도움
- 지용성 영양물질의 흡수를 도움

(3) 식물성 스테롤: 시토스테롤, 스티그마스테롤 등

- 콜레스테롤 감소, 유해 LDL 콜레스테롤 감소
- 대장암 등 암세포에 대한 항암기능과 항염증, 항박테리아, 항진균 기능

4. 식물 유래 기능성 성분

(1) 카로티노이드

- α-, β-, γ-카로틴은 체내에서 산화 분해되어 비타민 A로 전환 가능
- 대표적인 기능성은 항산화에 관련된 기능성
- 루테인, 제아잔틴 등: 폐 기능 향상

(2) 플라보노이드

- 플라바놀, 플라바논, 플라본, 아이소플라본, 플라보놀, 안토사이아니딘으로 구분되며, 각 플라보노이드는 다양한 생리활성을 지님.
- 플라보노이드 화합물의 대표적 건강기능성은 항산화 활성. 항산화 활성은 기본적으로 유해한 활성산소를 없애는 기능을 하는 것과 동시에, 각종 암의 유발, 동맥경화증, 당뇨병, 관절염 등의 발병에 관한 세포 내 신호조절에 관여하기 때문에 각종 질병예방과 노화진행 억제
- 항염증기능, 암세포 생장 억제, 암세포를 사멸, 죽상동맥경화증 예방 기능. 류마티스관절염(rheumatoid arthritis) 예방

연습문제

1. 건강기능식품(기능성 식품)이란?

2. 고시형 기능성 식품 소재와 개별인정형 기능성 식품 소재에 대하여 설명하시오.

3. 식이섬유의 건강기능 활성을 설명하시오.

4. 대두 단백질의 건강기능 활성을 설명하시오.

5. 플라보노이드의 화학구조적 분류에 대하여 설명하시오.

정답

- 건강기능식품(기능성 식품)은 인체에 유용한 기능성을 가진 원료나 성분을 사용하여 제조한 식품을 의미하며, 건강기능성은 인체의 구조 및 기능에 대해서 영양소를 조절하거나 생리학적 작용 등과 같은 보건용도에 유용한 효과를 의미한다.

  [해설] 건강기능식품 소재는 해당 식품 소재를 함유한 식품을 섭취함으로써 건강의 유지에 도움을 주고, 특정 생리활성기능을 강화하여 질병을 예방하고, 증상의 완화에 도움을 주는 식품 소재를 의미한다. 건강기능식품, 기능성 식품, 건강개선식품, functional food, nutraceuticals 등의 용어들이 의미가 약간씩은 차이가 있지만, 모두 건강기능식품이나 식품 소재를 가리키고 있다. 특히, nutraceuticals은 영양소를 의미하는 nutrient와 의약품을 의미하는 pharmaceuticals를 합성한 용어로 식품의 섭취로 얻을 수 있는 질병을 완화하고 예방하는 물질이라는 의미를 지니고 있다.

2. 고시형 기능성 식품 소재는 국가에서 정한 「건강기능식품공전」에 등재되어 있는 기능성 식품 소재이며, 개별인정형 기능성 식품 소재는 「건강기능식품공전」에 등록되어 있지 않은 원료로, 식품의약품안전처장이 개별적으로 기능성을 인정한 식품 소재이다.

   [해설] 우리나라의 기능성 식품 소재 인정은 건강기능성입증 의무주체에 따라 고시형 기능성 식품 소재, 개별인정형 기능성 식품 소재로 나뉘어 있다. 고시형 기능성 식품 소재는 「건강기능식품공전」에 등재되어 공전에서 정하고 있는 제조기준, 규격, 최종제품의 요건에 적합할 경우 별도의 인정절차 없이 제조판매가 가능한 소재이다. 개별인정형 기능성 식품 소재는 「건강기능식품공전」에 등록되어 있지 않은 원료로, 건강기능성이 입증되지 않았기 때문에 그 제조판매자 또는 수입업자가 기능적 효능과 안전성 입증자료, 기준 및 규격 등의 자료를 제출하여 규정에 따른 평가를 통하여 기능성 식품 소재로서의 인증을 받아야 하며, 이렇게 인증된 기능성 식품 소재는 해당업체만이 동 원료의 제조 및 판매가 가능한 식품소재를 말한다.

3. 식이섬유는 인체 내 소화 효소계에 의해 분해 흡수되지 않는 특성을 가져 배설되는 과정에서 장의 연동운동을 도와 변비예방, 정장작용에 관여한다. 난소화성 덱스트린은 당 흡수를 조절하고 혈당조절 작용이 입증되어 개별인정형 건강기능식품 소재로 인증되었으며, 비만 예방

효과와 당, 지질대사 개선에 관한 활성을 가지고 있다. 키토산은 콜레스테롤 제거기능과 HDL 콜레스테롤 증진 활성, 암세포 증식 억제, 면역기능 향상, 유효세균 증식 및 항균 활성, 중금속, 오염물질 배출, 배변작용 등의 기능성을, β-글루칸은 항암과 면역증강 활성을 지닌다.

[해설] 불용성 식이섬유로 셀룰로스, 헤미셀룰로스, 리그닌 등이 있으며 인체 내 소화 효소계에 의해 분해 흡수되지 않는 특성으로 배설되는 과정에서 장의 연동운동을 촉진하여 변비 예방, 정장작용에 관여한다. 또한, 각종 중금속이나 유해물질, 콜레스테롤 등과 결합, 흡착하여 유해물질을 배출하여 체내 농도를 낮추는 기능을 한다. 수용성 식이섬유인 펙틴은 섭취 시 장내 혐기성 세균에 의해 일부 분해되며, 배변을 원활히 하고, 혈중 콜레스테롤 저하, 혈당상승 저하, 인슐린 분비억제 등의 기능을 지니고 있다. 검질류는 대부분 소화흡수가 어려운 특성을 가지며, 난소화성 덱스트린은 장내 당 흡수를 조절하고 혈당조절 작용이 입증되어 개별인정형 건강기능식품 소재로 인증되었으며, 비만 예방 효과와 당, 지질대사 개선에 관한 활성을 가지고 있다. 폴리덱스트로스는 식이섬유와 유사한 기능적 활성을 가지며, 장내 유용미생물의 생육을 돕는 프리바이오틱스(prebiotics)로서의 기능을 하며, 혈당을 조절하는 기능을 가지고 있다. 키토산은 콜레스테롤 제거기능과 HDL 콜레스테롤(high density lipoprotein cholesterol) 증진 활성, 암세포의 증식을 억제하고 면역기능 향상, 유효세균증식 및 항균 활성, 중금속, 오염물질 배출, 배변작용 등의 건강기능성이 있으며, β-글루칸은 항암 활성과 면역증강 활성을 지닌다.

4. 대두 단백질은 심장질환을 감소시키고, 혈중 콜레스테롤 수준을 낮추며, 간과 혈액 내의 중성지질의 농도를 낮추고, 항암 활성을 가지고 있다. 또한 혈당 수준을 낮추며, 신장 기능을 촉진한다.

   [해설] 대두 단백질은 기능성 식품 소재로 승인된 식품 소재이다. 대두를 주원료로 사용하는 된장, 간장 등의 발효식품과 두부, 두유 등의 식품 내에 대두 단백질이 다량 함유되어 있다. 대두 단백질의 기능으로는 심장질환을 감소시키고, 혈중 콜레스테롤 수준을 낮추며, 간과 혈액 내 중성지질의 농도를 낮추고, 항암 활성을 가지고 있다. 또한 혈당 수준을 낮추며, 신장 기능을 촉진하는 역할을 한다. 이러한 기능은 대두 펩타이드 및 단백질이 공통적으로 가지고 있고, 건강기능식품 소재로서 인증되어 다양한 식품에 건강기능성을 부여하는 데 사용되고 있다.

5. 화학구조상의 특징에 따라 플라바놀(flavanol), 플라바논(flavanone), 플라본(flavone), 아이소플라본(isoflavone), 플라보놀(flavonol), 안토사이아니딘(anthocyanidin)으로 구분되며, 각 플라보노이드는 다양한 생리활성을 지닌다.

   [해설] 식물계에 널리 분포하는 황색 계통의 색소로서 폴리페놀 화합물 중 플라본이라는 화학구조를 기본적으로 지닌 3개의 페놀 환으로 형성된 색소화합물들을 통칭한다. 플라바놀은 녹차 및 홍차 등의 차류, 포도주, 포도, 딸기류, 사과 등에 함유되어 있는 플라보노이드로서 카테킨(catechin), 에피카테킨(epicatechin), 갈로카테킨(gallocatechin), 에피갈로카테킨(epigallocatechin) 등이 있다. 플라바놀은 식품 내에서 당과 결합하지 않고, 열에 대체적으로 안정적인 특징을 가지고 있다. 플라바논은 자몽, 레몬, 오렌지 등 감귤류에 함유되어 있는 플라보노이드로서 헤스페레틴(hesperetin), 나린제닌(naringenin), 에리오딕티올(eriodictyol) 등이 있다. 플라바논은 일반적으로 당과 결합된 배당체(glycoside)의 형태로 식품 중에 존재한다. 플라본은 주로 파슬리나 샐러리와 같은 녹색채소에 함유되어 있는 플라보노이드로 아피제닌(apigenin), 루테오닌(luteonin) 등이 있다. 아이소플라본은 주로 두류에 함유되어 있는 플라보노이드 성분으로 다이드제인(daidzein), 제니스테인(genistein), 글리시테인(glycitein)

등이 있으며, 에스트로젠(estrogen)과 화학구조가 유사하여 이와 비슷한 활성을 지니고 있다. 대두 내의 아이소플라본은 글루코스와 결합된 배당체의 형태로 존재하며, 대두 발효과정에서 당성분이 분리된 아글리콘(aglycone) 형태로 변환된다. 플라보놀은 양파, 브로콜리, 케일, 메밀, 적포도주 등에 많이 함유된 성분으로서 퀘르세틴(quercetin), 켐페롤(kaempferol), 마이리세틴(myricetin), 아이소람네틴(isorhamnetin) 등으로 구성되어 있다. 또한, 안토사이아니딘은 자주색, 검은색을 띠는 성분으로서 적포도주, 블루베리, 체리, 가지 등의 검붉은 색 과일 및 식품에 함유되어 있으며, pH 환경에 따라 색이 달라진다. 일반적으로 식품 내에 가장 풍부한 안토사이아닌은 사이아니딘(cyanidin)이다.

FOOD CHEMISTRY

CHAPTER 12 식품의 유독성분

1. 식물성 독성물질
2. 동물성 독성물질
3. 곰팡이 독소
4. 세균 독소
5. 식품가공을 통해 첨가된 화학물질
6. 기타 오염물질

유독물질(toxic compounds)은 인체에 섭취되어 해를 입히거나 정상적인 건강상태를 유지하는 데 지장을 주는 물질이라고 할 수 있다. 식품에 존재하는 독성물질은 존재 원인에 따라 내인성 독성물질, 오염물질, 생물학적 독성물질로 나눌 수 있다. 내인성 독성물질은 식품 원료인 동식물체에 의해 생합성되어 존재하는 대사물질이고, 오염물질은 생물학적 원인이나 인위적 원인에 의하여 식품에 존재하는 독성물질이다. 생물학적 독성물질은 세균성 식중독의 원인균 및 곰팡이의 대사에 의해 형성된 독성물질을 말한다.

1. 식물성 독성물질

1) 아미그달린(amygdalin)

아미그달린은 매실, 살구, 복숭아의 씨에 들어 있는 청산을 함유하는 배당체이며, 식물체 내의 효소 미로시네이스(myrosinase)에 의하여 분해되면 2분자의 글루코스(glucose), 1분자의 벤질데하이드(benzaldehyde) 및 청산(HCN)이 생성된다. 그러나 매실을 알코올에 담가 두면 효소가 불활성화되어 청산이 유리되지 않는다.

2) 듀린(dhurrin)

곡류 중의 수수류도 사이안배당체인 듀린(dhurrin)을 함유하고 있으며, 이것의 아글리콘(aglycone)은 p-hydroxymandelonitrile이다. 듀린의 위치이성체인 치어렌(zieren)도 여러 식물체에서 발견되고 있다.

3) 리나마린(linamarin)

완두의 일종이 미얀마콩과 카사바(cassava) 뿌리에 리나마린이라는 사이안배당체를 함유한다. 이는 효소 리나마레이스(linamarase)에 의하여 가수분해되면 글루코스와 아세톤(acetone) 및 청산이 유리된다. 리나마린은 수용성이므로 식용으로 할 때 삶아서 잘 수세하면 유독성분은 거의 제거된다.

4) 항트립신(antitrypsin)

콩, 완두, 땅콩, 강낭콩 등에는 단백질 분해효소의 활성을 억제하는 성분이 있다. 이 protease inhibitor 중에서 대표적인 것이 trypsin inhibitor이다. protease inhibitor는 생체 내에서 단백질 분해효소의 구조를 변형시킴으로써 그 효소의 기능을 상실하게 하며, 또한 정상적인 동물의 성장을 억제한다는 사실이 알려져 있다. protease inhibitor는 효소단백질이 가열에 의하여 변성되므로 그 활성이 급속히 감소되어 유독성이 없어지게 되는 것이다.

5) 사포닌(saponin)

콩, 팥 또는 시금치와 같은 여러 가지 식물에는 독성물질로서 사포닌과 그 아글리콘인 사포제닌(sapogenin)의 유해성이 있다고 알려져 있다. 사포닌은 쓴맛을 가지고 수용액에서 거품을 형성하며, 적혈구에 대하여 용혈작용(hemolysis)을 나타내는 성질을 가지고 있다.

6) 헤마글루티닌(hemagglutinins)

콩, 완두, 강낭콩 등에는 적혈구를 응집시키는 헤마글루티닌이라는 독소물질이 함유되어 있는데 이를 렉틴(lectin)이라고 부르며, protease inhibitor와 같이 가열에 의해 거의 불활성화된다.

7) 소진(sojin)

콩, 완두, 강남콩 등의 콩과식물에 알부민계 단백질인 소진이라고 들어 있으며, 날콩을 다량 섭취하거나 물 추출액을 주사하면 장기 내 출혈이 심하게 일어나 치사하게 된다. 소진성분도 가열처리하면 변성되어 독성이 사라진다.

8) 감자 중의 솔라닌(solanine)

감자 중에는 솔라닌이라는 독성성분이 0.005~0.1%로 미량 함유되어 있는데 그 양 정도로는 무해하나, 새로 발아된 부위에는 0.1% 이상을 함유하고 있으므로 독성을 나타내는 경우가 있고, 솔라닌에 의한 중독은 대체로 단체급식소에서 나타나는 경우가 많으며, 중독증상은 섭취하고 나서 몇 시간 내에 나타나는데, 복통, 위장장애, 허탈, 현기증, 의식장애 등을 일으킨다.

TIP 감자의 알칼로이드인 솔라닌

감자 덩이줄기의 녹색부분에서 발견되는 알칼로이드인 솔라닌(solanine) 역시 장기간 복용하면 척추피열 기형아 출산이나 자연 유산을 초래하지만 쥐에게 적은 양만 투여하면 세균감염을 예방할 수 있다. 이렇게 투여량에 따라 좋은 효과를 볼 수 있는 화학물질은 야생에서 좋은 예방약품으로 쓰인다.

9) 목화씨 중의 고시폴(gossypol)

목화씨 중에는 고시폴로 알려진 독성성분이 존재하며, 면실유와 면실박(0.7~1.5%)에 고시폴이 이행하게 된다. 면실유의 정제과정에서 대부분 제거되지만 박 중에는 고시폴이 존재하여 양질의 단백질을 함유하고 있음에도 불구하고, 식품이나 사료로의 효과적인 이용에 저해를 받는다. 고시폴은 항산화작용을 가지지만 그 독성이 문제가 되므로 제거되어야 한다.

10) 피마자씨 중의 리신(ricin) 및 리시닌(ricinine)

피마자씨에 함유되어 있는 독성성분으로는 알부민(albumin)계 단백질인 리신, 알칼로이드(alkaloid)인 리시닌 및 일부 사람에게 심한 알레르기 증세를 유발하는 알레르겐(allergen)이 있다. 리신은 리시닌보다 독성이 강하고, 피마자뿐만 아니라 많은 식물의 잎이나 뿌리, 특히 콩과식물의 종자에 널리 분포되어 있으며, 생체 내에서 적혈구를 응집시키는 작용을 한다. 리신과 리시닌은 열에 의하여 파괴되기 쉬우나, 알레르겐은 내열성이 강하므로 불활성화시키기 어렵다.

11) 독버섯 중의 아민(amine)류와 펩타이드(peptide)류

독버섯의 유독성분으로는 아민류인 무스카린(muscarine)과 뉴린(neurine), 그리고 펩타이드류인 팔로톡신(phallotoxin)과 아마톡신(amatoxin) 등이 있다. 무스카린과 뉴린은 독버섯과 부패한 육류 등에 함유되어 있으며 말초신경이나 위장 등의 기능에 중독을 일으키는 독성분이다.

12) 기타 식물성 유독성분

식용하는 미나리와 유사한 독미나리에는 시쿠톡신(cicutoxin)이란 독성분이 땅속줄기에 함유되어 있다. 이를 섭취하였을 때에는 위통, 구토, 의식상실, 경련 등을 일으키며, 심하면 사망하는 경우도 있다. 또 쌀에는 인지질의 일종으로 용혈성 독성분인 라이소레시틴(lysolecithin)이 존재하는데, 이는 경구적으로 섭취할 경우에 거의 해롭지 않으나 동물에게 주사하면 즉사하는 유독성분이다.

2. 동물성 독성물질

1) 복어의 유독성분

복어의 유독성분인 테트로도톡신(tetrodotoxin)은 복어의 알, 난소, 간장 등에 분포하며, 피부와 근육조직에도 미량 함유되어 있다. 5~6월의 산란기에는 그 함량이 많아지며 매우 강한 독성을 가지게 된다. 복어독에 의한 중독증상은 먼저 입술과 혀의 마비, 두통과 복통, 구토, 운동성 마비, 호흡곤란 등이며, 호흡곤란으로 인하여 사망하는 경우도 있다. 대체로 중독이 되더라도 8시간이 경과하면 회복되는 경우도 많다.

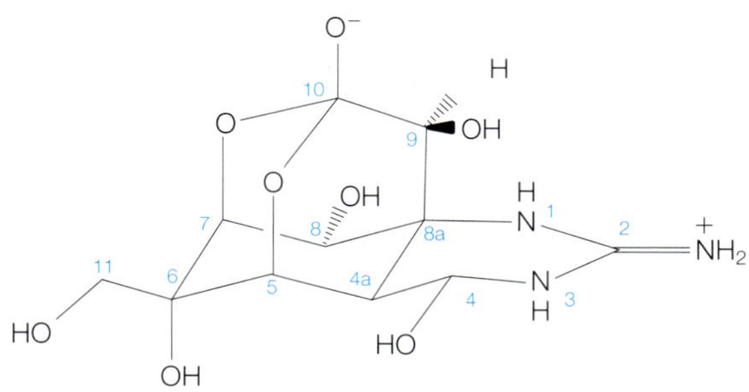

그림 12-1 테트로도톡신의 구조

TIP 복어의 독소

양식한 복어는 독소를 생산하지 않는다. 그러나 자연산 복어와 같이 키우면 양식 복어도 독소를 생산하는데 이는 자연산 복어의 피부에 있는 독소를 생산해내는 세균에 감염되어 나타나는 현상이다.

2) 시구아테라(ciguatera) 독소

시구아테라 중독은 적도를 중심으로 남북으로 35도 내외 지역에서 발생하며 찬물에서 사는 고기는 중독증을 일으키지 않는다. 독소는 생선의 살에 축적이 되어 생선에는 해가 되지 않으나 사람이 생선을 먹게 되면 중독증을 일으키며 원인이 되는 생선은 수백 종류가 되며 주로 서전피시(가시모양의 지느러미가 있는 열대어), 바라쿠다(꼬치고기류), 그루퍼(농어 비슷한 식용 물고기), 스내퍼(도미의 일종), 농성어들이다. 중독증상은 메스꺼움, 구토, 설사, 근육통, 심박동의 변화 등이다. 또한 시구아톡신(ciguatoxin)은 지용성, 내열성 독소로 위산, 조리 등에 의해 파괴되지 않는다.

3) 고등어류(scombroid)의 독성물질

고등어류 중독은 세균에 의해 부패된 고등어, 다랑어, 가다랭이 등 고등어과 생선 조직의 아미노산으로부터 생성된 히스타민을 비롯한 아민(amine)에 기인하는 중독증이다. 히스타민에 의한 고등어류 독소(scombroid toxin)의 증상으로는 입안이 따끔거리거나 불에 데는 느낌, 얼굴 및 상반신에 뾰루지, 피부에 두드러기나 가려움증, 매스꺼움, 구토, 설사 등이 나타난다.

4) 조개류의 유독성분

일부 조개류는 강력한 유독성분을 함유하고 있는 것이 있다. 이러한 조개류 중독(shellfish poisoning)의 원인이 되는 유독물질은 조개의 체내에서 형성되는 것이 아니라 바다에 서식하는 해양편모조류(Dinoflagellate)에 의해 생성된 독소를 조개류가 섭취하여 체내에 축적, 함유하게 되는 것으로 알려져 있다. 모시조개, 바지락, 굴의 유독성분은 베네루핀(venerupin)이며, 증상으로는 구토, 두통, 피하의 출현반점, 황달, 혈변 등이 있다. 섭조개나 대합조개 등의 유독성분은 삭시톡신(saxitoxin)인데, 이 중독의 특

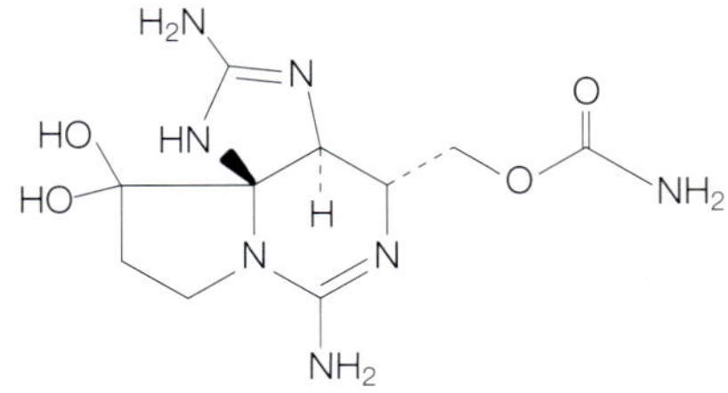

그림 12-2 삭시톡신의 구조

징은 마비증상이 나타나므로 최근에는 마비성 패류중독(paralytic shellfish poisoning, PSP)이라고 한다. 삭시톡신은 수용성이며 열에 대하여 안정하고 오랫동안 끓여도 파괴되지 않는 특징이 있다.

3. 곰팡이 독소

1) 아플라톡신(aflatoxin)

아플라톡신은 1960년 영국에서 처음 밝혀졌으며, *Aspergillus flavus*와 그 독소에 오염된 땅콩사료를 먹은 칠면조가 10만 마리 이상이 죽어 "Turkey X Disease"로 알려졌다. 밝혀진 18종의 아플라톡신 중 B_1, B_2, G_1, G_2가 주요 독소이며, 흔히 발견되는 아플라톡신 B_1이 가장 강력한 독성을 가졌다. 아플라톡신 B_1은 간장에서 활성화되고, 신장에서 DNA에 결합하여 강력한 발암작용을 나타낸다. 아플라톡신 B_1은 강력한 간독성 및 간암을 일으키는 물질로 심각한 아플라톡신 감염증상은 간의 출혈괴사, 담관 증식, 부종과 졸음을 동반한다. 성인은 아플라톡신에 대해 높은 내성을 가진다고 보고되어 있으며 어린이들은 사망에 이르기도 한다.

2) 푸사리움(Fusarium) 독소

*Fusarium*속의 곰팡이가 생성하는 독소로는 트라이코테센(trichothecene), 푸모니신(fumonisin), 제랄레논(zearalenone) 등이 있다.

(1) 트라이코테센(trichothecene)

트라이코테센은 공통 구조로 sesquiterpene을 갖고 있으며 보통 C-7 원자의 곁사슬 유무에 따라 A군 화합물과 B군 화합물로 나눈다. A군에는 T-2 독소, HT-2 독소, neosolaniol, monoacetoxyscripenol, diacetoxyscirpenol 등이 있으며, B군에 속하는 독소에는 deoxynivalenol(vomitoxin), nivalenol, 3-acetyldeoxynivalenol, fusarenon이 있다. 그 중 deoxynivalenol, nivalenol, diacetoxyscirpenol 및 T-2 독소가 식품을 오염시켜 면역기능 억제, 오심과 구토 등의 증상을 유발한다.

(2) 푸모니신(fumonisin)

푸모니신은 곡류의 생산, 저장 기간 중 *Fusarium verticillioides, F. proliferatum*과 다

른 *Fusarium*속 진균이 생성하는 환경적 독소이다. 푸모니신 B_1(FB_1), FB_2 및 FB_3가 자연적으로 발생하는 주요 독소이며, FB_4, FA_1 및 FA_2는 옥수수배양액에서 검출되었는데 매우 소량이 존재하였다고 한다. 이 중에서 오염된 옥수수에서 가장 흔히 발견되고 가장 독성이 강한 것이 푸모니신 B_1이다

(3) 제랄레논(zearalenone)

제랄레논은 여러 개의 *Fusarium* spp.이 생산하는 비스테로이드 에스트로젠성 곰팡이 독소(mycotoxin)이다. 이 곰팡이독소는 농장 가축 특히 돼지에게 발생하는 다양한 곰팡이 중독증(mycotoxicoses)과 연관되어 있는 것으로 알려졌다. 제랄레논은 내열성이며, 전 세계적으로 옥수수, 보리, 귀리, 밀, 쌀, 그리고 사탕수수와 다양한 곡물에서 발견된다.

3) 파툴린(patulin)

파툴린은 polykeptide lactone으로 *P. expansum, P. patulum* 등을 포함한 *Penicillium*속 곰팡이와 *Aspergillus clavatus* 등의 *Aspergillus*속 및 *Byssochlamys*속 균들에 의해 생성된다.

파툴린이 가장 흔히 발견되는 식품은 사과이며 배, 포도와 다른 과일을 포함한 상한 과일류와 상한 과일류로 제조된 주스 및 과일 가공품에서 발견되고 있다. 실험동물에 폐부종을 유발하나 발암성은 잘 알려져 있지 않으며, 사람에 대한 발암성도 평가되어 있지 않다.

4) 맥각중독(ergotism)

*Claviceps purpurea*라는 자낭균이 호밀을 비롯한 벼과식물에 기생하여 각종 독성 알칼로이드를 만들어내어 이를 사람이 먹으면 독성 알칼로이드 때문에 맥각중독을 일으킨다.

중독증상은 구토, 설사, 복통, 두통, 무기력증이 있으며 심한 경우에는 지각 이상 등이 나타나며 사망하게 된다. 맥각균은 여러 가지의 알칼로이드를 만드는데 이 중 에르고타민(ergotamine)은 혈관수축을 유도하지만 나머지 알칼로이드는 신경독성을 일으킨다.

4. 세균 독소

세균이 식품에서 증식하면서 생성하는 독소에는 보툴리눔 독소(botulinum toxin), 황색포도상구균(*Staphylococcus aureus*) 장독소, 바실러스 세레우스(*Bacillus cereus*) 독소 등이 있다.

1) 보툴리눔 독소(botulinum toxin)

보툴리눔(botulinum)은 혐기성 포자 형성 간균인 클로스트리디움 보툴리눔(*Clostridium botulinum*)이 생성하는 신경독소에 의해 일어나는 식중독 증상이다. 이 균은 토양, 물, 식물, 어류 및 포유류의 내장, 갑각류의 아가미와 내장 등 자연계에 광범위하게 분포하는데, 독소를 생성하는 종류로는 항원 특이성에 따라 A, B, C, D, E, F 및 G형의 7종이 알려져 있다. 이들 중 사람의 보툴리눔과 관련된 종류는 A, B, E 및 F형이며, C와 D형은 가금류, 가축, 일부 어류 등 동물의 보툴리눔을 일으킨다. 이 독소들은 단백질로서 80°C에서 10분 이상 열처리하면 독성이 소실된다. 보툴리눔 독소는 독성이 매우 강하여 극소량만 섭취해도 무기력, 허약, 현기증 등을 보이며, 이어서 착시, 언어 장애, 삼키기의 곤란, 호흡곤란, 복부팽창 등의 증상을 나타낸다. 조기 치료를 받지 않으면 치사율이 50%에 이른다.

2) 황색포도상구균(*Staphylococcus aureus*)이 생성하는 장독소

황색포도상구균은 인간 및 동물의 피부, 상피조직 등에서 흔히 발견되는 세균으로서, 이 균이 생성한 장독소(enterotoxin)에 의한 중독증은 가장 흔한 식중독이다. 이 중독증은 섭취 후 2~3시간 경과하였을 때 나타나며, 침의 과다 분비, 메스꺼움, 구토, 복통, 설사 등의 증상을 보인다. 이 장독소는 내열성이 커서 100℃에서 30분 동안 가열하여도 독성을 나타내며, 210°C 이상의 온도로 30분 동안 가열하여야 완전히 파괴된다.

3) 바실러스 세레우스(*Bacillus cereus*)가 생성하는 독소

이 독소는 경구적으로 섭취한 바실러스 세레우스가 소장에서 증식하여 아포를 형성할 때 생성되는데, 설사형과 구토형 두 가지가 있다. 원인식품은 주로 동식물성 단백질 식품 및 녹말 식품이다. 설사형의 중독 증상은 복통, 설사이며, 구토형의 증상은 메스꺼움, 구토이다. 설사형 균주의 아포는 열저항성이 작으며 생성한 장독소도 내열성이 약하여 60°C, 5분 동안의 가열로 활성을 잃는다. 그러나 구토형 균주의 아포는 열저항성이 비교적 커서 100°C에서 30분 동안 가열해도 사멸되지 않는다.

5. 식품가공을 통해 첨가된 화학물질

1) 훈증제

가열 살균이 적합하지 않은 향신료, 곡류와 같은 식품의 경우, 에틸렌옥사이드(ethylene oxide), 메틸브로마이드(methyl bromide) 등의 훈증제가 살균제로 이용된다. 에틸렌옥사이드는 무기 염화물과 반응하여 클로로하이드린(chlorohydrin)을 생성하는데, 이 클로로하이드린은 동물에 독성을 나타내는 것으로 알려져 있다.

메틸브로마이드는 황함유 아미노산과 반응하여 메틸 화합물을 생성한다. 이러한 훈증제의 일부는 처리된 식품에 잔존하게 되는데, 이 잔존 훈증제는 대개 급성 독성은 나타내지 않는다.

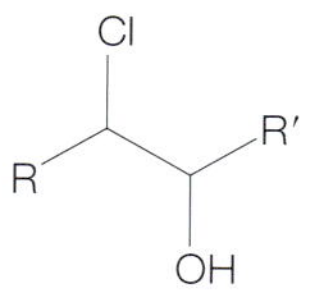

그림 12-3 클로로하이드린의 구조

2) 훈연식품 중의 발암물질

햄, 소시지 등 훈연식품에는 식품 및 훈연재로부터 생성된 benzo[α]pyrene, benzo[α]anthracene, pyrene과 같은 여러 고리 방향족 탄화수소(polycyclic aromatic

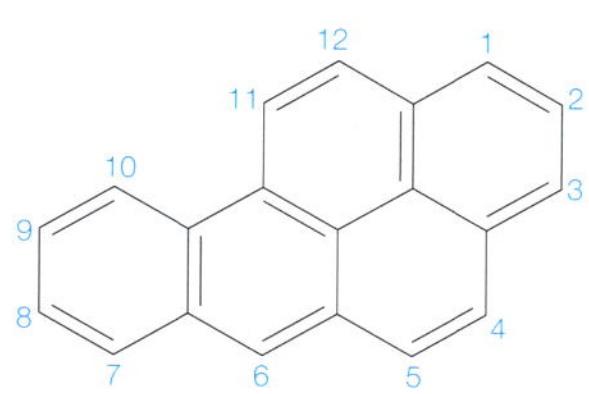

그림 12-4 벤조[α]피렌의 구조

TIP 녹차의 항발암성

한국화학연구소 안전성 연구센터의 연구에 따르면 흡연자에 대한 녹차의 항발암성 연구에서 흡연 시 담배중의 니코틴이나 벤조알파피렌 방향족 화학물질 등의 발암물질이 녹차에 의해 불활성화 된다는 사실이 재확인되었다고 한다.

hydrocarbon)가 들어 있다. Benzo[α]pyrene 자체는 돌연변이나 암을 유발하지 않으며, benzo[α]pyrene diole poxide와 같은 대사산물이 동물에 피부암, 폐암, 위암 등을 유발한다고 제안된 바 있다.

3) 나이트로사민(nitrosamine)

육류의 발색제로 많이 쓰이는 질산염이나 아질산염으로 처리한 식품 중에서 발견되는 나이트로사민은 강력한 발암물질로서, 질산염 및 아질산염이 식품 중의 각종 아민, N-치환 아마이드 등과 반응하여 생성된다. 흔히 검출되는 화합물은 dimethylnitrosamine(NDMA)으로 나이트로사민 중 가장 강력한 발암물질이다.

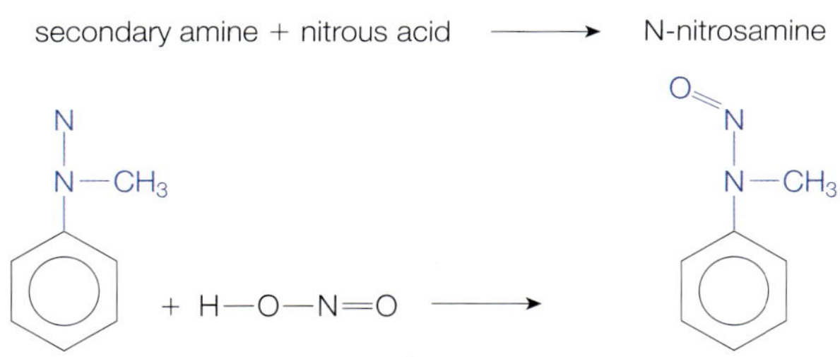

그림 12-5 나이트로사민의 생성과정

6. 기타 오염물질

1) 수은(Hg)

수은은 지각에서 천연적으로 배출되는 것이 주요 오염원으로 그 독성은 형태에 따라 다른데, dimethyl 수은($CH_3-Hg-CH_3$), methyl 수은염(CH_3-Hg-X; X = 염화물 또는 인산염), phenyl 수은염(C_6H_5-Hg-X; X=염화물 또는 아세트산염)과 같은 유기수은 화합물이 무기수은염보다 독성이 더 크다.

TIP 진시황과 수은중독

진시황은 영생불멸의 물질로 '수은'을 사용하게 되었다. 수은은 소량 섭취 시 일시적으로 피부가 팽팽해져 진시황은 수은을 불로장생 약으로 믿게 되었던 것이다. 그 당시 '수은'은 아주 귀하여 금이나 은과 같은 귀금속과 같았는데 중국을 통일한 진시황은 전국의 수은을 모아 수은으로 연못을 만들어 놓고 수은을 먹고 얼굴에 발라 결국 수은중독에 걸리게 되었다.

2) 납(Pb)

납의 섭취원은 식품과 음료수나, 납이 들어 있는 조리 기구, 통조림 용기, 에나멜 등도 산성 식품과 접촉할 경우 오염원이 될 수 있다. 납 중독은 1단계에는 적혈구의 수명 단축과 heme 생성의 감소로 빈혈을 유발하며, 2단계에는(혈중 농도 > 60 mg/dL) 중추신경계의 이상을 초래하여 활동 항진, 지각 이상 등을 가져온다. 3단계에는(> 120 mg/dL) 신장 기능 상실, 경련, 혼수 등을 거쳐 사망에 이르게 된다.

3) 카드뮴(Cd)

카드뮴은 수은이나 납과는 달리 식물체에 쉽게 흡수되어 전 조직에 고루 분포한다. 동물성 식품에서는 주로 간, 신장 등 내장과 젖에서 검출된다. 카드뮴은 소장에서 5% 정도만 흡수되는데, 주로 신장과 간에 축적되어 영향을 미쳐 글루코스, 단백질, 아미노산 등의 배출량 증가, 글루코스 신합성의 증가에 따른 고혈당증 등을 초래한다.

용어정리

- **내인성:** 발병(發病)의 원인을 몸안에 지니고 있는 성질
- **용혈작용:** 적혈구가 파괴 또는 분해되는 현상
- **유도체:** 어떤 화합물의 분자 구조 가운데 일부가 변화하여 생긴 화합물을, 원래의 화합물에 상대하여 이르는 말
- **이성질체:** 분자식은 같으나 물리적, 화학적 성질이 다른 화합물

핵심요약

1. 유독물질(toxic compounds)은 인체에 섭취되어 해를 입히거나 정상적인 건강상태를 유지하는 데 지장을 주는 물질이며 식품에 존재하는 독성 물질은 존재 원인에 따라 내인성 독성 물질과 오염 물질로 나눌 수 있다.
2. 식물성 독성 물질에는 아미그달린(amygdalin), 듀린(dhurrin), 리나마린(linamarin), 항트립신(antitrypsin), 사포닌(saponin), 헤마글루티닌(hemagglutinins), 소진(sojin), 솔라닌(solanine), 고시폴(gossypol), 리신(ricin), 리시닌(ricinine), 무스카린(muscarine), 뉴린(neurine), 팔로톡신(phallotoxin), 아마톡신(amatoxin), 시쿠톡신(cicutoxin) 등이 있다.
3. 동물성 독성 물질에는 테트로도톡신(tetrodotoxin), 시구아테라 독소(Ciguatoxin), 베네루핀(venerupin), 삭시톡신(saxitoxin) 등이 있다.
4. 곰팡이 독소에는 아플라톡신(aflatoxin), 트리코테센(trichothecene), 푸모니신(fumonisin), 제랄레논(zearalenone), 파툴린(patulin), 맥각(ergot) 등이 있다.
5. 세균이 식품에서 증식하면서 생성하는 독소에는 보툴리눔 독소(botulism toxin), 황색포도상구균(*Staphylococcus aureus*) 장독소, 바실러스 세레우스(*Bacillus cereus*) 독소 등이 있다.

연습문제

1. 아플라톡신(aflatoxin)에 대하여 설명하시오.

2. 덜 익은 복숭아, 청매, 은행, 오색두, 수수류에 들어있는 식물성 자연독에 대하여 설명하시오.

3. 복어의 유독성분에 대하여 설명하시오.

4. 황색포도상구균(*Staphylococcus aureus*)이 생성하는 장독소에 대하여 설명하시오.

5. 항트립신(antitrypsin)의 인체 내 역할에 대하여 설명하시오.

6. 독버섯 중의 amine류와 peptide류 독소를 설명하시오.

7. 쌀에 함유되어 있는 독성 성분에 대하여 설명하시오.

8. 육가공 제품의 발색제로 사용되는 나이트로사민(nitrosamine)에 대하여 설명하시오.

정답

1. 아플라톡신은 아스퍼질러스 플라바스(*Aspergillus flavus*)라는 곰팡이가 만들어낸 강력한 간장독으로, 간출혈, 신장출혈, 간세포 괴사 등의 증세를 나타내며 간 · 위 · 신장에 암을 유발하는 발암물질이다.
2. 덜 익은 복숭아, 청매, 은행, 오색두, 수수류에 들어있는 사이안배당체는 아미그달린(amygdalin)으로, 이 물질은 묽은 산이나 효소에 의해 가수분해되면 매우 유독한 사이안산(청산, HCN)을 생성한다. 그러나 매실을 알코올에 담가 두면 효소가 불활성화되어 청산이 유리되지 않는다.
3. 복어의 유동성분인 테트로도톡신(tetrodotoxin)은 복어의 알 · 난소 · 간장 등에 분포하며, 피부와 근육조직에도 미량 함유되어 있다. 5~6월의 산란기에는 그 함량이 많아지며 매우 강한 독성을 가지게 된다. 복어독에 의한 중독증상은 먼저 입술과 혀의 마비, 두통과 복통, 구토, 운동성 마비, 호흡곤란 등이다. 호흡곤란으로 인하여 사망하는 경우도 있다.
4. *Staphylococcus aureus*는 인간 및 동물의 피부, 상피 조직 등에서 흔히 발견되는 세균으로서, 이 균이 생성한 장독소(enterotoxin)에 의한 중독증은 가장 흔한 식중독이다. 중독 시 침의 과다 분비, 메스꺼움, 구토, 복통, 설사 등의 증상을 보인다. 이 균이 생성하는 장독소에는 면역학적 성질이 다른 A, B, C, D형의 4종류가 있다. A형 장독소는 1㎍의 낮은 수준에서도 인체에 영향을 미친다.

5. 항트립신은 생체 내에서 단백질 분해효소의 구조를 변형시킴으로써 그 효소의 기능을 상실하게하며, 또한 정상적인 동물의 성장을 억제한다는 사실이 알려져 있다. Protease inhibitor는 가열처리에 의하여 그 활성이 급속히 감소된다. 즉, 효소단백질이 가열에 의하여 변성되므로 유독성이 없어지게 되는 것이다.
6. 독버섯의 유독성분으로는 아민(amine)류인 무스카린(muscarine)과 뉴린(neurine), 그리고 펩타이드(peptide)류인 팔로톡신(phallotoxin)과 아마톡신(amatoxin) 등이 있다.
7. 쌀에는 인지질의 일종으로 용혈성 독성분인 라이소레시틴(lysolecithin)이 존재하는데, 이는 경구적으로 섭취할 경우에 거의 해롭지 않으나 동물에게 주사하면 즉사하는 유독성분이다.
8. 육류의 발색제로 많이 쓰이는 질산염이나 아질산염으로 처리한 식품 중에서 발견되는 나이트로사민(nitrosamine)은 강력한 발암 물질로서, 질산염 및 아질산염이 식품 중의 각종 아민, N-치환 아마이드 등과 반응하여 생성된다.

CHAPTER 13 식품첨가물

1. 식품첨가물의 정의
2. 식품첨가물의 지정
3. 식품첨가물의 분류
4. 주요 식품첨가물

1. 식품첨가물의 정의

식품첨가물에 대한 정의와 범주는 나라마다 약간 차이가 난다. 우리나라는 「식품위생법」 제2조에서 식품첨가물을 식품을 제조 · 가공 또는 보존하는 과정에서 식품에 넣거나 섞는 물질 또는 식품을 적시는 등에 사용되는 물질을 말한다. 이 경우 기구 · 용기 · 포장을 살균 · 소독하는 데 사용되어 간접적으로 식품으로 옮아갈 수 있는 물질로 정하고 있다. 일본에서는 일본 「식품위생법」 제4조2항에서 식품의 제조과정에 사용되거나 혹은 가공 · 보존 목적으로 식품에 첨가 · 호화 · 침윤 · 기타의 방법으로 사용되는 물질이라고 규정하고 있으며, 미국에서는 식품의 구성성분이 되거나 식품의 특성에 직접 혹은 간접적으로 영향을 끼치기 위해 의도적으로 사용되는 물질을 의미하며, 식품의 제조, 가공, 처리, 보존, 포장, 수송 등에 사용되는 물질을 말한다고 되어 있다.

이와 같이 식품첨가물은 식품의 가공, 조리 중에 첨가되어 식품의 맛이나 외관, 식감을 좋게 하기 위하여 섞는 물질만을 의미하는 것이 아니라, 식품에 관련된 거의 모든 공정에서 식품에 직접 혹은 간접적으로 영향을 미쳐 인체에 섭취될 가능성이 있는 모든 물질에 대하여 첨가물로 보고 있다.

그림 13-1 식품첨가물의 범위
자료: 식품나라(www.foodnara.go.kr)

2. 식품첨가물의 지정

식품첨가물은 제조되어 쉽게 판매될 수 없다. 식품의약품안전처장이 「식품위생법」에 따라 기준과 규격이 고시되지 않은 식품첨가물은 기준 및 규격설정과 사용기준의 개정

TIP ▸ 식품첨가물의 기본원칙

- 식품첨가물은 사람의 건강을 해할 우려가 없으며 이를 사용함으로서 소비자에게 이익을 주는 것이어야 한다.
- 허가가 신청된 식품첨가물은 안전성이 입증 또는 확인되어야 한다.
- 사용의 기술적 필요성 및 정당성이 다음 하나 이상 부합되어야 한다.
  가. 식품의 품질 유지, 안정성 향상 또는 관능적 특성개선으로 사용된다.
  나. 식품의 영양가 유지를 위하여 사용된다.
  다. 특정 식사를 필요로 하는 소비자를 위하여 제조하는 식품에 필요한 원료 또는 성분을 공급하는 것으로 질병치료 및 의료효과는 제외하여 사용된다.
  라. 식품의 제조, 가공, 저장, 처리의 보조적 역할로 사용되어야 한다.

신청에 대한 기본 원칙, 신청절차, 신청서에 첨부하는 자료의 범위 안에 제출하는 모든 서류를 심사하여 결정하게 된다.

식품첨가물 지정 시에 필요한 사항은 기본적인 정보들을 확실하게 하여 제출해야 하는데 기본적인 정보는 첨가물의 이름, 첨가물의 지정의 필요성, 첨가물의 화학적 구조(분자량), 첨가물의 용도 및 용법, 용량, 제조방법, 기준규격 및 시험방법, 안전성 자료, 기존에 인정된 사례, 식품에 사용된 예 등을 제출하여 식품의약품안전처에서 이 자료를 심사하게 된다. 안전성 검토 자료로서 독성시험은 급성독성(1~2주), 아만성독성(1~3개월), 만성독성(2년 이상), 특수독성시험(변이원성, 발암성, 생식독성) 등이 있다.

식품첨가물 중 독성이 있다고 인정되는 것을 식품에 사용할 때에는 그 한계량을 법으로 정하는데, 이들을 모두 동물실험을 바탕으로 결정하게 된다. 특히 합성 첨가물의 경우 큰 동물에 대한 장기간 만성독성시험을 실시하고 최대안전량(maximum no effect level, MNEL: mg/kg/day), 혹은 최대무작용량(No observed adverse effect level, NOAEL) 값을 정하고 여기에 안전계수(100~200)로 나누고 그 양을 1일 섭취허용량(acceptable daily intake, ADI)으로 정한다. 그러나 이와 같이 간단하지 않은 경우가 많고, 첨가물이 가장 잘 이용되는 식품과 그 식품을 주로 섭취하는 집단에 대한 고려를 다시 하기 때문에 ADI보다 훨씬 낮은 기준으로 정하게 될 때가 많다.

TIP ▸ 급성독성시험

식품시험물질을 실험동물에 1회 투여하고 2주 정도 독성 증상을 관찰한다.
투여량은 실제 식품에서 섭취될 예상량보다 훨씬 높은 양을 투여하고 반수치사량(LD_{50})을 구하게 된다.
반수치사량이란 실험군 내의 동물 50%를 사멸시키는 투여량으로 정의한다.

3. 식품첨가물의 분류

식품첨가물의 사용목적에 따라서 ① 식품의 풍미나 외관을 개선하기 위한 것(감미료, 산미료, 조미료, 착향료, 착색제, 발색제, 표백제 등), ② 식품의 품질을 개선하기 위한 것(품질개량제, 밀가루개량제), ③ 식품의 제조 및 가공에 필요하여 사용하는 것(팽창제, 유화제, 호료, 소포제, 용제, 추출제, 이형제), ④ 영양소를 보충, 강화하기 위한 것(영양강화제), ⑤ 식품의 보존성을 향상시키고 식중독을 예방하는 것(보존료, 산화방지제, 살균제) 등으로 분류할 수 있다.

또한 합성여부에 따라 화학적 합성품과 천연첨가물로 분류할 수 있는데 화학적 합성품이란 화학적 수단에 의하여 원소 또는 화합물에 분해반응 이외의 화학반응을 일으켜 얻는 물질을 말하며 대부분의 식품첨가물이 화학적 합성품이다. 따라서 장기간 섭취할 경우 인체에 해를 끼칠 우려가 있어 이에 대한 엄격한 관리를 하게 되는 것이다.

다음은 용도 분류에 따른 기능적 용도 표시와 정의를 나타낸 표이다.

표 13-1 ▸ 식품첨가물 분류

기능적 용도표시	정의 및 기능	대표적인 첨가물
산	산도를 높이는 데 사용되거나 신맛을 주는 것	구연산, 빙초산, 이산화탄소
산도조절제	식품의 산도 또는 알카리도를 조절	수산화나트륨, 황산
고결방지제	식품의 구성성분이 서로 엉겨 덩어리를 형성하는 것을 방지	이산화규소
소포제	거품생성을 방지하거나 감소	규소수지 (사용기준: 0.05 g/kg 이하)
산화방지제	지방의 산패, 색상의 변화 등 산화로 인한 식품 품질 저하를 방지하여 식품의 저장기간을 연장	BHT, BHA, 몰식자산프로필 에리소르빈산, 에리소르빈산나트륨(어육의 산화방지), 비타민 C, 토코페롤(사용제한없음), EDTA
증량제	식품의 열량에 영향을 주지 않으면서 식품의 용적을 늘리는 공기 또는 물을 제외한 첨가물	프로필렌글리콜
착색제	식품에 색깔을 부여하거나 복원	천연색소(클로로필, 카로티노이드, 헤모글로빈, 미오글로빈 등) 합성색소(합성 타르색소, 동클로로필렌나트륨, 황산동, 이산화티타늄)
발색제(색도유지제)	식품의 색소를 유지 · 강화	아질산나트륨
유화제	물과 기름과 같이 섞이지 않는 두 개 또는 그 이상의 물질을 균질하게 섞어주거나 이를 유지	대두인지질, 글리세린 지방산 에스터, 카제인나트륨
유화제염류	가공치즈의 제조과정에서 지방이 분리되는 것을 방지하기 위해 단백질을 안정화	스테아린산칼슘(소포제로도 사용)

표 13-1 ▸ 식품첨가물 분류 (계속)

기능적 용도표시	정의 및 기능	대표적인 첨가물
응고제	과일이나 채소의 조직을 견고하게 유지되도록 하거나 겔화제와 상호작용하여 겔을 형성하거나 강화	
향미증진제	식품의 맛이나 향미를 증진	L-글루타민산나트륨, 효모추출물
밀가루개량제	제빵의 품질이나 색을 증진시키기 위해 밀가루나 반죽에 추가	과산화벤조일, 과황산암모늄, 염소, 이산화염소 스테아릴젖산칼슘과 스테아릴젖산나트륨은 빵과 면류에만 사용해야 함
기포제	액체 또는 고체 식품에 기포를 형성시키거나 균일하게 분산하도록 함	퀼라야추출물(습윤제로도 사용)
겔화제	겔 형성으로 식품에 물성을 부여함	
광택제	식품의 표면에 광택을 내고 보호막을 형성	
습윤제	식품이 건조되는 것을 방지	
보존료	미생물에 의한 변질을 방지하여 식품의 보존기간을 연장	다이하이드로초산, 소빈산, 안식향산, 프로피온산칼슘, 파라옥시안식향산
충진제	식품용기로부터 식품에 주입하는 공기 이외의 가스	질소
팽창제	가스를 방출하여 반죽의 부피를 증가시킴	명반, 소명반, 염화암모늄
안정제	두 개 또는 그 이상의 섞이지 않는 성분이 균일한 분산 상태를 유지	
감미료	식품에 단맛을 부여하는 설탕 이외의 식품 첨가물	사카린나트륨, 소비톨, 아스파탐
증점제	식품의 점성을 증가(호료)	폴리아크릴산나트륨, 아르긴산프로필렌글리콜, 메틸셀룰로스, 카세인, 구아검
살균제	미생물을 사멸	차아염소산나트륨
표백제	색소를 파괴하여 희게 만들거나 착색 전 표백하여 착색을 용이	메타중아황산칼륨, 과산화수소
강화제	식품에 영양소를 강화	비타민, 필수아미노산류, 칼슘제
이형제	빵의 제조과정에서 빵 반죽을 분할기에서 분할하거나 구울 때 달라붙지 않게 하며 모양을 그대로 유지	유동파라핀
껌 기초제	껌에 적당한 점성과 탄력성 부여	에스터검, 초산비닐수지
추출용제	일종의 용매로 천연식품에서 특정성분을 용해 유출	n-hexane(식용유지제조)

자료: 식품나라(www.foodnara.go.kr)

4. 주요 식품첨가물

1) 감미료

① 사카린나트륨(sodium saccharin)

1879년 미국 존 홉킨스 대학의 Fahlberg 등이 발견하였으며 1884년부터 공업화되어 시판되었다. 설탕에 비해 250~500배의 단맛을 가지는 인공감미료로 쓴 뒷맛을 느끼는 결점이 있다. 한때 쥐에서 방광암을 유발한다는 연구가 있었으나 1999년 지속적인 연구 끝에 삭카린을 발암물질 목록에서 삭제하였고 2010년에는 미국 환경보호청의 유해물질 목록에서도 삭제되어 현재는 젓갈류, 절임식품, 조림식품, 김치류(0.2 g/kg 이하), 어육가공품, 시리얼류, 추잉검, 잼, 양조간장, 소스, 탁주, 소주 등뿐 아니라, 특수의료용도, 체중조절용, 건강기능식품 영양소제품 등에도 사용기준과 함께 사용이 허가되어 있다.

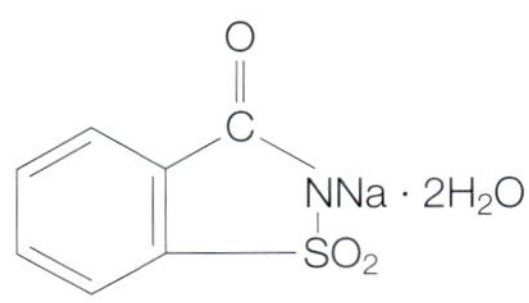

그림 13-2 사카린나트륨의 분자구조

② 글리시리진산이나트륨(disodium glycyrrhizinate)

백색 혹은 엷은 황색의 분말로 설탕의 약 200배의 지속성 있는 독특한 단맛을 내며 약 4,000배의 희석용액에서도 단맛을 느끼게 한다. 글리시리진산이나트륨은 한식된장, 된장, 한식간장, 양조간장, 산분해간장, 효소분해간장, 혼합간장 외에는 감미료로 사용할 수 없도록 되어 있다. 이와 비슷한 글리시리진산삼나트륨은 최근에 감미료에서 삭제되어 지정 취소되었다(2010).

③ 아스파탐(aspartame)

설탕의 약 200배 감미를 가지는 아미노산계 감미료이며 아스파라긴산과 페닐알라닌으로 된 다이펩타이드이다. 아스파탐은 고온에서 안정성이 감소되므로 고온으로 가공하는 식품에서는 적합지 않다. 현재 우리나라에서는 빵류, 과자, 시리얼, 특수의료용도식품, 체중조절용 조제식품, 건강기능식품 영양소제품에서 사용기준을 가지고 있고 그 외의 식품에는 사용에 제한받지 않는다.

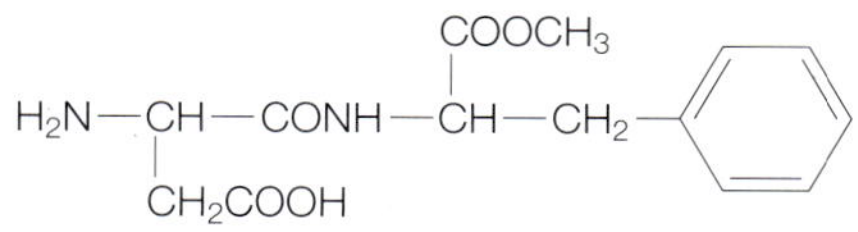

그림 13-3 아스파탐의 구조

④ **자일리톨(xylitol)**

천연성분으로서 1960년경부터 감미료로서 식용에 사용하기 시작하였다. 감미도는 자당과 같은 정도이고 물에 쉽게 녹고 120°C에서도 캐러멜화되지 않는다. 특히 자일리톨은 충치를 유발하는 *Streptococcus mutans*균이 이용하지 못하여 충치 예방에 효과적인 감미료이다.

2) 착색료와 발색제

(1) 착색료

착색료는 그 자체가 색을 나타내는 첨가물이다. 천연색소는 열, 광선 또는 산화 등의 화학적 변화에 매우 불안정하여 색이 오랫동안 보존되기 힘들다. 따라서 인공색소를 이용하게 되는데 인공색소는 독성이 적거나 없어야 하며, 체내에 축적되지 않을 것, 미량으로 착색효과가 커야 하며, 광선, 열 등 물리 · 화학적 반응에 안정해야 하며 값이 또한 싸고 사용에 간편해야 한다.

① **식용 타르색소**

식용 타르색소란 석탄의 콜타르(coal tar)에서 만들어지는 벤젠, 자일렌, 톨루엔, 나프탈렌 등을 원료로 하기 때문에 허가되어 있는 타르색소는 모두 수용성의 산성이어야 한다. 알루미늄 레이크란 식용 타르색소와 염기성 알루미늄염을 작용시켜 색소함량은 10~30%에 해당하는 화합물이다.

② **카로틴류**

고추, 토마토, 당근, 고구마 등의 식물과 초식동물의 지방에 들어 있는 오렌지 또는 붉은색의 색소로서 천연첨가물이며, 천연식품(고래고기 포함), 과실, 채소, 해조, 두류 혹은 그 가공품, 다류 및 커피, 고춧가루 또는 실고추, 김치류, 고추장 및 조미고추장과 식초에는 사용이 금지되어 있다. β-카로틴은 특히 버터, 마가린, 치즈, 햄, 소시지에 황색을 내기 위해 사용되며, 체내에서 비타민 A로 변하므로 강화제로도 사용된다.

③ **클로로필류**

동클로로필은 추잉껌의 기초제에 혼합하여 반죽하여 껌의 제조에 사용되며 동클로로필은 색을 부여하는 기능 외에도 탈취효과가 있다. 철클로로필은 어두운 녹색의 착색료로 양갱, 캐러멜, 차, 엿, 통조림 채소 등의 색을 내는 데 사용된다.

④ **삼이산화철(iron sesquioxide)**

철과 산소로 구성된 붉은색의 화합물로서 적색 곤약과 바나나에 사용되며, 이 두 가지 외에는 사용이 금지되어 있다. 그러나 삼이산화철은 가장 오랜 안료의 하나로 적색 그림물감으로 사용되고 있으며, 곰팡이 방지용 도료로도 사용된다.

⑤ **안나토(annatto)**

Bixa orellana L.의 종자로부터 얻어지는 카로티노이드계 색소에 속하는 천연 적색색소로서 물에는 불용성이므로 버터, 마가린, 드레싱, 치즈 등 유지식품의 착색에 주로 쓰인다. 그러나 카보닐기를 칼륨 또는 나트륨 염으로 치환하여 물에 녹을 수 있는 수용성 안나토는 햄, 소시지, 된장, 해산물 조림에 쓰일 수 있다.

⑥ **캐러멜 색소(caramel color)**

당을 열처리하여 만든 갈색의 물질로서 식품에 색을 낼 목적으로 사용하는 천연첨가물이다. 콜라, 커피 등의 음료에는 액상의 캐러멜을 사용한다. 캐러멜 색소에는 캐러멜 I, II, III, IV가 있으며 이들은 당류, 전분가수분해물, 당밀 등의 식용 탄수화물의 처리방법에 따라 분류된다. 캐러멜 색소는 천연식품, 고춧가루 및 실고추, 김치류, 고추장 및 조미고추장, 인삼 또는 홍삼을 원료로 사용하는 건강기능식품, 인삼성분 및 홍삼성분이 함유된 다류, 다류 그리고 커피에는 사용이 금지되어 있다.

(2) 발색제

발색제는 그 자체에 의하여 착색되는 것이 아니고 식품 중에 존재하는 유색물질과 결합하여 그 색을 안정화하거나 선명하게 또는 발색되게 하는 물질을 말한다.

① **아질산나트륨(sodium nitrite)**

육가공품에 발색제로 사용되며 보존료로도 역할을 하는 물질로서 보존하고자 하는 생선이나 육류의 색감을 바꾸어주고 육가공품에서 가장 문제가 되는 식중독균인 *Clostridum botulinum*의 생육을 억제하는 효과 때문에 첨가한다. 아질산염의 육제품으로의 이용 역사는 기원전 9세기경으로 그 역사는 매우 오래되었다. 식육가공품(포장육,

식육추출가공품, 식용우지, 식용돈지 제외) 및 고래고기제품, 어육소시지, 명란젓 및 연어알젓에 사용이 기준과 함께 허용되어 있다.

② **황산제1철(ferrous sulfate)**

채소, 과일 및 절임류, 콩통조림 등의 식물성 색소 발색제로 사용되며, 다시마, 통조림 제조에 콩 색깔을 검게 하거나 가지 절임류에서 가지의 광택을 좋게 하기 위해 주로 사용되나, 주요 용도구분으로는 영양강화제로 되어 있다. 사용의 기준은 없다.

3) 보존료, 보존제

보존료, 보존제(preservatives)는 식품의 부패 및 변질의 원인이 되는 미생물의 증식을 억제하여 식품을 보존할 목적으로 사용되는 물질이다. 식품의 첨가물로 사용되는 보존료의 기작은 미생물을 죽이는 것이 아니라 증식을 억제하는 정균작용이다.

① **데하이드로초산나트륨**

버터류 및 마가린, 자연치즈, 가공치즈에 사용된다. 참고로 데하이드로초산은 지정이 취소되었다.

② **소르빈산(sorbic acids)**

1859년 미숙성 딸기의 기름에서 처음 분리하였고 1940년경에 식품에 처음으로 이용되어 널리 이용되고 있다. 소르빈산의 허용 합성보존료는 소르빈산칼륨, 소르빈산칼슘이 있으며 첨가 제한량으로서 사용이 허가되어 있다.

③ **안식향산류(benzoic acids)**

벤조산이라고 불리기도 하며, 음료류, 간장, 마요네즈, 잼, 마가린에 사용되는 합성보존료이다. 안식향산은 값이 싸고 방부력이 뛰어나며 독성이 낮기 때문에 식품에 광범위하게 이용되고 있다. 안식향산류는 안식향산나트륨, 안식향산칼륨, 안식향산칼슘이 있다

TIP ▸ 정균작용(biostatic action)

미생물이 약제나 항균물질에 작용시킬 때 균의 증식은 억제되어 숫적인 증가가 없으나, 약제가 제거되면 재차 증식하는 특징이 있다. 이와 비슷한 것이 살균작용(pasteurization)과 멸균(sterilization)인데 이 용어는 식품위생이나 미생물학적인 용어로 병원균이나 특정 미생물을 선택적으로 제거하는 것이며, 멸균은 미생물의 유용성이나 유해성에 상관없이 모두 제거하는 것을 의미한다.

④ **프로피온산류(propionic acids)**

정유 등에 널리 분포되어 있으며 또한 미생물의 대사산물로 미소, 장유의 정미 및 향기성분의 하나이며, 포도주 중에도 존재하는 발효식품에도 함유된 물질로, 특히 효모와 세균에 대한 항균작용이 뛰어나다. 주로 빵류와 치즈, 생과자의 보존제로 사용된다.

4) 산화방지제

식품의 지방은 산소와 결합하여 산화물을 만들고 불쾌한 냄새를 생성하며 산패된 식품을 섭취하면 인체 내 독성을 일으킬 수도 있다. 따라서 산화방지제(antioxidant)는 식품의 가공이나 저장 중에 일어나는 지질 또는 지질을 함유하는 식품의 산패에 의한 변색, 이미, 이취, 퇴색 등을 방지하거나 지연시킬 목적으로 사용된다. 산화방지제는 자신이 먼저 산화되고 이어 지방이 산화되어 산패되므로 유지의 산화속도를 억제시키며 산패가 발생까지의 유도기간을 연장시킨다. 이미 많은 산화방지제의 구조를 비타민 C, 토코페롤과 같은 천연 항산화제의 구조를 살펴보면 수많은 이중결합이나 벤젠링을 포함하고 있어 이들의 공명화된 구조에 의하여 산패를 촉진시키는 라디컬을 제거하게 된다.

① **다이부틸하이드록시톨루엔(dibutylhydroxy toluene, BHT)**

BHT는 에탄올, 돼지기름, 옥수수유, 대두유 등에 녹여 식품에 사용한다. BHT는 phenol의 유도체로서 매우 소량을 식품에 사용하면서도 항산화 효과를 낼 수 있다.

② **부틸하이드록시아니솔(butylhydroxy anisole, BHA)**

BHA는 식용유지, 추잉검, 버터, 견과류, 감자제품, 식품용 폴리에틸렌 랩에 산화방지제로 쓰이며 특히 찐멸치 등 생선 건조품 기름의 산패방지를 위해 주로 사용된다.

③ **몰식자산프로필(propyl gallate)**

몰식자(너도밤나무과 식품에서 생기는 벌레혹)에서 유래된 물질로서 일반적으로

TIP 상승제(synergist)

산화방지제 이외에 자신은 항산화 효과가 없으나 산화방지제와 함께 사용하면 산화방지제의 효과를 증대시킬 수 있으며 이런 작용이 가능한 물질을 상승제(synergist) 또는 효력증강제라고 한다. 이런 상승제에는 구연산, 호박산, 말론산, 말레인산과 같은 유기산류와 아스코브산의 지방산 에스터와 인지질과의 혼합 등 적당한 원료의 조합을 통해 산화방지제 효과를 높일 수 있다.

BHA나 BHT 등의 다른 산화방지제와 함께 사용하면 상승물질(synergist)로서 작용하여 상승효과를 나타내지만 몰식자산프로필은 철 등의 금속에 의해 자색으로 착색되는 결점이 있으며, 구연산, 주석산 및 이들 에스터 등과 함께 쓰일 때에도 변색에 조심해야 한다. 그리고 유지에 대한 용해성이 그다지 좋지 않기 때문에, 유지의 일부에 몰식자산프로필 전량을 가해 가온, 용해한 후, 이 혼합물을 대상 유지 전량과 혼합하는 방법이 좋다. 가열식품에 대한 이행효과(carry through)도 적어서 몰식자산프로필을 함유하는 지방으로 튀긴 식품, 과자, 크랙커 등의 안정화력이 매우 낮다. 또한 몰식자산프로필을 함유하는 지방을 바닥이 깊은 냄비에 고온으로 가열하면 급속히 분해되는 것이 알려져 있다.

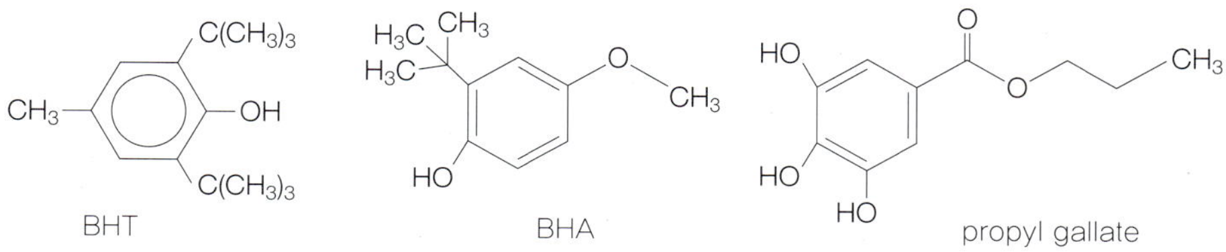

그림 13-4 산화방지제의 종류

5) 살균제

미생물을 사멸시키는 목적으로 사용하는 첨가물로 음료수, 채소 및 과일류, 식기류, 손을 소독하는 데 사용하지만 가공식품 내에 직접 첨가하는 일은 거의 없다. 현재 사용허가된 살균제는 표백분, 고도표백분, 차아염소산나트륨이 있다. 이중 차아염소산나트륨은 액체 상태로 그대로 사용할 수 있으나, 나머지는 분말이므로 물에 풀어서 사용한다. 차아염소산나트륨을 제외한 나머지 살균제는 유효염소의 산화력에 의해 살균효과를 나타내며 차아염소산나트륨은 표백효과를 동시에 가진다.

① 차아염소산나트륨(sodium hypochlorite)

탄산칼륨 수용액에 염소가스를 통하는 방법으로 제조한다. 처음 공업적으로 만들어진 것은 프랑스 지명을 따서 자벨수라 불렸으며, 그 창시자의 이름을 따서 라바락크수라 불리고 있다. 유효염소가 4% 이상 들어 있는 액체로서 주로 소독, 탈취, 표백의 효과가 있어서 음료수, 과일, 채소 및 기구, 용기 등에 살균제로 사용된다. 식품에 사용될 경우 최종 식품 제조 전에 제거해야 하며 참깨에는 사용하면 안 된다.

6) 밀가루개량제

밀가루나 반죽에 추가되어 제빵의 품질이나 색을 증진시키기 위해 사용되는 식품첨가물로서 밀가루의 표백과 숙성시간을 단축시키고 제빵에 있어서 저해물질인 카로티노이드를 파괴함으로서 밀가루의 가공적성 등을 단기간에 향상시킨다.

① 과산화벤조일(diluted benzoyl peroxide)

명반, 인산칼슘, 황산칼슘, 탄산칼슘, 탄산마그네슘 및 전분 등으로 희석한 것으로 밀가루 색소를 표백하고 미생물을 불활성화시켜 밀가루의 품질을 개량한다.

② 과황산암모늄(ammonium persulfate)

밀가루 색소를 표백하고 미생물을 불활성화시키는 물질로서 수용액 중에서 황산수소암모늄과 산소로 가열분해 시 생성되는 산소의 산화작용에 의하여 진행된다.

③ 염소(chlorine)

다른 물질을 산소와 결합하도록 하여 산화시키는 산화제로 이용되며 밀가루 표백 및 반죽을 빨리 숙성시키도록 하고 오래 지속되도록 하는 반죽 개량제로서 염소는 밀가루 개량제의 용도뿐 아니라 산화제, 표백제, 살균제, 소독제의 역할도 가능하다. 염소 및 이산화염소는 케이크 및 카스텔라 제조용 소맥분에 사용된다.

7) 산미료

산미료는 식품의 산도와 알칼리도를 조절하면서 산미를 부여하기 위하여 사용한다. 식품의 맛을 좋게 하고 변패와 산패를 방지하는 보조적 역할을 한다. 주로 과일이나 채소류에 많이 들어 있는 유기산과 떫은맛과 쓴맛을 함께 갖는 무기산으로 분류할 수 있다. 구연산은 덜 익은 감귤 등에 많이 함유되어 있으며 식품에 주로 신맛을 내는 산미료이나 식용유와 산패방지제의 보조적 역할을 한다. 사과산은 순한 신맛을 내어 유산균음료나 과일 젤리에 많이 쓰이며 주스에 구연산 대용으로 산도조절용으로 사용하기도 한다. 마가린이나 마요네즈에 쓰이면 독특한 신맛을 주기도 하며 유화안정적 효과와 산패방지의 효과도 있다. 인산은 주로 청량음료, 주류, 유제품, 제과, 캔디, 치즈에 사용되며 주석산은 마가린, 마요네즈, 빙과, 스프류에 조미료이면서, 잼, 젤리, 과일통조림에서는 부패를 방지하는 안정제로 사용된다. 또한 금속제거의 역할도 할 수 있다. 이산화탄소는 물에 녹으면 탄산수가 되어 청량음료와 주류에 약한 신맛과 청량감을 부여하기도 한다.

8) 기타 첨가제

기타 첨가제의 정의와 예는 표 13-1에 이미 나타나 있으므로 이를 참조하면 될 것이며, 이중 몇 가지를 정리하여 보았다.

① 증점제

증점제, 호료란 식품에 적당한 점성을 부여하기 위하여 첨가되는 물질로 고분자의 천연물질과 이들의 유도체들로 교질 상태의 성질을 갖고 있어 점도를 증가시킴과 동시에 교질상의 미각을 향상시키기 위하여 사용된다. 호료는 유산균 음료, 아이스크림, 마요네즈에 분산 안정제로, 햄, 소시지에는 결착제로 사용된다. 폴리아크릴산나트륨, 메틸셀룰로스, 카복시메틸셀룰로스나트륨, 카복시메틸셀룰로스칼슘, 카복시메틸스타치나트륨, 알진산나트륨, 알진산프로필렌글리콜, 카세인, 젤라틴, 천연검질이 이와 같은 목적으로 사용된다.

② 유화제

유지가 글리세린과 지방산으로 조성된 것은 1823년 Chevereul에 의해 확인되었으며 당시 이것은 트라이글리세라이드(triglyceride)이다. 유화제로 일반적으로 사용되는 것은 모노글리세라이드(monoglyceride)이고 그 합성법은 1854년에 처음 행해졌으며, 각종 합성법이 발표되었다. 유화제는 친수성, 친유성 두 특성을 모두 가지고 있어 식품에 사용될 때 친수적 성질과 친유적 성질 중 무엇이 강한 특성을 가지고 있는지에 따라 적절하게 사용된다. 이 두 특성의 균형을 나타낸 것이 hydrophile lipophile balance (HLB)이다. 자당 지방산에스터, 글리세린지방산에스터, 소비탄지방산에스터, 프로필렌글리콜지방산에스터와 같이 지방산에스터의 유도체들이 주로 유화제로 사용되고 있다.

③ 습윤제(humaectant)

식품의 수분 손실을 막기 위해 사용되며, 어묵을 만들 때 냉동고기풀에 넣는 소비톨 같은 것이나, 프로필렌글리콜이 사용된다.

④ 용제로서의 헥산(n-hexane)

식품첨가물에서 n-헥산이라고 함은 석유성분 중에서 n-헥산의 비점부근의 석유성분의 통칭으로서 순물질의 n-헥산을 의미하는 것은 아니다. 식품첨가물에서 용제, 즉 식용유지의 제조 시 유지성분의 추출목적, 건강기능식품의 기능성 원료 추출 또는 분리 등의 목적으로 제조된 식품첨가물의 헥산은 순도시험의 기준 규격을 통과한 n-헥산의 끓는 점 부분의 석유성분이라고 이해하면 될 것이다. 또한 이들은 증류를 통하여 분리되고, 화학적 반응을 통하여 제조되는 것이 아니므로 천연첨가물로 분류된다.

용어정리

- **식품첨가물**: 식품을 제조 · 가공 또는 보존하는 과정에서 식품에 넣거나 섞는 물질 또는 식품을 적시는 등에 사용되는 물질을 말한다. 이 경우 기구(器具) · 용기 · 포장을 살균 · 소독하는 데에 사용되어 간접적으로 식품으로 옮아갈 수 있는 물질을 포함한다.
- **최대무작용량(No observed adverse effect level)**: 어떤 시험물질을 조금씩 장기간에 걸쳐 경구적으로 섭취하였을 때 어떤 장애나 중독이 일어나지 않는 최대의 무작용량
- **LD_{50}(50% Lethal dose: 50% 치사량, 반수치사량)**: 시험하고자 하는 물질을 시험동물(mouse, rat)에게 1회만 비교적 다량 투여하여 그 독성의 영향을 관찰한 결과 시험동물 수의 1/2의 동물이 사망하는 양을 동물의 체중 1 kg당 mg수(ppm) 또는 g수로 표시한 것이다.

핵심요약

1. 식품첨가물이란 「식품위생법」 제2조에서 식품첨가물을 식품을 제조 · 가공 또는 보존하는 과정에서 식품에 넣거나 섞는 물질 또는 식품을 적시는 등에 사용되는 물질을 말한다. 식품첨가물은 식품의 가공, 조리 중에 첨가되어 식품의 맛이나 외관, 식감을 좋게하기 위하여 섞는 물질만을 의미하는 것이 아니라, 식품에 관련된 거의 모든 공정에서 식품에 직접 혹은 간접적으로 영향을 미쳐 인체에 섭취될 가능성이 있는 모든 물질이다.
2. 식품첨가물은 식품의약품안전처장이 지정한 것이어야 하고 식품첨가물로 사용 · 판매할 수 있으며, 제조자나 사용자가 충분히 과학적이고 객관적인 자료를 갖추어야 한다. 이에 식품첨가물은 인체에 대한 충분한 안전성이 확보되어야 함이 가장 중요하다.
3. 식품첨가물은 식품첨가물 공전을 통하여, 식품첨가물로 사용되는 물질에 대한 기본적인 정의와 더불어 기준과 규격을 통하여 관리하고 있다. 식품첨가물로서 어떤 식품에 사용이 금지되어 있는지, 사용량 등을 제한하고 있는지, 그리고 중요한 식품첨가물들의 사용 용도별 분류와 기능적 정의 및 예는 표 13-1에 나타나 있다.

연습문제

1. 다음 중 천연첨가물이 아닌 것은?

① 규조토 ② n-hexane ③ 안나토 색소 ④ 아질산나트륨

2. 다음 중 착색료가 아닌 것은?

① 식용 타르색소 ② 철클로로필 ③ 아질산나트륨 ④ 캐러멜 색소

3. 다음 중 보존료가 아닌 것은?

① 소르빈산칼륨 ② 벤조산 ③ 다이부틸하이드록시톨루엔(BHT) ④ 안식향산

4. 음료수, 과일, 채소 및 기구, 용기 등에 살균제로 사용할 수 있는 것은?

① 프로피온산 ② 차아염소산나트륨 ③ 과산화벤조일 ④ 과황산암모늄

5. 증점제란 무엇인가?

6. 습윤제란 무엇인가?

7. 식품첨가물에 대하여 정의하시오.

정답

1. ④
2. ③
3. ③
4. ②
5. 식품에 적당한 점성을 부여하기 위하여 첨가되는 물질
6. 식품의 수분 손실을 막기 위해 사용
7. 식품첨가물이란 「식품위생법」 제2조에서 식품첨가물은 식품을 제조 · 가공 또는 보존하는 과정에서 식품에 넣거나 섞는 물질 또는 식품을 적시는 등에 사용되는 물질을 말한다.

참고문헌

고종호 외 7인 공저, 건강기능성 식품학, 보문각, 2011
권훈정 · 김정원 · 유화춘 · 정현정, 식품위생학, 교문사, 2011
김건희 · 강일준 · 정윤화 · 한정아 · 황은선 · 윤기선 · 김묘정, 재미있는 식품화학, 수학사, 2011
김광수 외, 식품화학, 학문사
김덕웅 · 정수현 · 염동민 · 신성균 · 여생규 · 조원대, 21C 식품위생학, 수학사, 2011
변유량 외, 현대식품공학, 지구문화사, 2010
송형익 · 김정현 · 박성진 · 배지현 · 배현수 · 이미영 · 이응수 · 조좌형 · 최소례, 에센스 식품위생학, 지구문화사, 2011
식품위생법, 2014
심상국 · 이영근 · 이웅수 · 주난영, 실무 식품위생학, 도서출판 진로, 2012
오세욱 · 김건희 · 방우석 · 윤요한 · 최창순 · 이선영, 재미있는 식품위생학, 수학사, 2011
오훈일 · 이형주 · 문태화 · 노봉수 · 김석중, 식품화학(개정2판), 수학사
윤선 외 9인 공저, 기능성 식품학, 라이프사이언스, 2008
이형주 외 8인 공저, 식품화학, 수학사, 2014
장재권 · 양철영 · 정하열, 실험식품위생학, 형설출판사, 2010
조신호 · 조경련 · 강명수 · 송미란 · 주난영, 식품학, 교문사, 2009
한명규, 최신식품화학, 형설출판사, 2003

Laurier L. Schramm: Dictionary of Colloid and Interface Science, Wiley-Interscience. 2001
Morten Meilgaard, Gail Vance Civille, B. Thomas Carr: Sensory evaluation techniques. CRC Press Inc. 1988
Murano, P. S. *Understanding food science and technology*. Wadworth, Cengage Learning. 2003
Romeo T. Toledo: Fundamentals of Food Process Engineering, Springer 2007
Yeshajahu Pomeranz: Functional Properties of Food Components, Academic Press, Inc. 1985

찾아보기

ㅈ

ㅊ

저자소개

정현정

- 고려대학교 식품생명공학 박사
- Agriculture & Agri-Food Canada 박사후 연구원
- 현재 전남대학교 식품영양학과 교수

권기한

- Kyoto University 박사
- The University of Tennessee 의과대학 부속병원 소아과 박사후 연구원
- Rutgers, The State University of New Jersey 약학대학 약학과 박사후 연구원
- 현재 광주대학교 식품영양학과 교수

김기명

- 고려대학교 식품공학 박사
- University of Nebraska-Lincoln 연구원
- 부경대학교 박사후 연구원
- 현재 호남대학교 식품영양학과 교수

김지상

- 경희대학교 식품영양학과 박사
- 경희대학교 식품영양학과 연구교수
- 현재 경남대학교 식품영양학과 조교수

신의철

- University of Georgia, Department of Food Science and Technology 박사
- University of Minnesota, Department of Food Science and Nutrition 박사후 연구원
- 현재 경남과학기술대학교 식품과학부 조교수

오희경

- 서울대학교 농업생명과학대학 박사
- 서울대학교 농업생명과학대학 박사후 연구원
- 현재 장안대학교 식품영양과 교수

윤경영

- 영남대학교 식품학 박사
- Cornell University 박사후 연구원
- 현재 영남대학교 식품영양학과 교수

이제혁

- 경희대학교 식품생명공학 박사
- 한국생명공학연구원 박사후 연수
- 미국 국립보건원(NIH, USA) visiting fellow
- 현재 국립공주대학교 식품과학부 부교수

기초가 탄탄한 **식품화학**

2024년 8월 20일 초판 7쇄 발행
2015년 3월 15일 초판 1쇄 발행

지은이 정현정 · 권기한 · 김기명 · 김지상
신의철 · 오희경 · 윤경영 · 이제혁

발행인 이 영 호
발행처 **수 학 사**
10881 경기도 파주시 회동길 56 기한재 1층
출판등록 1953년 7월 23일 제2020-000143호
전화번호 031) 946-4642(代) 팩스 031) 944-1457
http://www.soohaksa.co.kr
디자인 (주)우일미디어디지텍

정가 25,000원

ISBN 978-89-7140-393-8 (93590)